"十三五"职业教育国家规划教材

建筑与装饰材料 第2版

JIANZHU YU
ZHUANGSHI CAILIAO

主　编　曹世晖　王四清
副主编　彭子茂　谢　飞
　　　　刘汉章　彭培勇

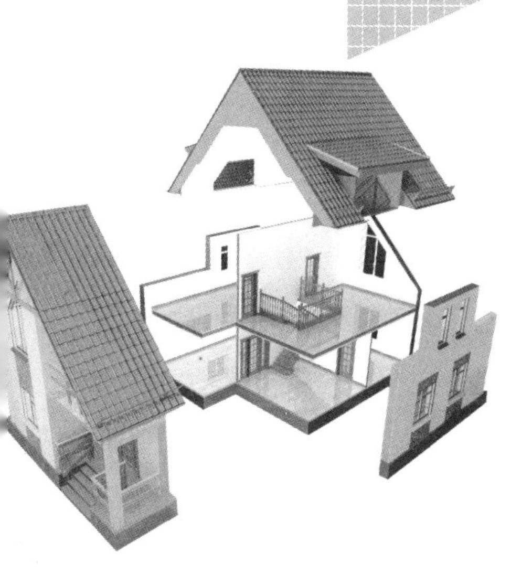

·长沙·

内容简介

本书为“十三五”职业教育国家规划教材，全书分为14个模块，内容包括：建筑与装饰材料的基本性质，气硬性无机胶凝材料，水泥，普通混凝土和建筑砂浆，墙体材料，建筑钢材，建筑防水材料，建筑石材，建筑玻璃，建筑陶瓷，木材，金属装饰材料，建筑塑料、涂料、胶黏剂，绝热材料与吸声材料等。各模块均明确了能力目标和知识目标，还附有单选题、多选题、判断题、案例分析题等多种题型的技能考核题。主要内容为常用建筑、装饰材料及制品的名称、规格、性能、使用、质量标准、检验方法、储备保管方法等。

本书以“互联网+”的形式出版，读者通过扫描书中的二维码，可以阅读由文字、图片、动画、视频、案例等组成的主题鲜明的电子资料。

本书可作为高等职业教育工程造价、建筑工程管理、建筑经济管理、建筑装饰工程等专业教材，也可供相关专业和工程造价人员学习参考。本书另配有多媒体教学电子课件。

高职高专工程造价专业“十三五”规划“互联网 + ”创新系列教材编审委员会

出版说明 INSTRUCTIONS

为了深入贯彻党的十九大精神和全国教育大会精神，落实《国家职业教育改革实施方案》(国发〔2019〕4 号)和《职业院校教材管理办法》(教材〔2019〕3 号)有关要求，深化职业教育“三教”改革，全面推进高等职业院校土建类专业教育教学改革，促进高端技术技能型人才的培养，依据教育部高职高专教育土建类专业教学指导委员会《高职高专土建类专业教学基本要求》和国家教学标准及职业标准要求，通过充分的调研，在总结吸收国内优秀高职高专教材建设经验的基础上，我们组织编写和出版了这套高等职业教育土建类专业“互联网 +”创新系列教材。

高职高专教学改革不断深入，土建行业工程技术日新月异，相应国家标准、规范，行业、企业标准、规范不断更新，作为课程内容载体的教材也必然要顺应教学改革和新形势，适应行业的发展变化。教材建设应该按照最新的职业教育教学改革理念构建教材体系，探索新的编写思路，编写出版一套全新的、高等职业院校普遍认同的、能引导土建专业教学改革的系列教材。为此，我们成立了规划教材编审委员会。规划教材编审委员会由全国 30 多所高职院校的权威教授、专家、院长、教学负责人、专业带头人及企业专家组成。编审委员会通过推荐、遴选，聘请了一批学术水平高、教学经验丰富、工程实践能力强的骨干教师及企业专家组成编写队伍。

本套教材具有以下特色：

1. 教材符合《职业院校教材管理办法》(教材〔2019〕3 号)的要求，以习近平新时代中国特色社会主义思想为指导，注重立德树人，在教材中有机融入中国优秀传统文化、“四个自信”、爱国主义、法治意识、工匠精神、职业素养等思政元素。

2. 教材依据教育部高职高专教育土建类专业教学指导委员会《高职高专土建类专业教学基本要求》及国家教学标准和职业标准(规范)编写，体现科学性、综合性、实践性、时效性等特点。

3. 体现“三教”改革精神，适应高职高专教学改革的要求，以职业能力为主线，采用行动导向、任务驱动、项目载体，教、学、做一体化模式编写，按实际岗位所需的知识能力来选取教材内容，实现教材与工程实际的零距离“无缝对接”。

4. 体现先进性特点，将土建学科发展的新成果、新技术、新工艺、新材料、新知识纳入教材，结合最新国家标准、行业标准、规范编写。

5. 产教融合，校企双元开发，教材内容与工程实际紧密联系。教材案例选择符合或接近真实工程实际，有利于培养学生的工程实践能力。

6. 以社会需求为基本依据，以就业为导向，有机融入“1+X”证书内容，融入建筑企业岗位(八大员)职业资格考试、国家职业技能鉴定标准的相关内容，实现学历教育与职业资格认证的衔接。

7. 教材体系立体化。为了方便教师教学和学生学习，本套教材建立了多媒体教学电子课件、电子图集、教学指导、教学大纲、案例素材等教学资源支持服务平台；部分教材采用了“互联网+”的形式出版，读者扫描书中的二维码，即可阅读丰富的工程图片、演示动画、操作视频、工程案例、拓展知识等。

高等职业教育土建类专业“互联网+”创新系列教材

编审委员会

再版前言 PREFACE

本书为“十三五”职业教育国家规划教材的修订版，根据教育部高等职业教育土建类专业教学指导委员会工程管理类专业分委员会制定的工程造价专业教学基本要求编写，并将工程造价专业技能抽查标准、建筑企业专业技术管理人员岗位资格考试大纲的核心内容有机地融入教材，融入“1+X”证书相关内容，突出实用性和可操作性。

本书编写中注重理论与工程实践相结合，文字表达力求浅显易懂，注重职业岗位能力的培养，力求体现高等职业技术教育的特色，由校企“双元”合作开发，注重行业的技术发展动态和趋势，引用了国家(部)、行业颁布的最新标准和规范，力求内容新颖。本书各模块由建筑与装饰材料的规格、性能、使用、质量标准、检验方法、储备保管等分项构成，符合学生的认知规律，理论知识简明扼要，重点突出技能培养，使学生能根据工程实际正确选择、合理使用建筑与装饰材料，能根据现行标准规范评定建筑与装饰材料的质量，能根据建筑与装饰材料对工程造价和工程成本的影响，从材料选用、施工现场的使用、储存保管等方面提出保证工程质量、降低工程造价、控制工程成本的方法。每个模块都附有能力目标、知识目标、工程案例和模块小结，指导学生自主学习，还附有多种题型的技能考核题，引导学生带着工作任务学习，并用所学知识解决工程中的实际问题，培养学生分析问题、解决问题的能力。

本书以“互联网+”形式出版，教材的编写注重科学性和创新性，读者通过手机扫描书中的二维码，可以阅读大量的工程实践图片、演示动画、操作视频、工程案例等主题鲜明的电子资料，不仅可以拓宽读者的知识面，还可以使读者更好地理解和掌握建筑与装饰材料的专业知识和技能要点，通过阅读丰富、直观的拓展内容，也增强了学习的趣味性，真正实现快乐学习。将课程思政元素融入教材，强化职业素养和精益求精的工匠精神的养成。

本书由曹世晖、王四清主编，全书由曹世晖统稿。书中的绪论、模块一、模块五、模块六、模块九、模块十由王四清编写，模块二、模块八、模块十一由谢飞编写，模块三、模块四由曹世晖编写，模块七由刘汉章编写，模块十二、模块十三由彭子茂编写，模块十四由彭培勇编写，“互联网+”内容素材由曹世晖、杨泽宇搜集整理。

由于编者的水平有限，本书存在的不足和疏漏之处在所难免，敬请各位读者批评指正。

本书在编写过程中得到了湖南省建工集团有限公司的大力支持和关心，在此表示感谢。本书编写过程中参阅了大量文献资料及电子资料，吸收了许多同行专家的最新研究成果，选用了国家精品课程资源网、百度图片、优酷网、土豆网、中国建筑工程网、中国建材网等网站的部分图片及视频资料，在此表示衷心感谢。

编　者

2022年5月

目录 CONTENTS

绪　论

微课1：建筑材料的分类

0.1　建筑与装饰材料的定义和分类

用于建筑物主体与建筑物内外装饰的各种材料及其制品，统称为建筑与装饰材料。

建筑与装饰材料品种繁多，通常按材料的化学成分及使用功能分类。

建筑材料分类

1. 按化学成分分

按化学成分可分为无机材料、有机材料和复合材料。

(1)无机材料：指由无机矿物单独或混合制成的材料。通常指由硅酸盐、铝酸盐、硼酸盐、磷酸盐等原料经一定的工艺制备而成的材料。其中又分为无机非金属材料和金属材料。

无机非金属材料，如天然石材、砖、瓦、石灰、水泥及制品、玻璃、陶瓷等。

金属材料，如钢、铁、铝、铜及合金制品等。

(2)有机材料：一般是由 C、H、O 等元素组成。一般来说，有机材料具有溶解性、热塑性和热固性、强度特性、电绝缘性；不过有机材料容易老化，如木材、沥青、塑料、涂料、油漆等。

(3)复合材料：指由两种或两种以上不同性质的材料，通过物理或化学的方法组成具有新性能的材料。各种材料在性能上互相取长补短，产生协同效应，使复合材料的综合性能优于原组成材料而满足各种不同的要求。包括无机材料与有机材料的复合、金属与非金属的复合、金属与有机材料的复合等，如钢筋混凝土、沥青混合料、树脂混凝土、铝塑板、塑钢门窗、金属面绝热夹芯板等。

2. 按使用功能分

根据材料在建筑物中的使用功能不同，可分为建筑结构材料和建筑功能材料。

建筑结构材料：指构成建筑物受力构件或结构，用于承受建筑物自重和外部荷载的材料。如建筑物的梁、板、柱、基础、承重墙体等用材料。

建筑功能材料：指担负建筑物使用过程中所必需的某些建筑功能的非承重用材料。如起围护作用的墙体、门窗，以及起防水、保温、装饰作用等材料。

0.2　建筑与装饰材料在建筑工程中的地位

微课2：建筑材料的地位与发展

1. 建筑与装饰材料是建筑工程中不可缺少的物质基础

任何一项建筑工程都是由不同的建筑与装饰材料合理组建起来的。例如，修建住宅、办公楼等建筑，每 1000 m^2需 1000 ~ 1500 t 材料，估计用量举例如表 0 – 1 所示。

表 0-1　每 1000 m^2 房屋建筑材料参考用量

建筑类型	红砖/千块	砂/m^3	砾石/m^3	水泥/t	钢材/t	木材/m^3	玻璃/m^2	石灰膏/m^3
五层框架办公楼	23	370	40	231	35.0	37	160	5
六层砖混住宅楼	209	370	16	159	15.5	51	140	20

因此，随着工程建设的进展，要及时提供数量充足、质量良好、品种齐全的各种材料，才能保证工程建设的顺利进行。

2. 建筑与装饰材料的质量直接影响建筑工程的质量

材料的质量如何，直接影响着工程的质量。材料的品种、组成、构造、规格及使用方法都会对建筑物的结构安全性、耐久性、适用性产生影响。将劣质材料使用到建筑工程上去，必然危害建筑工程的质量，影响建筑工程的使用效果和耐久性能，甚至会造成严重事故。因此，应根据设计要求，选用质量符合要求的材料，从材料的生产、选择、使用和检验以及材料的贮存、保管等各个环节确保材料的质量。并严格按国家相关标准、规范和法律法规的要求，对所用建筑材料及其制品的质量分批次进行抽样检测，确保材料及其制品的质量符合国家有关标准的要求。

建筑材料的费用

3. 建筑与装饰材料决定着工程造价和经济效益

材料费用在建筑工程总造价中占有较大的比重，一般占 50% ~60% 。因此，在保证材料质量的前提下，降低材料费用，对降低工程造价、提高经济效益，将起很大的作用。正确选择、就地取材、合理利用、减少浪费、科学管理等，都是降低材料费用的合理途径。

4. 新型材料的研制和发展将促进建筑结构和施工技术的进步

建筑材料与建筑设计、结构设计、施工之间存在着相互促进、相互依存的密切关系。建筑工程中许多技术问题的突破和创新，往往依赖于建筑材料性能的改进与提高。而新的建筑材料的出现，又促进了建筑设计、结构设计和施工技术的发展，也使建筑物的功能、适用性、艺术性、坚固性和耐久性等得到进一步的改善。

古罗马时代使用的主要建筑材料是砖和石料，公元 125 年建造的万神庙，直径为 44 m 的半球形屋顶，采用砖石结构，用了 12000 t 材料。由于水泥的发明、钢筋混凝土的出现，1912 年波兰建造了直径为 65 m 的世纪大厅，采用钢筋混凝土肋形拱顶，重量只有 1500 t；由于玻璃纤维增强水泥制品的出现，1977 年原西德斯图加特市联邦园艺展览厅，采用玻璃纤维增强水泥的双曲抛物面屋盖，厚 1 cm，直径 31 m，重量只有 25 t。因此，建筑材料的发展是加速建筑结构与施工技术革新的一个重要因素。

0.3　建筑与装饰材料的发展状况和发展方向

建筑材料的发展

1. 建筑材料的发展状况

建筑材料的发展是随着人类社会生产力和科学技术的提高而逐步发展起来的。人类最早穴居巢处，几乎没有建筑材料的概念。随着社会生产力的发展，人类进入能制造简单的石器、铁器工具时代后，开始掘土凿石为洞，伐木搭竹为棚，利用最原始的材料建造最简陋的房屋。在人类历史发展过程中，建筑材料有过三次重大的突破，带来了建筑技术的三次大飞跃。

公元前3世纪有了烧制的砖瓦、陶瓷、石灰，使建筑冲破了天然材料的局限，得以营造大量的、较大规模的、坚固耐用的各种建筑，这是建筑技术的第一次飞跃。

19世纪有了钢材、水泥，随后便有了钢结构、混凝土结构、钢筋混凝土结构、预应力混凝土结构，使结构的形式和规模都有了巨大的发展，结构的跨度也从几米、几十米发展到上百米乃至几百米。这是建筑技术的第二次大飞跃。

第三次飞跃是从20世纪30年代人工合成材料问世至今，各种高分子材料和有机、无机、金属、非金属的复合材料迅速发展，这些轻质、高强、多功能的材料，大大地减轻了材料的自重，为建筑物向高层空间发展创造了极好的条件。

因此，建筑与装饰材料的发展，是推动建筑业发展的重要因素。

2. 建筑与装饰材料的发展方向

为适应时代发展的需要，必须不断提高建筑工程质量和降低工程造价，不断研究新材料，开发新型产品。新型材料的发展具有以下趋势。

(1)高强：研制和发展高强度材料，以减小承重结构构件的截面，降低结构自重。

(2)轻质：发展轻质材料，减轻建筑物的自重，降低运输费用和工人劳动强度。

(3)复合高效多功能：发展高性能的复合材料，使材料具有高耐久性、高防火性、高防水性、高保温性、高吸声性、高装饰性等优异性能，并且使一种材料具有多种功能，除了满足坚固、安全、耐久性的要求之外，还具有良好的保温隔热、吸声、防潮、装饰等功能。

(4)节约能源：研制和生产低能耗(包括材料生产能耗和建筑使用能耗)的节能建筑材料，这对于降低成本、节约能源将起到十分有益的作用。

(5)综合利用：充分利用各种地方材料和工业废渣来生产建筑材料，降低成本，变废为宝，化害为利，节约能源，改善环境。

(6)工业化生产：发展适用于由工厂大规模生产、机械化安装施工的材料制品，加快施工速度，提高经济效益。

0.4 建筑与装饰材料的技术标准

建筑材料的技术标准是建筑材料的生产、销售、采购、验收和质量检验的法律依据，它包括材料、试验检测、设计、施工、验收等技术标准。根据标准的属性又分为国家标准、行业标准、地方标准、企业标准等。标准的一般表示方法是由标准名称、代号、编号和颁布年号等组成。

1. 国家标准

国家标准是指在全国范围内统一实施的标准。包括强制性标准和推荐性标准。

(1)强制性标准：代号为“GB”，是指在一定范围内通过法律、行政法规等强制性手段加以实施的标准，具有法律属性。强制性标准一经颁布，必须贯彻执行，否则对造成恶劣后果和重大损失的单位和个人，要进行经济制裁或追究法律责任。

如：《通用硅酸盐水泥》(GB 175—2007)、《钢筋混凝土用钢 第1部分：热轧光圆钢筋》(GB 1499.1—2017)、《混凝土结构工程施工质量验收规范》(GB 50204—2015)等，均属于强制性标准。

(2)推荐性标准：代号为“GB/T”，又称非强制性标准或自愿性标准，是指生产、交换、使用等方面，通过经济手段或市场调节而自愿采用的一类标准。这类标准，不具有强制性，任何单位均有权决定是否采用，违反这类标准，不构成经济或法律方面的责任。但推荐性标准一经接受并采用，或各方商定同意纳入经济合同中，就成为各方必须共同遵守的技术依据，具有法律上的约束性，如：《建设用碎石、卵石》(GB/T 14685—2022)、《混凝土物理力学性能试验方法标准》(GB/T 50081—2019)等。

2. 行业标准

由我国各主管部、委(局)批准发布，并报国务院标准化行政主管部门备案，在该行业范围内统一使用的标准。包括部级标准和专业标准。

建筑工程行业建筑工程技术标准——代号为“JGJ”，如：《普通混凝土用砂、石质量及检验方法标准》(JGJ 52—2006)。

建筑材料行业技术标准——代号为“JC”，如：《喷射混凝土用速凝剂》(JC 477—2005)。

铁道行业建筑工程技术标准——代号为“TB”，如：《铁路混凝土工程施工质量验收标准》(TB 10424—2010　J 1155—2011)。

交通行业建筑工程技术标准——代号为“JTG”，如：《公路桥涵施工技术规范》(JTG/T F50—2011)。

城市建设标准——代号为“CJJ”，如：《城镇道路工程施工与质量验收规范》(CJJ 1—2008)。

中国工程建设标准化协会标准——代号为“CECS”，如：《混凝土结构耐久性评定标准》(CECS220：2007)。

3. 地方标准

由省、自治区、直辖市标准化行政主管部门制定，并报国务院标准化行政主管部门和国务院有关行政主管部门备案的有关技术指导性文件，适应本地区使用，其技术标准不得低于国家有关标准的要求，其代号为“DB”。

4. 企业标准

企业标准由企业制定，由企业法人代表或法人代表授权的主管领导批准、发布，并报当地政府标准化行政主管部门和有关行政主管部门备案，适应本企业内部生产的有关指导性技术文件。企业标准不得低于国家有关标准的要求。其代号为“QB”。

5. 国际标准

国际标准是指国际标准化组织(ISO)、国际电工委员会(IEC)和国际电信联盟(ITU)制定的标准，以及国际标准化组织确认并公布的其他国际组织制定的标准。国际标准在世界范围内统一使用。例如，我国加入 WTO 以来，我国建筑材料工业与国际建材工业实现了对接，促进了建材工业的科技进步，提高产品质量和标准化水平，扩大建筑材料的对外贸易，采用和参考了国际通用标准和先进标准。常用的国际标准有以下几类：

美国材料与试验协会标准(ASTM)，属于国际团体和公司标准。

联邦德国工业标准(DIN)，欧洲标准(EN)，属于区域性国家标准。

国际标准组织标准(ISO)，属于国际性标准化组织的标准。

6. 标准的选用原则

国家标准属于最低要求。一般来讲，行业标准、企业标准等标准的技术要求通常高于国家标准，因此，在选用标准时，除国家强制性标准外，应根据行业的不同选用该行业的有关标准，无行业标准的选用国家推荐性标准或指定的其他标准。

0.5 本课程的内容、任务和学习方法

1. 本课程的内容

本课程主要介绍常用建筑与装饰材料的品种、规格、技术性能、质量标准、应用与施工管理，以及主要建筑材料的质量检测样品的抽取、检测方法与检测结果评定等方面知识。

2. 本课程的任务

“建筑与装饰材料”是工程造价专业一门重要的专业基础课程，同时也为学习后续专业课程奠定了基础。学生通过对本课程的学习能达到如下要求。

(1)了解常用材料的组成及生产加工原理。

(2)掌握常用材料的品种、规格、技术性能、质量标准、特点与应用，能查阅材料的有关技术标准及施工质量验收标准。

(3)具备对主要建筑材料的质量进行检测的能力，并能够正确判断其质量是否合格。

(4)具备正确验收和保管建筑与装饰材料的能力，实现资源的最大化利用，同时对新材料具备认识及鉴别能力。

3. 本课程的学习方法

本课程具有综合性强，系统性差，涉及知识面广；实践性强，逻辑性差，叙述性和规范性内容多，理论计算少等特点。因此，学习本课程应注意如下几点：

(1)材料的组成和结构是决定材料性质的内在因素，只有了解材料的性质与组成结构的关系才能掌握材料的性质。

(2)同类材料存在共性，同类材料的不同品种还存在着特性。学习时应掌握各种材料的共性，再运用对比的方法掌握不同品种材料的特性，便于理解。

(3)材料的性质会受到外界环境条件的影响，学习时要运用已学过的物理、化学等基础知识加深理解，提高分析和解决问题的能力。

(4)深入建筑工地参观，感性认识各类建筑与装饰材料在建筑工程上的应用。

(5)材料检测是本课程学习的一个重要环节。掌握主要建筑材料的质量检测方法、检测报告的处理与检测结果的评定是熟悉材料性质、了解技术标准、鉴定材料质量的重要手段。

(5)借助互联网，了解新型材料的发展趋势，查阅各种材料的相关信息，进一步了解材料的性能与应用。

模块一　建筑与装饰材料的基本性质

能力目标	知识目标
1. 具有鉴别建筑材料好坏的能力 2. 具有分析影响材料基本性质的因素的能力	1. 掌握材料的物理性质、力学性质、耐久性等基本性质的概念、表示方法及有关的影响因素 2. 了解材料基本性质的分类

建筑物是由各种建筑材料建筑而成的，材料是构成建筑物的物质基础，直接关系建筑物的安全性、功能性、耐久性和经济性。材料所处的使用环境不同、所处建筑物的部位不同，对材料的使用功能要求就不同。正确合理地选用材料是以其性质为依据，选用材料就必须掌握其性质。

1.1　材料的物理性质

与质量有关的性质

微课3：材料与质量有关的性质

1.1.1　与质量有关的性质

1. 密度

固体材料的体积构成如图 1－1 所示。密度(ρ)是指材料在绝对密实状态下单位体积的质量，按下式计算：

$$\rho = \frac{m}{V} \tag{1-1}$$

式中：ρ——材料的密度，g/cm^3；

m——材料在干燥状态下的质量，g；

V——材料在绝对密实状态下的体积，cm^3。

所谓绝对密实状态下的体积，是指不包括任何孔隙的体积，也称实体积。在自然界中，除了钢材、玻璃等少数材料外，绝大多数固体物质都含有一些孔隙，如砖、石材等块状材料。而这些孔隙又根据是否与外界相连通分为开口孔隙(浸渍时能被液体填充)和闭口孔隙(与外界不相连通)。

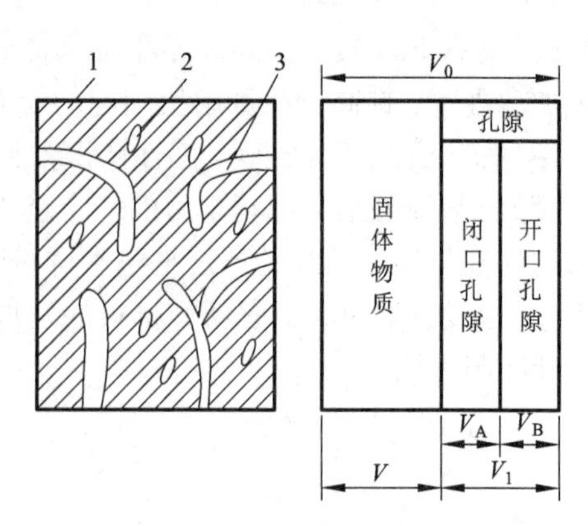

1—固体物质；2—闭口孔隙；3—开口孔隙

图 1－1　固体材料的体积构成

2. 表观密度

表观密度(ρ_0)指材料在自然状态下单位体积的质量，俗称容重，按下式计算：

$$\rho_0 = \frac{m}{V_0} \tag{1-2}$$

式中：ρ_0——材料的表观密度，kg/m^3；

m——材料的质量，kg；

V_0——材料在自然状态下的体积，m^3。

材料在自然状态下的体积是指包括材料内部孔隙的体积。测定材料在自然状态下的体积时，若材料外观形状规则，可直接度量外形尺寸，按几何公式计算；若外观形状不规则，可用排水法测得，为了防止水分由孔隙渗入材料内部而影响测定值，应在材料表面涂蜡。

当材料含水时，重量增大，体积也会发生变化，所以测定表观密度时须同时测定其含水率，注明含水状态。材料的含水状态有风干（气干）、烘干、饱和面干和湿润四种。通常材料的表观密度为气干状态，而在烘干状态下的表观密度叫干表观密度。

3. 堆积密度

散粒材料堆积的体积示意图如图1－2所示。在堆积状态下单位堆积体积的质量，称为材料的堆积密度（ρ_0'）。其计算式如下：

$$\rho_0' = \frac{m}{V_0'} \tag{1-3}$$

式中：ρ_0'——堆积密度，kg/m^3；

m——材料的质量，kg；

V_0'——材料的堆积体积，m^3。

堆积体积是指包括材料颗粒间空隙在内的体积，对于配制混凝土用的碎石、卵石及砂等松散颗粒状材料的堆积密度，可通过在规定条件下用所填充容量筒的容积来求得。材料的堆积密度应注明材料的含水状态。根据散粒材料的堆积状态，堆积体积分为自然堆积体积和紧密堆积体积（人工捣实后）。由紧密堆积测得的堆积密度称为紧密堆积密度。

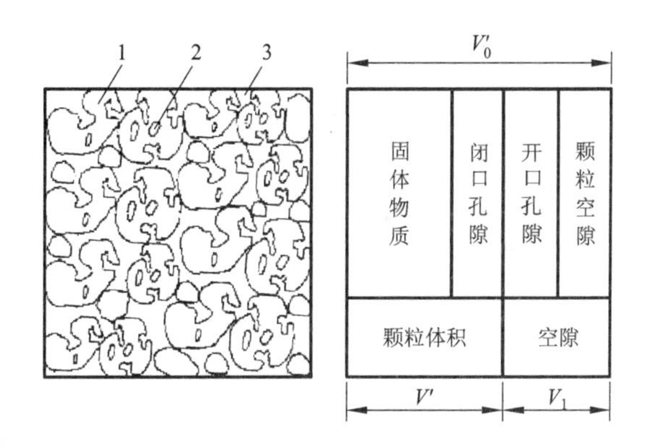

1—固体物质；2—闭口孔隙；3—空隙

图1－2　散粒状材料堆积的体积示意图

4. 密实度与孔隙率

密实度是指材料体积内被固体物质所充实的程度，即材料的固体物质的体积占总体积的比例，以D表示，可用下式计算：

$$D = \frac{V}{V_0} \times 100\% = \frac{\rho_0}{\rho} \times 100\% \tag{1-4}$$

孔隙率是指材料的体积内，孔隙体积占材料总体积的百分率，以P表示，可用下式计算：

$$P = \frac{V_0 - V}{V_0} \times 100\% = \left(1 - \frac{\rho_0}{\rho}\right) \times 100\% \tag{1-5}$$

即　　$D + P = 1$　或　密实度＋孔隙率＝1

材料的孔隙率与密实度是从两个不同侧面反映材料的密实程度，通常采用孔隙率表示。材料的许多性质，如表观密度、强度、导热性、透水性、抗冻性、抗渗性、耐蚀性等，除与材料的孔隙率有关，还与孔隙构造特征、孔隙大小有关。孔隙构造特征主要是指孔隙的形状，根据孔隙形状分开口孔隙与封闭孔隙两类，开口孔隙与外界相连通，闭口孔隙则与外界隔绝，开口孔隙能提高材料的吸水性、透水性，而降低了抗冻性，减少开口孔隙，增加闭口孔隙，可提高材料的耐久性。根据孔隙的尺寸大小，分为微孔、细孔及大孔三类。一般均匀分布的且封闭的微孔较多、孔隙率较小的材料，其吸水性较小，强度较高，导热系数较小，抗渗性和抗冻性较好。

5. 填充率与空隙率

填充率(D')是指散粒材料的堆积体积中，颗粒体积所占总体积的百分率，它反映了被颗粒所填充的程度，按下式计算：

$$D' = \frac{V_0}{V_0'} \times 100\% \quad 或 \quad D' = \frac{\rho_0'}{\rho_0} \times 100\% \tag{1-6}$$

空隙率(P')是指散粒材料的堆积体积中，颗粒之间的空隙体积占总体积的百分率。

$$P' = \frac{V_0' - V_0}{V_0'} = 1 - \frac{V_0}{V_0'} = 1 - D' \tag{1-7}$$

空隙率和填充率是从两个不同侧面反映散粒材料的颗粒相互填充的疏密程度，空隙率可以作为控制混凝土骨料级配及计算砂率的依据。

常用材料的密度、表观密度及堆积密度见表1-1。

表1-1　常用材料的密度、表观密度及堆积密度数据表

材　料	密度ρ/(g·m^{-3})	表观密度ρ_0/(kg·m^{-3})	堆积密度ρ_0'/(kg·m^{-3})
石灰岩	2.60	1800~2600	—
花岗岩	2.60~2.90	2500~2900	—
碎石(石灰岩)	2.60	—	1400~1700
砂	2.60	—	1450~1650
普通黏土砖	2.50~2.80	1600~1800	—
空心黏土砖	2.50	1000~1400	—
水泥	3.20	—	1200~1300
普通混凝土	—	2100~2600	—
轻集料混凝土	—	800~1900	—
木材	1.55	400~800	—
钢材	7.85	7850	—
泡沫塑料	—	20~50	—
玻璃	2.55	—	—

与水有关的性质

微课4：建筑材料与水有关的性质

1.1.2　与水有关的性质

1. 亲水性与憎水性

材料在空气中与水接触时，根据其表面能否被润湿，可分为亲水性材料与憎水性材料两类。这种现象是由于材料与水和空气三相接触时的表面作用力不同而产生。

材料、水和空气三相接触的交点处，沿水滴表面的切线与水和固体接触面所成的夹角 θ 称为润湿角(图1-3)。当 $\theta \leqslant 90°$，材料表面吸附水，材料表面能被水润湿而表现出亲水性，这种材料为亲水性材料，如水泥、混凝土、砂、石、砖等。当 $\theta > 90℃$ 时，材料表面不吸附水，材料表面不会被水浸润，这种材料为憎水性材料，如沥青、石蜡、有机涂料(油漆或树脂类)、塑料等。憎水性材料常用作防水、防潮、防腐材料，也可用作亲水性材料的表面处理，以提高其耐久性。

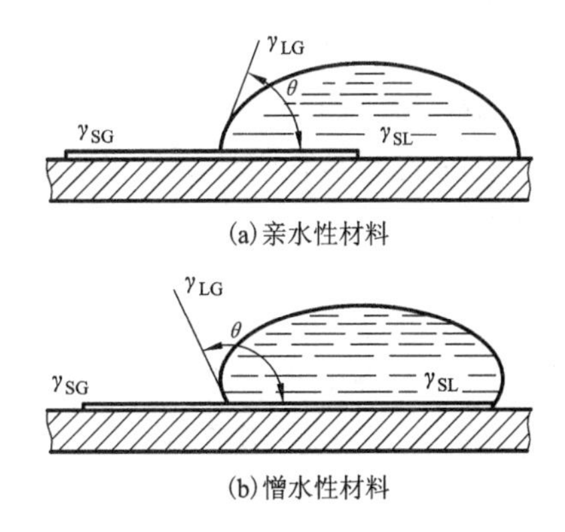

图1-3　材料润湿角示意图

2. 吸水性和吸湿性

(1)吸水性

吸水性是材料在水中能吸收水分的性质，其大小用吸水率表示。吸水率有质量吸水率($W_{质}$)和体积吸水率($W_{体}$)之分。

质量吸水率是指材料所吸收水分的质量占材料干燥质量的百分数，可按下式计算：

$$W_{质}=\frac{m_{湿}-m_{干}}{m_{干}}\times 100\% \tag{1-8}$$

式中：$W_{质}$——材料的质量吸水率，%；

$m_{湿}$——材料吸水饱和后的质量，g；

$m_{干}$——材料烘干到恒重时的质量，g。

体积吸水率是指材料体积内被水充实的程度，即材料吸收水分的体积占干燥材料自然体积的百分数，可按下式计算：

$$W_{体}=\frac{m_{湿}-m_{干}}{V_0\times\rho_{水}}\times 100\% \tag{1-9}$$

式中：$W_{体}$——材料的体积吸水率，%；

$m_{湿}$——材料吸水饱和后的质量，g；

$m_{干}$——材料烘干到恒重时的质量，g；

V_0——干燥材料在自然状态下的体积，cm^3。

$\rho_{水}$——水的密度，$g\cdot cm^{-3}$。

质量吸水率与体积吸水率存在如下关系：

$$W_{体}=W_{质}\times\rho_0 \tag{1-10}$$

材料的吸水率大小不仅与材料的亲水性、憎水性有关，而且与材料的孔隙率和孔隙特征有关。一般说来，孔隙率越大，吸水率越大。但在材料的孔隙中，不是全部孔隙都能够被水所充满，因为封闭的孔隙，水分不易渗入；而粗大的孔隙，水分又不易存留，故材料的体积吸水率，常小于孔隙率。这类材料常用质量吸水率表示它的吸水性。对于某些轻质材料，如加气混凝土、软木等，由于具有很多开口而微小的孔隙，所以它的质量吸水率往往超过100%，即湿质量为干质量的几倍，在这种情况下，最好用体积吸水率表示其吸水性。

材料吸收水分后，不仅表观密度增大、强度降低，保温隔热性能降低，且更易受冰冻破坏，因此材料吸水后对材料质量是不利的。

(2)吸湿性

材料在潮湿的空气中吸收空气中水分的性质称为吸湿性。吸湿性用含水率($W_{含}$)表示。

含水率是指材料内部所含水质量占材料干燥质量的百分数，称为材料的含水率。可按下式计算：

$$W_{含} = \frac{m_{含} - m_{干}}{m_{干}} \times 100\% \tag{1-11}$$

式中：$W_{含}$——材料的含水率，%；

$m_{含}$——材料含水时的质量，g；

$m_{干}$——材料干燥至恒重时的质量，g。

材料含水率的大小不仅取决于自身的特征(亲水性、孔隙率和孔隙特征)，还受周围环境的影响，即随温度、湿度变化而改变，气温越低，相对湿度越大，材料的含水率就越大。当材料的含水率达到与环境湿度保持相对平衡状态时，称为平衡含水率。

木材的吸湿性随着空气湿度的变化特别明显。例如木门窗制作后如长期处于空气湿度小的环境下，为了与周围湿度平衡，木材便向外散发水分，导致门窗体积收缩而干裂。

3. 耐水性

材料抵抗水的破坏作用的能力称为耐水性。材料的耐水性应包括水对材料的力学性质、光学性质、装饰性质等多方面性质的劣化作用。但习惯上将水对材料的力学性质的劣化作用称为耐水性，即材料长期在饱和水分作用下不破坏，其强度也不显著降低的性质。材料的耐水性用软化系数($K_{软}$)表示。如下式所示：

$$K_{软} = \frac{f_{饱}}{f_{干}} \tag{1-12}$$

式中：$K_{软}$——材料的软化系数；

$f_{饱}$——材料在饱和水状态下的抗压强度，MPa；

$f_{干}$——材料在干燥状态下的抗压强度，MPa。

材料的软化系数范围在0~1之间，其值越小，说明材料吸水饱和后强度降低越多，材料耐水性越差。通常将软化系数大于0.80的材料称为耐水材料。对于经常位于水中或处于潮湿环境中的重要建筑物，其所选用的材料要求软化系数不得小于0.85；对于受潮较轻或次要结构所用材料，软化系数稍微降低，但不宜小于0.75。

材料的耐水性主要取决于其组成成分在水中的溶解度和材料内部开口孔隙率的大小。软化系数一般随溶解度增大、开口孔隙率增多而变小。溶解度很小的材料、孔隙率低或具有较多封闭孔隙的材料，软化系数一般较大，材料的耐水性好。

4. 抗渗性

材料抵抗压力渗透的性质称为抗渗性，或称不透水性。材料的抗渗性可用以下两种方法表示。

(1)抗渗系数

根据达西定律，在一定时间 t 内，透过材料试件的水量 W 与试件的渗水面积 A 及水头差 h 成正比，与试件厚度 d 成反比，得到抗渗系数(K)的表达式为：

$$K = \frac{Wd}{Ath} \tag{1-13}$$

式中：K——抗渗系数，cm/h；

W——透过材料试件的水量，cm^3；

t——透水时间，h；

A——透水面积，cm^2；

h——静水压力水头，cm；

d——试件厚度，cm。

渗透系数越大，表明材料渗透的水量越多，即抗渗性越差。

(2)抗渗等级

材料的抗渗性可用抗渗等级(Pn)表示。抗渗等级 n 是指在标准试验条件下所能承受的最大水压力的 10 倍数。混凝土、砂浆等的抗渗性用抗渗等级表示。例如：P6、P8、P10 分别表示材料能承受 0.6 MPa、0.8 MPa、1.0 MPa 的水压而不透水。

材料的抗渗性不仅取决于其亲水性还是憎水性，更取决于材料的孔隙率及孔隙特征。孔隙率小，抗渗性好；在孔隙率相同条件下，开口孔隙多、孔径尺寸大且连通的材料，抗渗性差。

抗渗性是决定材料耐久性的重要因素，它影响到材料的抗冻性、抗腐蚀性及抗风化等性能。在设计地下建筑、防水工程、压力管道、容器等结构时，均需要求所用材料具有一定的抗渗性能。抗渗性也是检验防水材料质量的重要指标。

5. 抗冻性

材料在吸水饱和状态下，经多次冻结和融化作用(冻融循环)而不破坏，同时强度也无显著降低的性质称为抗冻性。通常采用 -15℃ 的温度(水在微小毛细管中低于 -15℃ 才能冻结)冻结后，再在 20℃ 的水中融化，这样的一个过程称为一次冻融循环。

当温度降到摄氏零度以下时，材料内的水分会由表及里地冻结，内部水分不能外溢，水结冰后体积膨胀约 9%，产生强大的冻胀应力，当此应力超过材料的抗拉强度时会使材料内毛细管壁胀裂，造成材料局部破坏，随着温度交替变化，冻结与融化循环反复，冰冻的破坏作用逐渐加剧，最终导致材料破坏。

材料的抗冻性用抗冻等级表示。将材料吸水饱和后，按规定方法进行冻融循环试验，以质量损失不超过 5%，或强度下降不超过 25%，所能经受的最大冻融循环次数来确定，常用“Fn”表示，其中 n 表示材料能承受的最大冻融循环次数，如 F100 表示材料在一定试验条件下能承受 100 次冻融循环。

材料的抗冻性与材料的孔隙率、孔隙特征、充水程度等因素有关。材料的强度越高，软化系数越大，其抗冻性较高。一般认为软化系数小于 0.80 的材料，其抗冻性较差。抗冻性良好的材料，对于抵抗大气温度变化、干湿交替等风化作用的能力较强。所以抗冻性常作为考查材料耐久性的一项指标。

1.1.3　材料与热有关的性质

保温材料

1. 导热性

当材料两侧存在温度差时，热量将由温度高的一侧通过材料传递到温度低的一侧，材料的这种传导热量的能力称为导热性。材料的传热示意图如图 1-4 所示。材料导热能力用导热系数(λ)来表示，其计算式为：

$$\lambda = \frac{Qd}{At(T_1 - T_2)} \tag{1-14}$$

式中：λ——导热系数，W/(m·K)；

Q——传导热量，J；

d——材料厚度，m；

A——传热面积，m^2；

t——传热时间，s；

$T_1 - T_2$——材料两侧温差，K。

热导率 λ 的物理意义是：厚度为 1 m 的材料，当其相对两侧表面温度差为 1 K 时，在 1 s 时间内通过 1 m^2 单位面积的热量。导热系数是评定材料保温隔热性能的重要指标，导热系数越小，材料的保温隔热性能越好。通常把导热系数不大于 0.023 W/(m·K) 的材料称为绝热材料。

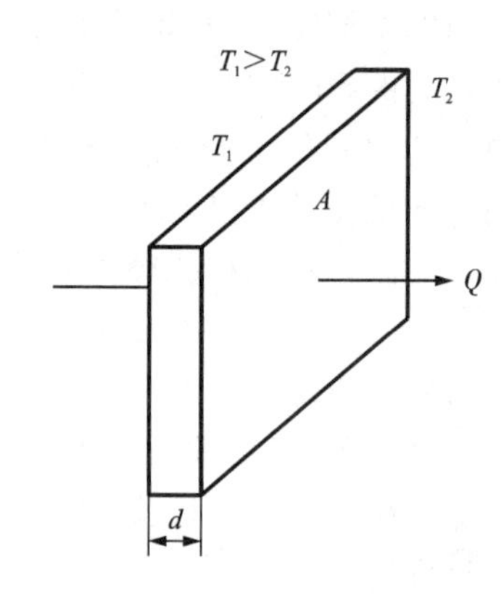

图 1-4　材料传热示意图

材料的导热系数与材料的组成、结构、孔隙率、孔隙特征、含水率等有关。一般来讲，金属材料、无机材料、晶体材料的热导率分别大于非金属材料、有机材料、非晶体材料；当材料中含有较多闭口孔隙时，其导热系数较低，但当材料内部含有较多粗大连通的孔隙时，其导热系数较高；材料受潮后，在材料的孔隙中有水分(包括蒸汽水和液态水)，其导热系数会增加，如果孔隙中的水分冻结成冰，材料的导热系数将更大，所以工程中使用保温材料应特别注意防潮防冻。

2. 热容量

材料加热时吸收热量冷却时放出热量的性质，称为热容量。热容量大小用比热容(也称热容量系数，c)表示。比热容为 1 g 材料温度升高 1 K 时所吸收的热量或降低 1 K 时所放出的热量，用下式表示：

$$c = \frac{Q}{m(T_1 - T_2)} \tag{1-15}$$

式中：Q——材料吸收或放出的热量，J；

c——比热容，J/(g·K)；

m——材料的质量，g；

$T_1 - T_2$——材料受热或冷却后的温差，K。

比热容是反映材料的吸热或放热能力大小的物理量。材料的比热容，对保持建筑物内部温度稳定有很大意义，比热容大的材料，能在热流变动或采暖设备供热不均匀时，缓和室内的温度变动，屋面材料也宜选用热容量大的材料。不同的材料，其比热不同，即使是同种材料，由于物态不同，其比热也不相同。常见建筑材料的热导率和比热容见表 1-2。

3. 耐火性

耐火性指材料在高温或遇火的作用下，保持其原有性质而不损坏的性能，用耐火度表示。工程上用于高温环境的材料和热工设备等都要使用耐火材料。

表1-2　常用建筑材料的热导率和比热容指标

材料名称	热导率 /[W·(m·K)$^{-1}$]	比热容 /[J·(g·K)$^{-1}$]	材料名称	热导率 /[W·(m·K)$^{-1}$]	比热容 /[J·(g·K)$^{-1}$]
建筑钢材	58	0.48	黏土空心砖	0.64	0.92
花岗岩	3.49	0.92	松土	0.17~0.35	2.51
普通混凝土	1.28	0.88	泡沫塑料	0.03	1.30
水泥砂浆	0.93	0.84	冰	2.20	2.05
白灰砂浆	0.81	0.84	水	0.60	4.19
普通黏土砖	0.81	0.84	静止空气	0.025	1.00

根据材料耐火度的不同，可分为三大类。耐火材料指耐火度不低于1580℃的材料，如各类耐火砖等。难熔材料指耐火度为1350~1580℃的材料，如难熔黏土砖、耐火混凝土等。易熔材料指耐火度低于1350℃材料，如普通黏土砖、玻璃等。

4. 耐燃性

耐燃性指材料能经受火焰和高温的作用而不破坏，强度也不显著降低的性能，是影响建筑物防火、结构耐火等级的重要因素。根据材料耐燃性的不同，可分为以下四大类：

(1)不燃材料。遇火或高温作用时，不起火、不燃烧、不碳化的材料，如混凝土、天然石材、砖、玻璃和金属等。需要注意的是玻璃、钢铁和铝等材料，虽然不燃烧，但在火烧或高温下会发生较大的变形或熔融，因而是不耐火的。

(2)难燃材料。遇火或高温作用时，难起火、难燃烧、难碳化，只有在火源持续存在时才能继续燃烧，火源消除燃烧即停止的材料，如沥青混凝土和经防火处理的木材等。

(3)可燃材料。指遇火或高温作用时，立即起火或微燃，火源消除后仍能继续燃烧或微燃的材料，如木材、沥青等。用可燃材料制作的构件，一般应作防燃处理。

(4)易燃材料。指遇火或高温作用时，立即起火并迅速燃烧，火源消除后仍能继续迅速燃烧的材料，如纤维织物等。

5. 温度变形

温度变形指材料在温度变化时产生的体积变化，多数材料在温度升高时体积膨胀，温度下降时体积收缩。温度变形在单向尺寸上的变化称为线膨胀或线收缩，一般用线膨胀系数来衡量，线膨胀系数用“α”表示，其计算式如下

$$\alpha = \frac{\Delta L}{(T_1 - T_2)L} \tag{1-16}$$

式中：α——材料在常温下的平均线膨胀系数，1/K；

ΔL——材料的线膨胀或线收缩量，mm；

$T_1 - T_2$——材料的温度差，K；

L——材料原长，mm。

材料的线膨胀系数一般都较小，但由于建筑工程结构的尺寸较大，温度变形引起的结构体积变化仍是关系其安全与稳定的重要因素。工程上常用预留伸缩缝的办法来解决温度变形问题。

1.1.4 与声学有关的性质

1. 吸声性

当声音传入构件材料表面时，声能一部分被反射，一部分穿透材料，还有一部分由于构件材料的振动或声音在其中传播时与周围介质摩擦，由声能转化成热能，声能被损耗，即常说的声音被材料吸收。被吸收声能(E)(包括部分穿透材料的声能在内)和传递给材料的全部声能(E_0)之比，是评定材料吸声性能好坏的主要指标，用吸声系数(α)表示。

$$\alpha = \frac{E}{E_0} \tag{1-17}$$

式中：α——材料的吸声系数；

E_0——传递给材料的全部入射声能；

E——被材料吸收(包括穿透)的声能。

材料的吸声性能除与材料本身的厚度、结构及材料的表面特征有关外，还和声波的入射方向及频率有关。对于高、中、低不同频率的吸声系数不同。通常取125 Hz、250 Hz、500 Hz、1000 Hz、2000 Hz、4000 Hz 6个频率的吸声系数来表示材料的吸声频率特征。6个频率平均吸声系数大于0.2的材料，称为吸声材料。材料的吸声系数越高，吸声效果越好。

从材料的角度来考虑，吸声性能的好坏主要与材料的孔隙率及孔隙构造有关。材料的孔隙越多越细小，吸声效果越好，如果孔隙过大，则效果就差。如果材料中的孔隙大部分为单独的封闭的气泡(如聚氯乙烯泡沫塑料)，则因声波不能进入，从吸声机理上来讲，就不属多孔性吸声材料。当多孔材料表面涂刷油漆或材料吸湿时，则因材料的孔隙被水分或涂料所堵塞，其吸声效果亦将大大降低。

吸声材料及吸声结构

建筑工程中常用的多孔吸声材料有：水泥膨胀珍珠岩板、矿渣棉、玻璃棉、超细玻璃棉、沥青矿渣绵毡、泡沫玻璃、泡沫塑料、软木板、木丝板、穿孔纤维板、工业毛毡、地毯、帷幕等。

除了采用多孔吸声材料吸声外，还可将材料组成不同的吸声结构，达到更好的吸声效果。常用的吸声结构有薄板共振吸声结构和穿孔板吸声结构。薄板共振吸声结构式采用薄板钉牢在靠墙的木龙骨上，薄板与板后的空气层构成了薄板共振吸声结构。穿孔板吸声结构用穿孔的胶合板、纤维板、金属板或石膏板等为结构主体，与板后的空气层(空气层中有时可填充多孔材料)构成吸声结构，该结构吸声的频带较宽，对中频的吸声能力最强。

2. 隔声性

隔声性指材料隔绝声音的能力。声音按其传播途径可分为空气声(由于空气的振动)和固体声(由于固体撞击或振动)两种。材料的隔声能力可以通过材料对声波的透射系数(τ)来衡量。

$$\tau = \frac{E_\tau}{E_0} \tag{1-18}$$

式中：τ——声波透射系数；

E_τ——透过材料的声能；

E_0——入射总声能。

材料的透射系数越小，隔声性能越好。常用隔声量 R(单位：dB)表示构件对空气声音隔绝的能力，它与透射系数的关系是：

$$R = -10\lg\tau \tag{1-19}$$

隔绝空气传声，根据声学中的“质量定律”，墙或板传声的大小主要取决于其单位面积质量，质量越大，越不易振动，则隔音效果越好，故对此必须选用密实、沉重的材料(如黏土砖、钢板、钢筋混凝土)作为隔声材料。

隔绝固体声最有效的措施是采用不连续的结构处理，即在墙壁和承重梁之间、房屋的框架和隔墙及楼板之间加弹性衬垫，如毛毡、软木、橡皮等材料，或在楼板上加弹性地毯。

1.2　材料的力学性质

微课5：建筑材料的力学性质

1.2.1　强度与比强度

1. 强度

材料在外力作用下抵抗破坏的能力称为材料的强度，并以单位面积上所能承受的荷载大小来衡量。当材料受外力作用时，其内部便产生应力与之相抗衡，应力随外力的增大而增大。当应力(外力)超过材料内部质点间的结合力所能承受的极限时，便导致内部质点的断裂或错位，使材料破坏。此时的应力为极限应力，通常用来表示材料强度的大小。根据材料的受力状态，材料的强度可分为抗压强度、抗拉强度、抗弯(折)强度和抗剪强度等。

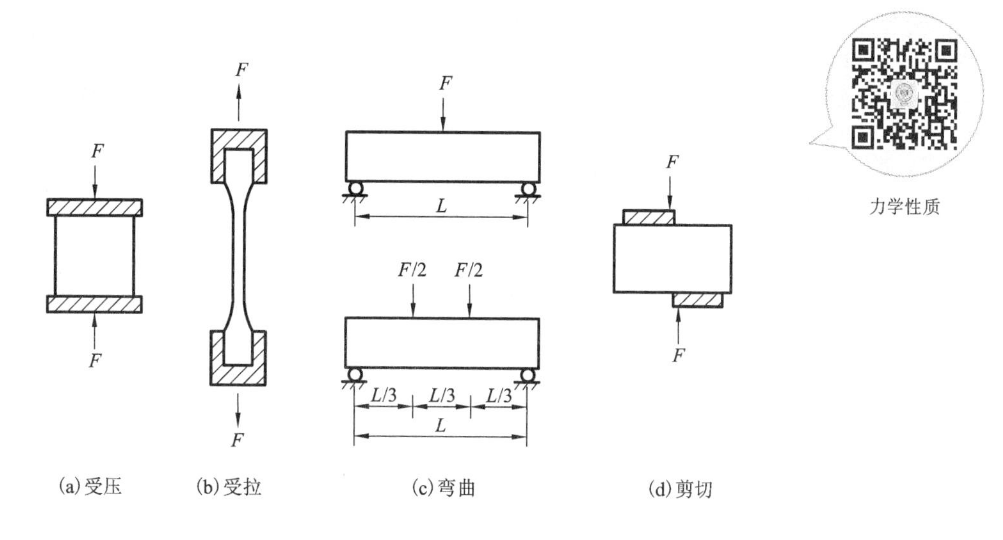

(a)受压　(b)受拉　(c)弯曲　(d)剪切

图1-5　材料受力示意图

材料的受力状态如图1-5所示，其抗拉、抗压、抗剪强度按下式计算：

$$f = \frac{F_{max}}{A} \tag{1-20}$$

式中：f——抗拉、抗压、抗剪强度，MPa；

F_{max}——材料受拉、压、剪破坏时的最大荷载，N；

A——材料的受力面积，mm^2。

材料的抗弯强度与加荷方式有关，单点集中加荷和三分点加荷的计算公式如下：

$$f = \frac{3F_{max}L}{2bh^2} \quad （单点集中加荷） \tag{1-21}$$

$$f = \frac{F_{max}L}{bh^2} \quad （三分点加荷） \tag{1-22}$$

式中：f——材料的抗弯强度，N/mm^2或 MPa；

F_{max}——破坏时的最大荷载，N；

L——两支点的距离，mm；

b，h——试件横截面的宽与高，mm。

材料的强度与其组成和构造有关。不同种类的材料抵抗外力的能力不同，同类材料当其内部构造不同时，其强度也不同。致密度越高的材料，强度越高。同类材料抵抗不同外力作用的能力也不相同，尤其是内部构造非匀质的材料，其不同外力作用下的强度差别很大，如混凝土、砂浆、砖、石和铸铁等，其抗压强度较高，而抗拉、弯(折)强度较低；钢材的抗拉、抗压强度都较高。

为了掌握材料的力学性能，便于分类管理，合理选用材料，正确进行设计，控制工程施工质量，常将材料按其强度的大小划分成不同的等级，称为强度等级，它是衡量材料力学性质的主要技术指标。脆性材料如混凝土、砂浆、砖和石等，主要用于承受压力，其强度等级用抗压强度来划分；韧性材料如建筑钢材，主要用于承受拉力，其强度等级就用抗拉时的屈服强度来划分。

2. 比强度

比强度指单位体积质量材料所具有的强度，即材料的强度与其表观密度的比值(f/ρ_0)。比强度是衡量材料轻质高强特性的技术指标。

建筑工程中结构材料主要用于承受结构荷载。多数传统结构材料的自重都较大，其强度相当一部分要用于抵抗自身和其上部结构材料的自重荷载，而影响了材料承受外荷载的能力，使结构的尺度受到很大的限制。随着高层建筑、大跨度结构的发展，要求材料不仅要有较高的强度，而且要尽量减轻其自重，即要求材料具有较高的比强度。轻质高强性能已经成为材料发展的一个重要方向。

钢材、木材和混凝土的强度比较见表1-3。

表1-3　钢材、木材和混凝土的强度比较

材料	表观密度 $\rho_0/(kg \cdot m^{-3})$	强度 f/MPa	比强度 f/ρ_0
低碳钢	7860	415	0.053
松木	500	34.3(顺纹)	0.069
普通混凝土	2400	29.4	0.012

1.2.2　弹性与塑性

弹性指材料在外力作用下产生变形，当外力撤销后能完全恢复原来形状的性质，所产生的变形称为弹性变形。

弹性变形的大小与所受应力的大小成正比，所受应力与应变的比值称为弹性模量，用“E”表示，它是衡量材料抵抗变形能力的指标。在材料的弹性范围内，E 是一个常数，按下式计算：

$$E = \frac{\sigma}{\varepsilon} \tag{1-23}$$

式中：E——材料的弹性模量，MPa；

σ——材料所受的应力，MPa；

ε——材料在应力 σ 作用下产生的应变，量纲为1。

弹性模量越大，材料抵抗变形能力越强，在外力作用下的变形越小。材料的弹性模量是工程结构设计和变形验算的主要依据之一。

塑性指材料在外力作用下产生变形，当外力撤销后不能保持变形后的形状和尺寸的性质，这种不可恢复的变形称为塑性变形。

完全的弹性材料或塑性材料是没有的，大多数材料在受力变形时，既有弹性变形，也有塑性变形，只是在不同的受力阶段，变形的主要表现形式不同。当外力撤销后，弹性变形可以恢复，塑性变形不能恢复。有的材料如钢材，在受力不大的情况下，表现为弹性变形，而在受力超过一定限度后，就表现为塑性变形；有的材料如混凝土，受力后弹性变形和塑性变形几乎同时产生。

1.2.3　脆性与韧性

脆性指材料在外力作用下，无明显塑性变形而发生突然破坏的性质，具有这种性质的材料称为脆性材料，如普通混凝土、砖、陶瓷、玻璃、石材和铸铁等。一般脆性材料的抗压强度比其抗拉、抗弯强度高很多倍，其抵抗冲击和振动的能力较差，不宜用于承受振动和冲击的场合。

韧性指材料在振动或冲击荷载作用下，能吸收较多的能量，并产生较大的变形而不破坏的性质，具有这种性质的材料称为韧性材料，如低碳钢、低合金钢、铝合金、塑料、橡胶、木材和玻璃钢等。韧性材料在外力作用下，会产生明显的变形，变形随外力的增大而增大，外力所做的功转化为变形能被材料所吸收，以抵抗冲击的影响。用于道路、桥梁、轨道、吊车梁及其他受振动影响的结构，应选用韧性较好的材料。

1.2.4　硬度与耐磨性

硬度指材料表面抵抗其他硬物压入或刻划的能力。为保持较好表面使用性质和外观质量，要求材料必须具有足够的硬度。非金属材料的硬度用莫氏硬度表示，它是用系列标准硬度的矿物（按滑石、石膏、方解石、萤石、磷灰石、正长石、石英、黄玉、刚玉、金刚石依次排列）对材料表面进行刻划，根据划痕确定硬度等级。

金属材料的硬度等级常用压入法测定，主要有布氏硬度法（HB），是以淬火的钢珠压入材料表面产生的球形凹痕单位面积上所受压力来表示；洛氏硬度法（HR），是用金刚石圆锥或淬火的钢球制成的压头压入材料表面，以压痕的深度来表示。硬度大的材料其强度也高，工程上常用材料的硬度来推算其强度，如用回弹法测定混凝土强度，就是用回弹仪测得混凝土表面硬度，再间接推算出混凝土强度的。

耐磨性指材料表面抵抗磨损的能力。耐磨性常以磨损率衡量，以“G”表示，其计算式为：

$$G=\frac{(m_1-m_2)}{A} \tag{1-24}$$

式中：G——材料的磨损率，g/cm^2；

m_1-m_2——材料磨损前后的质量损失，g；

A——材料受磨面积，cm^2。

材料的耐磨性与材料的组成结构、构造、材料强度和硬度等因素有关。材料的硬度越高，越致密，耐磨性越好。路面、地面等受磨损的部位，要求使用耐磨性好的材料。

1.3 材料的耐久性

微课6：建筑材料的耐久性　　材料的耐久性

耐久性是指材料在长期使用过程中，能抵抗周围各种介质的侵蚀而不破坏，并能保持原有性能的性质。耐久性是一项综合指标，包括强度、抗冻性、抗渗性、抗风化性、抗老化性、耐化学腐蚀性、大气稳定性等。

材料在使用过程中，除受到各种外力作用外，还要受到环境中各种自然因素的破坏作用，这些破坏作用可分为物理作用、化学作用、生物作用和机械作用。物理作用包括湿度、温度的循环变化，材料受到这些作用后将发生体积膨胀或收缩，反复作用下还会使材料性质改变；化学作用包括大气和环境中的酸、碱、盐等溶液，以及光照和紫外线等对材料的破坏作用；生物作用包括各类细菌和虫类对材料的破坏；机械作用包括持续荷载或者交变荷载对材料产生的冲击、磨损等破坏作用。

材料耐久性实际上是衡量材料在上述多种作用下能保持其原有性能，从而保证建筑物安全正常使用的性质。

由于建筑工程所处的环境复杂，其材料受到的破坏因素也千变万化，所以，我们必须合理选择材料，并采取相应的措施，如提高材料密实度等，以增强自身对外界作用的抵抗力，或采取表面保护措施，改善环境条件入手减轻对材料的破坏。提高材料的耐久性，对于节约材料、保障建筑物正常使用、减少维修、延长建筑寿命等都有非常重大的意义。

1.4 材料的装饰性与环境协调性

装饰性是指材料对所覆盖的建筑物外观美化的效果。对建筑物外露的表面进行适当的装饰，既起到了美化建筑物的作用，也对建筑物的主体起到保护作用，有时还兼有防水、保温等功能。材料的装饰性主要包括以下几个方面。

1. 颜色、光泽、透明性

颜色反映了材料的色彩特征。材料表面的颜色与材料对光谱的吸收以及观察者眼睛对光谱的敏感性等因素有关。不同的色彩，或者不同色彩组合时，由于人的心理或视觉作用，能给人以不同的物理感觉，如温度感、距离感、对比感、重量感等；还能引发人的情绪感觉和联想，如庄重、轻快、沉稳、活泼等。比如，鲜艳的红、橙等颜色，会使人感觉温暖、醒目、重量，使人兴奋、焦躁，还能引发喜庆、热烈、愤怒等联想；而青、蓝、紫等颜色，则使人感到寒冷、后退、沉静，使人联想到绿阴、海水等。

光泽是材料表面方向性反射光线的性质。它对形成于材料表面上的物体形象的清晰程度起着决定性的作用。材料表面愈光滑，则光泽度愈高。当为定向反射时，材料表面具有镜面特性，则称镜面反射。不同的光泽度，可改变材料表面的明暗程度，并可扩大视野或造成不同的虚实对比。

透明性是指光线透过物体时所表现的光学特性。能透视的物体是透明体，如普通平板玻璃；能透光但不能透视的物体为半透明体，如磨砂玻璃；不能透光透视的物体为不透明体，如木材。利用不同的透明度可隔断或调节光线的明暗，造成特殊的光学效果，也可使物像清晰或朦胧。如发光天棚的罩面材料一般用半透明体，可将灯具的外形遮住但又能透过光线，这样既美观又符合室内照明需要；商业橱窗就需要用透明性非常高的玻璃，从而使顾客能看清所陈列的商品。

2. 花纹图案、形状、尺寸

在生产或加工材料时，利用不同的工艺将材料的表面做成各种不同的表面形式，如粗糙、平整、光滑、镜面、凹凸、麻点等；或将材料的表面制作成各种花纹图案，或拼镶成各种图案，如山水风景画、人物画、仿木花纹、仿大理石等。

材料的形状和尺寸能给人带来空间尺寸的大小和使用上是否舒适的感觉。设计人员在进行装饰设计时，一般要考虑到人体尺寸的需要，对装饰材料的形状和尺寸做出合理的规定。改变装饰材料的形状和尺寸，并配合花纹、颜色、光泽等可拼镶出各种线形和图案，从而获得不同的装饰效果，以满足不同建筑型体和线型的需要，最大限度地发挥材料的装饰性。

3. 质感

质感是人们对装饰材料外观质地的一种整体感觉，它包括装饰材料的粗细程度、自身纹理及花样、软硬程度、色彩深浅程度、光泽度、光滑度、透明度等。装饰材料的质感主要来源于材料本身的质地、结构特征，还取决于材料的加工方法和加工程度。

不同的材料质感会使人产生不同的联想，产生不同的空间比例感和视觉效果。比如：保持天然纹理及质地的木材给人以亲切淳朴之感，凿毛的花岗岩则表现出厚重、粗犷和力量，而磨光的镜面花岗岩则让人感觉轻巧和富丽堂皇。充分利用这些质感及其联想，可以创造出特定的视觉效果及环境氛围，从而使人们获得建筑艺术格调的良好感受。

另外，在装饰工程中，还可以选用各种质感的装饰材料进行组合搭配，从材料不同质感的协调配合或对比映衬中，又可产生新的富于魅力的装饰效果。

4. 耐沾污性、易洁性

材料表面抵抗污物作用，保持其原有颜色和光泽的性质称为材料的耐沾污性。材料表面易于清洗洁净的性质称为材料的易洁性。它包括在风、雨等作用下的易洁性(又称自洁性)及在人工清洗作用下的易洁性。

近几年来材料的环境协调性问题日益受到重视。所谓环境协调性，是指材料对资源和能源消耗少，对环境污染小，可循环再生利用率高，而且要求从材料制造—适用—废弃直至再生利用的整个寿命周期中，都必须具有与环境的协调共存性。

未来建筑材料必须向着绿色健康环保的方向发展。绿色环保建材又称生态建材，其本质内涵是相通的，即采用清洁生产技术，少用天然资源和能源，大量使用工农业或城市废弃物生产无毒害、无污染，达生命周期后可回收再利用，有利于环境保护和人体健康的建筑材料。

在当前的科学技术和社会生产力条件下，已经可以利用各类工业废渣生产水泥、砌块、装饰砖和装饰混凝土等；利用废弃的泡沫塑料生产保温墙体材料；利用无机抗菌剂生产各种抗菌涂料和建筑陶瓷等各种新型绿色功能建筑材料。

模块小结

在不同建筑物中各种建筑材料应具备的性质不同。物理性质包括与质量有关的性质、与水有关的性质、与热有关的性质和与声学有关的性质等；力学性质包括强度与比强度、弹性与塑性、脆性与韧性、硬度与耐磨性等；耐久性包括强度、抗冻性、抗渗性、抗风化性、抗老化性、耐化学腐蚀性、大气稳定性；装饰材料还有装饰性与环境协调性。

技能抽查题

一、单项选择

1. 在 100 g 含水率为 3% 的天然砂中，其中水的质量为(　　)。

A. 3.0 g　　B. 2.5 g　　C. 3.3 g　　D. 2.9 g

2. 在下列概念中，(　　)表明材料的耐水性。

A. 质量吸水率　　B. 体积吸水率　　C. 冻融循环次数　　D. 软化系数

3. 某材料吸水饱和后的质量为 20 kg，烘干到恒重时的质量为 16 kg，则材料的(　　)。

A. 质量吸水率为 25%　　B. 质量吸水率为 20%

C. 体积吸水率为 25%　　D. 体积吸水率为 20%

4. 某种颗粒材料的密度为 ρ，表观密度为 ρ_0，堆积密度为 ρ_0'，则存在下列关系(　　)。

A. $\rho > \rho_0 > \rho_0'$　　B. $\rho_0 > \rho > \rho_0'$　　C. $\rho_0' > \rho_0 > \rho$　　D. $\rho > \rho_0' > \rho_0$

5. 软化系数表明材料的(　　)。

A. 抗渗性　　B. 抗冻性　　C. 耐水性　　D. 吸湿性

6. 孔隙率增大，材料的(　　)降低。

A. 密度　　B. 表观密度　　C. 憎水性　　D. 抗冻性

7. 材料在水中吸收水分的性质称为(　　)。

A. 吸水性　　B. 吸湿性　　C. 耐水性　　D. 吸湿性

8. 有一块标准砖的重量是 2625 g，其含水率为 5%，则这块砖的含水量是(　　)。

A. 131.25 g　　B. 129.76 g　　C. 130.34 g　　D. 125 g

二、多项选择

1. 材料吸水后将使材料的(　　)降低。

A. 强度　　B. 抗冻性　　C. 耐久性　　D. 导热系数

2. 材料的强度值受到材料(　　)等内在因素的影响。

A. 本身的组成　　B. 组成结构　　C. 体积　　D. 孔隙大小

3. 通常所说的材料的基本性质包括(　　)哪几个方面。

A. 物理性质　　B. 化学性质　　C. 力学性质　　D. 耐久性

4. 材料的吸水性通常用(　　)来表示。

A. 质量吸水率　　B. 含水率　　C. 含水量　　D. 体积吸水率

三、判断

1. 含水率为4%的湿砂重100 g，其中水的重量为4 g。（　　）
2. 热容量大的材料导热性大，受外界气温影响室内温度变化比较快。（　　）
3. 材料的孔隙率相同时，连通粗孔者比封闭微孔者的导热系数大。（　　）
4. 吸水率小的材料，其孔隙率最小。（　　）
5. 同一种材料，其表观密度越大，则其孔隙率越大。（　　）
6. 材料的冻融破坏主要是由于材料的水结冰造成的。（　　）

四、案例分析

1. 有一块烧结普通砖，在吸水饱和状态下重2900 g，其绝干质量为2550 g。砖的尺寸为240 mm × 115 mm × 53 mm，经干燥并磨成细粉后取50 g，用排水法测得绝对密实体积为18.62 cm^3。试计算该砖的吸水率、密度、表观密度、孔隙率。

2. 新建的房屋保暖性差，到冬季更甚，这是为什么？

模块二　气硬性无机胶凝材料

能力目标	知识目标
1. 能正确应用及保管石灰、石膏等气硬胶凝材料 2. 能根据相关标准判定石灰、石膏的质量等级	1. 掌握石灰、石膏的品种、特点和技术性质及应用范围 2. 了解石灰、石膏的生产过程 3. 了解水玻璃的技术性质和应用

本模块推荐学习标准：
《建筑生石灰》(JC/T 479—2013)
《建筑消石灰粉》(JC/T 481—2013)
《建筑石膏》(GB/T 9776—2008)

胶凝材料又称结合料，指经过一系列物理、化学作用，能将散粒材料(如砂、石等)或块、片状材料(如砖、石块等)胶结成整体的材料。

胶凝材料按其化学成分可分为有机胶凝材料和无机胶凝材料两类。有机胶凝材料是指以天然或人工合成高分子化合物为基本组分的胶凝材料，最常用的有沥青、树脂、橡胶等。无机胶凝材料是指以无机氧化物或矿物为主要组分的胶凝材料，最常用的有石灰、石膏、水玻璃、菱苦土和各种水泥等。

无机胶凝材料按照其凝结硬化条件和使用特性又分为气硬性和水硬性两类。气硬性胶凝材料只能在空气中凝结硬化、保持并发展强度，如石灰、石膏、水玻璃、菱苦土等，这类材料一般只适合用于地上或干燥环境，不宜用于潮湿环境，更不能用于水中。水硬性胶凝材料不仅能在空气中，而且能更好地在水中凝结硬化、保持并发展强度，如各类水泥，这类材料既适用于地上，也适用于地下或水上。本模块主要介绍气硬性胶凝材料。

2.1　建筑石灰

石灰是一种传统的气硬性胶凝材料。原料来源广、生产工艺简单、成本低廉，并具有某些优异性能，至今仍广泛使用于建筑工程中。

2.1.1　石灰的生产和品种

建筑石灰的生产

1. 生产

生产石灰的原料有石灰石、白云石、贝壳、白垩等。它们的主要成分是碳酸钙，经高温煅烧(加热至900℃以上)，逸出 CO_2 气体，得到的白色或灰白色的块

状生石灰，其主要化学成分为氧化钙和氧化镁。石灰石的热分解反应式为

$$CaCO_3 \xrightarrow{900℃} CaO + CO_2 \uparrow$$

在上述反应过程中，碳酸钙在高温900℃下煅烧并开始分解，但速度较慢。因温度较低、煅烧时间不足、石灰岩原料尺寸过大、装料过多等因素，都会产生“欠火石灰”。欠火石灰中$CaCO_3$尚未分解完全，降低了石灰的有效成分含量；煅烧时间过长或者温度过高时，则产生“过火石灰”。因为随煅烧温度的提高和时间的延长，已分解的CaO体积收缩，表观密度增大，熟化速度慢。若原料中含有较多的SiO_2和Al_2O_3等黏土杂质，则会在表面形成熔融的玻璃物质，从而使石灰与水反应的速度变得更慢。过火石灰容易吸收水分，发生水化反应而体积膨胀，引起局部脱落或产生气泡。

生产石灰的原料中，除主要成分碳酸钙外，常含有碳酸镁。煅烧过程中碳酸镁分解出氧化镁，存在于石灰中。其化学反应为：

$$MgCO_3 \xrightarrow{700℃} MgO + CO_2 \uparrow$$

2. 品种

(1)根据石灰成品加工方法不同分类

①块状生石灰：由原料煅烧而成的块状产品，主要成分为CaO；

②生石灰粉：块状石灰直接磨细而得到的细粉，主要成分为CaO；

③消石灰粉：生石灰用适量的水消化而得到的粉末，也称熟石灰，主要成分为$Ca(OH)_2$；

④石灰浆：生石灰加多量的水(为石灰体积的3~4倍)消化而得到的可塑性浆体，称为石灰膏，主要成分为水和$Ca(OH)_2$。

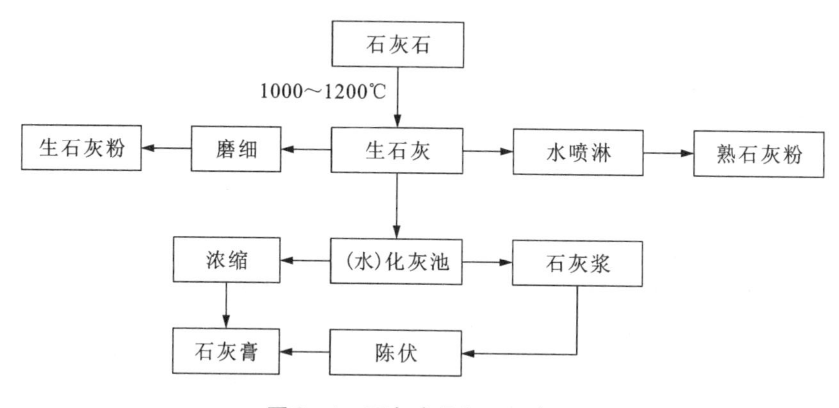

图2-1 石灰产品加工示意图

(2)根据石灰中氧化镁的含量及氧化钙和氧化镁的总含量不同分类

根据石灰中氧化镁的含量不同，将石灰分为钙质石灰[$w(MgO) \leqslant 5\%$]和镁质石灰[$w(MgO) > 5\%$]。镁质石灰熟化较慢，但硬化后强度稍高。用于建筑工程中的多为钙质石灰。

根据石灰中氧化钙和氧化镁的总含量分类见表2-1。

表 2-1　石灰按其氧化钙和氧化镁的总含量分类

类别与代号		名称与代号
生石灰块(Q) 生石灰粉(QP)	钙质石灰(CL)	钙质石灰 90(CL90)、钙质石灰 85(CL85)、钙质石灰 75(CL75)
	镁质石灰(ML)	镁质石灰 85(ML85)、镁质石灰 80(ML80)
消石灰(H)	钙质消石灰(HCL)	钙质消石灰 90(HCL90)、钙质消石灰 85(HCL85)、钙质消石灰 75(HCL75)
	镁质消石灰(HML)	镁质消石灰 85(HML85)、镁质消石灰 80(HML80)

2.1.2　石灰的熟化和硬化

1. 石灰的熟化

块状生石灰在使用前都要加水消化，这一过程称为"消解"、"熟化"或"淋灰"。其化学反应为：

$$CaO + H_2O \longrightarrow Ca(OH)_2 + 64.88\ kJ$$

生石灰在熟化过程中有两个显著的特点：一是放热量大、放热速度快；二是体积膨胀大，为生石灰体积的 1 ~2.5 倍。煅烧良好、氧化钙含量高、杂质含量少的生石灰，其熟化速度快，放热量和体积增大也多。

根据加水量的不同，石灰可熟化成熟石灰粉或石灰膏。

石灰熟化的理论需水量为石灰重量的32%，在生石灰中，均匀加入 60% ~80% 的水，可得到颗粒细小、分散均匀的消石灰粉，消石灰粉放置一段时间，待进一步熟化后使用，应以能充分消解而不过湿成团为宜。

若用过量的水熟化，将得到具有一定稠度的石灰膏。石灰中一般都含有过火石灰，过火石灰熟化慢，若在石灰浆体硬化后再发生熟化，会因熟化产生的膨胀而引起隆起和开裂。为了消除过火石灰的这种危害，常在石灰中加入大量水使其成为石灰浆，通过筛网过滤(除渣)流入储灰池，石灰浆在储灰池中沉淀两周并除去上层水分后称为石灰膏，这一过程称为陈伏。陈伏期间，石灰膏表面应用其他材料覆盖，避免与空气接触而导致碳化。一般情况下，1 kg的生石灰可化成 1.5 ~3 L 的石灰膏。

石灰的陈伏

2. 石灰的硬化

石灰浆体的硬化包括干燥结晶和碳化两个同时进行的过程。石灰浆体因水分蒸发或被砌体吸收而干燥，在浆体内的孔隙网中，产生毛细管压力，使石灰颗粒更加紧密而获得强度。这种强度类似于黏土失水而获得的强度，其值不大，遇水会丧失。同时，由于干燥失水，引起浆体中氢氧化钙溶液过饱和，结晶出氢氧化钙晶体，产生强度；但析出的晶体数量少，强度增长也不大。在大气环境中，氢氧化钙在潮湿状态下会与空气中的二氧化碳反应生成碳酸钙，并释放出水分，即发生碳化。

碳化所生成的碳酸钙晶体相互交叉连生或与氢氧化钙共生，形成紧密交织的结晶网，使硬化石灰浆体的强度进一步提高。

石灰依靠干燥结晶以及碳化作用而硬化，由于空气中的二氧化碳含量低，且碳化后形成的碳酸钙硬壳阻止二氧化碳向内部渗透，也妨碍水分向外蒸发，因而硬化缓慢，硬化后的强度也不高，1∶3 的石灰砂浆 28 d 的抗压强度只有 0.2 ~0.5 MPa。处于潮湿环境时，石灰中的水分不蒸发，二氧化碳也无法渗入，硬化将停止，加上氢氧化钙微溶于水，已硬化的石灰遇水还会溶解溃散。因此，石灰不宜在长期潮湿和受水浸泡的环境中使用。

2.1.3　石灰的技术要求

根据现行标准《建筑生石灰》(JC/T 479—2013)和《建筑消石灰粉》(JC/T 481—2013)的规定，建筑生石灰、生石灰粉及消石灰的技术要求见表 2 -2。

表 2 -2　建筑石灰的技术要求(JC/T 479—2013、JC/T 481—2013)

主控项目	钙质石灰			镁质石灰	
	CL90 - Q CL90 - QP HCL90	CL85 - Q CL85 - QP HCL85	CL75 - Q CL75 - QP HCL75	ML85 - Q ML85 - QP HML85	ML80 - Q ML80 - QP HML80
(氧化钙 + 氧化镁)(CaO + MgO)含量/%，≥	90	85	75	85	80
氧化镁(MgO)含量/%	≤5			>5	
二氧化碳(CO_2)含量/%，≤	4	7	12	7	
三氧化硫(SO_3)含量/%，≤	2			2	
产浆量(Q)/[dm^3·$(10\ kg)^{-1}$]，≥	26			—	
细度(QP)　0.2 mm 筛余量/%，≤	2			2	
细度(QP)　90 μm 筛余量/%，≤	7			7	
游离水含量/%，≤	2			2	
安定性	合格				

注：①Q 代表生石灰块，QP 代表生石灰粉；②产浆量只是对生石灰块的要求，细度只是对生石灰粉的要求，游离水和安定性只是对消石灰的要求，二氧化碳含量对消石灰粉不作要求。

2.1.4　石灰的特性

石灰与其他胶凝材料相比具有以下特性。

1. 保水性、可塑性好

生石灰熟化为石灰浆时，表面吸附形成一层厚的水膜，因而保水性能好，且水膜层也大大降低了颗粒间的摩擦力。因此，用石灰膏制成的石灰砂浆具有良好的保水性和可塑性。在水泥砂浆中掺入石灰膏，可配置成水泥石灰混合砂浆，以改善水泥砂浆易泌水的缺点。

2. 硬化慢、强度低

由于空气中的二氧化碳浓度低，二氧化碳较难进入石灰内部，内部的水分也不易蒸发，所以硬化缓慢，硬化后的强度不高。

石灰抹面的网状裂纹

3. 体积收缩大

石灰在凝结硬化中会蒸发大量游离水而引起石灰内部毛细孔失水而收缩，所以石灰除调成石灰乳液做薄层涂刷外，不宜单独使用，常掺入砂、纸筋、麻刀等，以减少收缩，增加抗拉强度，防止开裂。

4. 耐水性差

石灰浆体在硬化过程中，较长时间里主要成分是氢氧化钙(表层是碳酸钙)，由于氢氧化钙溶于水，所以石灰的耐水性较差。硬化中的石灰若长期受到水的作用，会导致强度降低，甚至会溃散。

5. 吸湿性强

生石灰极易吸收空气中的水分熟化成熟石灰粉，所以生石灰若长期存放，应在密闭条件下，做到防潮、防水。

2.1.5　石灰的应用

1. 配制石灰砂浆和石灰乳涂料

用石灰膏和砂或麻刀、纸筋配制成的石灰砂浆、麻刀灰、纸筋灰、石灰浆等广泛用作内墙、顶棚的抹面工程。用石灰膏和水泥、砂配制成的混合砂浆通常作墙体砌筑或抹灰之用。由石灰膏稀释成的石灰乳常用作内墙和顶棚的粉刷涂料。

灰土和三合土

2. 拌制灰土、三合土

利用石灰和黏性土可以拌制成灰土，利用石灰、黏土或砂石或碎砖、炉渣等填料可拌制成三合土或碎砖三合土，利用石灰与粉煤灰、黏性土可拌制成粉煤灰石灰土，利用石灰与粉煤灰、砂、碎石可拌制成粉煤灰碎石土等，大量应用于建筑物基础、地面、道路等的垫层，地基的换土处理等。为方便石灰与黏土等的拌和，宜用磨细的生石灰或消石灰粉，磨细的生石灰还可使灰土和三合土有较高的紧密度，较高的强度和耐水性。

3. 制作碳化石灰板材

碳化石灰板是将磨细的生石灰掺30% ~40%的短玻璃纤维或轻质骨料加水搅拌，振动成型，然后利用石灰窑的废气碳化12 ~24 h而成的一种轻质板材。它能锯、能钉，保温隔热性好，导热系数低，适用于做非承重内隔板墙、天花板等。

4. 生产硅酸盐制品

将磨细的生石灰或消石灰粉与天然砂或粒化高炉矿渣、炉渣、粉煤灰等硅质材料配合均匀，加水搅拌，再经陈伏、加压成型和蒸压养护等工序制成的建筑材料即为硅酸盐制品，如粉煤灰砌块、加气混凝土等。如果掺入耐碱颜料，可制成各种颜色。它的尺寸与普通黏土砖相同，也可制成其他形状的砌块，主要用作墙体材料。

5. 加固含水的软土地基

生石灰可直接用来加固含水的软土地基(石灰桩)。它是在桩孔内灌入生石灰块，利用生石灰吸水熟化时体积膨胀的性能产生膨胀压力，从而使地基加固。

建筑生石灰粉、建筑消石灰粉一般采用牛皮纸袋、复合纸袋或塑料编织袋包装，包装上应标明厂名、产品名称、商标、净重、批量编号。保管时应分类、分等级储存在干燥的仓库内，不宜长期储存，运输过程中要采取防水防潮措施，不宜与易燃易爆物品一起存放和运输。

2.2　建筑石膏

石膏在建筑工程中的应用有较长的历史，由于其具有轻质、隔热、吸声、耐火、色白且质地细腻等一系列优良性能，加之我国石膏矿藏储量居世界首位，所以石膏的应用前景十分广阔。

2.2.1　石膏的生产与品种

石膏的生产

将天然二水石膏（或主要成分为二水石膏的化工石膏）加热，不同的加热方式和加热温度，可以生产不同品种和性质的石膏。

1. 建筑石膏

将天然二水石膏（或主要成分为二水石膏的化工石膏）加热至107～170℃时，脱去部分结晶水，形成晶体细小的β型半水石膏（$\beta CaSO_4 \cdot 0.5H_2O$），再经磨细制成的白色粉末称为建筑石膏。其化学反应如下：

$$CaSO_4 \cdot 2H_2O \xrightarrow{107\sim170℃} CaSO_4 \cdot 0.5H_2O + 1.5H_2O$$

建筑石膏（β型半水石膏）呈白色粉末状，密度为2.60～2.75 g/cm^3，堆积密度为800～1000 g/cm^3。β型半水石膏中杂质少、颜色洁白，可用于制作模型、建筑装饰及陶瓷的制坯工艺。

2. 高强石膏

将二水石膏置于蒸压釜中，在0.13 MPa的水蒸气中（125 ℃）脱水，得到的是晶粒粗大、使用时拌和用水量少的α型半水石膏，将此熟石膏磨细得到的白色粉末成为高强石膏。其化学反应如下：

$$CaSO_4 \cdot 2H_2O \xrightarrow{125℃,\ 0.13MPa} CaSO_4 \cdot 0.5H_2O + 1.5H_2O$$

由于高强石膏拌和用水量少（石膏用量的35%～45%），硬化后有较高的密实度，所以强度较高，7 d可达15～40 MPa。主要用于室内高级抹灰、装饰制品和石膏板。

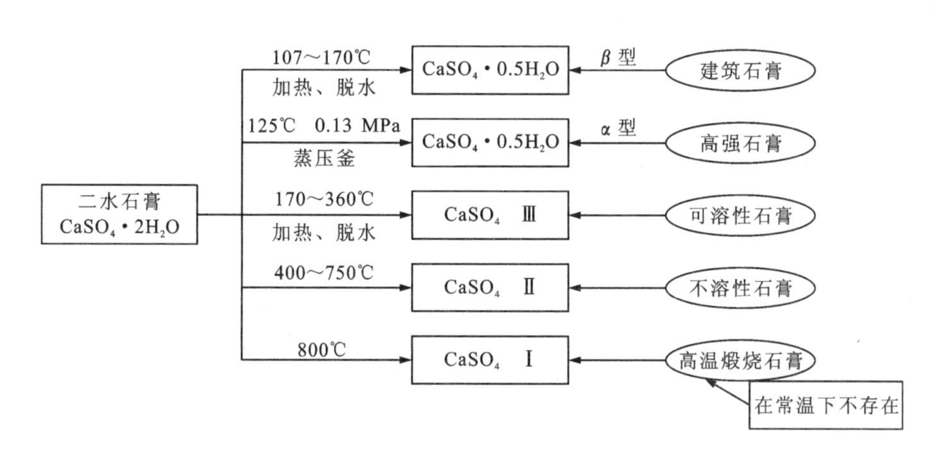

图2－2　石膏加工条件及其相应产品示意图

2.2.2 建筑石膏的水化和凝结硬化

建筑石膏与适量的水混合成可塑的浆体，但很快就失去塑性、产生强度，并产生坚硬的固体。半水石膏溶于水后将重新水化反应生成二水石膏，反应式为：

$$CaSO_4 \cdot 0.5H_2O + 1.5H_2O \longrightarrow CaSO_4 \cdot 2H_2O$$

分解出二水石膏胶体后，相应溶液中的半水石膏转变为非饱和状态，这样，又有新的半水石膏溶解，接着继续重复水化、胶化的过程，随着析出的二水石膏胶体晶体的不断增多，彼此互相联结，使石膏具有一定的强度。因此，石膏的凝结硬化是一个连续的溶解、水化、胶化、结晶的过程。

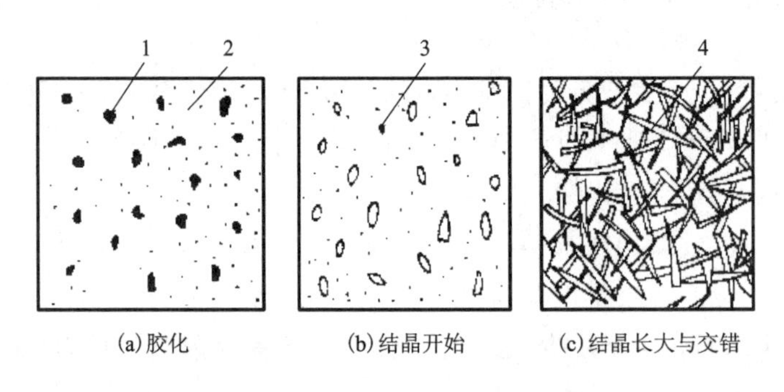

1—半水石膏；2—二水石膏胶体微粒；3—二水石膏晶体；4—交错的晶体

图2-3　建筑石膏凝结硬化示意图

2.2.3 建筑石膏的技术要求

根据《建筑石膏》(GB/T 9776—2008)规定，建筑石膏按其凝结时间、细度、强度指标分为三级，即优等品、一等品、合格品。各项技术指标见表2-3。

表2-3　建筑石膏的技术指标(GB/T 9776—2008)

指　　标		3.0级	2.0级	1.6级
细度(0.2 mm方孔筛筛的筛余量/%)，≤		10	10	10
抗折强度/MPa，≥		3.0	2.0	1.6
抗压强度/MPa，≥		5.0	4.0	3.0
凝结时间/min	初凝不早于	3		
	终凝不迟于	30		

注：指标中有一项不符合者，应予降级或报废。

2.2.4　建筑石膏的特性

建筑石膏的性质

1. 孔隙率大

建筑石膏水化反应的理论需水量只占半水石膏重量的18.6%，在使用中为了使浆体具有足够的流动性，通常加水量可达60%～80%，因而，石膏浆体硬化后，由于多余自由水的蒸发，在内部形成大量孔隙，孔隙率可达50%～60%，导致与水泥相比强度降低，表观密度小。

2. 保温性和吸声性好

石膏制品孔隙率大，孔隙多呈微细的毛细孔，所以导热系数小[0.12～0.2 W/(m·K)]，吸声性好，保温、隔热性能好，吸湿性大，可调节室内的温度和湿度。

3. 防火性好

建筑石膏制品在遇火灾时，二水石膏中的结晶水蒸发，吸收热量，并在表面形成蒸汽幕和脱水物隔热层，并且无有害气体产生，所以具有较好的抗火性能。但建筑石膏制品不宜长期用于靠近65℃以上高温的部位，以免二水石膏在此温度作用下脱水分解而失去强度。

4. 凝结硬化快

建筑石膏加水拌和后，浆体的初凝和终凝时间都很短，一般初凝时间为几分钟到十几分钟，终凝时间在半小时以内，一星期左右完全硬化。初凝时间较短，不便于使用，为延长凝结时间，可加入缓凝剂。常用的缓凝剂有硼砂、酒石酸钾钠、柠檬酸、聚乙烯醇、石灰活化骨胶或皮胶等。缓凝剂的作用是降低半水石膏的溶解度和溶解速度。

5. 耐水性和抗冻性差

建筑石膏硬化后有较强的吸湿性，在潮湿条件下，晶粒间的结合力减弱，导致强度下降。若长期浸泡在水中，水化生成物二水石膏晶体将逐渐溶解，而导致破坏。若石膏制品吸水后受冻，会因孔隙中水分结冰膨胀而破坏。所以，石膏制品的耐水性和抗冻性较差，不宜用于潮湿部位。为提高其耐水性，可加入适量的水泥、矿渣等水硬性材料，也可加入氨基、密胺、聚乙烯醇等水溶性树脂，或沥青、石蜡等有机乳液，以改善石膏制品的孔隙状态和孔壁的憎水性。

2.2.5　石膏的应用

1. 室内抹灰及粉刷

建筑石膏加砂、缓凝剂和水拌和可制成粉刷石膏，用于室内抹灰。粉刷石膏是一种新型室内抹灰材料，其表面光滑、细腻、洁白、美观，既具有建筑石膏快硬早强、尺寸稳定、吸湿、防火、轻质等优点，又不会产生开裂、空鼓和起皮现象。不仅可在水泥砂浆或混合砂浆上罩面，还可粉刷在混凝土墙、板、天棚等光滑的底层上。粉刷成的墙面致密光滑，质地细腻，且施工方便，工效高。

2. 建筑石膏制品

建筑石膏除用于室内粉刷外，主要用于生产各种石膏板和石膏砌块等制品。

建筑石膏制品

石膏板具有质轻、保温、防火、吸声、能调节室内温度、湿度及制作方便等性能，且安装和使用方便，是一种较好的新型建筑材料，广泛用作各种建筑物的内隔墙、顶棚及各种装饰饰面。常见的石膏板主要有普通纸面石膏板、装饰石膏板、石膏空心条板、吸声用穿孔石膏板、耐水纸面石膏板、耐火纸面石膏板、石膏蔗渣板等。

石膏砌块是一种自重轻、保温隔热、隔声和防火性能好的新型墙体材料，有实心、空心和夹心三种类型。在建筑石膏中掺入耐水外加剂(如有机硅憎水剂等)可生产耐水建筑石膏制品；掺入无机耐火纤维(如玻璃纤维)可生产耐火建筑石膏制品。

建筑石膏吸水性很强，在运输和贮存中，需要防雨防潮。贮存期为 3 个月，过期或受潮的石膏，强度显著降低，须经检验后才能使用。

2.3 水玻璃

2.3.1 水玻璃的性质

水玻璃俗称泡花碱，是一种水溶性硅酸盐，其水溶液俗称水玻璃，是一种矿物黏合剂。其化学式为 $R_2O \cdot nSiO_2$，式中 R_2O 为碱金属氧化物，n 为二氧化硅与碱金属氧化物摩尔数的比值，称为水玻璃的摩数。建筑上常用的水玻璃是硅酸钠($Na_2O \cdot nSiO_2$)的水溶液。

水玻璃的主要技术性质如下。

1. 黏结力和强度较高

水玻璃有良好的黏结能力，硬化时析出的硅酸凝胶呈空间网络结构，比表面积大，有堵塞毛细孔隙而防止水渗透的作用。但水玻璃自身质量、配合料性能及施工养护对强度有显著影响。

2. 耐酸性好

可以抵抗除氢氟酸(HF)、热磷酸和高级脂肪酸以外的几乎所有无机酸和有机酸的作用，常用于配制水玻璃耐酸混凝土、耐酸砂浆、耐酸胶泥等。

3. 耐热性好

水玻璃不燃烧，在高温下硅酸凝胶干燥得更加强烈，强度并不降低，甚至有所增加。当采用耐热耐火骨料配制水玻璃砂浆和混凝土时，耐热度可达 1000℃。故水玻璃常用于配置耐热混凝土、耐热砂浆、耐热胶泥等。

4. 耐碱性和耐水性差

因混合后水玻璃易溶于碱，故水玻璃不能在碱性环境中使用。由于 NaF、Na_2CO_3 均溶于水而不耐水，但可用中等浓度的酸对已硬化的水玻璃进行酸洗处理，提高耐水性。

2.3.2 水玻璃的应用

1. 涂刷材料表面

水玻璃溶液涂刷或浸渍含有氢氧化钙的材料，如水泥混凝土和硅酸盐制品等时，水玻璃与氢氧化钙反应生成的硅酸钙凝胶能堵塞毛细孔通道，提高材料的密实度和强度，从而提高材料的抗风化能力。但水玻璃不得用来涂刷或浸渍石膏制品。因为水玻璃与石膏反应生成硫酸钠(Na_2SO_4)，在制品孔隙内结晶膨胀，导致石膏制品开裂破坏。

2. 加固土壤

将水玻璃与氯化钙溶液交替注入土壤中，两种溶液迅速反应生成硅胶和硅酸钙凝胶，起到胶结和填充孔隙的作用，使土壤的强度和承载能力提高。常用于粉土、砂土和填土的地基加固，称为双液注浆。

3. 配制速凝防水剂

水玻璃可与多种矾配制成速凝防水剂，用于堵漏、填缝等局部抢修。这种多矾防水剂的凝结速度很快，一般为几分钟，其中四矾防水剂不超过 1 min，故工地上使用时必须做到即配即用。

4. 配制耐酸混凝土

用水玻璃做胶结料、氟硅酸钠为促硬剂，与耐酸粉料及耐酸粗骨料按一定比例配制成耐酸混凝土，主要用于有耐酸要求的工程，如硫酸池等。

5. 配制耐热混凝土

用水玻璃做胶结料、氟硅酸钠为促硬剂，与耐热粗、细骨料按一定比例配制成耐热混凝土，主要用于高炉基础和其他有耐热要求的结构部位。

模块小结

在建筑工程中，把经过一系列的物理、化学作用后，由液体或膏状体变成坚硬的固体，并能将散粒材料（如砂、石等）或块、片状材料（如砖、石块等）胶结成整体的物质，称为胶凝材料。胶凝材料按化学成分可分为有机胶凝材料和无机胶凝材料两大类，其中无机胶凝材料按硬化条件又可分为水硬性胶凝材料和气硬性胶凝材料两类。

石灰的主要成分为 CaO 和 MgO，其保水性好、硬化慢、可塑性好，但是强度低。生石灰熟化时放出大量的热且体积膨胀，故生石灰必须充分熟化后才能使用，同时要注意防止过火生石灰的危害。石灰常与黏土拌和制作三合土、二灰土等，拌制砂浆，也常用做硅酸盐制品。

石膏主要化学成分为硫酸钙，其孔隙率大、保温性和吸声性好、凝结快、耐水性差，常用作室内粉刷、制造石膏制品。

水玻璃又称“泡花碱”，是一种水溶性硅酸盐。它黏结强度高、耐热性好、耐酸性强、耐碱性差，常用作土壤加固和配置快凝防水剂等。

技能抽查题

一、单项选择

1. 石灰在消解（熟化）过程中（　　）。

A. 体积明显缩小　　B. 放出大量热量

C. 体积不变　　D. 与 $Ca(OH)_2$ 作用形成 $CaCO_3$

2.（　　）浆体在凝结硬化过程中，其体积发生微小膨胀。

A. 石灰　　B. 石膏　　C. 菱苦土　　D. 水玻璃

3. 为了保持石灰的质量，应使石灰储存在（　　）。

A. 潮湿的空气中　　B. 干燥的环境中　　C. 水中　　D. 蒸汽的环境中

4. 石膏制品具有较好的（　　）。

A. 耐水性　　B. 抗冻性　　C. 加工性　　D. 导热性

5. 石灰硬化过程实际上是（　　）过程。

A. 结晶　　B. 碳化　　C. 结晶与碳化　　D. 凝结

6. 石灰在硬化过程中，体积产生(　　)。

A. 微小收缩　　B. 不收缩也不膨胀　　C. 膨胀　　D. 较大收缩

7. 石灰熟化过程中的“陈伏”是为了(　　)。

A. 有利于结晶　　B. 蒸发多余水分

C. 消除过火石灰的危害　　D. 降低发热量

8. 高强石膏的强度较高，这是因其调制浆体时的需水量(　　)。

A. 大　　B. 小　　C. 中等　　D. 可大可小

9. 建筑石灰分为钙质石灰和镁质石灰，是根据(　　)成分含量划分的。

A. 氧化钙　　B. 氧化镁　　C. 氢氧化钙　　D. 碳酸钙

10. 罩面用的石灰浆不得单独使用，应掺入砂子、麻刀和纸筋等以(　　)。

A. 易于施工　　B. 增加美观　　C. 减少收缩　　D. 增加厚度

二、多项选择

1. 石膏类板材具有(　　)的特点。

A. 质量轻　　B. 隔热、吸声性能好

C. 防火加工性能好　　D. 耐水性好

E. 强度高

2. 石膏、石膏制品宜用于下列(　　)工程。

A. 顶棚饰面材料　　B. 内、外墙粉刷（遇水溶解）

C. 冷库内贴墙面　　D. 非承重隔墙板材

E. 剧场穿孔贴面板

3. (　　)成分含量是评价石灰质量的主要指标。

A. 氧化钙　　B. 碳酸镁　　C. 氢氧化钙　　D. 碳酸钙

E. 氧化镁

三、判断

1. 气硬性胶凝材料只能在空气中硬化，而水硬性胶凝材料只能在水中硬化。(　　)

2. 建筑石膏最突出的技术性质是凝结硬化慢，并且在硬化时体积略有膨胀。(　　)

3. 建筑石膏板因为其强度高，所以在装修时可用于潮湿环境中。(　　)

4. 石膏由于其防火性好，故可用于高温部位。(　　)

5. 石灰陈伏是为了降低石灰熟化时的发热量。(　　)

6. 石灰的干燥收缩值大，这是石灰不宜单独生产石灰制品和构件的主要原因。(　　)

四、案例分析

1. 某建筑的内墙使用石灰砂浆抹面。数月后，墙面上出现了许多不规则的网状裂纹，同时在个别部位还有一部分凸出的呈放射状裂纹。试分析上述现象产生的原因。

2. 某住户喜爱石膏制品，全宅均用普通石膏浮雕板作装饰。使用一段时间后，客厅、卧室效果相当好，但厨房、厕所、浴室的石膏制品出现发霉变形。请分析原因。

模块三　水 泥

能力目标	知识目标
1. 能辨识通用水泥的品种 2. 能根据工程特点及使用环境条件正确选用水泥品种 3. 能根据相关标准检测水泥的性能 4. 能对施工现场的水泥进行验收和管理	1. 掌握通用水泥的种类、性能特点、应用范围 2. 掌握通用水泥主要性能指标的质量标准要求 3. 熟悉通用水泥主要性能的检测方法 4. 熟悉水泥的验收及施工现场管理 5. 了解水泥的生产工艺、熟料矿物组成、凝结硬化过程及机理

本模块推荐学习标准：

《通用硅酸盐水泥》(GB 175—2007)

《水泥标准稠度用水量、凝结时间、安定性检验方法》(GB 1346—2011)

《水泥胶砂强度检验方法》(ISO 法)(GB/T 17671—2021)

《白色硅酸盐水泥》(GB/T 2015—2017)

《中热硅酸盐水泥、低热硅酸盐水泥》(GB 200—2017)

水泥简史

水泥呈粉末状，不仅能在空气中凝结硬化，而且能更好地在水中凝结硬化，保持并继续提高其强度，属于水硬性胶凝材料。水泥是建筑工程中最重要的建筑材料之一，工程中主要作为胶凝材料来制作混凝土，也可配制各种砂浆用于建筑的砌筑、抹面、装饰等。

水泥的品种繁多，按其矿物组成，水泥可分为硅酸盐系列、铝酸盐系列、硫酸盐系列、铁铝酸盐系列、氟铝酸盐系列等。按其用途和特性又可分为通用水泥、专用水泥和特性水泥。通用水泥是指以硅酸盐水泥熟料和适量的石膏及规定的混合材料制成的水硬性胶凝材料，包括硅酸盐水泥、普通硅酸盐水泥、矿渣硅酸盐水泥、火山灰硅酸盐水泥、粉煤灰硅酸盐水泥、复合硅酸盐水泥；专用水泥是指有专门用途的水泥，如砌筑水泥、大坝水泥、道路水泥、油井水泥等；而特性水泥是指某种性能比较突出的水泥，多用于有特殊要求的工程，如快硬硅酸盐水泥、抗硫酸盐水泥、低热水泥、膨胀水泥、白色硅酸盐水泥等。

不同系列的水泥，性能有很大的区别，在上述不同系列的水泥中，硅酸盐水泥系列的产量最大、应用范围最广泛。

3.1　硅酸盐水泥

根据现行国家标准《通用硅酸盐水泥》(GB 175—2007)规定，凡由硅酸盐水泥熟料、0%～5%石灰石或粒化高炉矿渣、适量石膏磨细制成的水硬性胶凝材料称为硅酸盐水泥。硅酸盐水泥分两种类型：不掺混合材料的称Ⅰ型硅酸盐水泥，代号P·Ⅰ。在硅酸盐水泥熟料粉磨时掺加不超过水泥重量5%石灰石或粒化高炉矿渣混合材料的称Ⅱ型硅酸盐水泥，代号P·Ⅱ。

3.1.1 硅酸盐水泥的生产工艺简介

水泥生产工艺

硅酸盐水泥的生产工艺可以概括为三个阶段，简称“两磨一烧”，即生料粉磨、熟料煅烧、水泥粉磨。将石灰质原料、黏土质原料、校正原料根据生产硅酸盐水泥熟料的要求进行配料后入生料磨磨细成生料，然后将生料送入水泥熟料烧成窑煅烧成熟料，再把煅烧好的熟料与适量石膏、混合材料在水泥磨中磨成一定细度的粉状物料即为硅酸盐水泥。

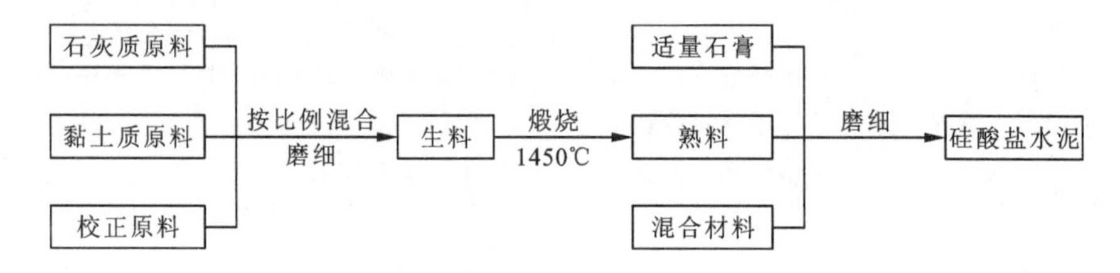

图3-1 硅酸盐水泥生产工艺流程示意图

3.1.2 硅酸盐水泥熟料矿物组成及特性

水泥熟料矿物

1. 硅酸盐水泥熟料矿物组成

硅酸盐水泥熟料矿物成分及含量如下：

硅酸三钙 $3CaO \cdot SiO_3$，简写 C_3S，含量36%～60%；

硅酸二钙 $2CaO \cdot SiO_2$，简写 C_2S，含量15%～37%；

铝酸三钙 $3CaO \cdot Al_2O_3$，简写 C_3A，含量7%～15%；

铁铝酸四钙 $4CaO \cdot Al_2O_3 \cdot Fe_2O_3$，简写 C_4AF，含量10%～18%。

除此之外，还有少量的游离氧化钙（CaO）和游离氧化镁（MgO）等。

在以上矿物组成中可以看出，C_3S 和 C_2S 的总含量占75%以上，而 C_3A 和 C_4AF 的总含量仅占25%左右。

2. 硅酸盐水泥熟料矿物的性能

各种矿物单独与水作用时，表现出不同的性能，见表3-1。

表3-1 硅酸盐水泥熟料矿物特性

矿物名称	水化反应速率	水化放热量	强度	耐腐蚀性	干缩性
硅酸三钙	快	大	高	差	中
硅酸二钙	慢	小	早期低，后期高	好	小
铝酸三钙	最快	最大	低	最差	大
铁铝酸四钙	快	中	低	中	小

3.1.3 硅酸盐水泥的水化和凝结硬化

水泥加适量的水拌和后，水泥中的熟料矿物颗粒表面立即与水发生水化反应，形成可塑性的浆体，随着水化反应的进行，胶体状水化产物逐渐增多，构成疏松的网状结构，使水泥浆体逐渐变稠，开始失去可塑性(称初凝)，随着水化反应继续进行，水泥浆体完全失去可塑性(称终凝)，并形成一定的初始强度。从水泥与水拌和，经过初凝，到终凝的这一过程称为水泥的“凝结”。此后随着水泥水化的不断进行，水化产物不断增多，它们相互接触连生，到一定程度，建立起较紧密的网状结晶结构，并在网状结构内部不断充实水化产物，使水泥具有初步的强度，再随着水化产物的不断增加，强度不断提高，最后形成具有较高强度的水泥石。强度逐步提高，并最终变成坚硬的石状物体——水泥石，这一过程称为“硬化”。水泥的凝结和硬化过程是人为划分的，实际上是一个连续的复杂的物理化学变化过程，这些变化决定了水泥的一系列技术性能，对水泥的应用有着重要意义。

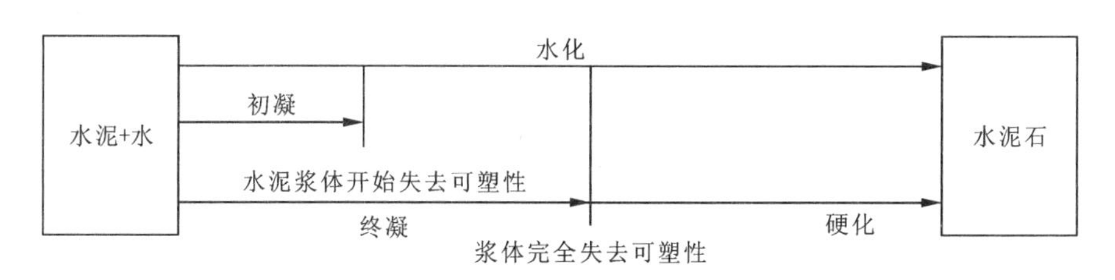

图 3－2　水泥的水化、凝结与硬化示意图

水泥的水化与硬化

1. 水泥的水化反应

水泥加水后，熟料矿物开始与水发生水化反应，生成水化产物，并放出一定的热量。硅酸盐水泥主要水化产物有：水化硅酸钙凝胶体、水化铁酸钙凝胶体，氢氧化钙晶体、水化铝酸钙晶体和水化硫铝酸钙晶体。在完全水化的水泥石中，水化硅酸钙约占 50%，氢氧化钙约占 25%。

在四种熟料矿物中，C_3A 的水化速度最快，水化放热量大，若不加以抑制，则水泥的凝结过快，影响正常使用。为了调节水泥凝结时间，在水泥制成时需要加入适量石膏共同粉磨，石膏主要起到缓凝的作用。但如果石膏掺入量过多，会引起水泥体积安定性不良，所以石膏的掺入量应适量。

2. 硅酸盐水泥的凝结与硬化

水泥的凝结硬化是一个由表及里、由快到慢连续的过程，较粗颗粒的内部很难完全水化。因此，硬化后的水泥石是由水泥水化产物凝胶体(内含凝胶孔)、结晶体、未完全水化的水泥颗粒、毛细孔(含毛细孔水)等组成。

3. 影响硅酸盐水泥凝结、硬化的因素

水泥的凝结硬化过程，也就是水泥强度发展的过程，受着许多因素的影响，除了熟料矿物本身结构、相对含量及水泥粉磨细度等这些内部因素之外，还与外界条件如温度、湿度、加水量以及掺有不同种类的外加剂等外部因素密切相关。

3.1.4　硅酸盐水泥的技术性质和技术标准

国家标准《通用硅酸盐水泥》(GB 175—2007)对于硅酸盐水泥的细度、凝结时间、体积安定性、强度等作了如下规定。

水泥性能影响因素

1. 细度

细度是指水泥颗粒粗细的程度。水泥颗粒越细，比表面积便越大，与水接触的面积越大，水化速度越快，反应越充分，早期强度较高。但水泥颗粒越细，硬化时收缩较大，在储运过程中易受潮而降低活性，且成本较高。

国家标准《通用硅酸盐水泥》(GB 175—2007)规定，硅酸盐水泥的比表面积应不小于300 m^2/kg。

2. 标准稠度用水量

水泥净浆的标准稠度是指在测定水泥的凝结时间、体积安定性时，为了让所测得的结果有可比性，水泥净浆以标准方法测试所达到的统一规定的可塑性程度。水泥净浆达到标准稠度所需的用水量即为标准稠度用水量，以水占水泥质量的百分数来表示，用标准维卡仪来测定。对于不同的水泥品种，水泥的标准稠度的用水量也各不相同，一般为24%～33%。

3. 凝结时间

凝结时间分为初凝时间和终凝时间。初凝时间是指水泥加水拌和开始至水泥标准稠度的净浆开始失去可塑性所需时间；终凝时间是指水泥加水拌和开始至标准稠度的净浆完全失去可塑性所需时间。水泥的凝结时间是以标准稠度的水泥净浆在规定的温度及湿度的环境下，试针沉入水泥标准稠度净浆至一定深度所需的时间表示。

凝结时间的规定对工程有着十分重要的意义。为了使混凝土、砂浆在施工过程中有足够的时间进行搅拌、运输、浇筑、成型、砌筑等工序，水泥的初凝不能过快；当浇筑完毕之后，为使混凝土、砂浆尽快凝结、硬化，产生强度，顺利地进入下一道工序，水泥的终凝不能太慢。国家标准《通用硅酸盐水泥》(GB 175—2007)规定，硅酸盐水泥的初凝时间不得小于45 min，终凝时间不得大于390 min，凡是凝结时间不符合规定者为不合格品。

4. 体积安定性

水泥的体积安定性是指水泥浆体在凝结硬化的过程中体积变化的均匀性。当水泥浆体硬化的过程发生不均匀变化时，会导致膨胀开裂、翘曲等现象，称为体积安定性不良。安定性不良的水泥会使混凝土构件产生膨胀性裂缝，从而降低建筑物的质量，引起严重事故。因此，国家标准规定水泥体积安定性必须合格，体积安定性不合格的水泥严禁在工程中使用。

引起水泥体积安定性不良的原因主要是：水泥中含有过多的游离氧化钙($f-CaO$)和游离氧化镁($f-MgO$)，SO_3 含量过多，或石膏掺量过多。

国家标准《通用硅酸盐水泥》(GB 175—2007)规定，硅酸盐水泥的体积安定性经沸煮法检验必须合格。沸煮法分雷氏法(标准法)和试饼法(代用法)，在有争议时以雷氏法为准。同时，国家标准《通用硅酸盐水泥》(GB 175—2007)还规定，硅酸盐水泥 MgO 含量≤5.0%，如果经压蒸实验合格，则允许 MgO 含量放宽到6.0%，SO_3 含量≤3.5%。

5. 强度及强度等级

强度是水泥力学性质的一项重要指标，是确定水泥强度等级的依据。根据《水泥胶砂强度检验方法(ISO 法)》(GB 17671—1999)规定，制成标准试块，在标准养护条件下进行养护，测定其3 d、28 d的抗压强度和抗折强度。按照3 d、28 d的抗压强度和抗折强度，将硅酸盐水泥分为42.5、42.5R、52.5、52.5R、62.5、62.5R六个强度等级，其中早强型用R表示，各等级、各龄期的强度值不得低于表3-2中数值。

由于水泥的强度会随着放置时间的延长而降低，所以为了保证水泥在工程中的使用质量，生产厂家在控制出厂水泥28 d强度时，均留有一定的富余强度。通常富余系数为1.06～1.18。

表3－2　硅酸盐水泥各等级、各龄期的强度值(GB 175—2007)

品　种	强度等级	抗压强度/MPa，≥		抗折强度/MPa，≥	
		3 d	28 d	3 d	28 d
硅酸盐水泥	42.5	17.0	42.5	3.5	6.5
	42.5R	22.0	42.5	4.0	6.5
	52.5	23.0	52.5	4.0	7.0
	52.5R	27.0	52.5	5.0	7.0
	62.5	28.0	62.5	5.0	8.0
	62.5R	32.0	62.5	5.5	8.0

6. 水化热

水泥与水发生水化反应所放出的热量称为水化热，通常用J/kg表示。水化热的大小主要是与水泥的细度及矿物组成有关。颗粒愈细，水化热愈大；矿物中C_3A、C_3S含量愈多，水化放热愈高。大部分的水化热会集中在早期放出，3～7 d以后逐步减少。

水化热在混凝土工程中，既有有利的因素，也有不利的影响。高水化热的水泥在大体积混凝土工程中是十分不利的(如大坝、大型基础、桥墩等)，这是由于水泥在水化时释放的热量积聚在混凝土内部，且散发非常缓慢，使得混凝土表面与内部的温差过大而产生温差应力，致使混凝土受拉而开裂破坏，因此在大体积的混凝土工程中，应选择低热水泥。而混凝土冬季施工时，水化热有利于水泥的凝结、硬化和防止混凝土受冻。

7. 密度与堆积密度

硅酸盐水泥的密度一般为3.1～3.2 g/cm^3。水泥在松散状态时的堆积密度一般为900～1300 kg/m^3。紧密堆积状态时可达1400～1700 kg/m^3。在混凝土配合比设计中，通常取水泥的密度为3.1 g/cm^3，堆积密度为1300 kg/m^3。

GB 175—2007除对上述内容做了规定外，还对不溶物、烧失量、碱含量等提出了要求。Ⅰ型硅酸盐水泥中的不溶物含量≤0.75%，烧失量≤3.0%；Ⅱ型硅酸盐水泥中不溶物的含量≤1.5%，烧失量≤3.5%。氯离子含量≤0.06%。水泥中的碱含量按$w(Na_2O)+0.658w(K_2O)$计算值来表示，若使用活性骨料，水泥中的碱含量≤0.60%或由买卖双方协商确定。

3.1.5　水泥石的腐蚀与防止

硅酸盐水泥硬化后，在正常使用的条件下，水泥石强度会不断增长，具有较好的耐久性。但水泥石长期处在侵蚀性介质中(如流动的淡水、酸液或盐类溶液、强碱等)时，会逐渐受到侵蚀而变得疏松，强度下降，甚至破坏，这种现象称为水泥石的腐蚀。水泥石的腐蚀主要有以下四种类型。

微课7：水泥的腐蚀

水泥石的腐蚀

1. 软水侵蚀(溶出性侵蚀)

当水泥石长期与冷凝水、雪水、蒸馏水等含重碳酸盐很少的软水接触时，水泥石中的氢氧化钙就会被溶出，在静水及无压水的情况下，氢氧化钙很快会处于饱和溶液中，使溶解作用中止，此时溶出仅限于表层，危害不大，但在流动水及压力水的作用下，氢氧化钙会不断溶解、流失，其结果一方面是水泥变得疏松，另一方面也会使水泥石的碱度降低，导致其他水化物的分解溶蚀，最终使水泥石被破坏。

当环境水中含有重碳酸盐 $Ca(HCO_3)_2$时，重碳酸盐与水泥石中的氢氧化钙起反应，生成几乎不溶于水的碳酸钙。生成的碳酸钙会积聚在水泥石的空隙中，形成致密的保护层，阻止外界水的侵入和内部氢氧化钙的扩散析出：

$$Ca(HCO_3)_2 + Ca(OH)_2 \longrightarrow 2CaCO_3 + 2H_2O$$

因此，预先将与软水接触的混凝土构件在空气中放置一段时间，使水泥石中的氢氧化钙在空气中的 CO_2和水作用下形成碳酸钙外壳，则可减轻溶出性侵蚀。

2. 酸性侵蚀

1）碳酸的侵蚀

地下水及某些工业废水中常溶解有较多的 CO_2，这种水对水泥石有侵蚀作用：

$$Ca(OH)_2 + CO_2 + H_2O \longrightarrow CaCO_3 + 2H_2O$$

$$CaCO_3 + CO_2 + H_2O \rightleftharpoons Ca(HCO_3)_2$$

上述第二个反应式是一个可逆反应，若水中含有较多的碳酸，超过平衡浓度时，上式向右进行，水泥石中的 $Ca(OH)_2$经过上述两个反应式转变为 $Ca(HCO_3)_2$而溶解，进一步导致其他水泥水化产物分解和溶解，使水泥石的结构破坏；若水中碳酸含量不高，低于平衡浓度时，则反应进行到第一个反应式为止，对水泥石并不会起破坏作用。

2）一般酸的侵蚀

在工业污水和地下水中常含有无机酸（HCl、H_2SO_4、HPO_3等）和有机酸（醋酸、蚁酸等），各种酸对水泥都有不同程度的腐蚀作用，它们在与水泥石中的 $Ca(OH)_2$作用后生成的化合物或溶于水或体积膨胀而导致水泥石破坏。

例如：盐酸与水泥石中的 $Ca(OH)_2$作用会生成极易溶于水的氯化钙，导致溶出性化学腐蚀：

$$2HCl + Ca(OH)_2 \longrightarrow CaCl_2 + 2H_2O$$

硫酸与水泥石中的 $Ca(OH)_2$作用，生成的二水石膏会在水泥石孔隙中结晶造成体积膨胀，还可以再与水泥石中的水化铝酸钙作用，生成高硫型水化硫铝酸钙，体积将膨胀约 1.5 倍，破坏作用更大。由于高硫型水化硫铝酸钙呈针状晶体，所以又俗称“水泥杆菌”。

$$H_2SO_4 + Ca(OH)_2 \longrightarrow CaSO_4 \cdot 2H_2O$$

3. 盐类的腐蚀

1）硫酸盐的腐蚀

在海水、地下水以及工业污水中，常含有硫酸钠、硫酸钾等硫酸盐，对于水泥石的腐蚀与硫酸的腐蚀相同。

2）镁盐的腐蚀

海水及地下水中常常含有氯化镁、硫酸镁等镁盐，它们可以与水泥石中的氢氧化钙起置换反应生成易溶于水的氯化钙和松软无胶结能力的氢氧化镁，而硫酸镁对于水泥石的腐蚀则具有镁盐和硫酸盐的双重腐蚀作用。

$$MgCl_2 + Ca(OH)_2 \longrightarrow CaCl_2 + Mg(OH)_2$$

4. 强碱腐蚀

碱类溶液若浓度不大时一般无害。但是铝酸盐含量较高的硅酸盐水泥遇到强碱（如氢氧化钠)作用后会被腐蚀破坏。氢氧化钠与水泥熟料中未水化的铝酸盐作用时，会生成易溶的铝酸钠，出现溶出性腐蚀：

$$3CaO \cdot Al_2O_3 + 6NaOH \longrightarrow 3Na_2O \cdot Al_2O_3 + 3Ca(OH)_2$$

另外，当水泥石被氢氧化钠溶液浸透后，又在空气中干燥，会与空气中的二氧化碳作用生成碳酸钠，碳酸钠会在水泥石毛细孔中结晶沉积，可使水泥石胀裂。

综合上述，水泥石破坏有三种表现形式：一是溶解型侵蚀，主要是使水泥石中的 $Ca(OH)_2$溶解从而水泥石中的 $Ca(OH)_2$浓度降低，进而引起其他水化产物的溶解；二是离子交换反应型侵蚀，侵蚀性介质与水泥石中的 $Ca(OH)_2$发生离子交换反应，生成易溶解或没有胶结能力的产物，进而破坏水泥石原有的结构；三是膨胀型侵蚀，水泥石中的水化铝酸钙会与硫酸盐作用形成膨胀性结晶产物，产生有害的内应力，从而引起膨胀性破坏。

水泥石的腐蚀是内外因并存的。内因是水泥石中存在有能引起腐蚀的组分 $Ca(OH)_2$和水化铝酸钙，且水泥石本身的结构不密实，有很多毛细管通道；外因是在水泥石周围存在以液相形式存在的侵蚀性介质。

除上述四种腐蚀类型外，对水泥石有着腐蚀作用的还有其他一些物质，如糖、酒精、动物脂肪等。水泥石的腐蚀是一个极其复杂的物理化学过程，很少是单一类型的腐蚀，往往是几种类型的腐蚀作用同时存在，相互影响，共同作用。

5. 水泥石腐蚀的防治措施

(1)根据侵蚀性介质选择合适的水泥品种

如果采用水化产物中氢氧化钙含量少的水泥，可提高对软水等侵蚀的抵抗能力；选择混合材料掺入量较大的水泥可提高抗各类腐蚀(除抗碳化外)的能力。

(2)提高水泥的密实度，降低孔隙率

硅酸盐水泥的理论水灰比为0.22左右，而实际施工中水灰比常为0.40~0.70，多余的水分会在水泥石内部形成连通的空隙，侵蚀介质就容易渗入水泥石内部，从而加速水泥石的腐蚀。在实际工程中，可通过降低水灰比、仔细选择骨料、掺外加剂、改善施工方法等措施，来提高水泥石的密实度，降低孔隙率，以提高水泥石的抗腐蚀性能。

(3)加保护层

用一些耐腐蚀的材料，如石料、陶瓷、塑料、沥青等覆盖于水泥石的表面，防止侵蚀性介质与水泥石的直接接触，以达到抗侵蚀的目的。

3.1.6 硅酸盐水泥的应用

1. 硅酸盐水泥的性质

(1)快凝快硬高强。与硅酸盐系列其他品种的水泥相比，硅酸盐水泥的凝结硬化快、早期强度(3 d)高。

(2)抗冻性好。由于硅酸盐水泥未掺或掺入很少量的混合材料，密实度高，抗冻性好。

(3)抗腐蚀性差。硅酸盐水化产物中有较多的氢氧化钙和水化铝酸钙，所以耐软水及化学腐蚀的能力差。

(4)抗碳化能力强。硅酸盐水泥密实且碱度高，空气中的二氧化碳难渗入水泥石内部与氢氧化钙发生反应生成碳酸钙，钢筋混凝土中的钢筋在强碱环境下表面会形成一层坚韧致密的钝化膜，保护钢筋免受锈蚀。

(5)水化热大。硅酸盐水泥中含有大量的 C_3A 和 C_3S，在水泥水化时，放热速度快而且放热量大。

(6)耐热性差。硅酸盐水泥中的一些水化产物在250℃温度时就会发生脱水或分解，使水泥石的强度下降；当受热700℃以上时，甚至会完全破坏。

(7)耐磨性好。硅酸盐水泥的强度高，耐磨性好。

2. 硅酸盐水泥的应用

(1)适用于早期强度要求高的工程以及冬季施工的工程。

(2)适用于重要结构的高强混凝土和预应力混凝土工程。

(3)适用于严寒地区，遭受反复冻融的工程以及干湿交替的部位。

(4)不能用于大体积混凝土工程。

(5)不能用于高温环境的工程。

(6)不能用于有海水和侵蚀性介质存在的工程。

(7)不适宜需要蒸汽或蒸压养护的混凝土工程。

微课8：水泥混合材料

3.2 掺混合材料的硅酸盐水泥

凡在硅酸盐水泥熟料和适量石膏的基础上，掺入一定量的混合材料共同磨细制成的水硬性胶凝材料，均属于掺混合材料的硅酸盐水泥。掺混合材料的目的是为了要调整水泥强度等级，改善水泥的某一些性能，增加水泥品种，扩大适用范围，降低水泥的成本和提高产量，并且充分利用工业废料。

3.2.1 水泥混合材料

水泥混合材料，根据其是否参与了水化反应分为活性混合材料和非活性混合材料。

1. 活性混合材料

活性混合材料

活性混合材料是指具有潜在活性的矿物材料。所谓潜在活性是指单独不具有水硬性，但在石灰或石膏的激发与参与下，可以一起和水反应，生成水硬性化合物的性能。硅酸盐水泥熟料水化后将会产生大量的氢氧化钙，并且在水泥中需掺入适量的石膏，因此在硅酸盐水泥中具备了能使活性混合材料发挥潜在活性的条件。通常将氢氧化钙、石膏称为活性混合材料的“激发剂”，分别称为碱性激发剂和硫酸盐激发剂，硫酸盐激发剂必须在有碱性激发剂条件下才能发挥作用。

水泥中常用的活性混合材料有：粒化高炉矿渣、火山灰质混合材料及粉煤灰。

(1)粒化高炉矿渣

将炼铁高炉中的熔融矿渣经水淬等急冷方式处理而成的松软颗粒称之为粒化高炉矿渣，又称水淬矿渣，其中主要的化学成分是 CaO、SiO_2 和 Al_2O_3，占90%以上。急速冷却的矿渣结构为一种不稳定的玻璃体，具有较高的潜在活性。如果熔融状态的矿渣缓慢冷却，其中的 SiO_2 等将会形成晶体，活性极小，称为慢冷矿渣，不具有活性。

(2)火山灰质混合材料

凡是天然或人工的以活性 SiO_2 和活性 Al_2O_3 为主要成分，且其含量一般可达到65% ~ 95%，具有火山灰活性的矿物材料，都称为火山灰质混合材料。天然火山灰主要是在火山喷发时随同熔岩一起喷发的大量碎屑沉积在地面或水中的松软物质，包括浮石、火山灰、凝灰岩，等等。人工火山灰是将一些天然材料或是工业废料经加工处理而成，如硅藻土、沸石、烧黏土、煤矸石、煤渣，等等。

(3)粉煤灰

粉煤灰是火力发电厂燃煤锅炉排出的细颗粒废渣，其颗粒的直径一般为1～50 μm，呈玻璃态实心或者空心的球状颗粒，表面比较致密，粉煤灰的成分主要为活性SiO_2、活性Al_2O_3和活性Fe_2O_3，以及一定量的CaO，根据CaO的含量可以分为低钙粉煤灰(CaO含量低于10%)和高钙粉煤灰。高钙粉煤灰通常活性较高，因为所含的钙绝大多数是以活性结晶化合物的形式存在的，如C_3A、CS，此外，其所含的钙离子使得铝硅玻璃体的活性得到增强。

2. 非活性混合材料

在水泥中主要是起填充作用而不参与水泥水化反应或水化反应很微弱的矿物材料，称为非活性混合材料。将它们掺入水泥中的目的，主要是为了提高水泥的产量，调节水泥的强度等级，减小水化热等作用，所以又称为填充性混合材料、惰性混合材料。磨细的石英砂、石灰石、黏土、慢冷矿渣及各种废渣等都属于非活性材料。

3. 掺活性混合材料的硅酸盐水泥的水化特点

掺入活性混合材料的硅酸盐水泥在与水拌和后，首先是水泥熟料的水化，水化反应生成的$Ca(OH)_2$作为活性“激发剂”，并与活性混合材料中的活性SiO_2和活性Al_2O_3反应，即“二次水化反应”，生成具有水硬性的水化硅酸钙和水化铝酸钙，其反应式如下：

$$xCa(OH)_2 + SiO_2 + nH_2O \longrightarrow xCaO \cdot SiO_2 \cdot (x+n)H_2O$$

$$yCa(OH)_2 + Al_2O_3 + mH_2O \longrightarrow yCaO \cdot Al_2O_3 \cdot (y+m)H_2O$$

当有石膏存在的时候，石膏可与上述反应生成的水化铝酸钙进一步反应生成水硬性的低钙型水化硫铝酸钙。

与熟料的水化相比，“二次水化反应”具有的特点是：速度慢、水化热小，对温度和湿度较敏感。

3.2.2　普通硅酸盐水泥

微课9：掺混合材料的硅酸盐水泥

1. 定义

凡由硅酸盐水泥熟料、活性混合材料(掺加量>5%，且≤20%)(其中允许用不超过水泥质量8%的非活性混合材料或不超过水泥质量5%的窑灰)，适量石膏磨细制成的水硬性胶凝材料，称之为普通硅酸盐水泥(简称普通水泥)，代号P·O。

2. 技术要求

国家标准GB 175—2007对普通硅酸盐水泥的技术要求如下：

(1)细度。普通硅酸盐水泥的比表面积应不小于300 m^2/kg。

(2)凝结时间。初凝时间不得早于45 min，终凝时间不得迟于600 min。

(3)强度与强度等级。根据3 d和28 d龄期的抗折抗压强度，将普通硅酸盐水泥划分为42.5、42.5R、52.5、52.5R共四个强度等级。各个强度等级的水泥各龄期强度不得低于国家标准规定的数值(见表3-3)。

普通水泥的体积安定性、氧化镁含量、三氧化硫含量等技术要求与硅酸盐水泥相同。

表 3-3 普通硅酸盐水泥各等级、各龄期的强度值(GB 175—2007)

品种	强度等级	抗压强度/MPa，≥		抗折强度/MPa，≥	
		3 d	28 d	3 d	28 d
普通硅酸盐水泥	42.5	17.0	42.5	3.5	6.5
	42.5R	22.0	42.5	4.0	6.5
	52.5	23.0	52.5	4.0	7.0
	52.5R	27.0	52.5	5.0	7.0

3. 普通硅酸盐水泥的主要性能及应用

普通硅酸盐水泥中绝大部分仍然为硅酸盐水泥熟料，其性质与硅酸盐水泥相近，但由于掺加少量混合材料，与硅酸盐水泥相比，早期强度略低，水化热略低，耐腐蚀性略有提高，耐热性能稍好，抗冻性、耐磨性、抗碳化性略有降低。

在应用范围方面，与硅酸盐水泥是基本相同的，甚至在一些不能用硅酸盐水泥的地方也可以采用普通水泥，使得普通水泥成为了建筑行业应用面最广、使用量最大的水泥品种。

3.2.3 矿渣硅酸盐水泥、火山灰质硅酸盐水泥和粉煤灰硅酸盐水泥

1. 定义

凡是由硅酸盐水泥熟料和粒化高炉矿渣、适量石膏磨细制成的水硬性胶凝材料称为矿渣硅酸盐水泥(简称矿渣水泥)，代号 P·S。水泥中粒化高炉矿渣掺量(质量百分比)>20%且≤70%，并分为 A 型和 B 型。A 型矿渣掺量>20%且≤50%，代号为 P·S·A；B 型矿渣掺量>50%且≤70%，代号为 P·S·B。

凡是由硅酸盐水泥熟料和火山灰质混合材料、适量石膏磨细制成的水硬性胶凝材料称为火山灰质硅酸盐水泥(简称火山灰水泥)，代号 P·P。水泥中火山灰质混合材料掺量(质量百分比)>20%且≤40%。

凡是由硅酸盐水泥熟料和粉煤灰、适量石膏磨细制成的水硬性胶凝材料称为粉煤灰硅酸盐水泥(简称粉煤灰水泥)，代号 P·F。水泥中粉煤灰掺入量(质量百分比)>20%且≤40%。

2. 技术要求

(1)细度、凝结时间、体积安定性

国家标准 GB 175—2007 中规定，这三种水泥细度以筛余表示，80 μm 方孔筛筛余不大于10%或 45 μm 方孔筛筛余不大于 30%；初凝时间不得早于 45 min，终凝时间不得迟于 600 min；沸煮法安定性必须合格。

(2)氧化镁、三氧化硫含量

氧化镁含量≤6.0%，如果水泥中氧化镁的含量大于 6.0%时，需进行水泥压蒸安定性试验并合格。

矿渣水泥中的 SO_3 含量≤4.0%；火山灰水泥和粉煤灰水泥中 SO_3 的含量≤3.5%。

(3)强度等级

这三种水泥的强度等级可按 3 d、28 d 的抗压强度和抗折强度来划分为 32.5、32.5R、42.5、42.5R、52.5、52.5R 六个等级，各强度等级水泥的各龄期强度不得低于表 3-4 中的数值。

表 3－4　矿渣水泥、火山灰水泥、粉煤灰水泥的强度指标

强度等级	抗压强度/MPa，≥		抗折强度/MPa，≥		强度等级	抗压强度/MPa，≥		抗折强度/MPa，≥	
	3 d	28 d	3 d	28 d		3 d	28 d	3 d	28 d
32.5	10.0	32.5	2.5	5.5	42.5R	19.0	42.5	4.0	6.5
32.5R	15.0	32.5	3.5	5.5	52.5	21.0	52.5	4.0	7.0
42.5	15.0	42.5	3.5	6.5	52.5R	23.0	52.5	4.5	7.0

3. 性质与应用

矿渣水泥、火山灰水泥及粉煤灰水泥都是在硅酸盐水泥熟料的基础上加入了大量活性混合材料再加适量石膏磨细而制成，所加入的活性混合材料在化学组成与化学活性上基本相同，因而存在有很多共性；但每种活性混合材料自身又有性质与特征的差异，使得这三种水泥有各自的特征。

三种水泥的共性如下：

(1)凝结硬化慢，早期强度低，后期强度发展较快

由于三种水泥中熟料含量少，二次水化反应又较慢，因此早期强度低，但是后期由于二次水化反应的不断进行及熟料的继续水化，水化产物的不断增多，使得水泥强度发展较快，后期强度可赶上甚至于超过同强度等级的硅酸盐水泥及普通硅酸盐水泥。

(2)抗软水、抗腐蚀能力强

由于水泥中熟料少，因此在水化中生成的氢氧化钙及水化铝酸三钙含量少，加之二次水化反应还要消耗一部分氢氧化钙，因此使得水泥抵抗软水、海水及硫酸盐腐蚀的能力增强，可适用于水工、海港工程及受侵蚀作用的工程。

(3)水化热低

由于水泥中熟料少，即水化中放热量高的 C_3A、C_3S 含量相对减少，而且“二次水化反应”的速度慢、水化热较低，使得水化放热量少且较慢，因此可适用于大体积混凝土工程。

(4)湿热敏感性强，适宜蒸汽养护

这三种水泥在低温下水化反应明显减慢，强度较低，采用高温养护可以加速熟料的水化，并大大加快活性混合材料的水化反应速度，大幅度地提高早期强度，并且不影响后期强度的发展，所以这三种水泥适合于蒸汽养护。与此相比，普通水泥、硅酸盐水泥在蒸汽下的养护，虽然早期强度可提高，但后期强度的发展却受到影响，比一直在常温下养护的强度低。主要原因就是硅酸盐水泥、普通水泥的熟料含量高，熟料在蒸汽下水化反应速度较快，短时间内生成大量的水化产物，这些水化产物对与未水化的水泥颗粒的后期水化起阻碍作用，因此硅酸盐水泥、普通水泥并不适合于蒸汽养护。

(5)抗碳化能力低

由于这三种水泥的水化产物中的氢氧化钙含量少，碱度低，使碳化作用进行较快而且碳化深度也较大，抗碳化的能力差，其中更是以矿渣水泥最为明显，当碳化深度达到钢筋表面时，就会导致钢筋锈蚀，最后使混凝土产生裂缝。

(6)抗冻性差、耐磨性差

由于加入了较多的混合材料，使得水泥的需水量增加，水分蒸发后容易形成毛细管通路

或粗大孔隙，水泥石的孔隙率过大，导致抗冻性差和耐磨性差。

三种水泥各自的特征如下：

(1)矿渣水泥

①耐热性强。矿渣水泥中的矿渣含量大，硬化后的氢氧化钙含量少，且矿渣本身又是高温形成的耐火材料，故矿渣水泥的耐热性较好，适用于高温车间、高炉基础以及热气体通道等耐热工程。

②保水性差、泌水性大、干缩性大。粒化高炉矿渣难于磨得很细，再加上矿渣玻璃体亲水性差，且在拌制混凝土时泌水性大，容易形成毛细管道和粗大孔隙，在空气中硬化时容易产生干缩。

(2)火山灰水泥

①保水性好、抗渗性好。火山灰混合材料中含有大量的微细孔隙，使其具有良好的保水性，并且在水化过程中形成大量的水化硅酸钙凝胶，使得火山灰水泥的水泥石结构密实，从而具有较高的抗渗性。

②干燥收缩大、干燥环境中表面易“起毛”。火山灰水泥水化产物含有大量胶体，长期处于干燥环境时，胶体就会脱水产生严重的收缩，表面易“起毛”，导致干缩裂缝。所以不适用于长期处于干燥环境和有耐磨要求的混凝土工程。

(3)粉煤灰水泥

①干缩性小、抗裂性高。粉煤灰呈球形颗粒，它比表面积小，吸附水的能力小，因此这种水泥的干缩性小，抗裂性高，但是致密的球形颗粒，保水性差，易泌水。

②早期强度低、水化热低。粉煤灰由于其内比表面积小，不易水化，所以活性主要是在后期发挥。因此，粉煤灰水泥的早期强度、水化热比矿渣水泥和火山灰水泥还要低，特别适用于大体积的混凝土工程。

3.2.4 复合硅酸盐水泥

凡是由硅酸盐水泥熟料、两种或两种以上规定的混合材料、适量石膏磨细制成的水硬性胶凝材料称为复合硅酸盐水泥(简称复合水泥，代号 P·C)。水泥中混合材料总掺入量按质量百分比计应 >20% 且≤50%，水泥中允许用不超过 8% 的窑灰代替部分混合材料；掺矿渣时混合材料掺入量不得与矿渣硅酸盐水泥重复。

国家标准 GB 1175—2007 的规定，复合水泥有五个强度等级：32.5R、42.5、42.5R、52.5、52.5R。对复合硅酸盐水泥的技术要求：氧化镁含量、细度、凝结时间、安定性、强度等级等指标同矿渣水泥、火山灰水泥、粉煤灰水泥。其 SO_3 含量≤3.5%。

复合水泥与矿渣水泥、火山灰水泥、粉煤灰水泥相比，是多种混合材料互掺，可以弥补一种混合材料性能的不足，明显改善水泥的性能，让使用范围更广。复合水泥的特征取决于所掺混合材料的种类、掺量及相对比例，因此，使用复合水泥时，应弄清楚水泥中主要混合材料的品种。国家标准规定，复合水泥包装袋上应标明主要混合材料的名称。

3.2.5 通用水泥的主要特点及适用范围

以上所介绍的硅酸盐系列六大品种水泥的组成、性质及适用范围见表 3-5。

表 3-5 六种常见水泥的组成、性质及应用的异同点

<table>
<tr><th colspan="2">项 目</th><th>硅酸盐水泥
P·I、P·II</th><th>普通水泥
P·O</th><th>矿渣水泥
P·S</th><th>火山灰水泥
P·P</th><th>粉煤灰水泥
P·F</th><th>复合水泥
P·C</th></tr>
<tr><td colspan="2">组 成</td><td>硅酸盐水泥熟料、适量石膏、不加或加入很少（0～5%）的混合材料</td><td>硅酸盐水泥熟料、适量石膏、加入少量（>5%且≤20%）的混合材料</td><td>硅酸盐水泥熟料、适量石膏、加入>20%且≤70%的粒化高炉矿渣</td><td>硅酸盐水泥熟料、适量石膏、加入>20%且≤40%的火山灰质混合材料</td><td>硅酸盐水泥熟料、适量石膏、加入>20%且≤40%的粉煤灰</td><td>硅酸盐水泥熟料、适量石膏、加入>20%且≤50%的两种或两种以上的混合材料</td></tr>
<tr><td colspan="2" rowspan="2">性质</td><td rowspan="2">强度（早期、后期）高、抗碳化性好、水化热大、耐腐蚀性差、耐热性差、耐磨性好、抗冻性好</td><td rowspan="2">早期强度稍低、后期强度高、抗碳化性较好、水化热略小、耐腐蚀性稍差、耐热性稍差、耐磨性较好、抗冻性好</td><td colspan="4">共性：①早期强度低、后期强度高；②水化热小；③耐腐蚀性好；④抗冻性差；⑤抗碳化性差；⑥对温度和湿度敏感，适合湿热养护</td></tr>
<tr><td>泌水性大、抗渗性差、耐热性好、干缩性较大</td><td>保水性好、抗渗性好、干缩性大、耐磨性差</td><td>泌水性大且快、抗渗性差、干缩性小、抗裂性好、耐磨性差</td><td>早期强度较前三种水泥稍高、干缩较大</td></tr>
<tr><td rowspan="6">应用</td><td rowspan="2">优先使用</td><td colspan="2">早期强度要求较高的混凝土、严寒地区有抗冻性要求的混凝土、抗碳化要求较高的混凝土、掺大量混合材料的混凝土、有耐磨性要求的混凝土</td><td colspan="4">水下混凝土、海港混凝土、大体积混凝土、耐腐蚀性要求较高的混凝土、湿热养护混凝土</td></tr>
<tr><td>高强度混凝土</td><td>普通气候及干燥环境中的混凝土</td><td>有耐热性要求的混凝土</td><td>有抗渗性要求的混凝土</td><td>受荷载较晚的混凝土</td><td></td></tr>
<tr><td rowspan="2">可以使用</td><td rowspan="2">一般工程</td><td rowspan="2">高强度混凝土、水下混凝土、耐热混凝土、湿热养护混凝土</td><td colspan="4">普通气候环境下的混凝土</td></tr>
<tr><td>有耐磨性要求的混凝土</td><td></td><td></td><td></td></tr>
<tr><td rowspan="2">不宜或不得使用</td><td colspan="2">大体积混凝土、耐腐蚀性要求较高的混凝土</td><td colspan="4">早期强度要求较高的混凝土、低温或冬季施工混凝土、抗冻性要求较高的混凝土、抗碳化要求较高的混凝土</td></tr>
<tr><td colspan="2">耐热混凝土、湿热养护混凝土</td><td>抗渗性要求高的混凝土</td><td>干燥环境中的、有耐磨要求的混凝土</td><td>干燥环境中的、有耐磨要求的混凝土、有抗渗要求的混凝土</td><td></td></tr>
</table>

3.3 其他品种水泥

其他品种水泥应用

3.3.1 快硬硅酸盐水泥

1. 定义

凡是以硅酸盐水泥熟料和适量石膏磨细制成的，以 3 d 抗压强度表示等级的水硬性胶凝材料，称之为快硬硅酸盐水泥，简称快硬水泥。

快硬硅酸盐水泥制造过程与硅酸盐水泥基本相同，只是适当增加了熟料中硬化快的矿物的含量，如硅酸三钙为 50% ~60%，铝酸三钙为 8% ~14%，铝酸三钙和硅酸三钙的总量应不得少于 60% ~65%。

2. 技术要求

(1) 细度。0.08 mm 方孔筛筛余不得超过 10%。

(2) 凝结时间。初凝时间不得早于 45 min，终凝时间不得迟于 600 min。

(3) 体积安定性。用沸水法检验必须合格。

(4) 强度。分为 32.5、37.5、42.5 三个强度等级，各龄期强度不得低于表 3 - 6 中的数值。

表 3 - 6 快硬水泥各龄期强度值

强度等级	抗压强度/MPa，≥			抗折强度/MPa，≥		
	1 d	3 d	28 d	1 d	3 d	28 d
32.5	15.0	32.5	52.5	3.5	5.0	7.2
37.5	17.0	37.5	57.5	4.0	6.0	7.6
42.5	19.0	42.5	62.5	4.5	6.4	8.0

3. 性质

(1) 凝结硬化快，但是干缩性较大。

(2) 早期强度以及后期强度均高，抗冻性好。

(3) 水化热大，且耐腐蚀性差。

4. 应用

主要是用于配制早强、高标号混凝土，适用于紧急抢修工程、冬季施工和高标号混凝土预制构件。但不能用于大体积混凝土工程以及经常与腐蚀介质接触的混凝土工程。此外，由于快硬硅酸盐水泥细度大，容易受潮变质，所以在运输和储存中应注意防潮，一般存储期不宜超过一个月，已风化的水泥必须对其性能进行重新检验，合格后方可使用。

3.3.2 白色硅酸盐水泥及彩色硅酸盐水泥

1. 白色硅酸盐水泥

由氧化铁含量少的硅酸盐水泥熟料、适量石膏及规定的混合材料，磨细制成的水硬性胶凝材料称为白色硅酸盐水泥，简称白水泥，代号为 P・W。

硅酸盐系列水泥的颜色通常呈灰色，主要是因为其中含有较多的氧化铁及其他杂质所致。白水泥的生产工艺与硅酸盐水泥基本相同，关键是要严格控制水泥原料的铁含量，严防在生产过程中混入铁质（以及锰、铬等氧化物）。

（1）白色水泥的技术性质

国家标准《白色硅酸盐水泥》（GB/T 2015—2017）的规定，白水泥的细度要求 45 μm 的方孔筛筛余不得大于30%；初凝时间不得早于45 min，终凝时间不得迟于600 min；体积安定性用沸水法检验必须合格；氧化镁的含量不得超过5.0%；按照白度分为1级和2级，代号分别为 P. W－1 和 P. W－2，1 级白度不小于89，2 级白度不小于87。白色水泥按 3 d、28 d 的强度值可划分为32.5、42.5、和52.5 三个等级，各等级、各龄期的强度不得低于表 3－7 中的数值。

表 3－7　白色硅酸盐水泥的强度要求（GB/T 2015—2017）

强度等级	抗压强度/MPa，≥		抗折强度/MPa，≥	
	3 d	28 d	3 d	28 d
32.5	12.0	32.5	3.0	6.0
42.5	17.0	42.5	3.5	6.5
52.5	22.0	52.5	4.0	7.0

（2）应用

白水泥具备有强度高、色泽洁白等特点，在建筑装饰工程中常常用来配制彩色水泥浆，可用于建筑物内、外墙的粉刷及天棚、柱子的粉刷，还可用于贴面装饰材料的勾缝处理；配制各种色彩砂浆从而用于装饰抹灰，如常用的水刷石、斩假石等，模仿天然石材的色彩、质感，具有较好的装饰效果；配制彩色混凝土，制作彩色水磨石等。

（3）白水泥在应用中的注意事项

在制备混凝土时粗细骨料宜采用白色或是彩色的大理石、石灰石、石英砂和各种颜色的石屑，不能掺和其他杂质，以免影响其白度及色彩。

白水泥的施工和养护方法与普通硅酸盐水泥相同，但施工时底层以及搅拌工具必须清洗干净，以免影响了白水泥的装饰效果。

2. 彩色硅酸盐水泥

凡由硅酸盐水泥熟料及适量石膏（或白色硅酸盐水泥）、混合料及着色剂磨细或混合制成的带有色彩的水硬性胶凝材料称为彩色硅酸盐水泥。基本色有红色、黄色、蓝色、绿色、棕色和黑色等。

（1）彩色硅酸盐水泥的技术性质

三氧化硫的含量不得超过4.0%；80 μm 方孔筛筛余不得超过6.0%；初凝时间不得早于60 min，终凝时间不得迟于600 min；安定性用沸煮法检验必须合格；按 3 d、28 d 的强度值将彩色硅酸盐水泥划分为27.5、32.5 和42.5 三个等级，各等级、各龄期的强度不得低于表 3－8 中的数值。

表 3-8　彩色硅酸盐水泥的强度要求(JC/T870—2012)

强度等级	抗压强度/MPa，≥		抗折强度/MPa，≥	
	3 d	28 d	3 d	28 d
27.5	7.5	27.5	2.0	5.0
32.5	10.0	32.5	2.5	5.5
42.5	15.0	42.5	3.5	6.5

(2)应用

彩色硅酸盐水泥主要用于建筑装饰面材料，如地面、楼面、顶棚、楼梯、柱子及台阶等，可做成彩色水泥浆、混凝土、水磨石、水刷石和人行、车行铺地砖等饰面块，也可用于雕塑及装饰制品，以及作为瓷砖黏结嵌缝材料等。

3.3.3　膨胀水泥

一般的硅酸盐水泥在空气中凝结硬化时，体积会发生收缩，收缩将会使混凝土内部产生微裂缝，影响混凝土的强度及耐久性。

膨胀水泥在硬化的过程中会产生一定体积的膨胀，由于这一过程发生在浆体完全硬化之前，故能使水泥石结构密实而不致破坏。膨胀水泥根据膨胀率大小和用途不同，可以分为膨胀水泥(自应力<2.0 MPa)和自应力水泥(自应力≥2.0 MPa)。膨胀水泥用于补偿一般硅酸盐水泥在硬化过程中所产生的体积收缩，有微小膨胀；自应力水泥实质上是一种依靠于水泥本身膨胀而产生预应力的水泥。配制钢筋混凝土时，钢筋会因混凝土膨胀受到一定拉应力而伸长，同时钢筋约束了水泥膨胀而使得混凝土承受预压应力，这种压应力能使其免于产生内部微裂缝，当其值较大时，还能抵消一部分因外界因素所产生的拉应力，进而有效地改善混凝土抗压强度低的缺陷。

低热微膨胀水泥是以粒化高炉矿渣为主要成分，加入适量硅酸盐水泥熟料和石膏，磨细制成的具有低水化热和微膨胀性能的水硬性胶凝材料。代号为 LHEC。

国家标准《低热微膨胀水泥》(GB 2938—2008)规定：三氧化硫含量为4.0%~7.0%；比表面积不得小于300 m^2/kg；初凝时间不得早于45 min，终凝时间不得迟于12 h；体积安定性用沸煮法检验必须合格；强度等级为32.5，各龄期强度值和水化热应满足表3-9中的要求；线膨胀系数，1 d不得小于0.05%，7 d不得小于0.10%，28 d不得大于0.60%；氯离子含量不得小于0.06%。

表 3-9　低热微膨胀水泥强度及水化热要求

标号	抗折强度/MPa，≥		抗压强度/MPa，≥		水化热/($kJ \cdot kg^{-1}$)，≤	
	7 d	28 d	7 d	28 d	3 d	7 d
32.5	5.0	7.0	18.0	32.5	185	220

膨胀水泥在约束变形条件下所形成的水泥石结构致密，具有良好的抗渗性、抗冻性和抗裂性。主要用于补偿收缩混凝土结构工程(混凝土结构的后浇带、管道的接头等)，配制防水砂浆和防水混凝土，结构的加固与修补，浇注机器底座和固结地脚螺栓等。

3.3.4 中热硅酸盐水泥、低热硅酸盐水泥

中热硅酸盐水泥，简称中热水泥，是以适当成分的硅酸盐水泥熟料，加入适量石膏，经过磨细制成的具有中等水化热的水硬性胶凝材料，代号 P · MH。

低热硅酸盐水泥，简称低热水泥，是以适当成分的硅酸盐水泥熟料，加入适量石膏，经过磨细制成的具有低水化热的水硬性胶凝材料，代号 P · LH。

低热水泥和中热水泥主要是通过限制水化热较高的 C_3A 和 C_3S 含量来得以实现。根据现行规范《中热硅酸盐水泥、低热硅酸盐水泥》(GB 200—2017)，其具体要求如下。

中热水泥熟料：C_3S 的含量≤55%，C_3A 的含量≤6%，游离 CaO 的含量≤1.0%。低热水泥熟料：C_2S 的含量≥40%，C_3A 的含量≤6%，游离 CaO 的含量≤1.0%。

中热水泥和低热水泥中 MgO 的含量≤5.0%；如果水泥经压蒸安定性试验合格，则 MgO 的含量允许放宽到 6.0%。水泥中 SO_3 含量不得超过 3.5%。

比表面积≥250 m^2/kg，初凝时间不早于 60 min，终凝时间不得迟于 720 min。安定性用沸煮法检验应合格。

中热水泥为 42.5 强度等级；低热水泥为 32.5 和 42.5 强度等级，各龄期强度值详见表 3－10。其各龄期水化热不得超过表 3－11 的规定。

表 3－10 中、低热水泥及低热矿渣水泥各龄期强度值

品种	强度等级	抗压强度/MPa，≥			抗折强度/MPa，≥		
		3 d	7 d	28 d	3 d	7 d	28 d
中热水泥	42.5	12.0	22.0	42.5	3.0	4.5	6.5
低热水泥	42.5	—	13.0	42.5	—	3.5	6.5
	32.5	—	10.0	32.5	—	3.0	5.5

低热水泥 90 d 的抗压强度不小于 62.5 MPa。

表 3－11 中、低热水泥各龄期水化热值

品种	强度等级	水化热/($kJ \cdot kg^{-1}$)，≤	
		3 d	7 d
中热水泥	42.5	251	293
低热水泥	42.5	230	260
	32.5	197	230

32.5 级低热水泥 28 d 的水化热不大于 290 kJ/kg，42.5 级低热水泥 28 d 的水化热不大于 310 kJ/kg。

中热水泥主要是适用于大坝溢流面或大体积建筑物的面层和水位变化区等部位，以及要求低水化热和较高耐磨性、抗冻性的工程；低热水泥和低热矿渣水泥主要是适用于大坝或大体积混凝土内部及水下等要求低水化热工程。

水泥的取样

3.4 水泥的验收及施工现场管理

水泥作为建筑材料中最重要的材料之一，在工程建设中发挥着巨大的作用。应根据环境条件和工程特点来正确地选择水泥品种，严格对水泥进行验收，加强在施工现场对水泥的管理。

微课10：水泥的选用、验收和保管

3.4.1 水泥的验收

通用水泥出厂前按品种、同强度等级编号和取样。袋装水泥和散装水泥应分别编号和取样。每一编号为一取样单位。水泥的出厂编号按水泥厂年生产能力规定：200 万 t 以上，不超过 4000 t 为一编号；120 万 t 以上至 200 万 t，不超过 2400 t 为一编号；60 万 t 以上至 120 万 t，不超过 1000 t 为一编号；30 万 t 以上至 60 万 t，不超过 600 t 为一编号；10 万 t 以上至 30 万 t，不超过 400 t 为一编号；10 万 t 以下，不超过 200 t 为一编号。取样应具有代表性，可以连续取，也可从 20 个以上不同部位取等量样品，总量至少 12 kg。出厂检验项目为化学指标、凝结时间、安定性和强度。经确认水泥各项技术指标及包装质量符合要求时方可出厂。

1. 品种验收

水泥的品种验收

水泥包装袋上应清楚标明：执行标准、水泥品种、代号、强度等级、生产者名称、生产许可证标志（QS）及编号、出厂编号、包装日期、净含量。包装袋两侧应根据水泥的品种采用不同的颜色印刷水泥名称和强度等级，硅酸盐水泥和普通硅酸盐水泥采用红色，矿渣硅酸盐水泥采用绿色；火山灰质硅酸盐水泥、粉煤灰硅酸盐水泥和复合硅酸盐水泥采用黑色或蓝色。散装发运时应提交与袋装标志相同内容的卡片。

2. 数量验收

水泥可以袋装或散装，袋装水泥每袋净含量 50 kg，且不得少于标志质量的 99%；随机抽取 20 袋总质量（含包装袋）不得少于 1000 kg；散装水泥平均堆积密度为 1450 kg/m^3，袋装压实的水泥密度为 1600 kg/m^3。

3. 交货验收

交货时水泥的质量验收可抽取实物试样以其检验的结果为依据，也可用水泥厂同编号水泥的检验报告为依据。采取何种方法验收由双方商定，并在合同或协议中注明。

以抽取实物试样的检验结果为验收依据时，买卖双方应该在发货前或交货地共同取样和签封，取样数量 20 kg，缩分为二等份。一份由卖方保存 40 d，一份由买方按标准规定的项目和方法进行检验。在 40 d 以内，买方检验认为产品质量不符合本标准要求，而卖方又有异议时，则双方应将卖方保存的另一份试样送省级或省级以上国家认可的水泥质量监督检验机构进行仲裁检验。水泥安定性仲裁检验时，应在取样之日起 10 d 以内完成。

以水泥厂同编号水泥的检验报告为验收依据时，在发货前或交货时买方在同编号水泥中取样，双方共同签封后由卖方保存 90 d，或认可卖方自行取样、签封并保存 90 d 的同编号水泥的封存样。在 90 d 内，买方对水泥质量有疑问时，则买卖双方应将共同认可的试样送省级或省级以上国家认可的水泥质量监督检验机构进行仲裁检验。

根据国家标准规定：凡化学指标、凝结时间、安定性、强度符合标准的为合格品。凡化学指标、凝结时间、安定性、强度中任一项不符合标准的规定为不合格品。

3.4.2 水泥的施工现场管理

水泥的储存与保管

水泥在施工现场保管不当时会使水泥因风化而影响水泥正常使用，甚至会导致工程质量事故。

1. 分类储存

水泥在施工现场应按不同生产厂家、不同强度等级、品种和出厂日期分别堆放，并树立标志。水泥库房要经常保持清洁，落地灰应及时清理、收集、灌装，并应另行收存使用。根据使用情况安排好进料和发料衔接，每批之间应留出通道，严格遵守先进先发原则，防止发生长时间不动的死角，并防止混掺使用。水泥应避免与石灰、石膏以及其他易于飞扬的粒状材料同存，以防混杂影响质量。包装如有损坏，应及时更换以避免散失。

2. 防水防潮

水泥运输和储存过程中，容易吸收空气中的水及 CO_2，使得水泥受潮而成粒状或块状，受潮后的水泥凝结迟缓、活性降低、强度降低。通常水泥的强度等级越高，细度越细，吸湿受潮也越快。

为了防止水泥受潮，水泥一般应入库存放。水泥仓库应保持干燥，库房地面应高出室外地面 30 cm，离开窗户和墙壁 30 cm 以上。袋装水泥堆垛不宜过高，以免下部水泥受压结块，一般为 10 袋，如存放时间短，库房紧张，也不宜超过 15 袋。袋装水泥露天临时储存时，应选择地势高、排水条件好的场地，并认真做好上盖下垫，用防雨篷盖严，底板垫高，并采取防潮措施，一般可用油毡、油纸或油布铺垫，以防水泥受潮。若使用散装水泥，可用铁皮水泥罐仓，或散装水泥库存放。

3. 储存期不宜过长

在正常的储存条件下，储存 3 个月，强度降低为 10% ~25%，储存 6 个月，强度降低为 25% ~40%。因此规定，通用水泥储存期为 3 个月，出厂后超过 3 个月未用的水泥，要及时抽样检查，经检验后按重新确定的强度等级使用。

4. 受潮水泥处理

受潮水泥处理参见表 3 - 12。

表 3-12　受潮水泥的处理

受潮程度	状况	处理方法	使用方法
轻微	有松块、可以用手捏成粉末，无硬块	将松块、小球等压成粉末，同时加强搅拌	经试验按实际强度使用
较重	部分结成硬块	筛除硬块，并将松块压碎	经试验按实际强度使用，用于不重要的、受力小的部位，或用于砌筑砂浆
严重	呈硬块状	将硬块压成粉末，换取 25% 硬块重量的新鲜水泥作强度试验	同上。严重受潮的水泥只可作掺和料或骨料

3.5　水泥性能的检测

水泥的细度检验

3.5.1　水泥细度的检测

1. 试验目的

通过试验来检验水泥的粗细程度，作为评定水泥质量的依据之一；掌握《水泥细度检验方法》(GB/T 1345—2005)的测试方法，正确使用所用仪器与设备，并熟悉其性能。

2. 方法原理

采用45 μm 方孔标准筛和80 μm 方孔标准筛对水泥试样进行筛析试验，用筛网上所得筛余物的质量百分数来表示水泥样品的细度。细度检验可采用负压筛析法、水筛法和手工筛析法，当测定的结果发生争议时，以负压筛析法为准。

3. 主要仪器设备

(1)试验筛

试验筛由圆形筛框和筛网组成，筛网采用边长为 80 μm 或 45 μm 的方孔铜丝筛布制成。筛网应紧绷在筛框上，筛网和筛框接触处，应用防水胶密封，防止水泥嵌入。由于物料会对筛网产生磨损，试验筛每使用 100 次后需要重新标定。

(2)负压筛析仪

负压筛析仪由筛座、负压源及收尘器组成，其中筛座由转速为(30 ± 2) r/min 的喷气嘴、负压表、控制板、微电机及壳体等构成。筛析仪负压可调范围为 4000 ~ 6000 Pa。

(3)水筛架、喷头、天平等

4. 试验步骤

(1)试验准备

试验前所用试验筛应保持清洁和干燥。试验时，80 μm 筛析试验称取试样 25 g，45 μm 筛析试验称取试样 10 g，称取试样精度至 0.01 g。

(2)负压筛析法

①筛析试验前，应把负压筛放在筛座上，盖上筛盖，接通电源，检查控制系统，调节负压

至 4000 ~ 6000 Pa 范围内。

②把称好的试样置于洁净的负压筛中，盖上筛盖，放在筛座上，接通电源，开动筛析仪连续筛析 2 min，在此期间如有试样附着在筛盖上，可轻轻地敲击筛盖使试样落下。筛毕，用天平称量筛余物的质量。

③当工作负压小于 4000 Pa 时，应清理吸尘器内水泥，使负压恢复正常。

(3)水筛法

①筛析试验前，应检查水中有无泥、砂，调整好水压及水筛的位置，使其能正常运转。并控制喷头底面和筛网之间距离为 35 ~ 75 mm。

②称取试样的规定同负压筛析法。将试样置于洁净的水筛中，立即用淡水冲洗至大部分细粉通过后，放在水筛架上，用水压为(0.05 ±0.02) MPa 的喷头连续冲洗 3 min。

③筛毕，用少量水把筛余物冲至蒸发皿中，等水泥颗粒全部沉淀后，小心倒出清水，烘干并用天平称量筛余物的质量。

(4)手工筛析法

①称取试样精度至 0.01 g，倒入手工筛内。

②用一只手持筛往复摇动，另一只手轻轻拍打，往复摇动和拍打过程应保持近于水平。拍打速度每分钟约 120 次，每 40 次向同一方向转动 60°，使试样均匀分布在筛网上，直至每分钟通过的试样量不超过 0.03 g 为止。称量筛余物的质量。

(5)对其他粉状物，当采用 45 ~ 80 μm 以外规格方孔筛进行筛析试验时，应指明筛子的规格、称样量、筛析时间等相关参数。

(6)试验筛的清洗

试验筛必须经常保持洁净，筛孔通畅。使用 10 次后要进行清洗。金属框筛、铜丝网筛清洗时应用专门的清洗剂，不可用弱酸浸泡。

5. 试验结果评定

水泥细度按试样筛余百分数(精确至 0.1%)计算。

$$F = \frac{R_s}{W} \times 100\%$$

式中：F——水泥试样的筛余百分数，%；

R_s——水泥筛余物的质量，g；

W——水泥试样的质量，g。

3.5.2 水泥标准稠度用水量的检测

1. 试验目的

通过试验测定水泥净浆达到水泥标准稠度(统一规定的浆体可塑性)时的用水量，作为水泥凝结时间、安定性试验用水量之一；掌握《水泥标准稠度用水量、凝结时间、安定性检验方法》(GB 1346—2011)的测试方法，正确使用仪器设备，并熟悉其性能。

2. 方法原理

水泥标准稠度净浆对标准试杆(或试锥)的沉入具有一定阻力，通过试验不同含水量水泥净浆的穿透性，来确定水泥标准稠度净浆中所需加入的水量。

3. 主要仪器设备

(1)水泥净浆搅拌机

主要由搅拌锅、搅拌叶片、传动机构和控制系统组成，搅拌叶片在搅拌锅内做旋转方向相反的公转和自转。

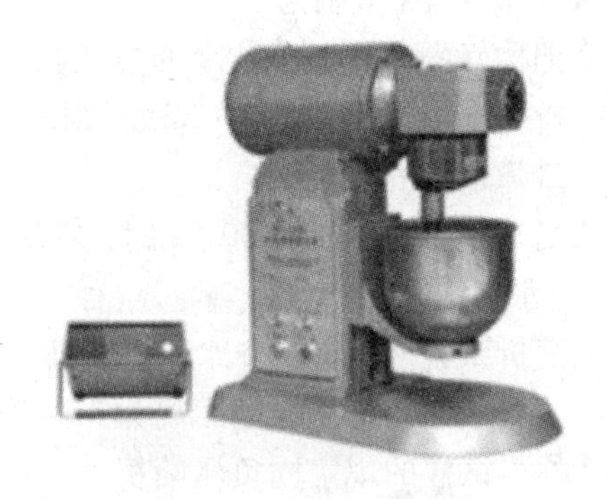

图 3－3　水泥净浆搅拌机

(2)标准法维卡仪

如图 3－4 所示：标准稠度测定用试杆[见图 3－4(c)]有效长度为(50 ±1) mm、由直径为(10 ±0.05) mm 的圆柱形耐腐蚀金属制成。初凝用试针[见图 3－4(d)]由钢制成，其有效

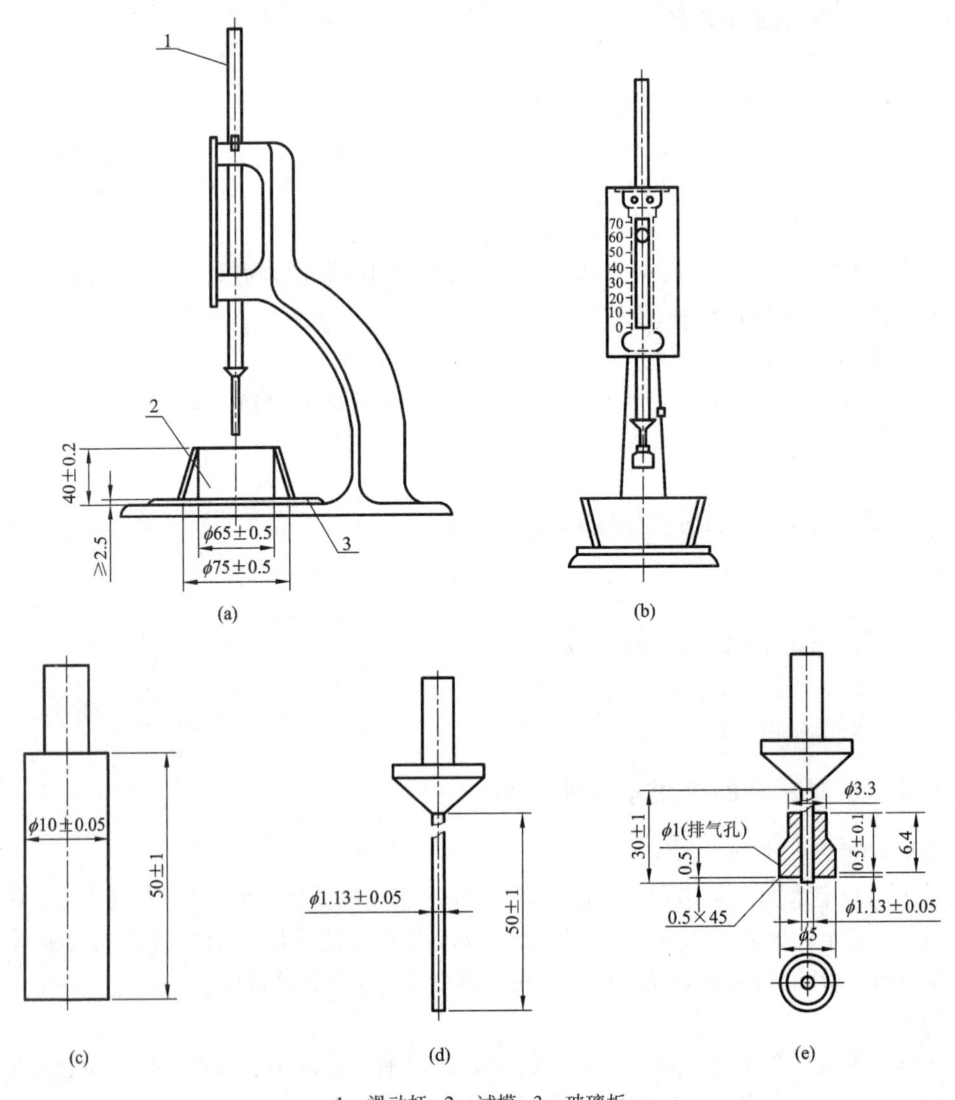

1—滑动杆；2—试模；3—玻璃板

图 3－4　测定水泥标准稠度和凝结时间用维卡仪及配件示意图(单位：mm)

长度初凝针为(50±1) mm、终凝针[见图3-4(e)]为(30±1) mm、直径为(1.13±0.05) mm的圆柱体。滑动部分的总质量为(300±1) g。与试杆、试针联结的滑动杆表面应光滑，能靠重力自由下落，不得有紧涩和松动现象。

盛装水泥净浆的试模由耐腐蚀的、有足够硬度的金属制成。试模为深(40±0.2) mm、顶内径(65±0.5) mm、底内径(75±0.5) mm的截顶圆锥体。每只试模应配备一个边长或直径100 mm、厚度4~5 mm的平板玻璃底板或金属底板。

(3)天平

最大称量不小于1000 g，分度值不大于1 g。

(4)量筒和滴定管

精度±0.5 mL。

4. 材料

试验用水必须是洁净的饮用水，如有争议时应以蒸馏水为准。

5. 试验条件

(1)试验室温度为20℃±2℃，相对湿度应不低于50%；水泥试样、拌和水、仪器和用具的温度应与试验室一致。

(2)湿气养护箱的温度为20℃±1℃，相对湿度不低于90%。

6. 试验方法(标准法)及步骤

(1)试验前检查：维卡仪的滑动杆能自由滑动，试模和玻璃底板用湿布擦拭，将试模放在底板上。调整至试杆接触玻璃板时指针对准零点。搅拌机运转正常。

(2)水泥净浆制备：用湿布将搅拌锅和搅拌叶片擦一遍，将拌合用水倒入搅拌锅内，然后在5~10 s内小心将称量好的500 g水泥试样加入水中(按经验找水)，防止水和水泥溅出；拌和时，先将锅放到搅拌机锅座上，升至搅拌位置，启动搅拌机，慢速搅拌120 s，停拌15 s，同时将叶片和锅壁上的水泥浆刮入锅中，接着快速搅拌120 s后停机。

(3)标准稠度用水量的测定：拌和完毕，立即将水泥净浆一次装入已置于玻璃板上的试模内，用宽约25 mm的直边刀轻轻拍打超出试模部分的浆体5次以排除浆体中的孔隙，然后在试模上表面约1/3处，略倾斜于试模分别向外轻轻锯掉多余净浆，再从试模边缘轻抹顶面一次，使净浆表面光滑。抹平后迅速将试模和底板移到维卡仪上，并将其中心定在试杆下，降低试杆直至与水泥净浆表面接触，拧紧螺丝1~2 s后，突然放松，让试杆垂直自由沉入净浆中。在试杆停止沉入或释放试杆30 s时记录试杆距底板之间的距离，升起试杆后应立即擦净，整个操作应在搅拌后1.5 min内完成。以试杆沉入净浆并距底板(6±1) mm的水泥净浆为标准稠度净浆。其拌和用水量为该水泥的标准稠度用水量(P)，按水泥质量的百分比计。

3.5.3 水泥凝结时间的检测

水泥凝结时间检测

1. 试验目的

测定水泥达到初凝和终凝所需的时间，用以评定水泥的质量。掌握《水泥标准稠度用水量、凝结时间、安定性检验方法》(GB 1346—2011)的测试方法，正确使用仪器设备。

2. 方法原理

凝结时间以试针沉入水泥标准稠度净浆至一定深度所需的时间表示。

3. 主要仪器设备

(1)标准法维卡仪。

(2)水泥净浆搅拌机。

(3)湿气养护箱。

4. 材料

试验用水必须是洁净的饮用水，如有争议时应以蒸馏水为准。

5. 试验条件

与水泥标准稠度用水量检测相同。

6. 试验步骤

(1)试验前准备：调整凝结时间测定仪的试针接触玻璃板时指针对准零点。

(2)用标准稠度用水量的水，按测标准稠度用水量的方法制成标准稠度水泥净浆和装模刮平，立即放入湿汽养护箱内，记录水泥全部加入水中的时间作为凝结时间的起始时间。

(3)试件在湿气养护箱内养护至加水后30 min时进行第一次测定。测定时，从养护箱中取出试模放到试针下，使试针与净浆面接触，拧紧螺丝1～2 s后突然放松，试针垂直自由沉入净浆，观察试针停止下沉或释放试杆30 s时指针的读数。临近初凝时每隔5 min测定一次，当试针沉至距底板(4 ±1) mm即为水泥达到初凝状态。从水泥全部加入水中至初凝状态的时间即为水泥的初凝时间，单位为“min”。

(4)初凝测出后，立即将试模连同浆体以平移的方式从玻璃板上取下，翻转180°，直径大端向上，小端向下放在玻璃板上，再放入湿气养护箱中养护。

(5)取下测初凝时间的试针，换上测终凝时间的试针。

(6)临近终凝时间每隔15 min测一次，当试针沉入净浆0.5 mm时，即环形附件开始不能在净浆表面留下痕迹时，即为水泥的终凝时间。从水泥全部加入水中至终凝状态的时间即为水泥的终凝时间，单位为“min”。

(7)在测定时应注意，最初测定操作时应轻轻扶持金属棒，使其徐徐下降，防止撞弯试针，但结果以自由下沉为准；在整个测试过程中试针沉入净浆的位置距试模内壁10 mm；每次测定完毕需将试针擦净并将试模放入养护箱内，测定过程中要防止试模受振；每次测量时不能让试针落入原孔，测得结果应以两次都合格为准。

7. 试验结果评定

(1)从水泥全部加入水中起至初凝试针沉入净浆中距底板(4 ±1) mm时，所需的时间为初凝时间；至终凝试针沉入净浆中不超过0.5 mm(环形附件开始不能在净浆表面留下痕迹)时所需的时间为终凝时间，单位为“min”。

(2)达到初凝应立即重复测一次，当两次结论相同时才能定为达到初凝状态。达到终凝时需在试体另外两个不同点测试，确认结论相同时才能确定达到终凝状态。

3.5.4 水泥安定性的检测

水泥安定性检测

1. 试验目的

安定性是指水泥硬化后体积变化的均匀性情况。通过试验可掌握《水泥标准稠度用水量、凝结时间、安定性检验方法》(GB 1346—2011)的测试方法，正确评定水泥的体积安定性。

安定性的测定方法有雷氏法和试饼法，有争议时以雷氏法为准。

2. 方法原理

(1)雷氏法是通过测定水泥标准稠度净浆在雷氏夹中沸煮后试针的相对位移表征其体积膨胀的程度。

(2)试饼法是通过观测水泥标准稠度净浆试饼沸煮后的外形变化情况表征其体积安定性。

3. 主要仪器设备

(1)沸煮箱。

(2)雷氏夹。由铜质材料制成，如图3－5所示。当一根指针的根部先悬挂在一根金属丝或尼龙丝上，另一根指针的根部再挂上300 g质量的砝码时，两根指针针尖的距离增加应在(17.5±2.5) mm范围内，即$2x=(17.5\pm2.5)$ mm(见图3－6)，当去掉砝码后针尖的距离能恢复至挂砝码前的状态。

图3－5　雷氏夹

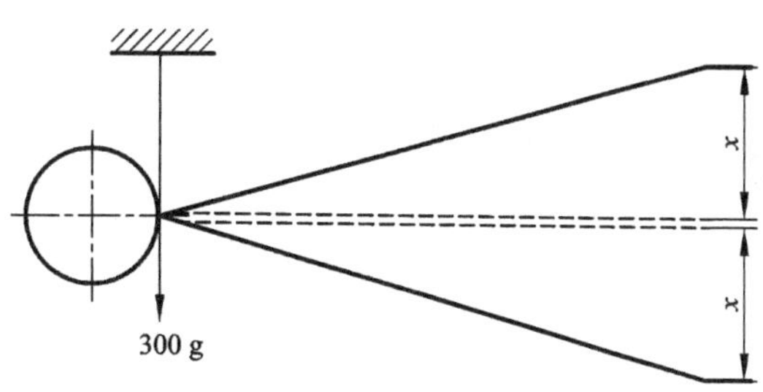

图3－6　雷氏夹受力示意图

(3)雷氏夹膨胀测定仪。

标尺最小刻度为0.5 mm，如图3－7所示。

(4)其他仪器同标准稠度用水量试验。

4. 材料

试验用水必须是洁净的饮用水，如有争议时应以蒸馏水为准。

微课11：水泥体积安定性检测步骤

5. 试验条件

与水泥标准稠度用水量检测相同。

6. 试验方法及步骤

(1)雷氏法

①试验前准备工作：每个试样需成型两个试件，每个雷氏夹需配备两个边长或直径约80 mm、厚度4～5 mm的玻璃板，凡与水泥净浆接触的玻璃板和雷氏夹表面都要稍稍涂上一层机油。

②雷氏夹试件成型：将预先准备好的雷氏夹放在已稍擦油的玻璃板上，并立即将已制好的标准稠度净浆一次装满雷氏夹，装浆时一只手轻轻扶持雷氏夹，另一只手用宽约25 mm的直边刀在浆体表面轻轻插捣3次，然后抹平，盖上稍涂油的玻璃板，接着立即将试件移至湿汽养护箱内养护(24±2) h。

③沸煮：调整沸煮箱内的水位，使试件能在整个沸煮过程中浸没在水里，不需中途添补试验用水，同时又保证能在(30±5) min内升至沸腾。脱去玻璃板取下试件，先测量雷氏夹

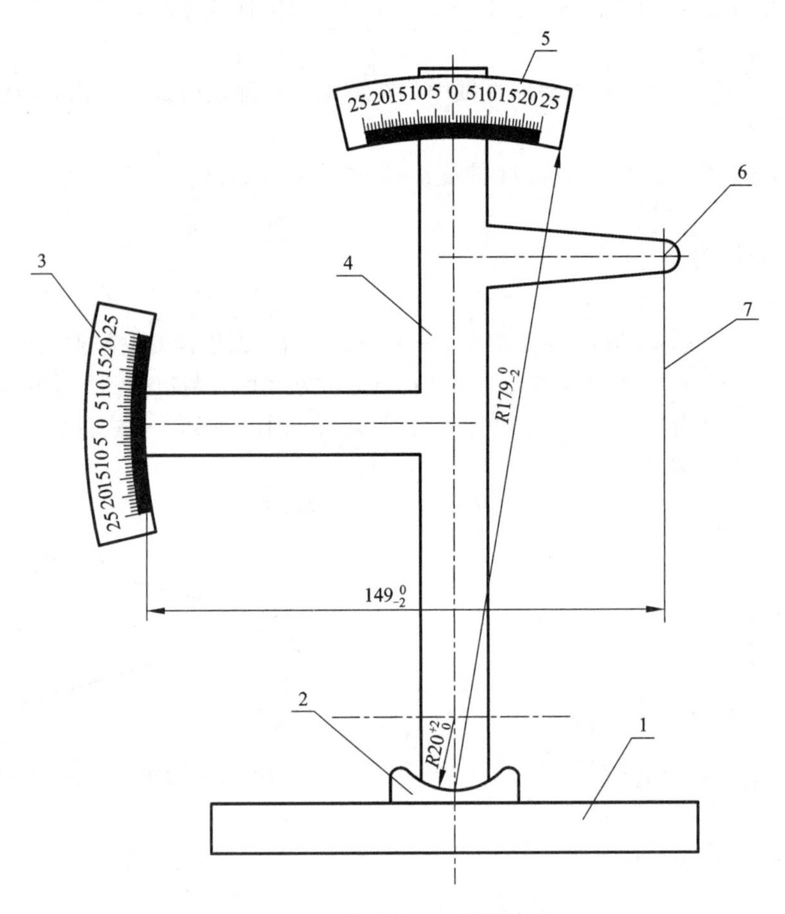

1—底座；2—模子座；3—测弹性标尺；
4—立柱；5—测膨胀值标尺；6—悬臂；7—悬丝

图 3－7　雷氏夹膨胀值测定仪（单位：mm）

指针尖端间的距离（*A*），精确到 0.5 mm，接着将试件放入沸煮箱水中的试件架上，指针朝上，然后在（30 ±5）min 内加热至沸，并恒沸（180 ±5）min。

④结果判别：沸煮结束，即放掉箱中的热水，打开箱盖，待箱体冷却至室温，取出试件进行判别。测量试件指针尖端间的距离（*C*），精确至 0.5 mm，当两个试件煮后增加距离（*C*－*A*）的平均值不大于 5.0 mm 时，即认为该水泥安定性合格。当两个试件沸煮后增加距离（*C*－*A*）的平均值大于 5.0 mm 时，应用同一样品立即重做一次试验，以复验结果为准。

（2）试饼法

①试验前准备工作：每个样品需要准备两块边长约 100 mm 的玻璃板，凡与水泥净浆接触的玻璃板都要稍稍涂上一层机油。

②试饼的成型方法：将制好的标准稠度净浆取出一部分分成两等份，使之成球形，放在预先准备好的玻璃板上，轻轻振动玻璃板并用湿布擦过的小刀由边缘向中间抹动，做成直径为 70～80 mm、中心厚约 10 mm、边缘渐薄、表面光滑的试饼，然后将试饼放入湿汽养护箱内养护（24 ±2）h。

③沸煮：方法同雷氏法。脱去玻璃板取下试饼，在试饼无缺陷的情况下将试饼放在沸煮箱的篦板上，在(30 ±5) min 内加热至沸，并恒沸(180 ±5) min。

④结果判别：沸煮结束，即放掉箱中的热水，打开箱盖，待箱体冷却至室温，取出试件进行判别。目测试饼未发现裂缝，用直尺检查也没有弯曲的试饼，为安定性合格，反之为不合格。若两个判别结果有矛盾时，该水泥的安定性为不合格。

3.5.5　水泥胶砂强度的检测

水泥胶砂强度检测

1. 试验目的

检验水泥各龄期强度，以确定强度等级；或已知强度等级，检验强度是否满足规范要求。掌握国家标准《水泥胶砂强度检验方法(ISO 法)》(GB/T 17671—2021)，正确使用仪器设备并熟悉其性能。

2. 方法原理

本方法为 40 mm ×40 mm ×160 mm 棱柱试体的水泥抗压强度和抗折强度测定。

试体是由按质量计的一份水泥、三份中国 ISO 标准砂，用 0.5 的水灰比拌制的一组塑性胶砂制成。

胶砂用行星搅拌机搅拌，在振实台上成型。也可使用频率 2800 ~ 3000 次/min，振幅 0.75 mm 的振动台成型。

试体连模一起在湿气中养护 24 h，然后脱模在水中养护至强度试验。

到试验龄期时将试体从水中取出，先进行抗折强度试验，折断后每截再进行抗压强度试验。

3. 主要仪器设备

(1)胶砂搅拌机。

(2)试模。

图 3 –8　胶砂搅拌机

图 3 –9　试模

(3)胶砂振实台。

(4)抗折强度试验机。

(5)抗压强度试验机。

(6)抗压夹具。

(7)刮平尺、养护室等。

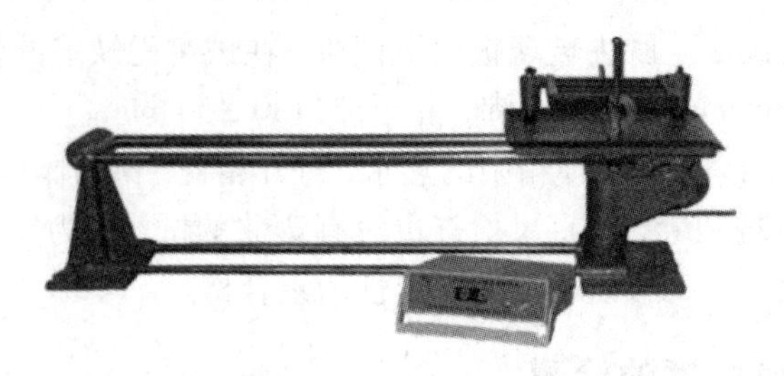

图 3－10　胶砂振实台

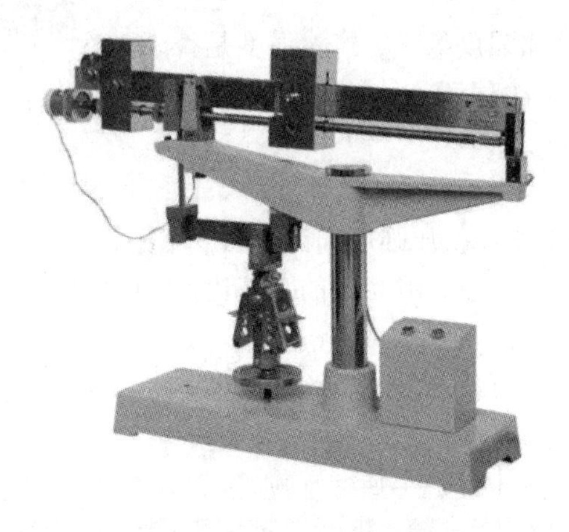

图 3－11　抗折强度试验机

图 3－12　抗压强度试验机

4. 材料

(1) 中国 ISO 标准砂：中国 ISO 标准砂完全符合 ISO 基准砂颗粒分布的规定，湿含量小于 0.2%。中国 ISO 标准砂以(1350 ±5) g 量的塑料袋混合包装，但所用塑料袋材料不得影响强度试验结果。

(2) 水泥：当试验水泥从取样至试验要保持 24 h 以上时，应把它贮存在基本装满和气密的容器里，这个容器应不与水泥起反应。试验前混合均匀。

(3) 水：验收试验或有争议时应使用符号 GB/T 6682 规定的三级水，其他试验可用饮用水。

5. 试验条件

(1) 试体成型试验室温度为(20 ±2)℃，相对湿度应不低于 50%；

(2) 试体带模养护的养护箱或雾室温度保持在 20℃ ±1℃，相对湿度应不低于 90%；

(3) 试体养护池水温度应在 20℃ ±1℃范围内。

6. 试验步骤

(1) 试验前准备

成型前将试模擦净，四周的模板与底板接触面上应涂黄油，紧密装配，防止漏浆，内壁均匀刷一薄层机油。

(2) 胶砂制备

①胶砂配合比：胶砂的质量配合比为一份水泥、三份标准砂和半份水。一锅胶砂成三条试体，每锅材料需要量为：水泥(450 ±2) g；标准砂(1350 ±5) g；水(225 ±1) mL。

②搅拌：每锅胶砂用搅拌机进行搅拌。按下列程序操作：①把水加入锅里，再加水泥，把锅放在固定架上，上升至固定位置。②立即开动机器，低速搅拌 30 s 后，在第二个 30 s 开始的同时均匀地将砂子加入；把机器转至高速再拌 30 s。③停拌 90 s，在第一个 15 s 内用一胶皮刮具将叶片和锅壁上的胶砂，刮入锅中间，在高速下继续搅拌 60 s，各个搅拌阶段的时间误差应在 ±1 s 以内。

(3)试体成型

试件是 40 mm×40 mm×160 mm 的棱柱体。胶砂制备后应立即进行成型。将空试模和模套固定在振实台上，用一个适当勺子直接从搅拌锅里将胶砂分两层装入试模，装第一层时，每个槽里约放 300 g 胶砂，用大播料器垂直架在模套顶部沿每一个模槽来回一次将料层播平，接着振实 60 次。再装第二层胶砂，用小播料器播平，再振实 60 次。每次振实时可将一块用水湿过拧干、比模套尺寸稍大的棉纱布盖在模套上以防止振实时胶砂飞溅。移走模套，从振实台上取下试模，用一金属直尺以近似 90°的角度架在试模模顶的一端，然后沿试模长度方向以横向锯割动作慢慢向另一端移动，将超过试模部分的胶砂刮去，用拧干的湿毛巾将试模端板顶部的胶砂擦拭干净，再用同一直尺以近乎水平的角度将试体表面抹平。抹平的次数要尽量少，总数不应超过 3 次，最后将试模周边的胶砂擦除干净。

(4)试体的养护

①脱模前的处理及养护：在试模上盖一块玻璃板，也可以用相似尺寸的钢板或不渗水的、和水泥没有反应的材料制成的板，板不应与水泥胶砂接触，盖板与试模直接的距离应控制在 2~3 mm 之间，为了安全，玻璃板应磨边，立即将做好标记的试模放入养护室或湿箱的水平架子上养护，湿空气即能与试模周边接触。养护时不应将试模放在其他试模上。一直养护到规定的脱模时间时取出脱模。用毛笔或其他方法对试体进行编号。两个龄期以上的试体，在编号时应将同一试模中的三条试体分在两个以上的龄期内。

②脱模：脱模应非常小心。对于 24 h 龄期的，应在破型试验前 20 min 内脱模；对于 24 h 以上龄期的，应在 20~24 h 之间脱模。

③水中养护：将做好标记的试体水平或垂直放在(20±1)℃水中养护，水平放置时刮平面应朝上。试件应放在不易腐烂的篦子上，并彼此间保持一定间距，以让水与试件的六个面接触。养护期间试件之间间隔或试件上表面的水深不得小于 5 mm。每个养护池只能养护同类型的水泥试件。最初用自来水装满养护池，随后随时加水保持适当的恒定水位，在养护期间，可以更换不超过 50% 的水。除 24 h 龄期或延迟至 48 h 脱模的试件外，任何到龄期的试件应在试验(破型)前 15 min 从水中取出，擦去试件表面沉积物，并用湿布覆盖至试验结束。

(5)强度试验。

①强度试验试体的龄期：试体龄期是从水泥加水开始搅拌时算起的。各龄期的试体必须在表 3-13 规定的时间内进行强度试验。试体从水中取出后，在强度试验前应用湿布覆盖。

②抗折强度试验

a. 仪器调平：采用杠杆式抗折试验机试验时，试体放入前，应使杠杆成平衡状态。具体操作如下：按住加荷圆柱上的按钮，将加荷圆柱移至“0”刻度处，旋转平衡圆柱调节抗折仪的标尺处于水平状态。

b. 试体安装：每龄期取出 3 条试体先做抗折强度试验。试验前须擦去试体表面的附着水分和砂粒，清除夹具上圆柱表面黏着的杂物，将试体的一个侧面(成型面朝向检测人员)放入抗折夹具内，应使侧面与圆柱完全接触，试体长轴垂直于支撑圆柱，然后调整夹具，一只手轻压标尺，另一只手调节手轮，使标尺仰起一定角度，仰角大小应根据试件抗折强度的高低确定，合适的仰角是试件被折断时，标尺尽可能地接近水平状态(即标尺指针在“0”附近)。

表 3－13　各龄期试体强度试验时间规定

龄期	时间
24 h	24 h ± 15 min
48 h	48 h ± 30 min
72 h	72 h ± 45 min
7 d	7 d ± 2 h
>28 d	28 d ± 8 h

c. 加载破型：接通电源，按“启动”按钮，通过加荷圆柱以(50 ± 10) N/s 的速率均匀地将荷载垂直地加在棱柱体相对侧面上，直至棱柱体被折断。保持折断后的两个半截棱柱体处于潮湿状态直至抗压试验。折断后读取破坏荷载 F_f(N)、抗折强度 R_f 值。

d. 数据处理：抗折强度 R_f 可直接从抗折仪上读取，也可按下式计算，精确至 0.1 MPa。

$$R_f = \frac{3F_f \cdot L}{2b^3}$$

式中：L——支撑圆柱之间的距离，100 mm；

b——试体正方形截面的边长，40 mm。

以一组 3 个棱柱体抗折强度测定值的平均值作为试验结果。当 3 个强度值中有一个超出平均值 ±10% 时，应剔除后再取平均值作为抗折强度试验结果。当 3 个强度值中有两个超过平均值 ±10% 时，则以剩余 1 个作为抗折强度结果。

③抗压强度试验

a. 试体安装：抗折强度试验后的断块应立即进行抗压试验。抗压试验须用抗压夹具进行，试体受压面为 40 mm × 40 mm。试验前应清除试体受压面与压板间的砂粒或杂物。将夹具置于压力试验机承压板的中心位置，然后将折断后的半截棱柱体置于抗压夹具内，试体的侧面作为受压面，棱柱体露在压板外的部分约有 10 mm。

b. 加载破型：接通电源，按“启动”按钮，以(2400 ± 200) N/s 的速率均匀地加荷，直至半截棱柱体被破坏，读取破坏荷载 F_c(N)。

c. 数据处理：抗压强度 R_c 按下式计算，精确至 0.1 MPa。

$$R_c = \frac{F_c}{A} = \frac{F_c}{40 \times 40_c}$$

以一组 3 个棱柱体上得到的 6 个抗压强度测定值的算术平均值作为试验结果。如果 6 个测定值中有一个超出其平均值的 ±10% 时，就应剔除该值，而以剩下的 5 个测定值的平均值作为试验结果；如果剩下的 5 个测定值中仍有超过其平均值 ±10% 的，则此组结果作废。当 6 个测定值中同时有两个或两个以上超过平均值 ±10% 时，则此组结果作废。

模块小结

硅酸盐水泥是一种水硬性胶凝材料，其基本成分为硅酸盐熟料，熟料的主要矿物组成为硅酸三钙、硅酸二钙、铝酸三钙、铁铝酸四钙。其中硅酸三钙和硅酸二钙对水泥的强度起主要作用；硅酸三钙和铝酸三钙对水泥的水化热贡献较大；铁铝酸四钙有助于提高水泥的抗折强度。改变熟料的矿物组成可显著改变水泥的技术性质，以满足不同的使用要求。

为改善水泥的某些性能，增加水泥产量和降低成本，在硅酸盐水泥熟料中掺加适量的各种混合材料，可制成各种掺混合材料的水泥，如普通硅酸盐水泥、矿渣硅酸盐水泥、火山灰硅酸盐水泥、粉煤灰硅酸盐水泥和复合硅酸盐水泥等。它们与硅酸盐水泥统称为通用硅酸盐水泥。

水泥的主要技术性质指标是细度、凝结时间、安定性和强度。细度常用负压筛析法检测；凝结时间分初凝时间和终凝时间，常用标准法维卡仪检测；安定性常用雷氏夹沸煮法检测；强度按《水泥胶砂强度的测定方法(ISO 法)》，检测水泥胶砂试块 3 d 和 28 d 龄期的抗折、抗压强度。

在建筑工程中经常使用的其他品种的水泥有：快硬硅酸盐水泥、白色硅酸盐水泥、彩色硅酸盐水泥、膨胀水泥、中热硅酸盐水泥、低热硅酸盐水泥等。

技能抽查题

一、单项选择题

1. 为了延缓水泥的凝结时间，在生产水泥时必须掺入适量(　　)。

A. 石灰　　B. 石膏　　C. 助磨剂　　D. 水玻璃

2. 储存期超过(　　)个月的通用水泥在使用前须重新鉴定其技术性能。

A. 3　　B. 6　　C. 9　　D. 12

3. 硅酸盐水泥中三氧化硫的含量不得超过(　　)。

A. 5%　　B. 4.5%　　C. 3.5%　　D. 5.5%

4. 硬化过程中干缩性小，抗裂性好的水泥是(　　)。

A. 普通水泥　　B. 火山灰水泥　　C. 矿渣水泥　　D. 粉煤灰水泥

5. 硅酸盐水泥分为(　　)个强度等级。

A. 三　　B. 四　　C. 五　　D. 六

6. 配制有抗渗要求的混凝土时，不宜使用(　　)。

A. 硅酸盐水泥　　B. 普通硅酸盐水泥

C. 矿渣硅酸盐水泥　　D. 火山灰水泥

7. 普通硅酸盐水泥终凝时间不得迟于(　　)。

A. 4.5 h　　B. 6.5 h　　C. 10 h　　D. 1 d

8. 火山灰水泥与硅酸盐水泥相比不具有(　　)的特征。

A. 水化热低　　B. 耐蚀性好　　C. 抗碳化能力强　　D. 抗冻性差

9. 水泥安定性是指(　　)。

A. 温度变化时，胀缩能力的大小　　B. 冰冻时，抗冻能力的大小
C. 硬化过程中，体积变化是否均匀　　D. 拌合物中保水能力的大小

10. 有硫酸盐腐蚀的混凝土工程不能选择(　　)水泥。

A. 硅酸盐　　B. 火山灰　　C. 矿渣　　D. 粉煤灰

二、多项选择题

1. 水泥强度等级是由规定龄期的水泥胶砂(　　　　)等指标确定的。

A. 抗弯强度　　B. 抗压强度　　C. 抗剪强度　　D. 抗折强度

2. 掺大量活性混合材料的硅酸盐水泥的共性有(　　　　)。

A. 水化热较大　　B. 耐腐蚀性较好　　C. 抗冻性较好　　D. 湿热敏感性强

3. 硅酸盐水泥适宜用于(　　　　)。

A. 高强混凝土　　B. 大体积混凝土
C. 受腐蚀的混凝土　　D. 预应力混凝土

4. 下列关于现场水泥保管的说法，合理的是(　　　　)。

A. 水泥仓库地坪四周墙地面要有防潮措施
B. 袋装水泥入库保管时，码垛时最高不得超过 18 袋
C. 袋装水泥入库保管时，码垛时一般码放 10 袋
D. 水泥入库存储时间不能太长

5. 水泥中掺加的活性混合材料包括(　　　　)

A. 粒化高炉矿渣　　B. 火山灰质混合材料
C. 粉煤灰　　D. 窑灰

三、判断题

1. 水泥的强度等级按规定龄期的抗压强度来划分。(　　)

2. 水泥胶砂强度试验试体的龄期是从水泥加水开始搅拌试验时算起的。(　　)

3. 水泥储存期是从入库日期开始计算。(　　)

4. 水泥属于水硬性胶凝材料，运输和贮存时不怕受潮。(　　)

5. 凡化学指标、凝结时间、强度、安定性中任一项不符合 GB 175—2007 标准规定时，均为废品。(　　)

四、案例分析题

1. 某施工现场一批 P·O 42.5 水泥，取水泥试样制成一组水泥试件 28 d 抗折强度分别为 7.2 MPa、7.5 MPa、7.6 MPa，抗压破坏载荷分别为 78.9 kN、78.8 kN、79.2 kN、79.1 kN、79.5 kN、79.4 kN，问该批水泥强度是否合格？

2. 某工地从水泥厂新购一批袋装水泥，双方商定以抽取实物试样的检验结果为验收依据。水泥到场后，双方人员从 10 袋水泥中取样 20 kg，缩分为二等份。一份由水泥厂保存，另一份则送到某市级工程质量检测站进行检验。等到第 30 天，工地人员取报告时发现水泥安定性和 28 天强度不合格。于是工地一方将检测结果通知水泥厂，并要求水泥厂进行赔偿。水泥厂不服，双方经协商后同意进行仲裁检验。于是双方将水泥厂保存的另一份样品送到同一检测站重新对不合格项进行检测。问：在这批水泥的验收过程中，哪些过程是错误的？

模块四　普通混凝土和建筑砂浆

能力目标	知识目标
1. 能根据工程性质、特点及使用环境，正确选用混凝土的各种组成材料 2. 能根据实际工程要求设计混凝土配合比，并能完成混凝土的试配和调整 3. 能根据相关标准检测粗细骨料的性能、混凝土拌合物的和易性及硬化混凝土的力学性能 4. 能对施工现场的砂石进行验收和管理 5. 能根据工程性质、特点及使用环境正确选用砂浆的种类 6. 能根据相关标准检测砂浆拌合物的和易性及砂浆抗压强度	1. 掌握普通混凝土各组成材料的质量要求 2. 掌握普通混凝土的主要技术性质及影响因素 3. 掌握普通混凝土配合比的设计 4. 熟悉砂石的验收、性能检测及施工现场管理 5. 熟悉普通混凝土必试项目的检测操作 6. 了解其他混凝土的主要用途 7. 掌握砌筑砂浆的技术性质和应用 8. 熟悉建筑砂浆的组成以及建筑砂浆对原材料的质量要求 9. 了解其他品种砂浆的应用

本模块推荐学习标准：

《建筑用砂》(GB/T 14684—2022)

《建筑用卵石、碎石》(GB/T 14685—2022)

《混凝土结构工程施工及验收规范》(GB 50204—2015)

《混凝土拌和用水标准》(JGJ 63—2006)

《普通混凝土拌合物性能试验方法》(GB/T 50080—2016)

《混凝土物理力学性能试验方法标准》(GB/T 50081—2019)

《普通混凝土配合比设计规程》(JGJ 55—2011)

《砌筑砂浆配合比设计规程》(JGJ/T 98—2010)

《建筑砂浆基本性能试验方法标准》(JGJ/T 70—2009)

4.1　概述

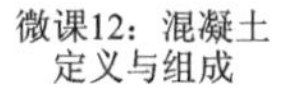

微课12：混凝土定义与组成

混凝土发展简史

4.1.1　普通混凝土的定义与分类

1. 混凝土的定义

混凝土是指由胶凝材料、粗细骨料(或称集料)、水、外加剂和掺和料等组分按适当比例配合，经拌和、浇筑、成型、养护等工艺，硬化而成的人造石材。

混凝土种类

2. 混凝土的分类

1)按表观密度分类

重混凝土：表观密度大于2800 kg/m^3，是采用密度很大的重骨料和重水泥配制而成。重混凝土具有防射线的性能，又称防辐射混凝土，主要用作防辐射的屏蔽材料。

普通混凝土：表观密度2000～2800 kg/m^3，是用水泥作为胶凝材料，普通的天然砂、石作为骨料，加水并掺入适量外加剂和掺合料配制而成。普通混凝土是建筑工程中应用最广、用量最大的混凝土，主要用作各种建筑的承重结构材料。

轻混凝土：表观密度小于1950 kg/m^3，是采用轻质多孔的骨料，或者不采用骨料而掺入加气剂或泡沫剂，形成多孔结构的混凝土。主要用作轻质结构材料和绝热材料。

2)按强度等级分类

普通混凝土：其强度等级在C60以下的混凝土。抗压强度小于30 MPa的混凝土为低强度混凝土，抗压强度为30～60 MPa(C30～C60)为中强度混凝土。

高强混凝土：其强度等级在C60以上的混凝土。

超高强混凝土：其强度等级在C100以上的混凝土。

3)按所用胶凝材料分类

可分为水泥混凝土(即普通混凝土)、沥青混凝土、石膏混凝土、水玻璃混凝土、聚合物混凝土等。

4)按用途分类

可分为结构混凝土、防水混凝土、道路混凝土、防辐射混凝土、耐热混凝土、耐酸混凝土、装饰混凝土等。

5)按生产工艺和施工方法分类

可分为泵送混凝土、喷射混凝土、碾压混凝土、真空脱水混凝土、离心混凝土、压力灌浆混凝土、预拌混凝土(商品混凝土)等。

4.1.2 混凝土的特点

普通混凝土在建设工程中能得到广泛的应用，是因为它与其他材料相比有许多优点：

(1)可根据不同的要求，配制不同性质的混凝土，满足工程需要。

(2)混凝土拌合物具有良好的可塑性，可浇注成各种形状和尺寸的构件或结构。

(3)混凝土的组成材料中，粗细骨料占80%以上，可就地取材，方便经济。

(4)混凝土与钢筋有良好的黏结性，且二者的线膨胀系数基本相同，两者复合成钢筋混凝土后，能互补优劣，扩大了其应用范围。

(5)混凝土凝结硬化后抗压强度高，具有良好的耐久性和耐火性。

(6)可充分利用工业废料做骨料或掺合料，如矿渣、粉煤灰、硅灰等，有利于环保。

混凝土也存在一些缺点，如自重大、比强度低、抗拉强度低、呈脆性、易开裂、养护周期长等，但随着混凝土技术的不断发展，混凝土的不足正在不断被克服。

美国混凝土展

4.1.3 混凝土的应用与发展

混凝土是当今世界上用量最大的重要的土木工程材料，广泛应用于工业与民用建筑工程、水利工程、地下工程、公路、铁路、桥涵及国防工程中。

随着工程质量要求不断提高和施工技术水平不断发展，混凝土开始采用集中化、工厂化生产和管理，建立了预拌混凝土站，为用户按工程要求直接供应各种规格的商品混凝土。

高性能混凝土(HPC：High Properties Concrete)是今后混凝土发展方向之一。高性能混凝土要求高强度等级、良好的工作性、体积稳定性和耐久性。我国发展高性能混凝土的主要途径有两方面：一是采用高性能的原料以及与之相适应的工艺；二是采用多元复合途径提高混凝土的综合性能，在基本材料之外加入其他有效材料，综合提高混凝土的性能和质量。

绿色高性能混凝土(GHPC：Green High Properties Concrete)也将成为今后发展方向，以节约资源、能源，减少污染，保护环境。

4.2　普通混凝土的组成材料

混凝土的组成结构

普通混凝土是由水泥、细骨料(砂子)、粗骨料(石子)和水按适当的比例配合，另外还常掺入适量的掺合料和外加剂制成。砂、石在混凝土中起骨架作用，故也称为骨料(或称集料)。水泥和水形成水泥浆，包裹在砂粒表面并填充砂粒间的空隙而形成水泥砂浆，水泥砂浆又包裹石子并填充石子间的空隙而形成混凝土。而适量的掺合料和外加剂是为改善混凝土某些性能而掺入的。在混凝土硬化前，水泥浆起润滑作用，赋予混凝土拌合物一定的流动性，便于浇捣成形。水泥浆硬化后，起胶结作用，把砂石骨料等胶结为一整体，成为具有一定强度的混凝土，如图4-1所示。

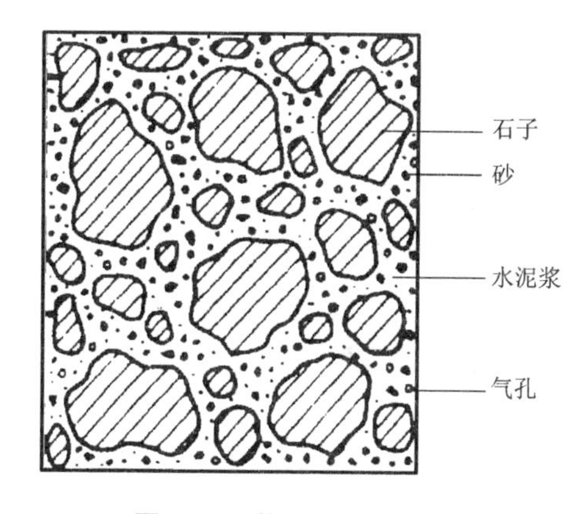

图4-1　普通混凝土的结构

混凝土的技术性能很大程度上取决于原材料的性质及其相对含量，同时也与施工工艺(搅拌、成型、养护等)有关。为保证混凝土的质量，需要全面了解混凝土组成材料的性质、作用及质量要求。

4.2.1　水泥

水泥是影响混凝土强度、耐久性及经济性的重要因素，是混凝土中最重要的材料。所以，在配制混凝土时要选择合适的水泥品种和强度等级。

首先，水泥品种应根据工程性质、特点、所处环境及施工条件等，对照水泥的性能进行合理选择。

其次，水泥强度等级的选择应与混凝土的设计强度等级相适应。原则上是配制高强度等级的混凝土选用高强度等级的水泥，低强度等级的混凝土选用低强度等级的水泥。用高强度等级的水泥配低强度等级的混凝土时，水泥用量偏少，会影响和易性及强度；反之，用低强度等级的水泥配高强度等级的混凝土时，水泥用量过多，非但不经济，还会影响混凝土的性质。一般以水泥强度等级为混凝土等级的1.5~2.0倍为宜，高强度的混凝土可取1倍左右。

4.2.2 细骨料(砂)

混凝土用骨料按其粒径大小不同分为细骨料和粗骨料。粒径在 0.15 ~ 4.75 mm 之间的骨料称为细骨料(砂)。细骨料主要有天然砂和机制砂(俗称人工砂)两类。

细骨料

天然砂有河砂、湖砂、海砂和山砂。河砂、湖砂和海砂颗粒表面比较圆滑,比较洁净,但海砂中常含有贝壳碎片及可溶性盐等有害杂质。山砂颗粒多棱角,表面粗糙,砂中含泥量及有机质等有害杂质较多。建设工程一般采用河砂作细骨料。

机制砂是将天然岩石经除土处理后由机械破碎、筛分而成。国家标准《建筑用砂》(GB/T 14684—2022)确定了机制砂的技术要求、检验方法。机制砂作为建筑用砂之一,随着生产和应用技术的成熟、经济的合适、环境保护的需要,将得到发展。

1. 细骨料的质量要求

砂按技术要求分为Ⅰ类、Ⅱ类、Ⅲ类,各项指标应符合国家标准《建筑用砂》(GB/T 14684—2022)的规定。

Ⅰ类宜用于强度等级大于 C60 的混凝土;Ⅱ类宜用于强度等级介于 C30 ~ C60 及有抗冻、抗渗或其他要求的混凝土;Ⅲ类宜用于强度等级小于 C30 的混凝土(或建筑砂浆)。

表 4-1 建筑用砂质量控制指标(GB/T 14684—2022)

项目			指标		
			Ⅰ类	Ⅱ类	Ⅲ类
含泥量(按质量计)/%			≤1.0	≤3.0	≤5.0
泥块含量(按质量计)/%			0	≤1.0	≤2.0
亚甲蓝试验	MB 值≤1.40 或合格	石粉含量(按质量计)/%	≤10.0		
		泥块含量(按质量计)/%	0	≤1.0	≤2.0
	MB 值>1.40 或不合格	石粉含量(按质量计)/%	≤1.0	≤3.0	≤5.0
		泥块含量(按质量计)/%	0	≤1.0	≤2.0
云母(按质量计)/%,≤			1.0	2.0	2.0
轻物质(按质量计)/%,≤			1.0	1.0	1.0
有机物(比色法),≤			合格	合格	合格
硫化物及硫酸盐(按 SO_3 质量计)/%,≤			0.5	0.5	0.5
氯化物(按氯离子质量计)/%,≤			0.01	0.02	0.06
硫酸钠溶液干湿 5 次循环后的质量损失,≤			8	8	10
单级最大压碎性指标/%,≤			20	25	30
级配区			2 区	1、2、3 区	

(1)密度和空隙率

砂的表观密度≥2500 kg/m³，松散堆积密度≥1400 kg/m³，空隙率≤44%。

(2)含泥量、泥块含量和石粉含量

含泥量是指天然砂中粒径小于75 μm的颗粒含量百分数。泥块含量是指砂中粒径大于1.18 mm，经水浸洗、手捏后小于600 μm的颗粒含量百分数。石粉含量是指机制砂中粒径小于75 μm的颗粒含量百分数。

泥附在砂粒表面会妨碍水泥与砂黏结，增大混凝土用水量，降低混凝土的强度和耐久性，增大混凝土干缩，泥对混凝土是有害的，应严格控制其含量。

(3)有害杂质含量

用于混凝土中的砂不能混有杂质，并且砂中云母、硫化物、硫酸盐、氯盐和有机质等有害杂质的含量限值，应符合标准要求。

云母与水泥黏结性差，影响混凝土的强度和耐久性；硫化物及硫酸盐杂质对水泥有侵蚀作用；有机质影响水泥的水化硬化；黏土、淤泥黏附在砂粒表面妨碍水泥与砂的黏结，增大用水量，降低混凝土的强度和耐久性，并增大混凝土的干缩。

(4)砂的坚固性

砂的坚固性，是指在自然风化和其他外界物理、化学因素作用下抵抗破裂的能力，采用硫酸钠溶液法进行试验，砂样经5次干湿循环后的质量损失应符合标准要求。机制砂还应采用压碎指标法进行试验，压碎性指标值应符合标准要求。

(5)碱－骨料反应

碱骨料反应

碱－骨料反应是指水泥、外加剂等混凝土组成物及环境中的碱与骨料中碱活性矿物在潮湿环境下缓慢发生并导致混凝土开裂破坏的膨胀反应。经碱骨料反应试验后，试件应无裂缝、酥裂、胶体外溢等现象，在规定的试验龄期膨胀率应小于0.10%。

微课13：细骨料的粗细程度与颗粒级配

2. 砂的粗细程度和颗粒级配

砂的筛分析

(1)砂的粗细程度

砂的粗细程度是指不同粒径的砂粒混合后砂的粗细程度。砂按细度模数分为粗、中、细三种规格。在相同砂用量条件下，细砂的总表面积较大，粗砂的总表面积较小。在混凝土中砂子表面需用水泥浆包裹，赋予流动性和黏结强度。砂的总表面积愈大，则需要包裹砂粒表面的水泥浆就愈多。一般用粗砂配制混凝土比用细砂要节约水泥用量，但砂过粗，易使混凝土拌合物产生离析、泌水等现象，影响混凝土的和易性。因此，配制混凝土的砂不宜过细，也不宜过粗。

(2)砂的颗粒级配

砂的颗粒级配是指不同大小颗粒和数量比例的砂子的搭配情况。在混凝土中砂粒之间的空隙是由水泥浆所填充，为达到节约水泥和提高强度的目的，就应尽量减小砂粒之间的空隙。从图4－2可以看出：如果用同样粒径的砂，空隙率最大，如图4－2(a)所示；两种粒径的砂搭配起来，空隙率就减小，如图4－2(b)所示；三种粒径的砂搭配，空隙率就更小，如图4－2(c)所示。因此，要减小砂粒间的空隙，就必须有大小不同的颗粒搭配。

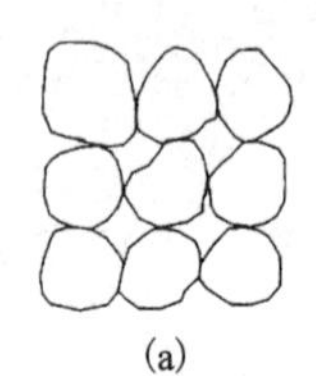
(a)

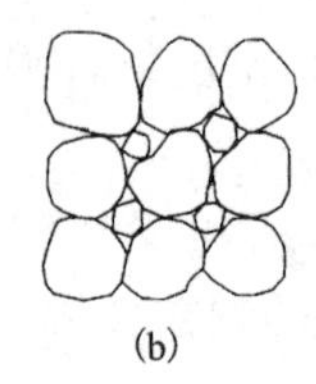
(b)

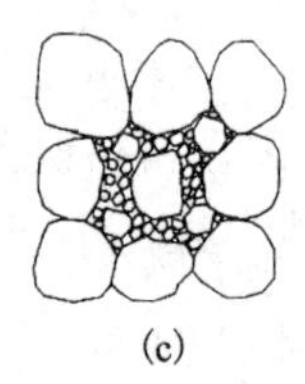
(c)

图 4－2　骨料的颗粒级配

(3)粗细程度和颗粒级配的评定

在配制混凝土时，砂的粗细程度和颗粒级配应同时考虑。

砂的颗粒级配和粗细程度，常用筛分析的方法进行测定，用级配区表示砂的级配，用细度模数表示砂的粗细。筛分析的方法是用一套孔径(方孔筛)为 4.75 mm、2.36 mm、1.18 mm、0.6 mm、0.3 mm、0.15 mm 的 6 个标准筛，将 500 g 干砂试样由粗到细依次过筛，然后称取余留在各筛上的砂的质量，并计算出各筛上的分计筛余百分率(各筛上的筛余量占砂样总质量的百分率 a_i)及累计筛余百分率(各筛和比该筛粗的所有分计筛余百分率之和 A_i)。累计筛余百分率与分计筛余百分率的关系见表 4－2。

表 4－2　累计筛余百分率与分计筛余百分率的关系

筛孔尺寸/mm	筛余量/g	分计筛余百分率/%	累计筛余百分率/%
4.75	m_1	a_1	$A_1=a_1$
2.36	m_2	a_2	$A_2=a_1+a_2$
1.18	m_3	a_3	$A_3=a_1+a_2+a_3$
0.600	m_4	a_4	$A_4=a_1+a_2+a_3+a_4$
0.300	m_5	a_5	$A_5=a_1+a_2+a_3+a_4+a_5$
0.150	m_6	a_6	$A_6=a_1+a_2+a_3+a_4+a_5+a_6$

注：$a_i=m_i/500$。

砂的粗细程度用细度模数(M_x)表示，其计算公式为：

$$M_x=\frac{(A_2+A_3+A_4+A_5+A_6)-5A_1}{100-A_1} \tag{4-1}$$

细度模数(M_x)愈大，表示砂愈粗。M_x 在 3.1～3.7 为粗砂，M_x 在 2.3～3.0 为中砂，M_x 在 1.6～2.2 为细砂。

根据 0.6 mm 孔径筛的累计筛余百分率，将砂的颗粒级配划分成三个级配区，砂的颗粒级配应符合表 4－3 中的要求。

配制混凝土时宜优先选用 2 区砂。当采用 1 区砂时，应适当提高砂率，并保证足够的水泥用量，以满足混凝土的和易性；当采用 3 区砂时，宜适当降低砂率，以保证混凝土强度。

混凝土中砂的级配如果不合适，可采用人工掺配的方法来改善，即将粗、细砂按适当比例进行掺合使用。

表 4－3　颗粒级配(GB/T 14684—2022)

砂的分类	天然砂			机制砂		
级配区	1 区	2 区	3 区	1 区	2 区	3 区
方孔筛	累计筛余/%					
4.75 mm	0～10	0～10	0～10	0～10	0～10	0～10
2.36 mm	5～35	0～25	0～15	5～35	0～25	0～15
1.18 mm	35～65	10～50	0～25	35～65	10～50	0～25
0.6 mm	71～85	41～70	16～40	71～85	41～70	16～40
0.3 mm	80～95	70～92	55～85	80～95	70～92	55～85
0.15 mm	90～100	90～100	90～100	85～97	80～94	75～94

注：砂的实际颗粒级配除 4.75 mm 和 0.6 mm 筛孔外，可以略有超出，但各级累计筛余超出总量应小于 5%。

4.2.3　粗骨料

粗骨料

普通混凝土常用的粗骨料是粒径大于 4.75 mm 的卵石(砾石)和碎石。卵石是由天然岩石经自然风化、水流搬运和分选、堆积而成，按其产源可分为河卵石、海卵石、山卵石等几种，其中河卵石应用较多。碎石由天然岩石(或卵石)经机械破碎、筛分而成。卵石表面光滑且少棱角，与水泥石的黏结能力较差，但混凝土拌合物的和易性较好；碎石表面粗糙而且具有吸收水泥浆的孔隙特征，与水泥的黏结能力强，所配的混凝土强度较高，但流动性较小。

1. 粗骨料的质量要求

国家标准《建筑用卵石、碎石》(GB/T 14685—2022)将碎石分为三类。Ⅰ类宜用于强度等级大于 C60 的混凝土；Ⅱ类宜用于强度等级为 C30～C60 及抗冻、抗渗或其他要求的混凝土；Ⅲ类宜用于强度等级小于 C30 的混凝土。并对粗骨料各项指标作出了具体规定。

微课14：粗骨料的技术性质

表 4－4　卵石、碎石质量控制指标(GB/T 14685—2022)

项　目	指　标		
	Ⅰ类	Ⅱ类	Ⅲ类
含泥量(按质量计)/%，≤	0.5	1.0	1.5
泥块含量(按质量计)/%，≤	0	<0.2	<0.5
有机物	合格	合格	合格
硫化物及硫酸盐(按 SO_3 质量计)/%，≤	0.5	1.0	1.0
针片状颗粒含量(按质量计)/%，≤	5	10	15
硫酸钠溶液干湿 5 次循环后的质量损失/%，≤	5	8	12
碎石压碎性指标/%，≤	10	20	30
卵石压碎性指标/%，≤	12	14	16
连续级配松散堆积空隙率/%，≤	43	45	47
吸水率，≤	1.0	2.0	2.0

(1)表观密度

卵石、碎石的表观密度≥2600 kg/m^3。

(2)含泥量和泥块含量

粗骨料中的含泥量指粒径小于75 μm的颗粒含量百分数，泥块含量指粒径大于4.75 mm经水浸洗、手捏后小于2.36 mm的颗粒含量百分数。其含量应符合标准要求。

针、片状颗粒

(3)针、片状颗粒含量

针状颗粒是指长度大于该颗粒所属粒级的平均粒径的2.4倍，片状颗粒是指厚度小于该颗粒所属粒级的平均粒径0.4倍。针、片状颗粒受力时易折断，影响混凝土的强度，增大骨料间的空隙率，使混凝土拌合物的和易性变差。其含量应符合标准要求。

(4)有害杂质含量

粗骨料中常含有硫化物、硫酸盐、氯化物和有机质等一些有害杂质，这些杂质的危害作用与细骨料中相同。它们的含量应符合标准要求的规定。

骨料中的有害杂质

(5)卵石、碎石的坚固性

卵石、碎石的坚固性，是指在自然风化和其他外界物理化学因素作用下抵抗破裂的能力，采用硫酸钠溶液法进行试验，试样经5次干湿循环后的质量损失应符合标准要求。

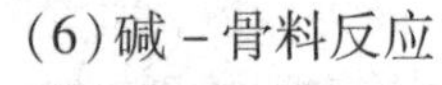

(6)碱－骨料反应

与建筑用砂相同。

骨料的强度

(7)强度

为保证混凝土的强度要求，粗骨料必须具有足够的强度。卵石、碎石的强度，采用岩石立方体强度和压碎指标两种方法检验。

岩石立方体强度检验，是将母岩制成边长为50 mm的立方体(或直径与高均为50 mm的圆柱体)试件，在水中浸泡48 h，待吸水饱和状态下，测定其抗压强度值，火成岩不宜低于80 MPa，变质岩不宜低于60 MPa，水成岩不宜低于30 MPa。仲裁检验时，以直径与高均为50 mm的圆柱体试件的抗压强度为准。

压碎指标检验，是将3000 g气干状态下粒径9.5～19.0 mm的石子装入压碎指标测定仪内，在压力机上以1 kN/s的速度均匀加荷达200 kN并稳荷5 s，卸荷后称取试样质量(G_1)，然后用孔径为2.36 mm的筛筛除被压碎的细粒，再称出剩余在筛上的试样质量(G_2)。压碎指标Q_c按下式计算：

$$Q_c = \frac{G_1 - G_2}{G_1} \times 100\% \qquad (4-2)$$

压碎指标值愈小，表示粗骨料抵抗受压破坏的能力越强。压碎指标检验实用方便，用于经常性的质量控制。

2. 最大粒径及颗粒级配

(1)最大粒径

粗骨料公称粒级的上限称为该粒级的最大粒径。例如，当采用5～31.5 mm的粗骨料时，此粗骨料的最大粒径为31.5 mm。骨料的粒径越大，其表面积相应减小，包裹其表面所需的水泥浆量减少，可节约水泥；在和易性和水泥用量一定的条件下，能减少用水量而提高强度。

但对于用普通混凝土配合比设计方法配制结构混凝土，尤其是高强混凝土时，当粗骨料的最大粒径超过 40 mm 后，由于减少用水量获得的强度提高，被较少的黏结面积及大粒径骨料造成的强度降低所抵消，因而粗骨料的最大粒径宜控制在 40 mm 以下。

《混凝土结构工程施工及验收规范》(GB 50204—2002，2011 版)和《混凝土质量控制标准》(GB 50164—2011)对粗骨料最大粒径规定：混凝土用粗骨料的最大粒径不得大于结构截面最小尺寸的 1/4，且不得大于钢筋最小净距的 3/4；对于混凝土实心板，可允许采用最大粒径达 1/3 板厚的骨料，且不得超过 40 mm。对泵送混凝土，粗骨料最大粒径与输送管内径之比应符合表 4 -5 的规定。粒径过大，对运输和搅拌都不方便，容易造成混凝土离析、分层等质量问题。

表 4 -5 粗骨料的最大公称粒径与输送管径之比

粗骨料品种	泵送高度/m	粗骨料的最大公称粒径与输送管径之比
碎石	<50	≤1∶3.0
	50～100	≤1∶4.0
	>100	≤1∶5.0
卵石	<50	≤1∶2.5
	50～100	≤1∶3.0
	>100	≤1∶4.0

(2)颗粒级配

粗骨料的级配分为连续级配和间断级配两种。连续级配是按颗粒尺寸由小到大，每级骨料都占有一定比例，连续级配颗粒级差小，配制的混凝土拌合物和易性好，不易发生离析，混凝土粗骨料宜采用连续级配。单粒粒级级配是人为剔除某些粒级颗粒，大颗粒的空隙直接由比它小得多的颗粒去填充，可最大限度地发挥骨料的骨架作用，减少水泥用量，但混凝土拌合物易产生离析现象，增加施工困难，一般工程中应用较少。

粗骨料的颗粒级配也是通过筛分试验来确定，用孔径 2.36 mm、4.75 mm、9.5 mm、16.0 mm、19.0 mm、26.5 mm、31.5 mm、37.5 mm、53.0 mm、63.0 mm、75.0 mm 和 90.0 mm 的筛进行筛分，分计筛余百分率及累计筛余百分率的计算与砂相同。混凝土用碎石及卵石的颗粒级配应符合表 4 -6 的规定。

4.2.4 混凝土拌和及养护用水

拌合及养护用水

对混凝土拌和及养护用水的质量要求是：不影响混凝土的凝结和硬化；无损于混凝土强度发展及耐久性；不加快钢筋锈蚀；不引起预应力钢筋脆断；不污染混凝土表面。混凝土用水按水源可分为饮用水、地表水、地下水、海水以及经适当处理后的工业废水。《混凝土结构工程施工及验收规范》(GB 50204—2015 版)规定，拌制及养护混凝土宜采用符合国家标准的饮用水。若采用其他水时，水质应符合《混凝土拌和用水标准》(JGJ 63—2006)对混凝土用水提出的质量要求。混凝土用水中各种物质含量限值见表 4 -7。

表 4－6　碎石、卵石的颗粒级配范围

公称粒径/mm \ 累计筛余/%		筛孔尺寸/mm											
		2.36	4.76	9.5	16.0	19.0	26.5	31.5	37.5	53.0	63.0	75.0	90.0
连续级配	5～16	95～100	85～100	30～60	0～10	0							
	5～20	95～100	90～100	40～80	—	0～10	0						
	5～25	95～100	90～100	—	30～70	—	0～5	0					
	5～31.5	95～100	90～100	70～90	—	15～45	—	0～5	0				
	5～40	—	95～100	70～90	—	30～65	—	—	0～5	0			
单粒粒级	5～10	95～100	80～100	0～15	0								
	10～16		95～100	80～100	0～15	0							
	10～20		95～100	85～100		0～15	0						
	16～25			95～100	55～70	25～40	0～10	0					
	16～31.5		95～100		85～100			0～10	0				
	20～40			95～100		80～100			0～10	0			
	40～80					95～100			70～100		30～60	0～10	0

表 4－7　水中物质含量限值

项　目	预应力混凝土	钢筋混凝土	素混凝土
pH，≥	5.0	4.5	4.5
不溶物/($mg \cdot L^{-1}$)，≤	2000	2000	5000
可溶物/($mg \cdot L^{-1}$)，≤	2000	5000	10000
氯化物(按 Cl^- 计)/($mg \cdot L^{-1}$)，≤	500	1000	3500
硫酸盐(按 SO_4^{2-} 计)/($mg \cdot L^{-1}$)，≤	600	2000	2700
碱含量/($mg \cdot L^{-1}$)，≤	1500	1500	1500

混凝土外加剂

微课15：混凝土外加剂

4.2.5　外加剂

混凝土外加剂是指混凝土在搅拌之前或拌制过程中加入的，用以改善混凝土性能的材料。其掺量一般不大于水泥质量的 5%。

混凝土外加剂种类多，根据国家标准《混凝土外加剂术语》(GB/T 8075—2017)的规定，混凝土外加剂按其主要功能分为四类：

①改善混凝土拌合物流变性能的外加剂，如减水剂、泵送剂等。

②改变混凝土凝结时间、硬化性能的外加剂，如缓凝剂、早强剂、速凝剂等。

③改善混凝土耐久性的外加剂，如引气剂、防水剂、阻锈剂等。

④改善混凝土其他性能的外加剂，如加气剂、膨胀剂、防冻剂、着色剂等。

工程中常用的外加剂主要有减水剂、早强剂、缓凝剂、引气剂、防冻剂等。

1. 减水剂

减水剂是指在混凝土坍落度基本相同的条件下，能减少混凝土拌和水量的外加剂。

减水剂属于表面活性物质，其分子分为亲水端和憎水端两部分。水泥加水拌和后，由于水泥颗粒间分子凝聚力的作用，使水泥浆形成絮凝结构(见图4－3)。在这絮凝结构中，包裹了一定的拌和水(游离水)，从而降低了混凝土拌合物的和易性。如在水泥浆中加入适量的减水剂，憎水基团定向吸附于水泥颗粒表面，亲水基团指向水溶液，使水泥颗粒表面带有相同的电荷，在电性斥力作用下，使水泥颗粒互相分开，絮凝结构解体，包裹的游离水被释放出来，从而有效地增加了混凝土拌合物的流动性。当水泥颗粒表面吸附足够的减水剂后，使水泥颗粒表面形成一层稳定的溶剂水膜层，它阻止了水泥颗粒间的直接接触，并在颗粒间起润滑作用，改善了混凝土拌合物的和易性。

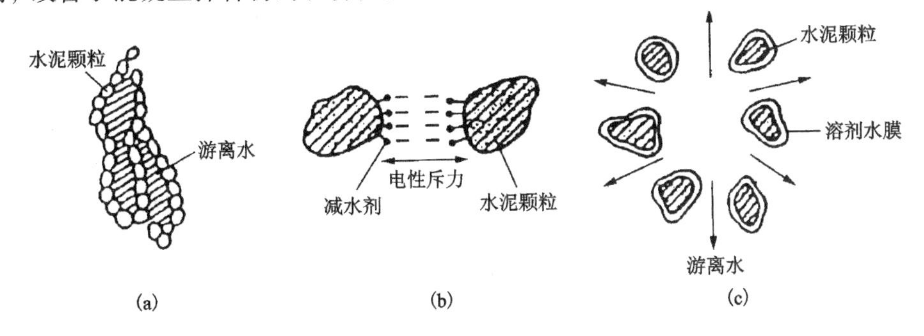

图4－3 水泥浆的絮凝结构和减水剂作用

使用减水剂，在混凝土用水量、水胶比不变的情况下，可提高混凝土拌合物的流动性；在保持混凝土流动性及强度不变的情况下，可节约水泥用量；在保持混凝土拌合物流动性及水泥用量不变的情况下，可减少拌和水量，提高混凝土的强度、抗渗性、抗冻性等，提高混凝土的耐久性。

减水剂是使用最广泛，效果最显著的外加剂。其种类很多，目前有木质素系、糖蜜系、萘系、氨基磺酸系和聚羧酸系等几类减水剂。

2. 早强剂

早强剂是加速混凝土早期强度发展并对后期强度无显著影响的外加剂。

早强剂可以在常温、低温和负温(不低于－5℃)条件下加速混凝土的硬化过程，多用于冬季施工和抢修工程。早强剂主要有氯盐类、硫酸盐类、有机胺类及以它们为基础组成的复合类早强剂，实践中常采用复合类早强剂。

3. 引气剂

引气剂是一种能使混凝土在搅拌过程中产生大量微小气泡，从而改善混凝土拌合物工作性能，并能改善硬化混凝土耐久性的外加剂。

大量微小封闭球状气泡在混凝土拌合物内如同滚珠一样，使混凝土拌合物流动性增加；同时大量均匀分布的封闭气泡切断了混凝土中毛细管渗水通道，改变了混凝土的孔结构，使混凝土抗渗性显著提高；而且封闭气泡有较大的弹性变形能力，对由水结冰所产生的膨胀应力有一定的缓冲作用，因而混凝土的抗冻性得到提高；但由于大量气泡的存在，减少了混凝土的有效受力面积，使混凝土强度有所降低。

引气剂可用于抗渗混凝土、抗冻混凝土、抗硫酸盐侵蚀混凝土、泌水严重的混凝土、轻混凝土以及对饰面有要求的混凝土等，但不宜用于蒸养混凝土及预应力混凝土。目前国内外最常用的、制备简便且性能可靠的引气剂为松香类引气剂。

4. 缓凝剂

缓凝剂是指能延缓混凝土凝结时间，并对混凝土后期强度发展无不利影响的外加剂。

缓凝剂有延缓混凝土的凝结、保持和易性、延长放热时间、消除或减少裂缝以及减水增强等多种功能，对钢筋也无锈蚀作用，适于高温季节施工和泵送混凝土、滑模混凝土以及大体积混凝土的施工或远距离输送的商品混凝土。但缓凝剂不宜用于日最低温度在5℃以下施工的混凝土，也不宜单独用于有早强要求的混凝土和蒸养混凝土。

缓凝剂主要有四类：糖类、木质素磺酸盐类、羟基羧酸类及盐类，常用的缓凝剂是木钙和糖蜜，其中糖蜜的缓凝效果最好。

5. 防冻剂

防冻剂是指在规定温度下能显著降低混凝土的冰点，使混凝土液相不冻结或仅部分冻结，以保证水泥水化作用，并在一定时间内获得预期强度的外加剂。

防冻剂常由防冻组分、早强组分、减水组分和引气组分组成，形成复合防冻剂。其中防冻组分有以下几种：亚硝酸钠和亚硝酸钙（兼有早强、阻锈功能）、氯化钙和氯化钠、尿素、碳酸钾等。

掺和料

4.2.6 矿物掺和料

用于混凝土的矿物掺和料包括粉煤灰、火山灰质材料、粒化高炉矿渣粉等，可采用两种或两种以上的矿物掺和料按一定比例混合使用。粉煤灰应符合《用于水泥和混凝土中的粉煤灰》（GB/T 1596—2017）的有关规定，粒化高炉矿渣粉应符合《用于水泥和混凝土中的粒化高炉矿渣粉》（GB/T 18046—2017）的有关规定，钢渣粉应符合《用于水泥和混凝土中的钢渣粉》（GB/T 20491—2017）的有关规定。

4.3 混凝土拌合物的技术性质

混凝土的各种组成材料按一定的比例配合、搅拌而成的尚未凝固的材料，称为混凝土拌合物。混凝土拌合物的主要技术性质是和易性（工作性），具备良好和易性的混凝土拌合物，有利于施工和获得均匀而密实的混凝土，从而保证混凝土的强度和耐久性。

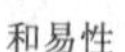

和易性

微课16：混凝土拌合物的和易性

4.3.1 混凝土拌合物的和易性

1. 和易性的概念

和易性是指混凝土拌合物在各工序（包括搅拌、运输、浇注、捣实等）施工中易于操作，并能获得质量均匀、成型密实的混凝土的性能。和易性是一项综合性的技术指标，包括流动性、黏聚性和保水性等方面的性能。

（1）流动性

流动性是指混凝土拌合物在自重或机械振捣作用下，能流动并均匀密实地填满模板的性能。流动性的大小，反映混凝土拌合物的稀稠，直接影响着浇捣施工的难易和混凝土的质量。

(2)黏聚性

黏聚性是指混凝土拌合物的各种组成材料具有一定的内聚力，能保持成分的均匀性，在运输、浇注、振捣、养护过程中不致发生分层离析现象，它反映混凝土拌合物的均匀性。黏聚性差的混凝土拌合物，易发生分层离析，硬化后产生“蜂窝”“空洞”等缺陷，影响混凝土强度和耐久性。

(3)保水性

保水性是指混凝土拌合物具有一定的保持内部水分的能力，在施工过程中不致产生严重的泌水现象。保水性差的混凝土拌合物，在施工过程中，一部分水从内部析出至表面，在混凝土内部形成泌水通道，使混凝土的密实性变差，降低混凝土的强度和耐久性，其内部固体颗粒下沉，影响水泥的水化。

混凝土的和易性是一项由流动性、黏聚性、保水性构成的综合性能，各性能之间互相关联又互相矛盾。如黏聚性好则保水性往往也好，但当流动性增大时，黏聚性和保水性往往变差。因此，所谓拌合物的和易性良好，就是要使这三方面的性能在某种具体条件下得到统一，达到均为良好的状况。

2. 流动性的选择

根据国家标准《普通混凝土拌合物性能试验方法》(GB/T 50080—2016)规定，用坍落度与坍落扩展度法和维勃稠度法来测定混凝土拌合物的流动性，并辅以直观经验来评定黏聚性和保水性，以评定和易性。其中坍落度与坍落扩展度法适用于最大骨料粒径不大于40 mm、坍落度不小于10 mm的塑性和流动性混凝土拌合物；维勃稠度法适用于最大骨料粒径不大于40 mm、维勃稠度在5～30 s之间的干硬性混凝土拌合物。

混凝土拌合物根据其坍落度和维勃稠度分级见表4－8。

表4－8　混凝土拌合物的流动性分级(JGJ 55—2011)

坍落度级别			维勃稠度级别		
级别	名称	坍落度/mm	级别	名称	维勃稠度/s
S_1	低塑性混凝土	10～40	V_0	超干硬性混凝土	≥31
S_2	塑性混凝土	50～90	V_1	特干硬性混凝土	30～21
S_3	流动性混凝土	100～150	V_2	干硬性混凝土	20～11
S_4	大流动性混凝土	160～210	V_3	半干硬性混凝土	10～6
S_5	大流动性混凝土	≥220	V_4	半干硬性混凝土	5～3

混凝土拌合物流动性的选择原则是在满足施工操作及混凝土成型密实的条件下，尽可能选用较小的坍落度，以节约水泥并获得较高质量的混凝土。工程中具体选用时，要根据结构类型、构件截面大小、配筋疏密、输送方式和施工方法等因素来确定。当构件截面较小或钢筋较密，或采用人工振插捣时混凝土拌合物流动性要求大，坍落度可选大些。反之，如构件截面尺寸较大，或钢筋较疏，或采用机械振捣时，坍落度选择可小些。

根据《混凝土结构工程施工及验收规范》(GB 50204—2015)规定，非泵送混凝土浇注的坍落度宜按表4－9选用。

表4－9　混凝土浇注的坍落度

结构种类	坍落度/mm
基础或地面等的垫层、无配筋的大体积结构(挡土墙、基础等)或配筋稀疏的结构	10～30
板、梁和大型及中型截面的柱子	30～50
配筋密列的结构(薄壁、斗仓、筒仓、细柱等)	50～70
配筋特密的结构	70～90

当施工工艺采用混凝土泵输送混凝土拌合物时，除考虑振捣方式，还要考虑其可泵性。拌合物坍落度过小，混凝土泵吸入的混凝土数量少，泵送效率低。同时，拌合物泵送的摩擦阻力大，产生堵管。如果拌合物坍落度过大，拌合物在管道中滞留时间长，则泌水就多，容易产生离析而形成阻塞。泵送混凝土的入泵坍落度可参照《混凝土泵送施工技术规程》(JGJ/T 10—2011)的规定选用，见表4－10。

表4－10　泵送混凝土浇筑时入泵坍落度的选用(JGJ/T 10—2011)

最大泵送高度/m	50	100	200	400	>400
入泵坍落度/mm	100～140	150～180	190～220	230～260	—
入泵扩展度/mm	—	—	—	450～590	600～740

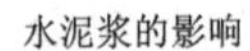

水泥浆的影响

微课17：影响混凝土和易性的因素

4.3.2　影响混凝土拌合物和易性的因素

1. 水泥浆的数量

混凝土拌合物中水泥浆的数量，赋予混凝土拌合物以一定的流动性，在水胶比不变的情况下，单位体积拌合物内，如果水泥浆愈多，则拌合物的流动性愈大，但若水泥浆过多，将会出现流浆现象，使拌合物的黏聚性变差，同时对混凝土的强度与耐久性也会产生一定的影响，且水泥用量也大。水泥浆过少，不能填满骨料间空隙或不能很好包裹骨料表面时，就会产生崩塌现象，黏聚性变差。因此，混凝土拌合物中水泥浆的用量应以满足流动性和强度的要求为度，不宜过量。

2. 水胶比及水泥浆的稠度

水胶比是指混凝土拌合物中用水量与胶凝材料(水泥和活性矿物掺合料的总称)用量的质量比，用 W/B 表示。水泥浆的稠度是由水胶比决定的。在水泥用量不变的情况下，水胶比愈小，水泥浆就愈稠，混凝土拌合物的流动性就愈小。当水胶比过小时，水泥浆干稠，混凝土拌合物的流动性过低，会使施工困难，不能保证混凝土的密实性。增大水胶比会使流动性加大，但如果水胶比过大，又会造成混凝土拌合物的黏聚性和保水性不良，而产生流浆、离析现象，并严重影响混凝土的强度。所以水胶比不能过大或过小，一般应根据混凝土强度和耐久性要求合理地选用。

无论是水泥浆的用量还是水泥浆的稀稠，实际上对混凝土拌合物流动性起决定作用的是用水量的多少。即在一定条件下，要使混凝土拌合物获得一定的流动性，所需的单位用水量基本上是一个定值。大量试验证明，当水胶比在一定范围(0.4～0.8)而其他条件不变时，混凝土拌合物的流动性只与单位用水量(每立方混凝土拌合物的拌合用水量)有关，这一现象称为“恒定用水量法则”。利用这一规则，在设计混凝土配合比时，通过固定单位用水量，采用不同的水胶比配制流动性相同但强度不同的混凝土。单纯加大用水量会降低混凝土的强度和耐久性，对混凝土拌合物流动性的调整，应在保证水胶比不变的条件下，用调整水泥浆量的方法来调整。

混凝土拌合物的用水量，一般应根据选定的坍落度，参考表4－11与表4－12选用。

表4－11　干硬性混凝土的用水量/(kg·m^{-3})(JGJ 55—2011)

拌合物稠度		卵石最大粒径/mm			碎石最大粒径/mm		
项目	指标	10	20	40	16	20	40
维勃稠度/s	16～20	175	160	145	180	170	155
	11～15	180	165	150	185	175	160
	5～10	185	170	155	190	180	165

表4－12　塑性混凝土的用水量/(kg·m^{-3})(JGJ 55—2011)

拌合物稠度		卵石最大粒径/mm				碎石最大粒径/mm			
项目	指标	10	20	31.5	40	16	20	31.5	40
坍落度/mm	10～30	190	170	160	150	200	185	175	165
	35～50	200	180	170	160	210	195	185	175
	55～70	210	190	180	170	220	205	195	185
	75～90	215	195	185	175	230	215	205	195

注：①本表用水量系采用中砂时的平均取值。采用细砂时，每立方米混凝土用水量可增加5～10 kg；采用粗砂时，则可减少5～10 kg；②掺用各种外加剂或掺合料时，用水量应相应调整。

3.砂率

砂率的影响

砂率是指混凝土中砂的质量占砂石总质量的百分率。

在混凝土骨料中，砂的粒径远小于石子，因此砂的比表面积大。砂的作用是填充石子间空隙，并以砂浆包裹在石子外表面，减少粗骨料颗粒间的摩擦阻力，赋予混凝土拌合物一定的流动性。砂率过大时，骨料的总表面积及空隙率都会增大，在水泥浆含量不变的情况下，相对的水泥浆变少了，减弱了水泥浆的润滑作用，导致混凝土拌合物流动性降低。如果砂率过小，又不能保证粗骨料之间有足够的砂浆层，也会降低混凝土拌合物的流动性，并严重影响其黏聚性和保水性，容易造成离析、流浆。当砂率适宜时，砂不但填满石子间的空隙，而且还能保证粗骨料间有一定厚度的砂浆层以减小粗骨料间的摩擦阻力，使混凝土拌合物有较好的流动性，这个适宜的砂率称为合理砂率。当采用合理砂率时，在用水量及水泥用量一定的情况下，能使混凝土拌合物获得最大的流动性，且能保持良好的黏聚性和保水性，如图4－4所示。或者当采用合理砂率时，能使混凝土拌合物获得所要求的流动性及良好的黏聚性与保水性，而水泥用量最少，如图4－5所示。

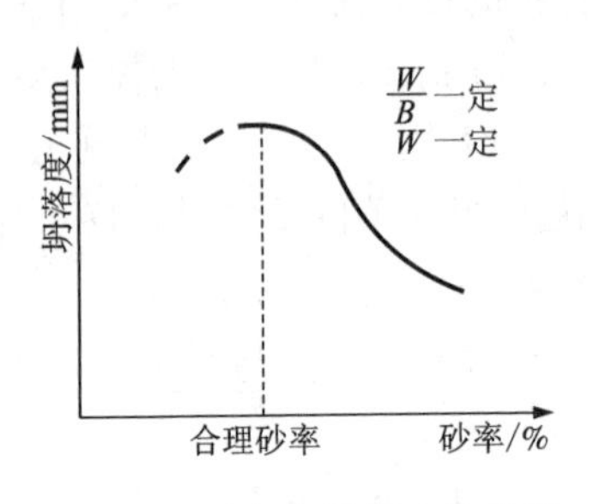

图4－4　砂率与坍落度的关系

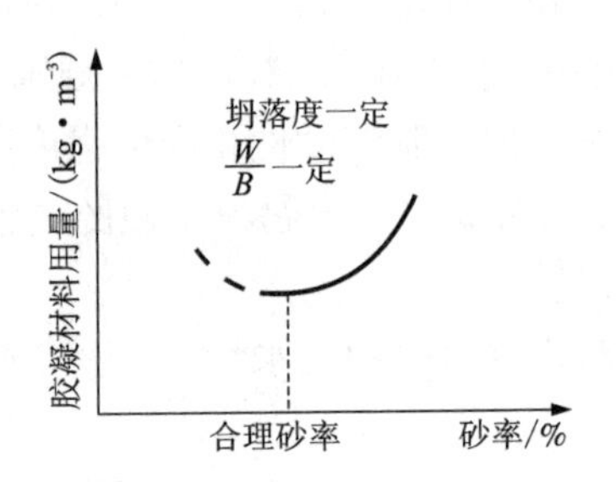

图4－5　砂率与水泥用量的关系

表4－13　混凝土的砂率/%(JGJ 55—2011)

水胶比(W/B)	卵石最大粒径/mm			碎石最大粒径/mm		
	10	20	40	16	20	40
0.40	26～32	28～31	24～30	30～35	29～34	27～32
0.50	30～35	29～34	28～33	33～38	32～37	30～35
0.60	33～38	32～37	31～36	36～41	35～40	33～38
0.70	36～41	35～40	34～39	39～44	38～43	36～41

注：①本表数值系采用中砂时的选用砂率，若用细(粗)砂，可相应减少(增加)砂率。

②只用一个单粒级骨料配制的混凝土，砂率应适当增加。

③对薄壁构件，砂率取偏大值。

④本表适用于坍落度为10～60 mm的混凝土。坍落度若大于60 mm，应在上表的基础上，按坍落度每增大20 mm砂率增大1%的幅度予以调整；对坍落度小于10 mm的混凝土及掺外加剂的混凝土，其砂率应根据试验确定。

4. 组成材料性质的影响

(1)水泥的特性

水泥对和易性的影响主要表现在水泥的需水性上。不同品种的水泥，其矿物组成、所掺混合材料种类的不同都会影响需水量。例如普通硅酸盐水泥所配制的混凝土拌合物的流动性和保水性较好；矿渣水泥所配制的混凝土拌合物的流动性较大，但黏聚性差，易泌水；火山灰水泥需水量大，在相同加水量条件下，流动性显著降低，但黏聚性和保水性较好。

(2)骨料的性质

级配良好的骨料空隙率小，在水泥浆量相同的情况下，包裹骨料表面的水泥浆较厚，和易性好。碎石比卵石表面粗糙，所配制的混凝土拌合物流动性较卵石配制的差。细砂的比表面积大，用细砂配制的混凝土比用中、粗砂配制的混凝土拌合物流动性小。

(3)外加剂与掺和料

在拌制混凝土时，加入少量的外加剂能使混凝土拌合物在不增加水泥用量的条件下，获得好的和易性，不仅流动性显著增加，而且还有效地改善混凝土拌合物的黏聚性和保水性。掺入粉煤灰、硅灰、沸石粉等掺和料，也可改善混凝土拌合物的和易性。

5. 环境条件及时间

混凝土拌合物的和易性在不同的施工环境条件下往往会发生变化。尤其是商品混凝土要经过长距离的运输，才能达到施工地点，如果空气湿度小，气温较高，风速较大，混凝土拌合物的水分蒸发及水化反应加快，坍落度损失也变快。

搅拌后的混凝土拌合物，随着时间的延长而逐渐变得干稠，和易性变差。其原因是一部分水供水泥水化，一部分水被骨料吸收，一部分水蒸发以及混凝土凝聚结构的逐渐形成，致使混凝土拌合物的流动性变差。

4.3.3　改善混凝土拌合物和易性的措施

根据上述影响混凝土拌合物和易性的因素，在实际工作中可采用如下措施来改善混凝土拌合物的和易性：

(1)通过试验，采用合理砂率，并尽可能采用较低的砂率；

(2)改善砂、石(特别是石子)的级配，尽可能采用连续级配；

(3)尽量采用较粗的砂、石；

(4)当混凝土拌合物坍落度太小时，保持水胶比不变，增加适量的水泥浆；当坍落度太大时，保持砂率不变，增加适量的砂石；

(5)尽量使用外加剂(减水剂、引气剂等)；

(6)根据具体环境条件，尽可能缩小混凝土拌合物的运输时间。

微课18：硬化混凝土强度

4.4　硬化混凝土的技术性质

混凝土的强度

4.4.1　混凝土的强度

混凝土的强度包括抗压强度、抗拉强度、抗弯强度等。混凝土的抗压强度最大、抗拉强度最小。建筑工程中主要利用混凝土来承受压力作用，在混凝土结构设计中混凝土抗压强度是主要参数。工程中提到的混凝土强度一般指混凝土的抗压强度。

1. 混凝土的抗压强度及强度等级

(1)立方体抗压强度

混凝土立方体抗压强度是根据国家标准《混凝土物理力学性能试验方法标准》(GB/T 50081—2019)规定方法制作的150 mm×150 mm×150 mm的立方体试件，在标准条件(温度20℃±2℃，相对湿度95%以上)下，养护到28 d龄期，所测得的抗压强度值，以f_{cu}表示。

(2)立方体抗压强度标准值和强度等级

混凝土立方体抗压强度标准值指按标准规定方法制作的边长为150 mm立方体试件，在标准条件下养护到28 d龄期，所测得的具有95%保证率的抗压强度，用$f_{cu,k}$表示。

混凝土强度等级根据混凝土立方体抗压强度标准值划分不同的强度等级。《混凝土结构设计规范》(GB 50010—2010)将混凝土划分为14个强度等级，即C15、C20、C25、C30、C35、C40、C45、C50、C55、C60、C65、C70、C75、C80等14个强度等级。其中C表示混凝土，数字表示混凝土立方体抗压强度标准值。如C40表示$f_{cu,k}=40$ MPa。

(3)轴心抗压强度

确定混凝土强度等级采用立方体试件，但实际工程中钢筋混凝土结构形式极少是立方体的，大部分是棱柱体或圆柱体。为了使测得的混凝土强度接近于混凝土结构的实际情况，在钢筋混凝土结构计算中，计算轴心受压构件(例如柱子、桁架的腹杆等)时，都采用混凝土的轴心抗压强度作为设计依据。

根据国家标准《混凝土物理力学性能试验方法标准》(GB/T 50081—2019)的规定，混凝土的轴心抗压强度采用150 mm×150 mm×300 mm的棱柱体作为标准试件，在标准条件(温度20℃±2℃，相对湿度95%以上)下，养护到28 d龄期，所测得的抗压强度为混凝土的轴心抗压强度，用f_{cp}表示。混凝土轴心抗压强度f_{cp}为立方体抗压强度f_{cu}的70%~80%。

2.影响混凝土强度的因素

混凝土的强度主要取决于水泥石强度及其与骨料的黏结强度。主要受水泥强度等级、水胶比、骨料的性质、施工质量、养护条件及龄期的影响。

微课19：影响混凝土强度的因素

(1)水泥强度等级与水胶比

水泥强度等级和水胶比是影响混凝土强度最主要的因素。

混凝土的破坏主要是水泥石与粗骨料结合面的破坏，相同的配合比条件下，水泥强度等级愈高，水泥石强度愈大，与骨料的胶结强度就愈高，配制成的混凝土强度也就愈高。

在水泥强度等级及其他条件相同的情况下，混凝土的强度主要取决于水胶比。水胶比愈小，水泥石的强度愈高，与骨料黏结力愈大，混凝土强度愈高。但水胶比过小，拌合物过于干稠，混凝土不能被振捣密实，出现较多的蜂窝、孔洞，反将导致混凝土强度严重下降。

水胶比的大小对混凝土抗压强度的影响如图4-6和图4-7所示。

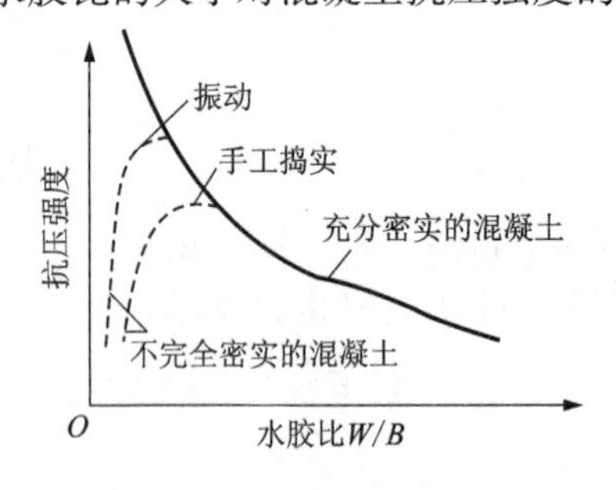

图4-6 混凝土强度与水胶比的关系

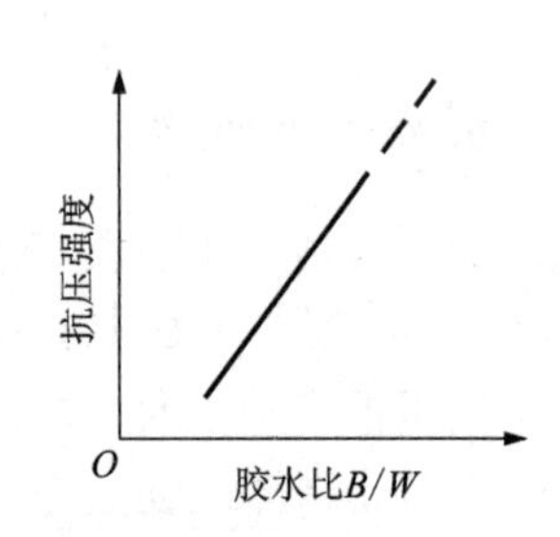

图4-7 混凝土强度与胶水比的关系

根据大量试验和工程实践，对混凝土强度等级小于C60的流动性混凝土及塑性混凝土建立起了混凝土强度与水泥强度等级及水胶比之间的关系式，即混凝土强度公式：

$$f_{cu}=\alpha_a \cdot f_{ce}\left(\frac{B}{W}-\alpha_b\right) \tag{4-3}$$

式中：f_{cu}——混凝土28 d龄期的抗压强度，MPa；

B——每立方米混凝土中胶凝材料用量，kg；

W——每立方米混凝土中水的用量，kg；

f_{ce}——水泥的实际强度，MPa；

α_a、α_b——回归系数，与骨料品种有关。

（2）骨料性能

骨料强度的影响：一般骨料强度越高，所配制的混凝土强度越高，这在低水胶比和配制高强度混凝土时，特别明显。

骨料级配的影响：当级配良好、砂率适当时，由于组成了坚强密实的骨架，有利于混凝土强度的提高。

骨料形状的影响：碎石表面粗糙有棱角，提高了骨料与水泥砂浆之间的机械啮合力和黏结力，所以在原材料及坍落度相同的条件下，用碎石拌制的混凝土比用卵石的强度要高。

另外，骨料中有害杂质较多、品质低也会降低混凝土的强度。

（3）养护温度与湿度

混凝土浇捣成型后，要在一定时间内保持适当的温度和足够的湿度满足水泥充分水化，这就是混凝土的养护。

混凝土的养护

养护温度的影响：当养护温度高时，水泥水化速度加快，混凝土强度的发展也快；而在低温下混凝土强度发展迟缓，当温度降至冰点以下时，混凝土中的水分大部分结冰，水泥停止水化，混凝土强度停止发展，同时还会受到冻胀破坏。如图 4 -8 所示。

养护湿度的影响：湿度适当，水泥水化反应顺利进行，使混凝土强度得到充分发展。如果湿度不够，水泥水化反应不能正常进行，甚至停止水化，而且使混凝土结构疏松，形成干缩裂缝，增大了渗水性，严重降低混凝土强度和耐久性。如图 4 -9 所示。

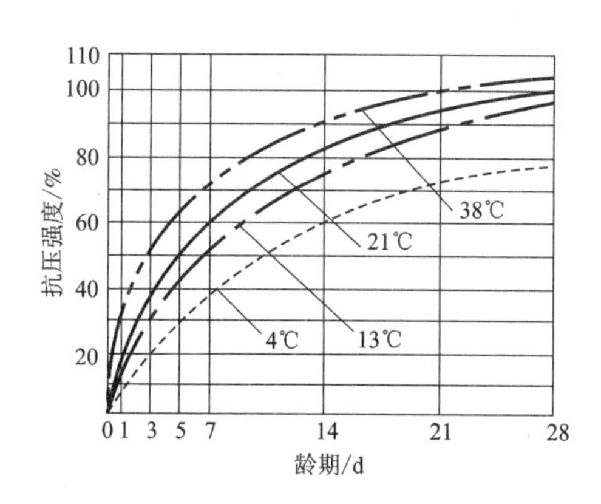

图 4 -8　养护温度对混凝土强度的影响

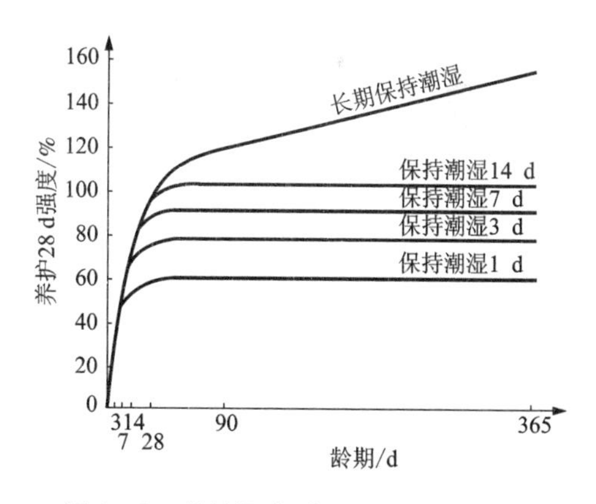

图 4 -9　养护湿度对混凝土强度的影响

根据国家标准《混凝土结构工程施工及验收规范》（GB 50204—2015）的规定，浇筑完毕的混凝土应采取以下养护措施：①浇筑完毕 12 h 以内对混凝土加以覆盖并保湿养护。②混凝土浇水养护的时间，对采用硅酸盐水泥、普通硅酸盐水泥或矿渣水泥拌制的混凝土，不得少于 7 d；对掺用缓凝型外加剂或有抗渗要求的混凝土，不得少于 14 d。③浇水次数应能保持混凝土处于湿润状态，混凝土养护用水应与拌制用水相同。④采用塑料布覆盖养护的混凝土，其敞露的全部表面应覆盖严密，并应保持塑料布内有凝结水。⑤混凝土强度达到 1.2 N/mm^{2}前，不得在其上踩踏或安装模板及支架。⑥日平均气温低于 5℃时，不得浇水。

⑦混凝土表面不便浇水或使用塑料布时，宜涂刷养护剂。

(4)养护时间(龄期)

龄期是指混凝土在正常养护条件下所经历的时间。在正常养护的条件下，混凝土的强度将随龄期的增长而不断发展，最初7～14 d内强度发展较快，以后逐渐缓慢，28 d达到设计强度。28 d后强度仍在发展，可延续几年，甚至几十年。

(5)施工质量

混凝土的施工

混凝土的施工过程包括搅拌、运输、浇筑、振捣、现场养护等多个环节，受到各种不确定性随机因素的影响。配料的准确、振捣密实程度、拌合物的离析、现场养护条件的控制，以及施工单位的技术和管理水平等，都会造成混凝土强度的变化。因此，必须采取严格有效的控制措施和手段，以保证混凝土的施工质量。

(6)试验条件

混凝土强度检测时的试验条件不同，如试件的尺寸、形状、表面状态及加荷速度等的不同，都会影响混凝土的强度检测值。

3. 提高混凝土强度的措施

(1)选用性能适宜、高强度等级水泥。

(2)降低混凝土的水胶比。

(3)采用湿热养护，如蒸汽养护、蒸压养护。

(4)掺入混凝土外加剂、活性矿物掺合料。

(5)采用机械搅拌和机械振捣。

微课20：硬化混凝土的耐久性

4.4.2 混凝土的耐久性

混凝土的耐久性

混凝土耐久性是指混凝土抵抗环境介质作用并长期保持其良好的使用性能的能力。混凝土的耐久性是一项综合性技术指标，主要包括抗渗、抗冻、抗侵蚀、抗碳化等性能。

1. 抗渗性

混凝土的抗渗性是指混凝土抵抗有压介质(水、油、溶液等)渗透作用的能力。它直接影响混凝土的抗冻性和抗腐蚀性，是决定混凝土耐久性最主要的因素。地下建筑、水池、水坝等必须要求混凝土具有一定的抗渗性。抗渗等级不低于P6的混凝土称为抗渗混凝土。

混凝土渗水是由于内部的孔隙形成连通的渗水通道，渗水通道的多少与水胶比大小有关，一般随着水胶比的增大，混凝土抗渗性逐渐变差。

2. 抗冻性

混凝土的抗冻性是指混凝土在饱水状态下，能经受多次冻融循环而不破坏，同时也不严重降低所具有的性能的能力。在寒冷地区，特别是接触水又受冻的环境下的混凝土要求具有较高的抗冻性。抗冻等级不低于F50的混凝土称为抗冻混凝土。

混凝土受冻融破坏是由于混凝土内部孔隙中的水在负温下结冰后体积膨胀形成压力，当这种压力产生的内应力超过混凝土的抗拉强度，混凝土就会产生裂缝，多次冻融循环使裂缝不断扩展直至破坏。

3. 抗碳化

混凝土的碳化是指混凝土内水泥石中的氢氧化钙与空气中的二氧化碳，在湿度适宜时发生化学反应，生成碳酸钙和水，从而使混凝土的碱度降低的过程。

混凝土碳化可使混凝土表面的强度适度提高，但会使混凝土内部的碱度降低，混凝土中的钢筋丧失碱性保护作用而发生锈蚀，对钢筋混凝土造成极大的破坏。

4. 提高混凝土耐久性的主要措施

混凝土的抗渗性、抗冻性、抗碳化性等决定着混凝土的耐久性，而影响这些性质的主要因素是混凝土的密实程度，其次是原材料的性质、施工质量等。对此，提高混凝土耐久性的主要措施有：

(1)根据混凝土工程的特点和所处环境条件，选择合适的水泥品种。

(2)选用质量良好、级配合格的砂石骨料。

(3)控制混凝土的最大水胶比和最小水泥用量。水胶比的大小直接影响混凝土的密实度，而保证水泥的用量也是提高混凝土密实度的关键。《混凝土结构设计规范》(GB 50010—2010)和《普通混凝土配合比设计规程》(JGJ 55—2011)规定了工业与民用建筑所用混凝土的最大水胶比和最小水泥用量的限值，见表 4－14。

表 4－14 混凝土最大水灰比和最小胶凝材料用量限值

环境类别	环境条件	最大水胶比	最低强度等级	最大氯离子含量/%	最小胶凝材料用量/(kg·m^{-3})		
					素混凝土	钢筋混凝土	预应力混凝土
一	室内干燥环境； 无侵蚀性静水浸没环境	0.60	C20	0.30	250	280	300
二 a	室内潮湿环境； 非严寒和非寒冷地区的露天环境； 非严寒和非寒冷地区与无侵蚀性的水或土壤直接接触的环境； 严寒和寒冷地区的冰冻线以下与无侵蚀的水或土壤直接接触的环境	0.55	C25	0.20	280	300	300
二 b	干湿交替环境； 水位频繁变动环境； 严寒和寒冷地区的露天环境； 严寒和寒冷地区冰冻线以上与无侵蚀的水或土壤直接接触的环境	0.50 (0.50)	C30 (C25)	0.15	320		
三 a	严寒和寒冷地区冬季水位变动区环境； 寒风环境	0.45 (0.50)	C35 (C30)	0.15	330		
三 b	盐渍土环境； 受除冰盐作用环境； 海岸环境	0.40	C40	0.10	330		

注：①氯离子含量系指其占胶凝材料总量的百分比；②预应力构件混凝土中的最大氯离子含量为 0.06%，其最低混凝土强度等级宜按表中的规定提高两个等级；③素混凝土构件的水胶比及最低强度等级的要求可适当放松；④有可靠工程经验时，二类环境中的最低混凝土强度等级可降低一个等级；⑤处于严寒和寒冷地区二 b、三 a 环境中的混凝土应使用引气剂，并可采用括号中的有关参数。

(4)掺入减水剂或引气剂等外加剂、适量的混合材，以提高混凝土的密实度，改善孔隙结构。

(5)严格控制混凝土施工质量，保证混凝土均匀、密实。

4.5 普通混凝土的配合比设计

普通混凝土配合比是指混凝土中各组成材料之间的质量比例关系。配合比常用的表示方法有两种：一种是以1 m^3混凝土中各项材料的质量表示，如水泥300 kg、水180 kg、砂630 kg、石子1260 kg；另一种表示方法是以各项材料相互间的质量比来表示；(以水泥质量为1)，将上例换算成质量比，m(水泥)∶m(砂)∶m(石子)∶m(水)＝1∶2.10∶4.20∶0.60。

4.5.1 混凝土配合比设计的基本要求

混凝土配合比设计的基本要求是：

(1)达到混凝土结构设计要求的强度等级；

(2)满足混凝土施工所要求的和易性；

(3)满足工程所处环境和使用条件对混凝土耐久性的要求；

(4)满足经济原则，节约水泥，降低成本。

4.5.2 混凝土配合比设计的基本资料

在混凝土配合比设计之前，需确定和了解的基本资料主要有以下几个方面：

(1)工程设计要求的混凝土强度等级和强度的标准差，以便确定混凝土的配制强度。

(2)工程所处环境对混凝土的耐久性要求，以便确定混凝土的最大水胶比和最小水泥用量。

(3)结构构件的断面尺寸及钢筋配筋情况，以便确定粗骨料的最大粒径。

(4)混凝土的施工方法，以便选择混凝土拌合物的坍落度。

(5)材料的基本情况，如水泥的品种、强度等级、密度，砂的种类、表观密度、细度模数、级配、含水率，石的种类、表观密度、级配、含水率，拌合水的情况，外加剂的品种、掺量等。

4.5.3 混凝土配合比设计的三个重要参数

混凝土配合比设计，实质上就是确定水泥、水、砂与石子这四项基本组成材料用量的相对比例关系。即：水与水泥等胶凝材料之间的比例关系，常用水胶比表示；砂与石子之间的比例关系，常用砂率表示；水泥浆与骨料之间的比例关系，常用单位用水量来反映。

水胶比、砂率、单位用水量是混凝土配合比的三个重要参数，在配合比设计中应正确确定这三个参数。确定三个参数的基本原则是：在满足混凝土强度和耐久性的基础上，确定混凝土的水胶比；在满足混凝土施工要求的和易性基础上，根据粗骨料的种类和规格，确定混凝土的单位用水量；砂的数量应以填充石子空隙后略有富余的原则来确定砂率。

4.5.4 混凝土配合比设计的步骤

混凝土配合比设计是一个计算、试配、调整的复杂过程，大致可分为初步配合比、基准配合比、实验室配合比、施工配合比四个设计阶段。首先根据选定的原材料性能及配合比设计的基本要求进行初步设计，得出“初步配合比”；在初步配合比的基础上，经试拌、检验，进行和易性调整，对配合比进行修正，得出“基准配合比”；再通过对水胶比的微量调整，在满足设计强度的前提下，进一步调整配合比以确定水泥用量最少的方案，得出比较经济的“设计配合比”；最后根据施工现场砂、石的实际含水率对设计配合比进行调整，得出实际应用的“施工配合比”。

1. 初步配合比的计算

(1)确定配制强度$f_{cu,0}$

为了保证混凝土具有设计所要求的95%的强度保证率，在混凝土配合比设计时，必须使混凝土的配制强度大于设计强度。根据《普通混凝土配合比设计规程》(JGJ 55—2011)规定，

当混凝土的设计强度等级小于C60时，配制强度可按下式计算：

$$f_{cu,0} \geqslant f_{cu,k} + 1.645\sigma \tag{4-4}$$

当混凝土的设计强度等级不小于C60时，配制强度应按下式计算：

$$f_{cu,0} \geqslant 1.15 f_{cu,k} \tag{4-5}$$

式中：$f_{cu,0}$——混凝土配制强度，MPa；

$f_{cu,k}$——混凝土立方体抗压强度标准值，即混凝土的设计强度，MPa；

σ——混凝土强度标准差，MPa。

表4-15 混凝土标准差取值要求

混凝土强度等级	≤C20	C25～C45	C50～C55
σ/MPa	4.0	5.0	6.0

(2)初步确定水胶比(W/B)

当混凝土的设计强度等级小于C60时，根据已知的混凝土配制强度、胶凝材料强度和粗骨料种类计算出所要求的水胶比：

$$\frac{W}{B} = \frac{\alpha_a \cdot f_b}{f_{cu,0} + \alpha_a \cdot \alpha_b \cdot f_b} \tag{4-6}$$

式中：$f_{cu,0}$——混凝土配制强度，MPa。

f_b——实测胶凝材料28 d胶砂抗压强度，MPa，按水泥胶砂强度检验方法进行测定，当无实测值时，可按式$f_b = \gamma_f \cdot \gamma_s \cdot f_{ce}$计算确定。其中，$\gamma_f$、$\gamma_s$为粉煤灰和矿渣粉的影响系数，可按表4-16确定；$f_{ce}$为实测水泥28 d胶砂抗压强度，MPa(无实测结果时，可按式$f_{ce} = \gamma_c \cdot f_{ce,g}$计算确定)；$\gamma_c$为水泥强度富余系数，可参照表4-17取用；$f_{ce,g}$为水泥强度等级值，MPa。

α_a、α_b——回归系数，按表4-18取用，也可通过试验确定。

表 4 – 16　粉煤灰影响系数和粒化高炉矿渣粉影响系数(JGJ 55—2011)

掺量/%	粉煤灰影响系数(γ_f)	粒化高炉矿渣粉影响系数(γ_s)
0	1.00	1.00
10	0.85 ~ 0.95	1.00
20	0.75 ~ 0.85	0.95 ~ 1.00
30	0.65 ~ 0.75	0.90 ~ 1.00
40	0.55 ~ 0.65	0.80 ~ 0.90
50	—	0.70 ~ 0.85

表 4 – 17　水泥强度等级值的富余系数(JGJ 55—2011)

水泥强度等级	32.5	42.5	52.5
γ_c 富余系数	1.12	1.16	1.10

表 4 – 18　回归系数 α_a、α_b 取值(JGJ 55—2011)

回归系数	粗骨料品种	
	碎石	卵石
α_a	0.53	0.49
α_b	0.20	0.13

为了保证混凝土的耐久性，水胶比还不得大于表 4 – 14 中规定的最大水胶比值，如计算所得的水胶比大于规定的最大水胶比值时，应取规定的最大水胶比值。

(3)选取 1 m^3混凝土的用水量(m_{w0})

当 W/B 在 0.40 ~ 0.80 范围时，可按表 4 – 11 和表 4 – 12 确定混凝土的单位用水量。当 $W/B < 0.40$ 时，其单位用水量可通过试验确定。

掺用外加剂时，每立方米流动性和大流动性混凝土的用水量(m_{w0})可按式(4 – 7)计算，精确至 1 kg：

$$m_{w0} = m'_{w0}(1 - \beta) \tag{4-7}$$

式中：m'_{w0}——未掺外加剂时推算的满足实际坍落度要求的 1 m^3混凝土的用水量，kg。当坍落度 >90 mm 时，可以表 4 – 12 中 90 mm 坍落度的用水量为基础，按每增大 20 mm 坍落度，1 m^3混凝土相应增加 5 kg 用水量来推算；当坍落度增大到 180 mm 以上时，随坍落度相应增加的用水量可减少。

β——外加剂的减水率，%。应经混凝土试验确定。

每立方米混凝土中外加剂用量(m_{a0})按式(4 – 8)计算：

$$m_{a0} = m_{b0} \cdot \beta_a \tag{4-8}$$

式中：β_a——外加剂的掺量(占胶凝材料用量的百分率)，%。应经混凝土试验确定。

(4)计算 1 m^3混凝土的胶凝材料用量(m_{b0})

根据已初步确定的水胶比（W/B）和选用的单位用水量（m_{w0}），可计算出胶凝材料用量（m_{b0}）：

$$m_{b0} = \frac{m_{w0}}{W/B} \tag{4-9}$$

为保证混凝土的耐久性，由上式计算得出的胶凝材料用量还应满足表4－14规定的最小胶凝材料用量的要求，如计算得出的胶凝材料用量少于规定的最小胶凝材料用量，则应取规定的最小胶凝材料用量值。

每立方米混凝土中矿物掺合料的用量（m_{f0}）按式（4－10）计算，精确至1 kg：

$$m_{f0} = m_{bo} \cdot \beta_f \tag{4-10}$$

式中：β_f——矿物掺合料的掺量（占胶凝材料用量的百分率），%。可按表4－16确定或经试验确定。

每立方米混凝土中水泥的用量（m_{c0}）按式（4－11）计算：

$$m_{c0} = m_{b0} - m_{f0} \tag{4-11}$$

（5）选取合理的砂率值（β_s）

应当根据混凝土拌合物的和易性，通过试验求出合理砂率。如无试验资料，可根据骨料品种、规格和水胶比，按表4－13选用。

（6）计算粗、细骨料的用量（m_{s0}）及（m_{g0}）

粗、细骨料的用量可用质量法或体积法求得。

①质量法

如果原材料情况比较稳定，所配制的混凝土拌合物的表观密度将接近一个固定值，这样可以先假设一个1 m^3混凝土拌合物的质量值（m_{cp}）。因此可列出以下两式：

$$\begin{aligned} & m_{c0} + m_{f0} + m_{s0} + m_{g0} + m_{w0} = m_{cp} \\ & \beta_s = \frac{m_{s0}}{m_{s0} + m_{g0}} \times 100\% \end{aligned} \tag{4-12}$$

式中：m_{cp}——1 m^3混凝土拌合物的假定质量（kg），其值可取2350～2450 kg。

联立两式，即可求出m_{s0}、m_{g0}。

②体积法

假定混凝土拌合物的体积等于各组成材料绝对体积和混凝土拌合物中所含空气体积之总和。因此，在计算1 m^3混凝土拌合物的各材料用量时，可列出以下两式：

$$\begin{aligned} & \frac{m_{c0}}{\rho_c} + \frac{m_{f0}}{\rho_f} + \frac{m_{s0}}{\rho_s} + \frac{m_{g0}}{\rho_g} + \frac{m_{w0}}{\rho_w} + 0.01\alpha = 1 \\ & \beta_s = \frac{m_{s0}}{m_{s0} + m_{g0}} \times 100\% \end{aligned} \tag{4-13}$$

式中：ρ_c、ρ_f、ρ_s、ρ_g、ρ_w——水泥、矿物掺合料、细骨料、粗骨料及水的表观密度实测值，kg/m^3。水的表观密度可取1000 kg/m^3。

α——混凝土拌合物中的含气量，%。在不使用引气剂或引气型外加剂时，可取1。

联立两式，即可求出m_{s0}、m_{g0}

通过以上六个步骤，便可将水、水泥、砂和石子的用量全部求出，得出初步计算配合比，供试配用。

2. 基准配合比的计算

以上求出的各材料用量，是借助于一些经验公式和数据计算出来的，或是利用经验资料查得的，因而不一定能够完全符合具体的工程实际情况，必须通过试拌调整，直到混凝土拌合物的和易性符合要求为止，然后提出供检验强度用的基准配合比。

按初步计算配合比称取实际工程中使用的材料进行试拌，混凝土的搅拌方法，应与生产时使用的方法相同。试配时，每盘混凝土的最小搅拌量应符合表4－19的规定，当采用机械搅拌时，拌和量不小于机械搅拌量的1/4。

表4－19　混凝土试配时的最小搅拌量

粗骨料最大粒径/mm	≤31.5	40
拌合物数量/L	20	25

混凝土搅拌均匀后，检查拌合物的性能。当混凝土拌合物坍落度太小时，保持水胶比不变，增加适量的水泥浆；当坍落度太大时，且黏聚性和保水性好时，可适量减少水泥浆的数量，或者保持砂率不变，增加砂石用量；若黏聚性、保水性差，可增大砂率，即保持砂、石总量不变，适当增加砂的用量。直到符合要求为止，然后对调整后的各材料质量进行整理，提出供检验强度用的基准配合比。

3. 实验室配合比

经过和易性调整后得到的基准配合比，其水胶比选择不一定恰当，即混凝土的强度有可能不符合要求，所以应检验混凝土的强度。混凝土强度检验时应至少采用三个不同的配合比，其一为基准配合比，另外两个配合比的水胶比，宜较基准配合比分别增加或减少0.05，其用水量与基准配合比相同，砂率可分别增加或减小1%。每种配合比制作一组（三块）试件，并经标准养护到28 d时试压。在制作混凝土试件时，还需检验混凝土拌合物的和易性及测定表观密度，并以此结果作为代表这一配合比的混凝土拌合物的性能值。

由试验得出的各水胶比与对应的混凝土强度关系，用作图法或计算法求出与混凝土配制强度相对应的胶水比。并按下列原则确定1 m^3混凝土的材料用量：

用水量（m_w）和外加剂用量（m_a）：应根据确定的水胶比做调整；

胶凝材料用量（m_b）：以用水量乘以选定的胶水比计算确定；

粗、细骨料用量（m_g、m_s）：应根据用水量和胶凝材料用量进行调整。

配合比经试配、调整和确定后，还需根据实测的混凝土表观密度（$\rho_{c.t}$）做必要的校正，其步骤是：

计算混凝土的表观密度计算值（$\rho_{c.c}$）：

$$\rho_{c.c}=m_c+m_f+m_g+m_s+m_w \tag{4-14}$$

校正系数δ：

$$\delta=\frac{\rho_{c.t}}{\rho_{c.c}} \tag{4-15}$$

式中：$\rho_{c.t}$——混凝土拌合物的表观密度实测值，kg/m^3。

当混凝土表观密度实测值与计算值之差的绝对值不超过计算值的2%时，无须校正，否则，应将配合比中每项材料用量乘以校正系数，即为确定的实验室配合比。

4. 施工配合比

实验室配合比中砂石是以干燥状态为基准，而施工现场存放的砂石都含有一定的水分，且随天气的变化经常变化。所以，现场材料的实际称重应按施工现场砂石的具体含水情况进行修正，修正后的配合比称为施工配合比。

假定施工现场砂的含水率为 $a\%$，石子的含水率 $b\%$，则将实验室配合比换算为施工配合比，各材料的称量为：

$$m_b' = m_b \tag{4-16}$$

$$m_s' = m_s(1+0.01a) \tag{4-17}$$

$$m_g' = m_g(1+0.01b) \tag{4-18}$$

$$m_w' = m_w - 0.01a \cdot m_s - 0.01b \cdot m_g \tag{4-19}$$

4.5.5　普通混凝土配合比设计实例

某框架结构工程现浇钢筋混凝土梁，处于室内干燥环境，混凝土的设计强度等级为 C30，施工要求坍落度为 35 ~ 50 mm（混凝土由机械搅拌、机械振捣），该施工单位无历史统计资料。采用的原材料为：

水泥：42.5 级普通水泥，密度 $\rho_c = 3100\ \text{kg/m}^3$；

粉煤灰：Ⅱ级，表观密度 $\rho_f = 2600\ \text{kg/m}^3$，掺量为 10%；

砂子：河砂，中砂，$M_x = 2.7$，表观密度 $\rho_s = 2650\ \text{kg/m}^3$；

石子：河卵石，$\phi 5 \sim 31.5$ mm，表观密度 $\rho_g = 2650\ \text{kg/m}^3$；

水：饮用水。

施工现场砂子含水率为 3%；石子含水率为 1%。

构件截面的最小尺寸为 400 mm，构件钢筋净距为 60 mm。

试根据以上条件，设计混凝土配合比。

1. 初步配合比的计算

（1）确定配制强度 $f_{cu,0}$

由于施工单位无混凝土强度标准差的统计资料，查表 4-15，得 $\sigma = 5.0$ MPa，将 σ 代入式（4-4）得配制强度为：

$$f_{cu,0} = 30 + 1.645 \times 5.0 = 38.2 \quad (\text{MPa})$$

（2）确定水胶比（W/B）

水泥的实际强度 $f_{ce} = \gamma_c f_{ce,g}$，即 $f_{ce} = 1.16 \times 42.5 = 49.3$ （MPa）；

$$f_b = \gamma_f \cdot \gamma_s \cdot f_{ce} = 0.95 \times 1.0 \times 49.3 = 46.8 \quad (\text{MPa})$$

采用卵石，$\alpha_a = 0.49$，$\alpha_b = 0.13$；将以上数据代入式（4-6）得

$$\frac{W}{B} = \frac{\alpha_a \cdot f_b}{f_{cu,0} + \alpha_a \cdot \alpha_b \cdot f_b} = \frac{0.49 \times 46.8}{38.2 + 0.49 \times 0.13 \times 46.8} = 0.56$$

查表 4-14 得，满足耐久性要求的最大水胶比为 0.60，故取混凝土的水胶比 $\frac{W}{B} = 0.56$。

（3）确定 1 m^3 混凝土的用水量（m_{wo}）

粗骨料的最大粒径应予以核实。根据规范，粗骨料最大粒径不超过构件截面最小尺寸的

1/4，且不得大于钢筋最小净距的3/4，如果是泵送混凝土，应根据管径大小确定。施工所需的坍落度为35~50 mm，粗骨料的最大粒径为ϕ5~31.5 mm，查表4-12，选用$m_{w_0}=170$ kg。

(4)确定1 m³混凝土的胶凝材料用量(m_{bo})

$$m_{bo}=\frac{m_{wo}}{\frac{W}{B}}=\frac{170}{0.56}=304 \quad (kg)$$

查表4-14，本工程要求的最小水泥用量为260 kg，符合耐久性要求，故取$m_{bo}=304$ kg

粉煤灰掺量为：

$$m_{f0}=m_{bo}\cdot\beta_f=304\times10\%=30.4 \quad (kg)$$

水泥掺量为：

$$m_{c0}=m_{bo}-m_{f0}=304-30.4=273.6 \quad (kg)$$

(5)选取合理的砂率(β_s)

查表4-13，合理砂率范围为$\beta_s=28\%\sim34\%$，选取$\beta_s=30\%$。

(6)计算1 m³混凝土砂子(m_{s0})、石子(m_{g0})的用量

①采用质量法：

$$\begin{cases} m_{b0}+m_{g0}+m_{s0}+m_{w0}=m_{cp} \\ \dfrac{m_{s0}}{m_{s0}+m_{g0}}=\beta_s \end{cases}$$

$$\begin{cases} 304+m_{g0}+m_{s0}+170=2400 \\ \dfrac{m_{s0}}{m_{s0}+m_{g0}}=0.30 \end{cases}$$

解方程组得：

$$m_{so}=578 \text{ kg},\ m_{g0}=1348 \text{ kg}$$

②采用绝对体积法(取$\alpha=1.0$)计算，可列出以下两个方程。

$$\begin{cases} \dfrac{m_{c0}}{\rho_c}+\dfrac{m_{f0}}{\rho_f}+\dfrac{m_{g0}}{\rho_g}+\dfrac{m_{s0}}{\rho_s}+\dfrac{m_{w0}}{\rho_w}+0.01\alpha=1 \\ \dfrac{m_{s0}}{m_{s0}+m_{g0}}=\beta_s \end{cases}$$

$$\begin{cases} \dfrac{273.6}{3100}+\dfrac{30.4}{2600}+\dfrac{m_{g0}}{2650}+\dfrac{m_{s0}}{2650}+\dfrac{170}{1000}+0.01\times1=1 \\ \dfrac{m_{s0}}{m_{s0}+m_{g0}}=0.30 \end{cases}$$

解方程组得：

$$m_{s0}=573 \text{ kg};\ m_{g0}=1336 \text{ kg}$$

取混凝土的初步配合比为：1 m³混凝土中各材料用量为：水泥273.6 kg，粉煤灰30.4 kg，水170 kg，砂子573 kg，石子1336 kg。

2. 确定基准配合比

按初步配合比配制20 L混凝土进行试拌，各种材料用量为：m(水泥)=273.6×20/1000=5.47 kg，m(粉煤灰)=30.4×20/1000=0.61 kg，m(水)=170×20/1000=3.40 kg，m(砂

子）$=573\times20/1000=11.46$ kg，m（石子）$=1336\times20/1000=26.72$ kg。按规定方法拌和后，测得坍落度为 60 mm，且黏聚性、保水性较差，大于设计要求的坍落度 35～50 mm，故需进行坍落度调整。由于黏聚性、保水性差，故增大砂率，降低坍落度。保持砂、石总量不变，将砂率从30%调至32%。砂用量为：$(11.46+26.72)\times32\%=12.22$ kg；石子用量为：$11.46+26.72-12.22=25.96$ kg。重新称量拌和后测得坍落度为 35 mm，且黏聚性和保水性良好，和易性满足要求。调整后各项材料的用量为：水泥 5.47 kg，粉煤灰 0.61 kg，水 3.40 kg，砂子 12.22 kg，石子 25.96 kg，实测混凝土拌合物的表观密度为 2420 kg/m^3。

3. 确定实验室配合比

按和易性调整后的混凝土基准配合比，保持用水量和砂率不变，采用水胶比为 0.51、0.56、0.61 配制三组混凝土试件，标准养护 28 d 测定抗压强度，经检验水胶比为 0.55 的配合比满足配制强度与和易性要求，故配合比调整为：

$$m'_w=m_{wo}=3.40\quad(\text{kg})$$

$$m_b=\frac{m_{wo}}{\frac{W}{B}}=\frac{3.40}{0.55}=6.18\quad(\text{kg})$$

$$m_{f0}=6.18\times10\%=0.62\quad(\text{kg})$$

$$m_{c0}=6.18-0.62=5.56\quad(\text{kg})$$

$$m'_s=12.22\ \text{kg}$$

$$m'_g=25.96\ \text{kg}$$

$$m_c=\frac{5.56}{3.40+6.18+12.22+25.96}\times2420=282\quad(\text{kg})$$

$$m_f=\frac{0.62}{3.40+6.18+12.22+25.96}\times2420=31\quad(\text{kg})$$

$$m_w=\frac{3.40}{3.40+6.18+12.22+25.96}\times2420=172\quad(\text{kg})$$

$$m_s=\frac{12.22}{3.40+6.18+12.22+25.96}\times2420=619\quad(\text{kg})$$

$$m_g=\frac{25.96}{3.40+6.18+12.22+25.96}\times2420=1315\quad(\text{kg})$$

4. 计算施工配合比

根据现场砂的含水率为3%，石子的含水率为1%，可得到1 m^{3}混凝土各项材料的实际称量如下：

水泥：$m'_c=282$ kg

粉煤灰：$m'_f=31$ kg

砂子：$m'_s=619\times(1+3\%)=638$　(kg)

石子：$m'_g=1315\times(1+1\%)=1328$　(kg)

水：$m'_w=172-619\times3\%-1315\times1\%=140.28$　(kg)

4.6　其他品种混凝土

大多数新品种的混凝土都是在传统普通混凝土的基础上发展起来的，但性能又各具特色，不同于普通混凝土，它们共同组成了混凝土家族，扩大了混凝土的应用范围，从长远看是很有发展潜力的。以下介绍几种典型的特殊性能混凝土。

轻混凝土

4.6.1 轻混凝土

表观密度小于1950 kg/m³的混凝土称为轻混凝土，轻混凝土又分为轻骨料混凝土、多孔混凝土及无砂混凝土三类。

1. 轻骨料混凝土

根据《轻骨料混凝土技术规程》规定，用轻粗骨料、轻砂(或普通砂)、水泥和水配制而成的，其干表观密度不大于1950 kg/m³的混凝土，称为轻骨料混凝土。

轻骨料混凝土按细骨料不同，又分为全轻混凝土(粗、细骨料均为轻骨料)和砂轻混凝土(细骨料全部或部分为普通砂)。

(1)轻骨料

轻骨料可分为轻粗骨料和轻细骨料。凡粒径大于5 mm，堆积密度小于1000 kg/m³的轻质骨料，称为轻粗骨料；凡粒径不大于5 mm，堆积密度小于1000 kg/m³的轻质骨料，称为轻细骨料(或轻砂)。

轻骨料按其来源可分为：工业废料轻骨料，如粉煤灰陶粒、自燃煤矸石、膨胀矿渣珠、煤渣及其轻砂；天然轻骨料，如浮石、火山渣及其轻砂；人造轻骨料，如页岩陶粒、黏土陶粒、膨胀珍珠岩及其轻砂。

轻粗骨料按其粒形可分为圆球形、普通形和碎石形三种。

轻骨料的制造方法基本上可分为烧胀法和烧结法两种。

烧胀法是将原料破碎、筛分后经高温烧胀(如膨胀珍珠岩)，或将原料加工成粒再经高温烧胀(如黏土陶粒、圆球形页岩陶粒)。由于原料内部所含水分或气体在高温下发生膨胀，因而形成了内部具有微细气孔结构和表面由一层硬壳包裹的陶粒。烧结法是将原料加入一定量胶结材料和水，经加工成粒，在高温下烧至部分熔融而成的呈多孔结构的陶粒，如粉煤灰陶粒。

轻骨料的技术要求，主要包括堆积密度、强度、颗粒级配和吸水率等四项，此外对耐久性、安定性、有害杂质含量也提出了要求。

(2)轻骨料混凝土的技术性质

①和易性。轻骨料具有表观密度小、表面多孔粗糙、吸水性强等特点，因此，其拌合物的和易性与普通混凝土有明显的不同。轻骨料混凝土拌合物的黏聚性和保水性好，但流动性差，若加大流动性则骨料上浮、易离析。同时因骨料吸水率大，使得加在混凝土中的水一部分将被轻骨料吸收，余下部分供水泥水化和赋予拌合物流动性。因而拌合物的用水量应由两部分组成，一部分为使拌合物获得要求流动性的用水量，称为净用水量；另一部分为轻骨料1 h的吸水量，称为附加水量。

②表观密度。轻骨料混凝土按其干表观密度分为14个等级，密度等级变化范围为600～1900 kg/m³，每增加100 kg/m³为一个等级，而每一密度等级有一定的变化范围，如800密度等级的变化范围为760～850 kg/m³，900密度等级的为860～950 kg/m³，其余依次类推。某一密度等级的轻骨料混凝土的密度标准值(原称计算值)则取该密度等级变化范围的上限，即取其密度等级值加50 kg/m³。如1900的密度等级，其密度标准值取1950 kg/m³。

③抗压强度。轻骨料混凝土按其立方体抗压强度标准值划分为 13 个强度等级：LC5.0、LC7.5、LCl0、LC15、LC20、LC25、LC30、LC35、LC40、LC45、LC50、LC55、LC60。

轻骨料混凝土按其用途可分为三大类，见表 4－20。

表 4－20　轻骨料混凝土分类

类别名称	混凝土强度等级的合理范围	混凝土密度等级的合理范围	用　途
保温轻骨料混凝土	LC5.0	800	主要用于保温的围护结构或热工构筑物
结构保温轻骨料混凝土	LC5.0 LC7.5 LC10 LC15	800～1400	主要用于既承重又保温的围护结构
结构轻骨料混凝土	LC15 LC20 LC25 LC30 LC35 LC40 LC45 LC50 LC55 LC60	1400～1900	主要用于承重构件或构筑物

轻骨料强度虽低于普通骨料，但轻骨料混凝土仍可达到较高强度。原因在于轻骨料表面粗糙而多孔，轻骨料的吸水作用使其表面呈低水胶比，提高了轻骨料与水泥石的界面黏结强度，使弱结合面变成了强结合面，混凝土受力时不是沿界面破坏，而是轻骨料本身先遭到破坏。对低强度的轻骨料混凝土，也可能是水泥石先开裂，然后裂缝向骨料延伸。因此，轻骨料混凝土的强度主要取决于轻骨料的强度和水泥石的强度。

④弹性模量与变形。轻骨料混凝土的弹性模量小，一般为同强度等级普通混凝土的50%～70%。这有利于改善建筑物的抗震性能和抵抗动荷载的作用。增加混凝土组分中普通砂的含量，可以提高轻骨料混凝土的弹性模量。

轻骨料混凝土的收缩和徐变比普通混凝土相应大 20%～50% 和 30%～60%，热膨胀系数比普通混凝土小 20% 左右。

⑤热工性。轻骨料混凝土具有良好的保温性能。当其表观密度为 1000 kg/m^3时，热导率为 0.28 W/(m·K)，当表观密度为 1400 kg/m^3和 1800 kg/m^3时，热导率相应为 0.49 W/(m·K)和 0.87 W/(m·K)。当含水率增大时，热导率也将随之增大。

(3)轻骨科混凝土的配合比设计及施工要点

①轻骨料混凝土的配合比设计除应满足强度、和易性、耐久性、经济等方面的要求外，还应满足表观密度的要求。

②轻骨料混凝土的水胶比以净水胶比表示，净水胶比是指不包括轻骨料 1 h 吸水量在内的净用水量与水泥用量之比。配制全轻混凝土时，允许以总水胶比表示，总水胶比是指包括轻骨料 1 h 吸水量在内的总用水量与水泥用量之比。

③轻骨料易上浮，不易搅拌均匀。因此，应采用强制式搅拌机，且搅拌时间要比普通混凝土略长一些。

④为减少混凝土拌合物坍落度损失和离析，应尽量缩短运距。拌合物从搅拌机卸料起到浇筑入模的延续时间不宜超过 45 min。

⑤为减少轻骨料上浮，施工中最好采用加压振捣，且振捣时间以捣实为准，不宜过长。

⑥浇筑成型后应及时覆盖并洒水养护，以防止表面失水太快而产生网状裂缝。养护时间视水泥品种而不同，应不少于 7 ~ 14 d。

⑦轻骨料混凝土在气温 5℃以上的季节施工时，可根据工程需要，对轻粗骨料进行预湿处理，这样拌制的拌合物和易性和水胶比比较稳定。预湿时间可根据外界气温和骨料的自然含水状态确定，一般应提前半天或一天对骨料进行淋水预湿，然后滤干水分进行投料。

(4)轻骨料混凝土的应用

虽然人工轻骨料的成本高于就地取材的天然骨料，但轻骨料混凝土的表观密度比普通混凝土减少 1/4 ~ 1/3，隔热性能改善，可使结构尺寸减小，增加使用面积，降低基础工程费用和材料运输费用，其综合效益良好。因此，轻骨料混凝土主要适用于高层和多层建筑、软土地基、大跨度结构、抗震结构、要求节能的建筑和旧建筑的加层等。如南京长江大桥采用轻骨料混凝土桥面板，天津、北京采用轻骨料混凝土房屋墙体及屋面板，都取得了良好的技术经济效益。

2. 多孔混凝土

多孔混凝土是一种不用骨料，且内部均匀分布着大量微小气泡的轻质混凝土。多孔混凝土孔隙率可达 85%，表观密度在 300 ~ 1200 kg/m^3，热导率为 0.081 ~ 0.29 W/(m · K)，兼有结构及保温隔热功能。容易切割，易于施工，可制成砌块、墙板、屋面板及保温制品等，广泛用于工业与民用建筑及保温工程中。

根据气孔产生的方法不同，多孔混凝土可分为加气混凝土和泡沫混凝土。

(1)加气混凝土

用含钙材料(水泥、石灰)、含硅材料(石英砂、粉煤灰、粒化高炉矿渣等)和发气剂作为原料，经过磨细、配料、搅拌、浇注、成型、切割和蒸压养护(0.8 ~ 1.5 MPa 下养护 6 ~ 8 h)等工序生产而成。

一般是采用铝粉作为发气剂，把它加在加气混凝土料浆中，与含钙材料中的氢氧化钙发生化学反应放出氢气，形成气泡，使料浆体积膨胀形成多孔结构，料浆在高压蒸汽养护下，含钙材料和含硅材料发生反应，产生水化硅酸钙，使坯体具有强度。

加气混凝土的性能随其表观密度及含水率不同而变化，在干燥状态下，其物理力学性能见表 4 - 21。

表4-21　蒸压加气混凝土物理力学性能

表观密度/($kg \cdot m^{-3}$)	抗压强度/MPa	抗拉强度/MPa	弹性模量/MPa	导热系数/[$W \cdot (m \cdot K)^{-1}$]
500	3.0~4.0	0.3~0.4	1.4×10^3	0.12
600	4.0~5.0	0.4~0.5	2.0×10^3	0.13
700	5.0~6.0	0.5~0.6	2.2×10^3	0.16

加气混凝土制品主要有砌块和条板两种。砌块可作为三层或三层以下房屋的承重墙，也可以作为工业厂房、多层、高层框架结构的非承重填充墙。配有钢筋的加气混凝土条板可作为承重和保温合一的屋面板。加气混凝土还可以与普通混凝土预制成复合板，用于外墙兼有承重和保温作用。

由于加气混凝土能利用工业废料，产品成本较低，能大幅度降低建筑物自重，保温效果好，因此具有较好的技术经济效果。

(2)泡沫混凝土

泡沫混凝土是将水泥浆与泡沫剂拌和后成型、硬化而成的一种多孔混凝土。泡沫混凝土在机械搅拌作用下，能产生大量均匀而稳定的气泡。常用的泡沫剂有松香泡沫剂及水解牲血泡沫剂。使用时先掺入适量水，然后用机械搅拌成泡沫，再与水泥浆搅拌均匀，然后进行蒸汽养护或自然养护，硬化后即为成品。

泡沫混凝土的技术性能和应用，与相同表观密度的加气混凝土大体相同。泡沫混凝土还可在现场直接浇筑，用作屋面保温层。

3. 无砂混凝土

无砂混凝土是以粗骨料、水泥和水配制而成的一种轻质混凝土，又称大孔混凝土。在这种混凝土中，水泥浆包裹粗骨料颗粒的表面，将粗骨料黏结在一起，但水泥浆并不填满粗骨料之间的空隙，因而形成大孔结构的混凝土。为了提高大孔混凝土的强度，有时也加入少量细骨料(砂)，这种混凝土又称少砂混凝土。大孔混凝土按其所用骨料品种可分为普通大孔混凝土和轻骨料大孔混凝土。前者用天然碎石、卵石或重矿渣配制而成，表观密度为1500~1950 kg/m^3，抗压强度为3.5~10 MPa，主要用于承重及保温外墙体。后者用陶粒、浮石、碎砖等轻骨料配制而成，表观密度在800~1500 kg/m^3，抗压强度为1.5~7.5 MPa，主要用于自承重的保温外墙体。大孔混凝土的热导率小，保温性能好，吸湿性较小。收缩一般比普通混凝土小30%~50%。抗冻性可达15~25次冻融循环。由于大孔混凝土不用砂或少用砂，故水泥用量较低，1 m^3混凝土的水泥用量仅150~200 kg，成本较低。

无砂混凝土可用于制作墙体用的小型空心砌块和各种板材，也可用于现浇墙体。普通大孔混凝土还可制成滤水管、滤水板等，广泛用于市政工程。

4.6.2　抗渗混凝土

抗渗混凝土是指抗渗等级等于或大于P6级的混凝土，主要用于水工工程、地下基础工程、屋面防水工程等。

一般是通过混凝土组成材料的质量改善，合理选择混凝土配合比和骨料级配，以及掺加适量外加剂，达到混凝土内部密实或是堵塞混凝土内部毛细管通路，使混凝土具有较高的抗渗性。目前常用的防水混凝土有普通防水混凝土、外加剂防水混凝土和膨胀水泥防水混凝土。

根据《普通混凝土配合比设计规程》(JGJ 55—2011)，抗渗混凝土的配合比设计应符合以下技术要求：

(1)水泥宜采用普通硅酸盐水泥；

(2)粗骨料宜采用连续级配，其最大公称粒径不宜大于40 mm，宜用Ⅰ类和Ⅱ类骨料；

(3)细骨料宜采用中砂，宜用Ⅰ类和Ⅱ类骨料；

(4)抗渗混凝土宜掺用外加剂，采用引气剂或引气型外加剂时，其含气量宜控制在3%~5%；

(5)1 m^3混凝土的胶凝材料用量不宜小于320 kg，宜掺用矿物掺合料，粉煤灰等级应为Ⅰ级和Ⅱ级；

(6)砂率宜为35% ~45%；

(7)水胶比除应满足强度要求外，还应符合表4－22的规定。

表4－22　抗渗混凝土最大水胶比

抗渗等级	最大水胶比	
	C20 ~ C30 混凝土	C30 以上混凝土
P6	0.60	0.55
P8 ~ P12	0.55	0.50
P12 以上	0.50	0.45

1. 普通抗渗混凝土

普通抗渗混凝土是以调整配合比的方法，提高混凝土自身密实性以满足抗渗要求的混凝土。其原理是在保证和易性前提下减小水胶比，以减小毛细孔的数量和孔径，同时适当提高水泥用量和砂率，在粗骨料周围形成质量良好和数量足够的砂浆包裹层，使粗骨料彼此隔离，以阻隔沿粗骨料相互连通的渗水孔网。

2. 外加剂抗渗混凝土

外加剂抗渗混凝土是在混凝土中掺入适宜品种和数量的外加剂，改善混凝土内部结构，隔断或堵塞混凝土中的各种孔隙、裂缝及渗水通道，以达到改善抗渗性的一种混凝土。常用的外加剂有引气剂和密实剂。

(1)引气剂抗渗混凝土

在混凝土内掺入引气剂，可使混凝土减少用水量，并产生大量均匀封闭和稳定的小气泡，由于气泡的阻隔作用，隔断了渗水通道，提高了混凝土的抗渗性。引气剂防水混凝土还具有良好的和易性与抗冻性和耐久性，技术经济效果较好，应用普遍。

(2)密实剂抗渗混凝土

密实剂一般是指氯化铁或铝盐等的溶液。这些溶液与氢氧化钙反应产生不溶于水的胶体，能堵塞混凝土内部的毛细管及孔隙，从而提高混凝土的密实度和抗渗性。密实剂防水混凝土具有很高的抗渗性能，不仅可抵抗水的渗透，还可抵抗油、气的渗透，常用于对抗渗性要求较高的设施，如高水压容器和储油罐等。

3. 膨胀水泥抗渗混凝土

膨胀水泥抗渗混凝土是采用膨胀水泥配制而成。由于这种水泥在水化过程中能形成大量的钙矾石，会产生一定的体积膨胀，在有约束的条件下，能改善混凝土的孔结构，使毛细孔径减小，总孔隙率降低，从而使混凝土密实度、抗渗性提高。

4.6.3　抗冻混凝土

抗冻混凝土是指抗冻等级等于或大于 F50 级的混凝土。

混凝土的冻害主要是孔隙内部水结冰，造成体积膨胀，对混凝土孔壁形成冰胀应力以及构件受冻后不同部位间存在温差引起温度压力。从材料本身可克服的技术措施看，主要应从提高混凝土的密实度、减少水的渗入或在孔隙中留有释放冰胀体积的空间等方面来解决。

根据《普通混凝土配合比设计规程》(JGJ 55—2011)，抗冻混凝土的配合比设计应符合以下技术要求：

(1)水泥应采用硅酸盐水泥或普通硅酸盐水泥，不宜用火山灰质硅酸盐水泥。

(2)粗骨料宜选用连续级配，粗、细骨料宜用Ⅰ类和Ⅱ类骨料并应进行坚固性试验；

(3)抗冻等级不小于 F100 的抗冻混凝土宜掺用引气剂；

(4)在钢筋混凝土和预应力混凝土中不得掺用含氯盐的防冻剂，在预应力混凝土中不得掺用含亚硝酸盐或碳酸盐的防冻剂；

(5)抗冻混凝土最大水胶比和最小胶凝材料用量应符合表 4－23 的要求；

(6)复合矿物掺合料的掺量应符合表 4－24 的要求；

(7)掺用引气剂的混凝土最小含气量应符合表 4－25 的要求。

表 4－23　抗冻混凝土的最大水胶比和最小胶凝材料用量

抗冻等级	最大水胶比		最小胶凝材料用量/($kg \cdot m^{-3}$)
	无引气剂时	掺引气剂时	
F50	0.55	0.60	300
F100	0.50	0.55	320
不低于 F150	—	0.50	350

表 4－24　复合矿物掺合料最大掺量

水胶比	最大掺量/%	
	采用硅酸盐水泥时	采用普通硅酸盐水泥时
≤0.40	60	50
>0.40	50	40

表 4-25 长期处于潮湿和严寒环境中混凝土的最小含气量

粗骨料最大公称粒径/mm	混凝土最小含气量/%	
	潮湿或水位变动的寒冷和严寒环境	盐冻环境
40	4.5	5.0
25	5.0	5.5
20	5.5	6.0

抗冻混凝土主要用于处于潮湿的冻融环境中的混凝土工程，如道路、桥梁、飞机场跑道以及地下水升降活动的冻土层范围内的基础工程等。

4.6.4 耐酸混凝土

耐酸混凝土是指能防止酸性介质腐蚀作用的混凝土。

普通混凝土呈碱性，极不耐酸，所以不能用于有酸性介质腐蚀作用的环境中。耐酸混凝土的种类有很多，按耐酸胶凝材料可分为水玻璃耐酸混凝土、硫磺混凝土、沥青混凝土和树脂混凝土等。在化工、冶金等工业的大型设备(储酸槽、反应塔等)和构筑物的外壳及内衬或厂房的地面等，常采用的是水玻璃耐酸混凝土。

水玻璃耐酸混凝土主要组成材料为水玻璃、耐酸粉料、耐酸粗细骨料和氟硅酸钠。水玻璃混凝土能抵抗绝大多数酸类(除氢氟酸外)的腐蚀作用，特别是对强氧化性的酸，如硫酸、硝酸等有足够的耐酸稳定性，在高温(1000℃以下)仍有良好的耐酸性能，并具有较高的机械强度。这种耐酸混凝土材料来源广泛，成本低廉，是一种良好的耐酸材料，但抗渗及耐水性差，施工较复杂。

4.6.5 高强混凝土

高强混凝土是指强度等级为 C60 及其以上强度等级的混凝土，C100 强度等级以上的混凝土称为超高强混凝土。

高强混凝土的特点是强度高、耐久性好、变形小，能适应现代工程结构向大跨度、重载荷、高耸发展和承受恶劣环境条件的需要。使用高强混凝土可获得明显的工程效益和经济效益。高效减水剂的使用，使在普通施工条件下制得高强混凝土成为可能。目前在我国高强混凝土主要用于混凝土桩基、预应力轨枕、电杆、大跨度薄壳结构、桥梁等。

根据《普通混凝土配合比设计规程》(JGJ 55—2011)，高强混凝土的配合比设计应符合以下技术要求：

(1)水泥应采用硅酸盐水泥或普通硅酸盐水泥；

(2)粗骨料宜选用连续级配，细骨料的细度模数宜为 2.6~3.0，宜用Ⅰ类骨料；

(3)宜采用减水率不小于 25% 的高性能减水剂；

(4)宜复合掺用粒化高炉矿渣、粉煤灰和硅灰等矿物掺合料；粉煤灰等级不应低于Ⅱ级；对强度等级不低于 C80 的高强混凝土宜掺用硅灰；

(5)高强混凝土的配合比应经试验确定，在缺乏试验依据的情况下，水胶比和胶凝材料用量和砂率可按表 4-26 选取，并应经试配确定；外加剂和矿物掺合料的品种、掺量应通过试配确定；矿物掺合料掺量宜为 25% ～40%；硅灰掺量不宜大于 10%；水泥用量不宜大于 500 kg/m³。

表 4－26　高强混凝土的水胶比、胶凝材料用量和砂率

强度等级	水胶比	胶凝材料用量/(kg·m⁻³)	砂率/%
≥C60，＜C80	0.28～0.34	480～560	35～42
≥C80，＜C100	0.26～0.28	520～580	
C100	0.24～0.26	550～600	

4.6.6　泵送混凝土

其他品种混凝土

泵送混凝土是指可在施工现场通过压力泵及输送管道进行浇筑的混凝土。

泵送混凝土包括流动性混凝土和大流动性混凝土，泵送时坍落度不小于 100 mm，主要适用于适应于浇筑钢筋特别密、形状复杂、截面窄小的料仓壁，高层建筑的剪力墙，安装机械设备的预留孔，隧洞衬砌的封顶部位或水下混凝土等。

根据《普通混凝土配合比设计规程》(JGJ 55—2011)，泵送混凝土的配合比设计应符合以下技术要求：

(1)水泥宜选用硅酸盐水泥、普通硅酸盐水泥、矿渣硅酸盐水泥和粉煤灰硅酸盐水泥；

(2)粗骨料宜采用连续级配，其针片状颗粒含量不宜大于 10%，粗骨料的最大公称粒径与输送管径之比宜符合表 4－5 的规定；

(3)细骨料宜采用中砂，其通过公称直径为 315 μm 筛孔的颗粒含量不宜少于 15%；

(4)应掺用泵送剂或减水剂，并宜掺用矿物掺合料；

(5)胶凝材料用量不宜小于 300 kg/m³；砂率宜为 35% ～45%；试配时应考虑坍落度经时损失坍落度经时损失控制在 30 mm/h 以内比较好。

4.6.7　大体积混凝土

大体积混凝土是指混凝土结构物实体最小几何尺寸不小于 1 m 的大体量混凝土，或预计会因胶凝材料水化引起的温度变化和收缩而导致有害裂缝产生的混凝土。

大体积混凝土主要用于大型基础，大型桥墩，水利、海工工程的坝体等工程。

根据《普通混凝土配合比设计规程》(JGJ 55—2011)，大体积混凝土的配合比设计应符合以下技术要求：

(1)水泥宜采用中、低热硅酸盐水泥或低热矿渣硅酸盐水泥，当采用硅酸盐水泥或普通硅酸盐水泥时，应掺加矿物掺合料，胶凝材料的 3 d 和 7 d 水化热分别不宜大于 240 kJ/kg 和 270 kJ/kg；

(2)粗骨料宜为连续级配，最大公称粒径不宜小于 31.5 mm，含泥量不应大于 1.0%；

(3)细骨料宜采用中砂，含泥量不应大于 3%；

(4)宜掺用矿物掺合料和缓凝型减水剂；

(5)水胶比不宜大于 0.55，用水量不宜大于 175 kg/m³；

(6)在保证混凝土性能要求的前提下，宜提高每立方米混凝土中粗骨料用量，砂率宜为38%~42%，应减少胶凝材料中的水泥用量，提高矿物掺合料掺量；

(7)试配和调整时，控制混凝土绝热温升不宜大于50℃；

(8)配合比应满足施工对混凝土凝结时间的要求。

4.6.8 装饰混凝土

普通混凝土是主要的结构材料，但其外观单调、呆板、灰暗，给观者以沉闷与压抑的感觉，为了增强混凝土的视觉美感，可以采用各种艺术处理，使其呈现装饰效果。装饰混凝土是指具有一定色彩、线型、质感或花饰的饰面与结构结合的混凝土墙体和其他混凝土构件，以满足建筑立面、地面或屋面不同的美化效果。

装饰混凝土主要有彩色混凝土、清水装饰混凝土、露骨料混凝土等。

装饰混凝土的制作工艺分为正打工艺、反打工艺和露骨料工艺等。

1. 彩色混凝土

彩色混凝土是用彩色水泥或白水泥掺加颜料以及彩色粗、细骨料和涂料罩面来实现的。

彩色混凝土可分为整体着色混凝土和表面着色混凝土两种。整体着色混凝土是用无机颜料混入混凝土拌合物中，使整个混凝土结构具有同一色彩。表面着色混凝土是将水泥、砂、无机颜料均匀拌和后干撒在新成型的混凝土表面，并抹平，或用水泥、粉煤灰、颜料、水拌和成色浆，喷涂在新成型的混凝土表面。

彩色混凝土的着色方法有无机氧化物颜料、化学着色剂和干撒着色硬化剂等。

目前，整体着色的彩色混凝土应用较少，而在普通混凝土基材表面加做彩色饰面层，制成面层着色的彩色混凝土路面砖，又称花阶砖，其应用十分广泛，常用于园林、人行道和庭院，可使路面形成多彩美丽的图案和永久性的交通管理标志，既美化了城市，又可使步行者足下生辉。图4-10为几种常用的彩色混凝土和彩色混凝土地面砖。

图4-10 彩色混凝土和彩色混凝土路面砖

2. 清水装饰混凝土

清水装饰混凝土是利用混凝土结构体本身造型的竖线条或几何外形取得简单、大方、明快的立面效果，从而获得装饰性；或者在成型时利用模板等在构件表面上做出凹凸花纹，使立面质感更加丰富。其成型工艺有以下三种。

(1)正打成型工艺

正打成型工艺多用于大板建筑的墙板预制，它是在混凝土墙板浇筑完毕，水泥初凝前后，在混凝土表面进行压印，使之形成各种线条和花饰。

根据其表面的加工工艺方法不同，可分为压印和挠刮两种方式。压印工艺一般有凸纹和凹纹两种做法，其优点是模具制作简单，易于更换图形，缺点是压印较浅(一般为10 mm左右)，立体凹凸程度小，层次少，质感不够丰富。挠刮工艺是在新浇筑的壁板表面上，用硬毛刷等工具挠刮形成一定毛面质感。

(2)反打成型工艺

反打成型工艺，是在浇筑混凝土的底面模板上做出凹槽，或在底模上加垫具有一定花纹、图案的衬模，拆模后使混凝土表面具有线型或立体装饰图案。

反打工艺不仅工艺比较简单，而且制成的饰面质量也较好，制品的图案和线条的凹凸感很强，质感很好，图案、花纹可选择性大，且能形成尺寸较大的线型。

(3)立模工艺

正打、反打工艺均属于预制条件下的成型工艺。而立模工艺是采用带一定图案和线型的模板，组成直立支模现浇混凝土板，脱模后则显示出设计要求的墙面图案和线型，取得简单、大方、明快的立面效果，使建筑立面更加富有艺术性。

图4-11 清水装饰混凝土

3. 骨料外露混凝土

露骨料混凝土是在混凝土硬化前或硬化后，通过一定工艺手段使混凝土骨料适当外露，以骨料的天然色泽和不同的排列组合造型，达到一定的装饰效果。

露骨料混凝土的制作工艺有水洗法、缓凝剂法、酸洗法、水磨法、喷砂法、抛丸法、凿剁法、火焰喷射法和劈裂法等。

(1)水洗法：用于正打工艺，在混凝土成型后，水泥终凝前，采用具有一定压力的射流水把面层水泥浆冲刷至露出骨料，使混凝土表面呈现石子的自然色彩。

(2)缓凝剂法：用于反打工艺或立模工艺，它是将缓凝剂涂刷在模板上，然后浇筑混凝土，借助缓凝剂使混凝土表面层水泥浆不硬化，以便待脱模后用水冲洗，露出石子色彩。

(3)水磨法：即水磨石工艺，所不同的是水磨露骨料工艺不需另抹水泥石渣浆，而是直接在抹面硬化的混凝土表面磨至露出骨料。

(4)抛丸法：它是将混凝土制品以1.5～2 m/min的速度通过抛丸机室，室内抛丸机以65～80 m/s的速度抛出铁丸，将混凝土表面的水泥浆皮剥离，露出骨料的色彩，且骨料表面也同时被凿毛，别具特色。

骨料外露混凝土饰面关键在于石子的选择，在使用石子时，配色要协调美观，只要石子的品种和色彩选择适当，就能获得良好的装饰性和耐久性。

图 4-12　骨料外露混凝土

4.7　建筑砂浆

建筑砂浆是由胶凝材料、细骨料和水，有时也加入适量掺和料及外加剂，配制而成的建筑材料。在建筑施工过程中，主要用于砌筑、抹灰、灌缝和黏贴饰面。

建筑砂浆按其用途不同可分为砌筑砂浆、抹面砂浆和特种砂浆，抹面砂浆包括普通抹面砂浆、装饰砂浆，特种砂浆具有特殊的功能，如防水、绝热、吸声等；按其所用胶凝材料的不同可分为石灰砂浆、水泥砂浆、水泥混合砂浆等；按其堆积密度不同可分为重质砂浆与轻质砂浆等。随着施工工艺不断的发展，除了现场搅拌外，也出现了工厂预拌的干拌砂浆。

砌筑砂浆

微课21：建筑砂浆的标识

4.7.1　砌筑砂浆

将砖、石块、砌块等黏结成为砌体的砂浆称为砌筑砂浆。砌筑砂浆在建筑工程中的用量很大，起到黏结、衬垫及传递应力的作用，并经受环境介质的作用。因此，砌筑砂浆新拌制后应具有良好的和易性，硬化后应具有足够的强度、黏结力和耐久性等。

1. 砌筑砂浆的组成材料

(1)水泥

常用的水泥品种有通用硅酸盐水泥和砌筑水泥，水泥强度等级应根据砂浆品种及强度等级要求进行选择，水泥品种应该根据使用部位对耐久性的要求来选择，不同品种的水泥不应混用。M15 及以下强度等级的砌筑砂浆宜选用 32.5 级的通用硅酸盐水泥或砌筑水泥；M15 及以上强度等级的砌筑砂浆宜选用 42.5 级的通用硅酸盐水泥。

(2)砂

砌筑砂浆用砂宜采用中砂，并应符合国家标准《建筑用砂》(GB/T 14684—2022)的规定，且应全部通过 4.75 mm 的筛孔。

(3)掺和料

常用的掺和料有石灰膏、电石膏、粉煤灰、黏土膏等无机材料。在砂浆中加入掺合料以改善砂浆的和易性，节约水泥，利用工业废渣，有利于保护环境。生石灰熟化成石灰膏时，应用孔径不大于 3 mm×3 mm 的丝网过滤，熟化时间不得少于 7 d；磨细生石灰粉的熟化时间不得少于 2 d。沉淀池中储存的石灰膏应采取防止干燥、冻结和污染的措施，严禁使用脱水硬化的石灰膏。消石灰粉因没有充分熟化，颗粒太粗，起不到改善和易性的作用，所以不得直接用于砌筑砂浆中。石灰膏、电石膏试配时稠度应为(120 ±5) mm。

(4)外加剂

外加剂是指在拌制砂浆过程中掺入，用来改善砂浆性能的物质，如松香皂、微沫剂等有机塑化剂。外加剂应经砂浆性能试验合格后方可使用，有机塑化剂应具有法定检测机构出具的砌体强度型式检验报告。

(5)水

拌制砂浆的用水，水质应符合《混凝土用水标准》(JGJ 63—2006)的规定，选用不含有害杂质的洁净水。

2. 砌筑砂浆的性质

砌筑砂浆的技术性质，包括新拌砂浆的和易性，硬化后砂浆的强度、黏结力及抗冻性、收缩值等指标。

(1)新拌砂浆的和易性

和易性是指新拌制的砂浆的工作性，即在施工中易于操作且能够保证工程质量的性质，包括流动性和保水性两个方面。和易性良好的砂浆，不仅在运输和操作过程中不易出现分层、泌水等现象，而且容易在粗糙的砖、石、砌块的表面铺成均匀的薄层，保证灰缝既饱满又密实，能够将砖、砌块、石块很好地黏结成整体，而且可操作时间长，有利于施工操作，提高生产效率，保证工程质量。

流动性又称稠度，是指砂浆在自重或外力作用下流动的性能，以“沉入度”表示。沉入度用砂浆稠度仪测定，沉入度越大，表示砂浆的流动性越大。

砂浆的稠度

流动性的大小与许多因素有关，如水泥的品种与用量、用水量、砂子的粗细程度及级配状态、塑化剂和外加剂的掺加量以及搅拌时间等，其影响机理与混凝土流动性基本相同。流动性过大，不能保证砂浆层的厚度和黏结强度，同时砂浆层的收缩过大，出现收缩裂缝；流动性过小，砂浆不易铺抹开，同样不能保证砂浆层的厚度和强度。流动性选择合适，有利于提高施工效率，减轻劳动强度。砂浆的流动性应根据砌体的种类、施工条件及气候条件，从表 4 – 27 中选择。

表 4 – 27　砌筑砂浆的稠度选择

砌体的种类	砂浆稠度/mm
烧结普通砖砌体、粉煤灰砖砌体	70 ~ 90
烧结多孔砖、空心砖砌体、轻集料混凝土小型空心砌块、蒸压加气混凝土砌块	60 ~ 80
普通混凝土小型空心砌块砌体、混凝土砌砌体、灰砂砖砌体	50 ~ 70
石砌体	30 ~ 50

砂浆的保水性是指砂浆能够保持其内部水分不易析出的能力，以“分层度”和“保水率”表示。

砂浆的保水性

保水性好的砂浆，在停放、运输和使用过程中，能很好地保持其中的水分不致很快流失或发生分层、离析，在砌筑过程中容易铺成均匀密实的砂浆层，能使胶凝材料正常水化，保证砌体有良好的质量。砂浆的保水性差，砂浆在运输、存放时易分层而不均匀，上层变稀，下层变干稠，可操作性变差，且砂浆的保水性太差，会造成砂浆中的水分容易被砖、石等吸收，不能够保证水泥水化所需的水分，影响水泥的正常水化，降低砂浆本身的强度和黏结强度。为提高砂浆的保水性，可以加入掺和料(石灰膏等)配成混合砂浆，或者加入塑化剂。

砂浆的分层度不得大于 30 mm，水泥混合砂浆的分层度一般不大于 20 mm，用于蒸压加气混凝土的水泥砂浆分层度不得大于 20 mm。砂浆保水率要求见表 4 – 28。

表 4 – 28　砌筑砂浆的保水率(JGJ/T 98—2010)

砂浆种类	保水率/%
水泥砂浆	≥80
水泥混合砂浆	≥84
预拌砂浆	≥88

硬化砂浆的技术性质

(2)砂浆的强度

砂浆的强度等级是以 70.7 mm × 70.7 mm × 70.7 mm 的 3 个立方体标准试块，在标准条件[温度为(20 ± 2)℃，相对湿度为 90% 以上的标准养护室]养护 28 d 龄期，测得的抗压强度平均值确定的。水泥砂浆及预拌砂浆的强度等级可分为 M30、M25、M20、M15、M10、M7.5、M5 七个等级，水泥混合砂浆的强度等级可分为 M15、M10、M7.5、M5 四个强度等级。

影响砂浆抗压强度的因素有很多，主要是水泥的强度等级和用量。砂的质量、掺和料的品种及用量、养护条件(温度和湿度)等对砂浆的强度也有一定的影响。

(3)黏结力

砌筑砂浆必须具有一定的黏结力，才可以将砌筑材料黏结成一个整体。黏结力的大小，会影响整个砌体的强度、耐久性、稳定性及抗震性能。影响砂浆的黏结力的因素有很多，主要是砂浆的抗压强度，一般来说，砂浆的抗压强度越大，其黏结力也越大。此外，砂浆的黏结力也和基面的清洁程度、粗糙程度、含水状态、养护条件等有关。

(4)砂浆的变形

砂浆在承受荷载、温度变化或湿度变化时均会产生变形，如果变形过大，会引起开裂从而降低砌体的质量。若砂浆中掺有太多轻骨料或混合材料(如粉煤灰、轻砂等)，其收缩变形较大。

(5)砂浆的耐久性

砂浆应具备经久耐用的性能。潮湿部位、地下或水下砌体要考虑砂浆的抗渗和抗冻要求。影响砂浆耐久性的主要因素有水泥的品种和用量，砂浆内部的孔隙率和孔隙特征等。

3. 砌筑砂浆的工程应用

微课22：建筑砂浆的选用

砌筑砂浆在工程中主要用于砌体的砌筑，还用于大型墙板的勾缝，石材、面砖、陶瓷砖的黏贴等。其中水泥砂浆一般用于砌筑潮湿环境的砌体，如砖石基础、地下室墙体等；混合砂浆一般用于砌筑自然地面以上的承重和非承重的砖石砌体；石灰砂浆一般用于自然地面以上、且强度要求不高的临时或简易房屋的墙体砌筑。

4.7.2　抹面砂浆

抹面砂浆

1. 普通抹面砂浆

普通抹面砂浆是以薄层抹在建筑物内外表面，保持建筑物不受风、雨、雪、大气等自然环境的侵蚀，提高建筑物的耐久性，并使建筑物表面平整美观。与砌筑砂浆不同，对抹面砂浆的要求不是抗压强度，而是和易性以及与基层材料的黏结力。

普通抹面砂浆按所用材料不同分为石灰砂浆、水泥砂浆、水泥混合砂浆、麻刀石灰砂浆和纸筋石灰砂浆等。

为了使抹灰层表面平整，避免开裂脱落，普通抹面砂浆通常分为两层或三层进行施工。一般底层砂浆起黏结基层的作用，要求砂浆应具有良好的和易性和较高的黏结力，因此底面砂浆的保水性要好，否则水分易被基层材料吸收而影响砂浆的黏结力，施工稠度为110～120 mm，基层表面粗糙也有利于与砂浆的黏结。中层抹灰主要是为了找平，有时可省略不用，施工稠度为70～90 mm。面层抹灰主要为了平整美观，因此选用细沙，施工稠度为70～80 mm。

各层抹灰面的作用和要求不同，每层所选用的砂浆也不一样。同时，基层材料的特性和工程部位不同，对砂浆技术性能要求不同，这也是选择砂浆种类的主要依据。水泥砂浆宜用于潮湿、容易碰撞或强度要求较高的部位；混合砂浆多用于室内底层、中层或面层抹灰；石灰砂浆、麻刀灰、纸筋灰多用于室内中层或面层抹灰。砖墙的底层抹灰，多选用石灰砂浆；混凝土墙、梁、柱、顶板等底层抹灰多用混合砂浆、麻刀石灰浆或纸筋石灰浆；对于木板条基底及面层抹灰，多用纤维材料增加其抗拉强度，以防止开裂；板条墙或板条顶棚的底层抹灰多用混合砂浆或石灰砂浆。

2. 装饰砂浆

装饰砂浆

装饰砂浆是一种具有美观装饰效果的抹面砂浆。装饰砂浆底层和中层的做法和普通抹面砂浆基本相同，但面层通常采用不同的施工工艺，选用特殊的材料，使其符合要求且具有不同的质感、颜色、花纹和图案效果。常用的胶凝材料有石膏、普通水泥、白水泥或彩色水泥，骨料有大理石、花岗岩等带颜色的碎石渣或玻璃、陶瓷碎粒等。

装饰砂浆饰面可分为两类：一类是通过水泥砂浆的着色或水泥砂浆表面形态的艺术加工，获得一定色彩、线条、纹理、质感，达到装饰目的，称为灰砂类饰面；另一类是在水泥浆中掺入各种彩色石碴作骨料，制得水泥石碴浆抹于墙体基层表面，然后用水洗、斧剁、水磨等手段除去表面水泥浆皮，露出石碴的颜色、质感的饰面做法，称为石碴类饰面。灰浆类饰面与石碴类饰面的主要区别在于：灰浆类饰面主要靠掺入颜料，以及砂浆本身所能形成的质感来达到装饰目的，其材料来源广，施工方便，造价低廉；而石碴类饰面主要靠石碴的颜色、颗粒形状来达到装饰目的，与灰浆类相比，石碴类饰面的色泽比较明亮，质感相对地更为丰富，并且不易褪色，但其工效较低，造价较高。

(1)装饰砂浆的组成材料

胶凝材料：与普通抹面砂浆基本相同，只是灰浆类饰面更多地采用白水泥和彩色水泥。

骨料：装饰砂浆所用骨料除普通砂之外，还常使用石英砂、彩釉砂和着色砂以及石碴、石屑、彩色瓷粒和玻璃珠。

颜料：其选择要根据其价格、砂浆品种、建筑物所处环境和设计要求而定。建筑物处于受侵蚀的环境中时，要选用耐酸性好的颜料；受日光曝晒的部位，要选用耐光性好的颜料；设计要求鲜艳颜色，可选用色彩鲜艳的有机颜料。在装饰砂浆中，通常采用耐碱性和耐光性好的矿物颜料。

(2)灰浆类砂浆饰面

拉毛灰：用铁抹子或木蟹将罩面灰轻压后顺势轻轻拉起，形成一种凹凸质感较强的面层。这种工艺所用的灰浆通常是水泥石灰砂浆或水泥纸筋灰浆。拉毛兼具装饰和吸声作用，多用于外墙面及影剧院等。

甩毛灰：用竹丝刷等工具将罩面灰浆甩洒在墙面上，形成大小不一，但又很有规律的云朵状毛面。也有先在基层上刷水泥色浆，再甩上不同颜色的罩面灰浆，并用抹子轻轻压平，形成两种颜色的套色做法。

搓毛灰：在罩面灰浆初凝时，用硬木抹子由上而下搓出一条细而直的纹路，也可沿水平方向搓出一条 L 形细纹路，当纹路明显搓出后即停。这种装饰方法工艺简单，造价低，效果朴实大方。

扫毛灰：用竹丝扫帚把按设计组合分格的面层砂浆扫出不同方向的条纹，或做成仿岩石的装饰抹灰。扫毛灰做成假石以代替天然石饰面，其工序简单，施工方便，造价低廉，适用于影剧院、宾馆的内墙和庭院的外墙饰面。

拉条抹灰：采用专用模具把面层砂浆做出竖向线条的装饰做法。拉条抹灰有细条形、粗条形、半圆形、波形、梯形、方形等多种形式。一般细条形抹灰可采用同一种砂浆级配，多次加浆抹灰拉模而成；粗条形抹灰则采用底、面层两种不同配合比的砂浆，多次加浆抹灰拉模而成。适用于公共建筑门厅、会议室、观众厅等。

假面砖：采用掺氧化铁系颜料的水泥砂浆通过手工操作达到模拟面砖装饰效果的饰面做法，适合于房屋建筑外墙饰面。

假大理石：用掺适量的颜料的石膏色浆和素石膏浆按 1∶10 比例配合，通过手工操作，做成具有大理石表面特征的装饰抹灰。这种装饰无论在颜色、花纹和光洁度等方面，都接近天然大理石，但对操作技术要求较高，适用于高级装饰工程中的室内墙面抹灰。

外墙喷涂：用挤压式砂浆泵或喷斗将聚合物水泥砂浆喷涂在墙面基层或底灰上，形成饰面层，在涂层表面再喷一层甲基硅醇钠或甲基硅树脂疏水剂，以提高涂层耐久性和减少墙面污染。根据涂层质感可分为波面喷涂、颗粒喷涂和花点喷涂，获得不同的饰面效果。

外墙滚涂：将聚合物水泥砂浆抹在墙体表面上，用辊子滚出花纹，再喷罩甲基硅醇钠疏水剂形成饰面层。此法施工方法简单，易于掌握，工效也高。同时，施工时不易污染其他墙面及门窗，对局部施工尤为适用。

弹涂：在墙体表面涂刷一道聚合物水泥色浆后，通过电动(或手动)筒形弹力器，分几遍将各种水泥色浆弹到墙面上，形成直径 1～3 mm，大小近似、颜色不同、互相交错的圆粒状色点，深浅色点互相衬托，构成一种彩色的装饰面层。这种饰面黏结力好，可直接弹涂在底层灰上和底基较平整的混凝土墙板、石膏板等墙面上。

(3)石碴类砂浆饰面

水刷石：将水泥和石碴(粒径约 5 mm)按比例混合并加水拌和制成水泥石碴浆，用作建筑物表面的面层抹灰，待水泥浆初凝后，以硬毛刷蘸水刷洗，或用喷浆泵、喷枪等喷以清水冲洗，冲刷掉石碴浆层表面的水泥浆皮，从而使石碴半露出来，达到装饰效果。水刷石具有

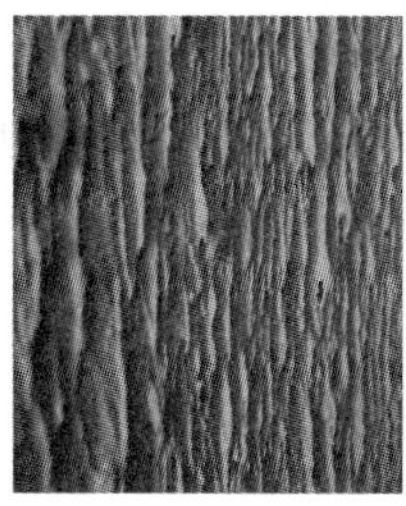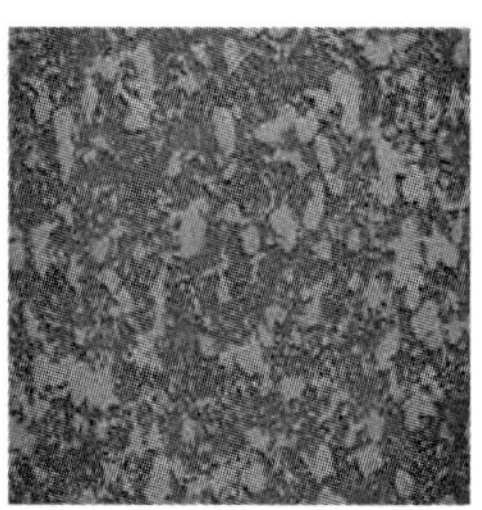

图 4－13　灰浆类砂浆饰面

石料饰面的质感效果，是一种传统的外墙装饰工艺，但操作技术要求高，费工费料，湿作业量大，劳动条件较差，一般用于建筑物外墙面外、檐口、腰线、窗套、阳台、雨篷、勒脚及花台等部位。

斩假石：又称剁斧石，它是以水泥石碴浆或水泥石屑浆作面层抹灰，待其硬化具有一定强度时，用钝斧及各种凿子等工具在面层上剁斩出类似石材经雕琢的纹理效果的一种人造石材装饰方法。斩假石具有貌似真石的质感，又有精工细作的特点，但其费工费力，劳动强度大，施工效率低，一般多用于局部小面积装饰，如室外柱面、勒脚、栏杆、踏步等部位。

拉假石：用废锯条或 5 ~ 6 mm 厚的铁皮加工成锯齿形，钉于木板上构成抓耙，用抓耙挠刮去除表层水泥浆皮露出石碴，形成条纹效果。拉假石饰面的材料与斩假石基本相同，也可用石英砂代替石屑，与斩假石相比，其施工速度快，劳动强度较低，装饰效果类似斩假石，可大面积使用。

干黏石：在素水泥浆或聚合物水泥砂浆黏结层上，把石碴、彩色石子等骨料黏在砂浆层上，再拍平压实即为干黏石。其操作方法有手工甩黏和机械甩喷两种。与水刷石相比，既节约水泥、石粒等原材料，又减少湿作业，且提高施工效率，应用广泛。

水磨石：按设计要求，在彩色水泥或普通水泥中加入一定规格、比例、色泽的彩砂或彩色石碴，加水拌匀作为面层材料，铺敷在普通水泥砂浆或混凝土基层上，经成型、养护、硬化后，再经洒水粗磨、细磨、切边（预制板）、酸洗、面层打蜡等工序制成。

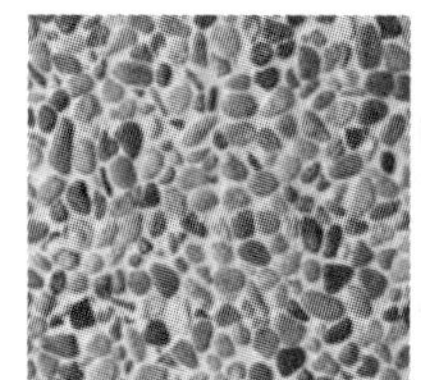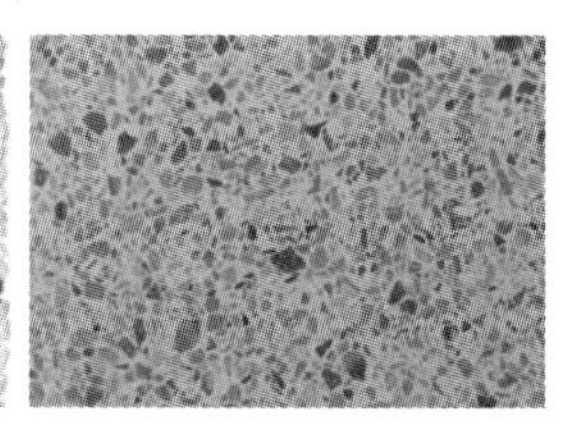

图 4－14　石碴类砂浆饰面

4.7.3　特种砂浆

特种砂浆

1. 保温砂浆

保温砂浆是指由阻隔型保温材料和砂浆材料混合而成的，用于构筑建筑表面保温层的一种建筑材料，主要有无机玻化微珠保温砂浆和胶粉聚苯颗粒保温砂浆两类。

无机玻化微珠保温砂浆是以无机玻化微珠（又称闭孔膨胀珍珠岩）、复合硅酸铝或珍珠岩作为轻骨料，与无机胶凝材料、抗裂添加剂及其他填充料等组成的干粉砂浆，具有节能利废、保温隔热、防火防冻、耐老化、使用安全等特点，但是其造价高，会导致工程总体成本上升。

胶粉聚苯颗粒保温砂浆主要由聚苯颗粒与胶凝材料、抗裂添加剂及其他填充料等组成的干粉砂浆。使用胶粉聚苯颗粒保温砂浆的工程保温层造价偏低，但是安全性能不高，不耐高温、易燃，使用得已经越来越少。

保温砂浆及其相应体系的抗裂砂浆，适应于多层及高层建筑的钢筋混凝土、加气混凝土、砌块、烧结砖和非烧结砖等墙体的内外保温抹灰工程，对于当今各类旧建筑物的保温改造工程也很适用。

2. 防水砂浆

防水砂浆是有显著的防水、防潮性能的砂浆，是一种刚性防水材料和堵漏密封材料。一般适用于不受振动或埋置深度不大、具有一定刚度的防水工程；不宜用于易受振动或可能发生不均匀沉降的部位。防水砂浆通常是依靠特定的施工工艺或在普通水泥砂浆中加入防水剂、膨胀剂、聚合物等材料，用人工压抹而成，主要有刚性多层抹面的水泥砂浆、掺防水剂的防水砂浆和聚合物水泥防水砂浆等。

刚性多层抹面的水泥砂浆：由水泥加水配制的水泥素浆或由水泥、砂、水配制的水泥砂浆，将其分层交替抹压密实，以使每层毛细孔通道大部分被切断，残留的少量毛细孔也无法形成贯通的渗水孔网，硬化后的防水层具有较高的防水和抗渗性能。

掺防水剂的防水砂浆：在水泥砂浆中掺入各类防水剂以提高砂浆的防水性能，常用的防水剂有氯化物金属盐类、金属皂类、无机铝盐类及有机硅类等。

聚合物水泥防水砂浆：用水泥、聚合物分散体作为胶凝材料与砂配制而成的砂浆。聚合物水泥砂浆硬化后，砂浆中的聚合物可有效地封闭连通的孔隙，增强砂浆的密实性及抗裂性，从而可以改善砂浆的抗渗性及抗冲击性。聚合物分散体是在水中掺入一定量的聚合物胶乳（如合成橡胶、合成树脂、天然橡胶等）及辅助外加剂（如乳化剂、稳定剂、消泡剂、固化剂等），经搅拌而使聚合物微粒均匀分散在水中的液态材料。常用的聚合物品种有：有机硅、阳离子氯丁胶乳、乙烯－聚醋酸乙烯共聚乳液、丁苯橡胶胶乳、氯乙烯－偏氯乙烯共聚乳液等。

防水砂浆主要用于工业和民用建筑内外墙、混凝土、地下室、水池、水塔、异形屋面、隧道、厕浴间、大坝等部位的防水、防渗、防潮及渗漏修复工程。

3. 吸声砂浆

一般采用轻质多孔骨料拌制而成的吸声砂浆，由于其骨料内部孔隙率大，因此吸声性能也十分优良。还可以用水泥、石膏、砂、锯末（体积比1∶1∶3∶5）拌成吸声砂浆，或在石灰、石膏砂浆中掺入玻璃纤维、矿物棉等松软纤维材料拌成吸声砂浆。吸声砂浆主要用于室内吸声墙面和顶面。

4. 膨胀砂浆

在水泥砂浆中掺入膨胀剂或使用膨胀水可泥配制膨胀砂浆。膨胀砂浆具有良好的膨胀性或无收缩性，减少收缩，可用于嵌缝、修补、堵漏等工程。

5. 防辐射砂浆

在水泥砂浆中掺入重晶石粉、重晶石砂，可配制成具有防射线穿透能力的防辐射砂浆。防辐射砂浆多用于医院的放射室、化疗室等。

4.8　混凝土和建筑砂浆性能的检测

骨料性能检测

4.8.1　混凝土用骨料的性能检测

1. 混凝土用骨料的试样制备、验收与施工现场管理

(1)砂、石的取样方法和取样数量

①从料堆上取料时，取料部位应均匀分布。取样前先将取样部位表面铲除，然后从不同部位抽取大致等量的砂8份、石15份，各自组成一组样品。

②从皮带运输机上取样时，应用接料器在皮带输送机机尾的出料处定时抽取大致等量的砂4份、石8份，各自组成一组样品。

③从火车、汽车、货船上取样时，从不同部位和深度抽取大致等量的砂8份、石16份，各自组成一组样品。

进行各项试验的每组试样应不小于表4－29规定的最少取样量。当需要做多项检验时，可在确保试样经一项试验后不致影响另一项试验的结果的前提下，用同一试样进行几项不同的试验。

表4－29　每项试验所需试样的最少取样量

集料种类 试验项目	砂/kg	石/kg							
		集料最大粒径/mm							
		9.5	16.0	19.0	26.5	31.5	37.5	63.0	75.0
颗粒级配	4.4	9.5	16.0	19.0	25.0	31.5	37.5	63.0	80.0
表观密度	2.6	8.0	8.0	8.0	8.0	12.0	16.0	24.0	24.0
松散堆积密度	5.0	40.0	40.0	40.0	40.0	80.0	80.0	120.0	120.0
含泥量	4.4	8.0	8.0	24.0	24.0	40.0	40.0	80.0	80.0
泥块含量	20.0	8.0	8.0	24.0	24.0	40.0	40.0	80.0	80.0
针片状颗粒含量	—	1.2	4.0	8.0	12.0	20.0	40.0	40.0	40.0
碱集料反应	20.0	20.0	20.0	20.0	20.0	20.0	20.0	20.0	20.0
含水率	按试验要求的粒级和数量取样								

每组试样应妥善包装，避免细料散失，防止污染，并附样品卡片，标明样品的编号、取样时间、代表数量、产地、样品量、要求检验项目及取样方式等。

(2)砂、石的试样处理

试验时需要将所取试样缩分取各项试验所需的数量。

砂可用分料器法和人工四分法缩分。分料器法的步骤是：将样品在潮湿状态下拌和均匀，然后通过分料器，取接料斗中的一份再次通过分料器，重复上述过程，直至把样品缩分到试验所需量为止。人工四分法是将每组试样在自然状态下于平板上拌匀，并堆成厚度约为

20 mm 的圆饼，然后沿相互垂直的两条直径把圆饼分成大致相等的四份，取其中对角线的两份重复上述过程，直至把样品缩分到试验所需的量为止。

石子缩分是将所取样品置于平板上，在自然状态下拌匀，并堆成堆体，然后沿相互垂直的两条直径把堆体分成大致相等的四份，取其中对角线的两份重复上述过程，直至把样品缩分到试验所需的量为止。

砂、石的堆积密度、机制砂的坚固性试验所用的试样可不经缩分，拌匀后直接进行试验。

(3)砂、石的验收

砂、石应按同分类、类别、规格(公称粒径)及日产量分批验收。日产量每 600 t 为一验收批，不足 600 t 亦为一批；日产量超过 2000 t，按 1000 t 为一验收批，不足 1000 t 亦为一批；石子日产量超过 5000 t，按 2000 t 为一验收批，不足 2000 t 亦为一批。

每验收批的砂、石必须进行颗粒级配、含泥量、泥块含量、松散堆积密度的检验，石子还应检验针片状颗粒含量，连续粒级的石子应进行空隙率检验，机制砂还应检验石粉含量和压碎性指标。对于重要工程或特殊工程，应根据工程要求，增加检测项目。对其他指标的合格性有怀疑时，应予以检验。

试验结果符合国家标准《建筑用砂》(GB/T 14684—2022)或《建筑用卵石、碎石》(GB/T 14685—2022)的相应类别规定时，可判该批产品合格。

对于砂，若颗粒级配，含泥量、石粉含量和泥块含量，有害物质，坚固性，表观密度、松散堆积密度、空隙率等指标中有一项指标不符合标准规定时，应从同一批产品中加倍取样，对该项进行复验。复验后，若试验结果符合标准规定，可判该批产品合格；若仍然不符合标准规定，判该批产品不合格。若有两项及以上试验结果不符合标准规定时，则判该批产品不合格。

对于石子，若颗粒级配，含泥量和泥块含量，针片状颗粒含量，有害物质，坚固性，强度，表观密度、松散堆积密度、空隙率等指标中有一项指标不符合标准规定时，应从同一批产品中加倍取样，对该项进行复验。复验后，若试验结果符合标准规定，可判该批产品合格；若仍然不符合标准规定，判该批产品不合格。若有两项及以上试验结果不符合标准规定时，则判该批产品不合格。

(4)砂、石的施工现场管理

砂、石出厂时，供需双方应在厂内验收产品，生产厂应提供质量合格证书，其内容包括：砂石的分类、类别、规格(公称粒径)和生产厂家信息；批量编号及供货数量；出厂检验结果、日期及执行标准编号；合格证编号及发放日期；检验部门及检验人员签章。

砂、石应按分类、类别、规格(公称粒径)分别堆放和运输，防止人为碾压及污染，应按现场平面布置图集中堆放在搅拌机和砂浆机旁，应尽可能使料场地面硬化，并砌筑至少 50 cm 高度的围墙，避免与其他垃圾、杂物混杂，防止脏物污水。堆放要成堆，避免成片，以防人踏、车辗造成损失。平时须经常清理归堆，并清底使用。运输时，应有必要的防遗撒设施，严禁污染环境。

2. 砂的筛分析检测

(1)检测目的

评定混凝土用砂的颗粒级配，计算砂的细度模数，评定砂的粗细程度，为混凝土配合比设计提供依据。

微课23：细骨料筛分析检测步骤

(2)主要仪器设备

①方孔筛：包括孔径为9.5 mm、4.75 mm、2.36 mm、1.18 mm、600 μm、300 μm、150 μm的方孔筛各一只，并附有筛底和筛盖；

②天平：称量1000 g，感量1 g；

③电热鼓风干燥箱：温度控制在(105 ±5)℃；

④其他仪器：摇筛机、浅盘、毛刷等。

图4－15　方孔筛

图4－16　摇筛机

(3)试样制备

按照规定的取样方法取样，筛除大于9.50 mm颗粒(并算出筛余百分率)，并缩分至1100 g，置于烘箱中在(105 ±5)℃下烘干至恒重，冷却至室温后，分为大致相等的两份备用。恒量指试样在烘干3 h以上的情况下，其前后质量之差不大于该项试验所要求的称量精度。

(4)检测步骤

①准确称取烘干试样500 g，精确至1 g。将试样倒入按筛孔大小顺序排列的套筛上，然后进行筛分。

②将套筛装入摇筛机上，摇10 min(无摇筛机可采用手摇)，取下套筛，按孔径大小顺序逐个在清洁的浅盘上进行手筛，筛至每分钟的通过量不超过试样总量的0.1%为止，通过的试样并入下一号筛中一起过筛。按此顺序进行，直至各号筛全部筛完为止。

③称取各号筛的筛余量，精确至1 g，试样在各号筛上的筛余量均不得超过按下式计算出的质量。

$$G=\frac{A\sqrt{d}}{200}$$

式中：G——筛余量，g；

d——筛孔尺寸，mm；

A——筛的面积，mm^2。

超过时应按下列方法之一处理：

a. 将该粒级试样分成少于按上式计算出的量，分别筛分，并以其筛余量之和作为该号筛的筛余量；

b. 将该粒级及以下各粒级试样的筛余混合均匀，称出其质量，精确至1 g。再用四分法缩分为大致相等的两份，取其中一份，称出其质量，精确至1 g，继续筛分。计算该粒级及以下各粒级的分计筛余量时应根据缩分比例进行修正。

(5)结果计算与结论评定

①计算分计筛余百分率：各号筛上的筛余量与试样总质量之比，计算精确至0.1%。

②计算累计百分率：该号筛上的分计筛余百分率与该号筛以上各分计筛余百分率之总和，计算精确至0.1%。筛分后，如每号筛的筛余量与筛底的剩余量之和与原试样质量之差超过1%时，应重新试验。

③计算细度模数 M_x，计算精确至0.01：

$$M_x = \frac{(A_2 + A_3 + A_4 + A_5 + A_6) - 5A_1}{100 - A_1}$$

式中：A_1—A_6依次为筛孔直径4.75 mm ~ 150 μm 筛上累计筛余百分率。

④累计筛余百分率取两次试样结果的算术平均值，精确至1%。细度模数取两次试验结果的算术平均值，精确至0.1；如果两次试验所得细度模数之差大于0.20，应重新试验。

⑤根据各号筛的累计筛余百分率，采用修约值比较法评定该试样的颗粒级配。

3. 砂的表观密度检测

(1)检测目的

测定砂的表观密度，为计算砂的空隙率和混凝土配合比设计提供依据。

(2)主要仪器设备

①容量瓶，500 mL；

②天平：称量1000 g，感量0.1 g；

③电热鼓风干燥箱：温度控制在(105 ±5)℃；

④其他仪器：干燥器、浅盘、毛刷、滴管、温度计等。

(3)试样制备

按照规定的取样方法取样并缩分至660 g，置于干燥箱中在(105 ±5)℃下烘干至恒重，在干燥器内冷却至室温，分为大致相等的两份备用。

(4)检测步骤

①称取烘干试样300 g(G_0)，精确至0.1 g，将试样装入容量瓶，注入冷开水至接近500 mL 的刻度处，摇动容量瓶，使试样充分摇动以排除气泡，塞紧瓶塞，静置24 h。

②用滴管加水至容量瓶500 mL 刻度处，塞紧瓶塞，擦干瓶外水分，称其重量(G_1)。

③倒出容量瓶中的水和试样，洗净容量瓶，再向容量瓶注水(与上面水温相差不超过2℃，并在15 ~25℃的温度范围内)至500 mL 刻度处，塞紧瓶塞，擦干瓶外水分，称其质量(G_2)，精确至1 g。

④试验过程中应测量并控制水温，试验的各项称量可以在15 ~25℃的温度范围内进行。从试样加水静置的最后2 h 起直至试验结束，其温差不超过2℃。

(5)结果计算与结论评定

砂的表观密度ρ_0应按下式计算(精确至10 kg/m³)：

$$\rho_0 = \left(\frac{G_0}{G_0 + G_2 - G_1} - \alpha_t\right) \times \rho_{水} \quad (kg/m^3)$$

式中：ρ_0——砂的表观密度，kg/m³；

G_0——烘干试样质量，g；

G_1——试样，水及容量瓶的总质量，g；

G_2——水及容量瓶的总质量，g；

$\rho_{水}$——1000 kg/m³；

α_t——水温对表观密度影响的修正系数，见表4－30。

表4－30　不同水温下对表观密度影响的修正系数

水温/℃	15	16	17	18	19	20	21	22	23	24	25
α_t	0.002	0.003	0.003	0.004	0.004	0.005	0.005	0.006	0.006	0.007	0.008

表观密度取两次试验结果的算术平均值，精确至10 kg/m³。如果两次结果之差大于20 kg/m³时，则应重新试验。

4. 砂的堆积密度与空隙率检测

(1)检测目的

测定细骨料的堆积密度与空隙率，为混凝土配合比设计、估计运输工具的数量、存放堆场的面积等提供依据。

(2)主要仪器设备

①天平：称量10 kg，感量1 g；

②容量筒：圆柱形金属筒，内径108 mm，净高109 mm，筒壁厚2 mm，筒底厚为5 mm，容积为1 L。容量筒应先校正容积，将温度为(20±2)℃的饮用水装满容量筒，用玻璃板沿筒口推移，使其紧贴水面。擦干筒外壁水分，然后称量出其质量，精确至1 g。用下式计算容量筒容积V，精确至1 mL。

$$V = G_1 - G_2$$

式中：V——容量筒容积，mL；

G_1——容量筒、玻璃板和水总质量，g；

G_2——容量筒和玻璃板总质量，g。

③电热鼓风干燥箱：温度控制在(105±5)℃；

④垫棒：直径10 mm，长500 mm的圆钢；

⑤其他仪器：4.75 mm的方孔筛、直尺、浅盘、毛刷、料勺、漏斗等。

(3)试样制备

按照规定的取样方法取样约3 L，在(105±5)℃烘箱中烘至恒重，取出冷却至室温后，筛除大于4.75 mm的颗粒，分成大致相等两份备用。烘干试样中如有结块，应先捏碎。

(4)检测步骤

①松散堆积密度：取试样一份，用料勺或漏斗将试样从容量筒中心上方50 mm处徐徐倒入，让试样以自由落体落下，当容量筒上部试样呈堆体，且容量筒四周溢满时，即停止加料。用直尺将多余的试样沿筒口中心向两边刮平(试验过程应防止触动容量筒)，称出容量筒连试样总质量G_1，精确至1 g。

②紧密堆积密度：取试样一份，分两次装入容量筒。装完第一层后(约计稍高于1/2)，在筒底垫放一根直径为10 mm的圆钢，将筒按住，左右交替击地面各25次。然后装入第二

层，装满后用同样的方法颠实（但筒底所垫钢筋的方向与第一层的方向垂直）后，再加入试样直至超过筒口。然后用直尺沿筒口中心线向两边刮平，称出试样和容量筒的总质量 G_1，精确至1 g。

（5）结果计算与结论评定

砂的堆积密度 ρ_1 按下式计算，精确至10 kg/m^3：

$$\rho_1 = \frac{G_1 - G_2}{V} \ (kg/m^3)$$

式中：G_1——容量筒和试样总质量，g；

G_2——容量筒质量，g；

V——容量筒容积，L。

砂的空隙率 V_0 按下式计算，精确至1%：

$$V_0 = \left(1 - \frac{\rho_1}{\rho_2}\right) \times 100\%$$

式中：V_0——空隙率；

ρ_1——砂的堆积密度，kg/m^3；

ρ_2——砂的表观密度，kg/m^3。

堆积密度取两次试验结果的算术平均值，精确至10 kg/m^3。空隙率取两次试验结果的算术平均值，精确至1%。

5. 砂的含泥量检测

（1）检测目的

测定砂的含泥量，为评定砂的质量等级提供依据。

（2）主要仪器设备

①天平：称量1000 g，感量0.1 g；

②电热鼓风干燥箱：温度控制在（105 ±5）℃；

③方孔筛：孔径为1.18 mm和75 μm的方孔筛各一只，并附有筛盖和筛底。

④容器：要求淘洗试样时，保持试样不溅出（深度大于250 mm）；

⑤其他仪器：浅盘、毛刷等。

（3）试样制备

按照规定的取样方法取样并缩分至1100 g，放入电热鼓风干燥箱[温度（105 ±5）℃]下烘干至恒量，冷却至室温后，分为大致相等的两份备用。

（4）检测步骤

①称取试样500 g，精确至0.1g。将试样倒入淘洗容器中，注入清水，使水面高于试样面大约150 mm，充分搅拌均匀后，浸泡2 h，然后用手在水中淘洗试样，使尘屑、淤泥、黏土与砂粒分离，将浑水缓缓倒入1.18 mm和75 μm的方孔套筛上（1.18 mm筛放在75 μm筛上面），滤去小于75 μm的颗粒。检测前筛子的两面应先用水润湿，在整个过程中应小心防止砂粒流失。

②再向容器中注入清水，重复上述操作，直到容器内的水清澈为止。

③用水淋洗剩余在筛上的细粒，并将75 μm的筛放在水中（使水面略高出筛中砂粒的上表面）来回摇动，以充分洗掉小于75 μm的颗粒，然后将两只筛的筛余颗粒和清洗容器中已

经洗净的试样一并倒入浅盘，放入电热鼓风干燥箱[温度(105±5)℃]下烘干至恒量，冷却至室温后，称出其质量，精确至0.1 g。

(5)结果计算与结论评定

含泥量的计算按下式计算，精确至0.1%。

$$Q_a=\frac{G_0-G_1}{G_0}\times 100\%$$

式中：Q_a——含泥量，%

G_0——检测前烘干试样的质量，g；

G_1——检测后烘干试样的质量，g。

含泥量取两个检测试样的检测结果的算术平均值为测定值，采用修约值比较法进行评定。

6. 砂的泥块含量检测

(1)检测目的

测定砂的泥块含量，为评定砂的质量等级提供依据。

(2)主要仪器设备

①天平：称量1000 g，感量1 g；

②电热鼓风干燥箱：温度控制在(105±5)℃；

③方孔筛：孔径为1.18 mm和600 μm的方孔筛各一只，并附有筛盖和筛底。

④容器：要求淘洗试样时，保持试样不溅出(深度大于250 mm)；

⑤其他仪器：浅盘、毛刷等。

(3)试样制备

按照规定的取样方法取样并缩分至5000 g，放入电热鼓风干燥箱[温度(105±5)℃]下烘干至恒量，冷却至室温后，筛除大于1.18 mm的颗粒，分为大致相等的两份备用。

(4)检测步骤

①称取试样200 g，精确至0.1 g。将试样倒入淘洗容器中，注入清水，使水面高于试样面大约150 mm，充分搅拌均匀后，浸泡24 h。然后用手在水中碾碎泥块，再将试样放在600 μm的方孔筛上，用水淘洗，直到容器内的水清澈为止。

②保留下来的试样小心从筛中取出，装入浅盘，放入电热鼓风干燥箱[温度(105±5)℃]下烘干至恒量，冷却至室温后，称出其质量，精确至0.1 g。

(5)结果计算与结论评定

泥块含量的计算按下式计算，精确至0.1%。

$$Q_b=\frac{G_1-G_2}{G_1}\times 100\%$$

式中：Q_b——泥块含量，%

G_0——1.18 mm筛检测筛余试样的质量，g；

G_1——检测后烘干试样的质量，g。

泥块含量取两个检测试样的检测结果的算术平均值为测定值。

微课24：粗骨料的检测

7. 石子的筛分析检测

(1)检测目的

评定混凝土用石子的颗粒级配，以便选择优质石子，为混凝土配合比设计提供依据，达到节约水泥和改善混凝土性能的目的。

(2)主要仪器设备

①试验套筛：包括孔径为2.36 mm、4.75 mm、9.5 mm、16.0 mm、19.0 mm、26.5 mm、31.5 mm、37.5 mm、53.0 mm、63.0 mm、75.0 mm、90.0 mm 的方孔筛各一只，并附有筛底和筛；

②天平：称量10 kg，感量1 g；

③电热鼓风干燥箱：温度控制在(105 ±5)℃；

④其他仪器：摇筛机、浅盘等。

(3)试样制备

按照规定的取样方法取样，并将试样缩分至略大于表4－31 中规定的数量，烘干或风干后备用。

表4－31　颗粒级配试验所需试样数量

最大粒径/mm	9.5	16.0	19.0	26.5	31.5	37.5	63.0	75.0
最少试样质量/kg	1.9	3.2	3.8	5.0	6.3	7.5	12.6	16.0

(4)检测步骤

①根据试样的最大粒径，按表4－31 中规定称取试样，精确到1 g，将试样倒入按孔径大小从上到下组合的套筛上。

②将套筛置于摇筛机上，摇10 min，取下套筛，按筛孔大小顺序再逐个用手筛，直至每分钟的通过量不超过试样总量的0.1%。通过的颗粒并入下一号筛中，并和下一号筛中的试样一起过筛，直到各号筛全部筛完为止。当试样粒径大于19.0 mm 时，在筛分过程中允许用手拨动试样颗粒。

③称量各号筛的筛余量，精确至1 g。

(5)结果计算与结论评定

计算分计筛余百分率(精确至0.1%)和累计筛余百分率(精确至1%)，计算方法同砂的筛分析试验。筛分后，如每号筛的筛余量与筛底的筛余量之和同原试样量之差超过1%，应重新试验。根据各号筛的累计筛余百分率，采用修约值比较法评定该试样的颗粒级配。

8.石子的表观密度检测

(1)检测目的

测定石子的表观密度，为计算石子的空隙率、评定石子的质量和混凝土配合比设计提供依据。

(2)主要仪器设备

①天平或浸水天平(如图4－17 所示)：可悬挂吊篮测定骨料的水中质量，称量5 kg，感量5 g；

②吊篮：直径和高度均为150 mm，由孔径为1～2 mm 的筛网或钻有2～3 mm 孔洞的耐锈蚀金属板制成；

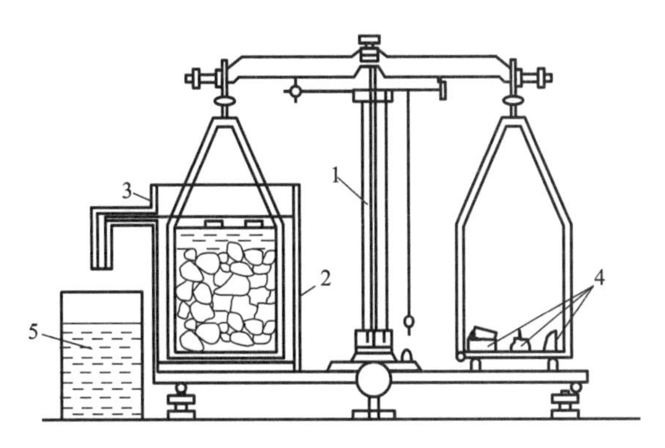

1—天平；2—吊篮；3—溢流水槽；4—砝码；5—容器

图 4－17　浸水天平

③溢流水槽：在称量水中质量时能保持水面高度一定；

④方孔筛：孔径 4.75 mm；

⑤电热鼓风干燥箱：温度控制在(105 ±5)℃；

⑥其他仪器：温度计、浅盘、毛巾等。

(3)试样制备

按照规定的取样方法取样，并缩分至略大于表 4－32 规定的数量，风干后筛除小于 4.75 mm 的颗粒，然后洗刷干净，分为大致相等的两份备用。

表 4－32　表观密度试样所需试样数量

最大粒径/mm	<26.5	31.5	37.5	63.0	75.0
最少试样质量/kg	2.0	3.0	4.0	6.0	6.0

(4)检测步骤

①取试样一份装入吊篮，并浸入盛有水的容器中，液面至少高出试样表面 50 mm；

②浸水 24 h 后，移放到称量用的溢流水槽中，并上下升降吊篮以排除气泡(试样不得露出水面)，吊篮每升降一次约 1 s，升降高度为 30～50 mm；

③测量水温后(此时吊篮应全浸在水中)，准确称出吊篮及试样在水中的质量 G_2，精确至 5 g，称量时溢流水槽中水面的高度由水槽的溢流孔控制；

④提起吊篮，将试样倒入浅盘，放入电热鼓风干燥箱[温度(105 ±5)℃]下烘干至恒量，冷却至室温后，称出其质量 G_0，精确至 5 g。

⑤称出吊篮在同样温度的水中的质量 G_1，精确至 5 g，称量时溢流水槽内水面的高度由水槽的溢流孔控制。

(5)结果计算与结论评定

粗骨料的表观密度 ρ_0 应按下式计算(精确至 10 kg/m³)：

$$\rho_0 = \left(\frac{G_0}{G_0 + G_2 - G_1} - \alpha_t\right) \times \rho_水 \quad (\mathrm{kg/m^3})$$

式中：ρ_0——粗骨料的表观密度，kg/m³；

G_1——吊篮在水中的质量，g；

G_2——吊篮及试样在水中的质量，g；

G_0——烘干试样质量，g；

$\rho_{水}$——1000 kg/m³；

α_t——水温对表观密度影响的修正系数，见表4－30。

表观密度取两次试验结果的算术平均值，如两次结果之差大于20 kg/m³时，应重新试验。对颗粒材质不均匀的试样，如两次结果之差值超过20 kg/m³时，可取4次试验结果的算术平均值作为测定值。

9. 石子的堆积密度与空隙率的检测

(1)检测目的

测定石子的堆积密度，为计算石子的空隙率、评定石子的质量、混凝土配合比设计、估计运输工具的数量、存放堆场的面积等提供依据。

(2)主要仪器设备

①天平或台秤：称量10 kg，感量101 g；称量50 kg或100 kg，感量50 g各一台；

②电热鼓风干燥箱：温度控制在(105±5)℃；

③容量筒：适用于石子堆积密度测定的容量筒应符合表4－33的要求，试验前应校准容积，方法同砂的堆积密度试验；

④其他仪器：小铲、垫棒(直径16 mm，长600 mm的圆钢)、直尺等。

表4－33　容量筒的规格要求

最大粒径/mm	容量筒容积/L	容量筒规格/mm		
		内径	净高	筒壁厚度
9.5，16.0，19.0，26.5	10	208	294	2
31.5，37.5	20	294	294	3
53.0，63.0，75.0	30	360	294	4

(3)试样制备

按照规定的取样方法取样，烘干风干后，拌匀并把试样分成大致相等两份备用。

(4)检测步骤

①松散堆积密度：取试样一份，用小铲将试样从容量筒中心上方50 mm处徐徐倒入，让试样以自由落体落下，当容量筒上部试样呈堆体，且容量筒四周溢满时，即停止加料。除去凸出容量口表面的颗粒，并以合适的颗粒填充凹陷部分，使表面凸起部分和凹陷部分的体积大致相等(试验过程应防止触动容量筒)，称出容量筒连同试样的总质量G_1，精确至10 g。

②紧密堆积密度：取试样一份分三层装入容量筒。装完第一层后，在筒底垫放一根直径为16 mm的圆钢，将筒按住，左右交替颠击地面各25次；再装入第二层，用同样的方法颠实(但筒底所垫钢筋的方向与第一层的方向垂直)；然后再装入第三层，用同样方法颠实(但筒底所垫钢筋的方向与第一层的方向平行)。试样装填完毕，再加试样直至超过筒口，用钢尺

沿筒口边缘刮去高出的试样，并用适合的颗粒填平凹陷部分，使表面凸起部分和凹陷部分的体积大致相等。称出容量筒连同试样的总质量 G_1，精确至 10 g。

(5)结果计算与结论评定

石子的堆积密度 ρ_1 按下式计算，精确至 10 kg/m³。

$$\rho_1 = \frac{G_1 - G_2}{V} \quad (\mathrm{kg/m^3})$$

式中：ρ_1——石子的堆积密度，kg/m³；

G_1——容量筒 + 试样总质量，g；

G_2——容量筒质量，g；

V——容量筒容积，L。

石子的空隙率 V_0 按下式计算，精确至 1%。

$$V_0 = \left(1 - \frac{\rho_1}{\rho_2}\right) \times 100\%$$

式中：V_0——空隙率；

ρ_1——石子的堆积密度，kg/m³；

ρ_2——石子的表观密度，kg/m³。

堆积密度取两次试验结果的算术平均值，精确至 10 kg/m³。空隙率取两次试验结果的算术平均值，精确至 1%。

10. 骨料含水率的检测

(1)检测目的

检测砂、石的含水率，为混凝土配合比设计提供依据。

(2)主要仪器设备

①天平或台秤：称量 1 kg，感量 0.1 g(用于砂)，称量 10 kg，感量 1 g(用于石子)；

②电热鼓风干燥箱：温度控制在(105 ± 5)℃；

③其他仪器：浅盘、小铲、毛巾、刷子等。

(3)试样制备

按照规定的取样方法取样并缩分，砂缩分至 1100 g，石子缩分至 4.0 kg，分成大致相等的两份备用。若为细集料，由样品中取质量约 500 g 的试样两份备用；若为粗集料，按表 4 - 29 所要求的数量抽取试样，分为两份备用。

(4)检测步骤

①称取一份试样 G_1，细骨料称量 1000 g，感量 0.1 g；粗骨料 2000 g，精确至 1 g；

②将试样放在(105 ± 5)℃烘箱中烘干至恒量，待冷却至室温后，称取其质量 G_2，精确至 1 g。

(5)结果计算与结论评定

骨料的含水率 Z 按下式计算(精确至 0.1%)：

$$Z = \frac{G_1 - G_2}{G_2} \times 100\%$$

式中：Z——骨料的含水率

G_1——烘干前试样的质量，g；

G_2——烘干后试样的质量，g。

含水率取两次试样结果的算术平均值，精确至0.1%。两次试样结果之差大于0.2%时，应重新试验。

4.8.2　混凝土拌合物性能的检测

1. 混凝土拌合物试验室制备

(1)取样及试样的制备

①同一组混凝土拌合物的取样应从同一盘混凝土或同一车混凝土中取样。取样量应多于试验所需量的1.5倍，且不小于20 L。

②混凝土拌合物的取样应具有代表性，宜采用多次多样的方法。一般在同一盘混凝土或同一车混凝土中的约1/4处、1/2处和3/4处之间分别取样，从第一次取样到最后一次取样不宜超过15 min，然后人工搅拌均匀。

③从取样完毕到开始做各项性能试验不宜超过5 min。

④在试验室制备混凝土拌合物时，试验室的温度应控制在(20±5)℃，所用材料的温度应与试验室温度保持一致。需要模拟施工条件下所用的混凝土时，所用材料的温度宜与施工现场温度保持一致。

⑤拌制混凝土的材料用量以质量计。称量的精度：骨料为±1%，水、水泥、掺合料、外加剂均为±0.5%。

⑥从试样制备完毕到开始做各项性能试验不宜超过5 min。

(2)主要仪器设备

①混凝土搅拌机：容量75～100 L，转速18～22 r/min；

②磅秤：称量50 kg，感量50 g；

③天平：称量5 kg，感量1 g；

④其他用具：量筒(200 mL，1000 mL)、拌铲、拌板(1.5 m×2 m左右)、盛器、抹布等。

(3)拌和方法

①人工拌和

按所定配合比计算每盘混凝土各材料用量后备料。

将拌板和拌铲用湿布润湿后，将砂倒在拌板上，然后加入水泥，用铲自拌板一端翻至另一端，如此重复，直至充分混合，颜色均匀，再加上石子，翻拌至混合均匀为止。

将干混合物堆成堆，在中间作一凹槽，将已称量好的水，倒一半左右在凹槽中(勿使水流出)，然后仔细翻拌，并徐徐加入剩余的水，继续翻拌，每翻拌一次，用铲在拌合物上铲切一次，直到拌和均匀为止。

拌和时力求动作敏捷，拌和时间从加水时算起，应大致符合以下规定：拌合物体积为30 L以下时，4～5 min；拌合物体积为30～50 L以下时，5～9 min；拌合物体积为51～75 L以下时，9～12 min。

混凝土拌和好后，应根据试验要求，立即进行拌合物的各项性能试验或试件成型。从开始加水时算起，全部操作须在30 min内完成。

②机械拌和

搅拌量不应小于搅拌机额定搅拌量的1/4。

按所定配合比计算每盘混凝土各材料用量后备料。

预拌一次，即用按配合比的水泥、砂和水组成的砂浆及少量石子，在搅拌机中进行涮膛，然后倒出并刮去多余的砂浆。其目的是使水泥砂浆先黏附满搅拌机的筒壁，以免正式拌合时影响混凝土的配合比。

开动搅拌机，向搅拌机内依次加入石子、砂和水泥，干拌均匀，再将水徐徐加入，全部加料时间不超过 2 min，水全部加入后，继续拌和 2 min。

将拌合物从搅拌机中卸出，倾倒在拌板上，再经人工拌和 1 ~ 2 min，即可进行拌合物的各项性能试验或试件成型。从开始加水时算起，全部操作必须在 30 min 内完成。

2. 混凝土拌合物和易性检测

和易性检测

检测目的：测定混凝土拌合物的流动性，同时评定混凝土拌合物的黏聚性和保水性，为混凝土配合比设计提供依据。

(1) 坍落度法与坍落度扩展度法

本方法适用于骨料最大粒径不大于 40 mm、坍落度值不小于 10 mm 的混凝土拌合物稠度测定。

①主要仪器设备

坍落度筒：截头圆锥形，由薄钢板或其他金属制成，形状和尺寸如图 4 – 18 所示。

捣棒：直径 16 mm，长 650 mm，一端为圆头；

其他仪器：小铲、直尺、拌板、抹刀等。

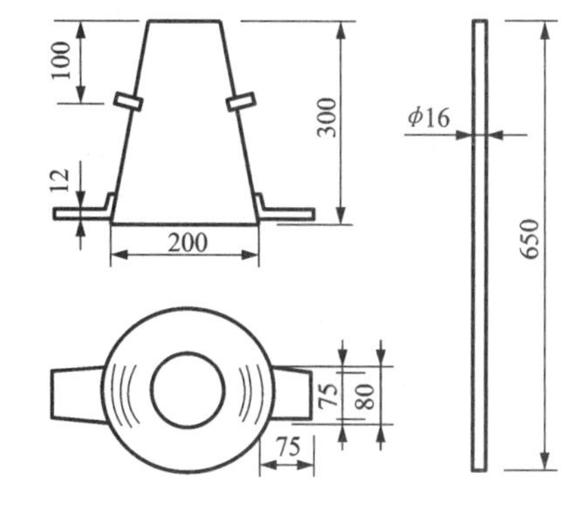

图 4 – 18　坍落度筒与捣棒（单位：mm）

②检测步骤

用湿布将坍落度筒内外及底板擦净、润湿，在坍落度筒内壁和底板上应无明水。底板应放在坚实水平面上，并把筒放在底板中心，然后用脚踩住两边的脚踏板，使坍落度筒在装料时保持位置固定。

把按要求取得的混凝土试样用小铲分三层均匀地装在筒内，使捣实后每层高度为筒高的 1/3 左右。每层用捣棒插捣 25 次。插捣应沿螺旋方向由外向中心进行，各次插捣应在截面上均匀分布。插捣筒边混凝土时，捣棒可以稍稍倾斜。插捣底层时，捣棒应贯穿整个深度，插捣第二层和顶层时，捣棒应插透本层至下一层的表面。浇灌顶层时，混凝土应灌至高出筒口。插捣过程中，如混凝土沉落到低于筒口，则应随时添加。顶层插捣完后，刮去多余的混凝土并用抹刀抹平。

清除筒边底板的混凝土后，垂直平稳地提起坍落度筒。坍落度筒的提离过程应在 3 ~ 7 s 内完成。从开始装料到提起坍落度筒的整个过程中应不间断进行，并应在 150 s 内完成。

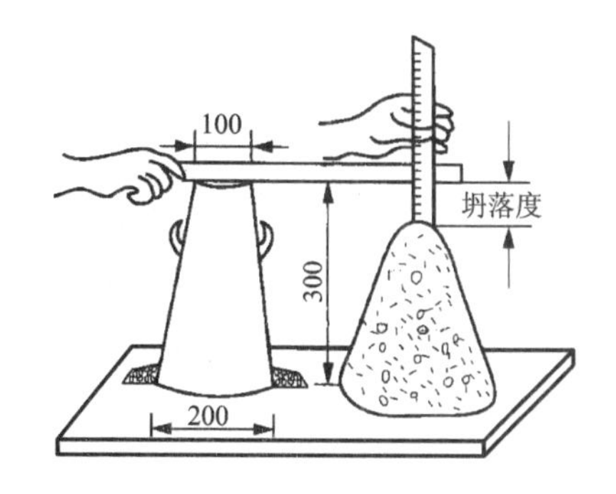

图 4 – 19　坍落度的测定

提起坍落度筒后，测量筒高与坍落后混凝土试体最高点之间的高度差，即为该混凝土拌合物的坍落度值，如图 4 – 19 所示。坍落度筒提离后，如混凝土发生试体崩坍或一边剪坏现象，则应重新取样进行测定。如第二次仍出现这种现象，则表示该拌合物和易性不好，应予记录备查。当混凝土拌合物的坍落度不小于160 mm时，用钢尺测量混凝土扩展后最终的最大直径以及与最大直径呈垂直方向的直径，在这两个直径之差小于50 mm的条件下，用其算术平均值作为坍落度扩展值；否则，此次应重新取样另行测定。

③结果评定

流动性：坍落度值或坍落度扩展值以mm为单位，测量精确至1 mm，结果表达修约至5 mm。

黏聚性：用捣棒在已坍落的拌合物锥体侧面轻轻敲打，如果锥体逐渐下沉，表示黏聚性良好，如果锥体倒塌，部分崩裂或出现离析现象，即为黏聚性不好。

保水性：坍落度筒提起后如有较多的稀浆从底部析出，锥体部分的拌合物也因失浆而骨料外露，则表明此拌合物保水性不好。如坍落度筒提起后无稀浆或仅有少量稀浆从底部析出，则表明保水性良好。

④和易性的调整

在按初步配合比计算好试拌材料的同时，另外还需备好两份为坍落度调整用的水泥和水，备用的水泥和水的比例应符合原定的水胶比，其数量可为原来用量的5%与10%。

当测得混凝土拌合物坍落度小于规定要求时，可掺入备用的水泥和水，掺量可根据坍落度相差的大小确定，或增加减水剂用量；当坍落度大于规定要求，黏聚性和保水性较差时，可保持砂率不变，适当增加砂和石子的用量，或减少减水剂用量。一般每增减2%～5%的水泥浆量，坍落度可增减10 mm左右。如保水性较差，可适当增大砂率，即其他材料不变，适当增加砂的用量。

(2)维勃稠度法

本方法适用于骨料最大粒径不大于40 mm，维勃稠度在5～30 s之间的混凝土拌合物稠度测定。

①主要仪器设备

维勃稠度仪：如图4－20所示。

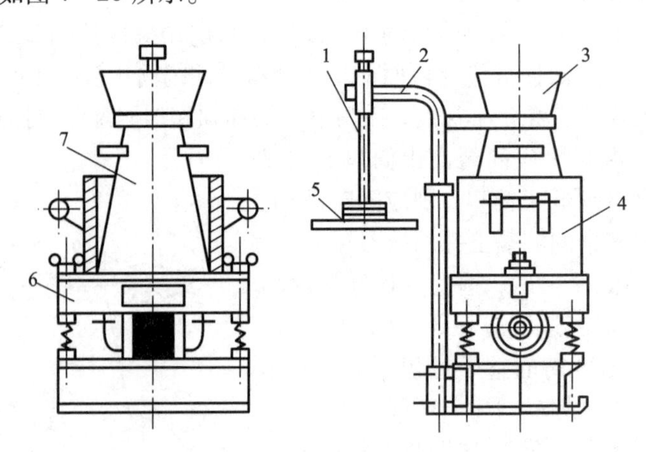

1—测量杆；2—旋转架；3—喂料斗；4—容器；
5—透明圆盘；6—振动台；7—坍落度筒

图4－20　维勃稠度仪

其他仪器：秒表、小铲、拌板、抹刀等。

②试验步骤

将维勃稠度仪放置在坚实水平面上，用湿布将容器、坍落度筒、喂料斗内壁及其他用具润湿。将喂料斗提到坍落度筒上方扣紧，校正容器位置，使其中心与喂料中心重合，然后拧紧固定螺丝。

将混凝土拌合物经喂料斗分三层均匀装入坍落度筒，装料及插捣的方法同坍落度试验。

将喂料斗转离，垂直提起坍落度筒，此时应注意不要使混凝土试体产生横向的扭动。

将透明圆盘转到混凝土圆台体顶面，放松测杆螺钉，降下圆盘，使它轻轻地接触到混凝土顶面。拧紧定位螺钉，并检查测杆螺钉是否完全松开。

同时开启振动台和秒表，当振动到透明圆盘的底面被水泥浆布满的瞬间停止计时，并关闭振动台。

由秒表读得的时间即为该混凝土拌合物的维勃稠度值，精确至 1 s。

3. 混凝土拌合物的表观密度检测

(1)检测目的

测得混凝土拌合物捣实后的单位体积质量(表观密度)，为调整混凝土配合比提供依据。

(2)主要仪器设备

容量筒：金属制成的圆筒，两旁装有提手。对骨料最大粒径不大于 40 mm 的拌合物采用容积为 5 L 的容量筒，其内径与内高均为(186 ± 2) mm，筒壁厚 3 mm；骨料最大粒径大于 40 mm 时，容量筒内径与内高均应大于骨料最大粒径的 4 倍。容量筒上缘及内壁应光滑平整，顶面与底面应平行并与圆柱体的轴垂直。

台秤：称量 50 kg，感量 50 g；

其他仪器：振动台、捣棒等。

(3)检测步骤

用湿布把容量筒内外擦干净，称出其质量 W_1，精确至 50 g；

混凝土的装料及捣实方法应视拌合物的稠度而定。一般来说，坍落度不大于 70 mm 的混凝土，用振动台振实为宜；坍落度大于 70 mm，用捣棒捣实为宜。

采用捣棒捣实时，应根据容量筒的大小决定分层与插捣次数：用 5 L 的容量筒，混凝土拌合物应分两层装入，每层插捣次数应为 25 次；用大于 5 L 的容量筒，每层混凝土的高度不应大于 100 mm，每层插捣次数应按每 100 cm^2 截面不小于 12 次计算。各次插捣应由边缘向中心均匀地插捣，插捣底层时捣棒应贯穿整个深度，插捣第二层时，捣棒应插透本层至下一层的表面；每一层捣完后用橡皮锤轻轻沿容器外壁敲打 5 ~ 10 次，进行振实，直至拌合物表面插捣孔消失并不见大气泡为止。

采用振实台振实时，应一次将混凝土拌合物灌到高出容量筒口。装料时可用捣棒稍加插捣，振动过程中如果混凝土低于筒口，应随时添加混凝土，振动直至表面出浆为止。

用刮尺将筒口多余的混凝土拌合物刮去，表面如有凹陷应填平；将容量筒外壁擦干净，称出混凝土试样与容量筒总质量 W_2，精确至 50 g。

(4)结果计算与结论评定

混凝土拌合物的表观密度按下式计算，精确到 10 kg/m^3。

$$\gamma_h = \frac{W_2 - W_1}{V} \times 1000 \quad (kg/m^3)$$

式中：γ_h——混凝土的表观密度，kg/m^3；

W_1——容量筒质量，kg；

W_2——容量筒+试样总质量，kg；

V——容量筒容积，L。

4.8.3 混凝土力学性能检测

力学性能检测

1. 混凝土的取样

混凝土的取样应符合《混凝土拌合物性能试验方法标准》(GB/T 50080—2016)中的有关规定。

普通混凝土力学性能试验应以三个试件为一组，每组试件所用的拌合物应从同一盘混凝土或同一车混凝土中取样。

混凝土试样应在混凝土浇筑地点随机抽取，取样频率和数量应符合下列规定：

(1)每100盘，但不超过100 m^3的同配合比的混凝土，取样次数不得少于一次；

(2)每一工作班拌制的同配合比的混凝土不足100盘和100 m^3时，其取样次数不得少于一次。

(3)当一次连续浇筑的同配合比的混凝土超过1000 m^3时，每200 m^3取样次数不应少于一次；

(4)对房屋建筑，每一层楼、同一配合比的混凝土，取样次数不应少于一次。

每批混凝土应制作的试件总组数，除应满足评定混凝土强度的需要，还应留置为检验结构或构件施工阶段混凝土强度所必需的试件。

2. 混凝土立方体抗压强度的检测

(1)检测目的

检测混凝土立方体抗压强度，用以检验材料的质量，确定、校核混凝土配合比，并为控制施工质量提供依据。

(2)主要仪器设备

①压力试验机：测量精度为±1%，试件破坏载荷应大于压力机全量程的20%且小于压力机于全量程的80%。应具有加荷速度指示装置或加荷速度控制装置，并能均匀、连续加荷。应具有有效期内的计量检定证书。

②振动台：试验所用振动台的振动频率为(50±3) Hz，空载振幅约为(0.5±0.02) mm。

③试模：试模由铸铁或钢制成，应具有足够的刚度并拆装方便。试模内表面(工作面)应光滑平整，其不平度应为每100 mm不超过0.04 mm，组装后各相邻面夹角应为直角，直角误差不应大于±0.3°。其中边长为150 mm为标准试模，边长为100 mm和200 mm为非标准试模。

④其他仪器：捣棒、小铁铲、金属直尺、抹刀等。

(3)试件制作

①成型前，应检查试模是否符合要求；试模内表面应涂一薄层矿物油或其他不与混凝土发生反应的脱模剂。

②在试验室拌制混凝土时，其材料用量以质量计。称量的精度：骨料为±1%，水、水泥、掺合料、外加剂均为±0.5%。

③取样或试验室拌制的混凝土应在拌制后尽短时间内成型，一般不宜超过 15 min。

④根据混凝土拌合物的稠度确定混凝土强度试件成型方法，坍落度不大于 70 mm 的混凝土宜用振动台振实；坍落度大于 70 mm 的混凝土，宜用人工捣实；检验现浇混凝土或预制构件的混凝土，试件成型方法宜与实际采用的方法相同。取样或拌制好的混凝土应至少用铁锹再来回拌合三次。

用振动台振实时，将混凝土拌合物一次装满试模，装料时应用抹刀沿各试模内壁插捣，并使混凝土拌合物高出试模口；试模应附着或固定在振动台上，振动时试模不得有任何跳动，振动应持续到表面出浆为止，不得过振。

用人工捣实时，混凝土拌合物应分两层装入模内，每层的装料厚度大致相等；插捣应按螺旋方向从边缘向中心均匀进行。在插捣底层混凝土时，捣棒应达到试模底部；插捣上层时，捣棒应贯穿上层后插入下层 20 ~ 30 mm；插捣时捣棒应保持垂直，不得倾斜，然后用抹刀沿试模内壁插拔数次；每层插捣次数按在每 100 cm^2 截面积不少于 12 次；插捣后应用橡皮锤轻轻敲击试模四周，直至插捣棒留下的空洞消失为止。

⑤刮除试模上口多余的混凝土，待混凝土临近初凝时，用抹刀抹平。

表 4-34　插捣次数及尺寸换算系数

试件尺寸/mm × mm × mm	骨料最大粒径/mm	每层插捣次数/次	抗压强度换算系数
100 × 100 × 100	31.5	12	0.95
150 × 150 × 150	40.0	25	1
200 × 200 × 200	63.0	50	1.05

(4)试件养护

①试件成型后应立即用不透水的薄膜覆盖表面，以防止水分蒸发。

②采用标准养护的试件，应在温度为(20 ± 5)℃的情况下静置一昼夜至两昼夜，然后编号拆模。拆模后的试件应立即放在温度为(20 ± 2)℃，相对湿度为 95% 以上的标准养护室中养护，或在在温度为(20 ± 2)℃的不流动的 $Ca(OH)_2$ 饱和溶液中养护。标准养护室内试件应放在支架上，彼此间隔为 10 ~ 20 mm，试件表面应保持潮湿，并不得用水直接冲淋。

③同条件养护试件的拆模时间可与实际构件的拆模时间相同。拆模后，试件仍需保持同条件养护。

④标准养护龄期为 28 d(从搅拌加水开始计时)。

(5)检测步骤

①试件自养护地点取出后应及时进行试验，将试件表面和试验机上下承压板面擦干净。

②将试件安放在试验机的下压板或垫板上，试件的承压面应与成型时的顶面垂直。试件的中心应与试验机下压板中心对准，启动试验机，当上压板与试件或钢垫板接近时，调整球座，使接触均衡。

③在试验过程中应连续均匀地加荷，加荷速度应为：当混凝土强度等级 < C30 时，取 0.3 ~ 0.5 MPa/s；混凝土强度等级 ≥ C30 且 < C60 时，取 0.5 ~ 0.8 MPa/s；混凝土强度等级 ≥ C60 时，取 0.8 ~ 1.0 MPa/s。

④当试件接近破坏开始急剧变形时，应停止调整试验机油门，直至试件破坏，然后记录破坏荷载 F(N)。

(6)结果计算与结论评定

①混凝土立方体试件的抗压强度按下式计算(精确至0.1 MPa)：

$$f_{cu}=\frac{F}{A}$$

式中：f_{cu}——混凝土立方体试件抗压强度，MPa；

F——试件破坏荷载，N；

A——试件承压面积，mm^2。

②三个试件测值的算术平均值作为该组试件的抗压强度值(精确至0.1 MPa)。

③三个测值中的最小值或最大值中如有一个与中间值的差值超过中间值的15%时，则把最大及最小值一并舍去，取中间值作为该组试件的抗压强度值。

④如最大值和最小值与中间值相差均超过15%，则该组试件试验结果无效。

⑤混凝土强度等级 < C60 时，用非标准试件测得的强度值应乘以尺寸换算系数，见表4－34。当混凝土强度等级≥C60 时，宜采用标准试件；使用非标准试件时，尺寸换算系数应由试验确定。

3. 混凝土的劈裂抗拉强度检测

(1)检测目的

测定混凝土的劈裂抗拉强度，评定其抗裂性能，为确定混凝土的力学性能提供依据。

(2)主要仪器设备

①垫块：钢制弧形垫块半径为75 mm，其截面尺寸如图4－21(a)所示，垫块的长度与试件相同。

②垫条：为三层胶合板制成，宽度为20 mm，厚度为3～4 mm，长度不小于试件长度，垫条不得重复使用。

③支架：为钢支架，如图4－21(b)所示。

④其他仪器：压力机、试模等，与混凝土抗压强度试验中的规定相同。

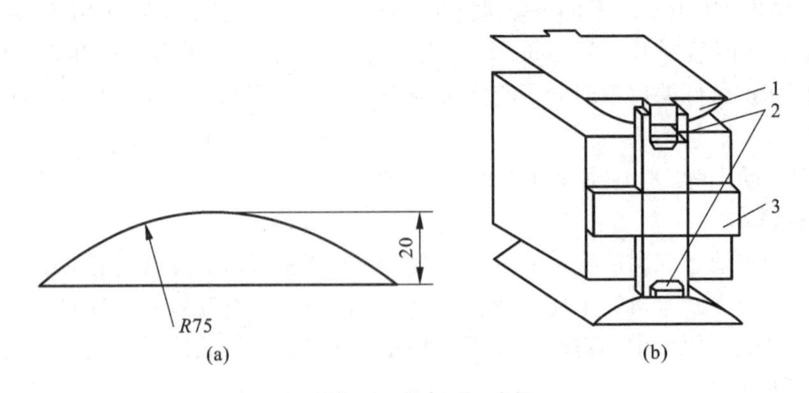

1—垫块；2—垫条；3—支架

图4－21　混凝土劈裂抗拉试验装置图

(3)试件准备

采用混凝土立方体试块，其制作及养护要求与混凝土立方体抗压强度检测试验相同。在特殊情况下，可采用 ϕ150 mm × 300 mm 的圆柱体标准检测试件或 ϕ100 mm × 200 mm 和 ϕ200 mm × 400 mm 的圆柱体非标准检测试件。

(4)检测步骤

①试件从养护地点取出后应及时进行试验，将试件表面和试验机上下承压板面擦干净。

②将试件放在试验机的下压板的中心位置，劈裂承压面和劈裂面应与试件成型时的顶面垂直；在上、下压板与试件之间垫以圆弧形垫块及垫条各一条，垫块及垫条应与试件上、下面的中心线对准并与试件成型时的顶面垂直。宜把垫条及试件安装在定位架上使用。

③开动试验机，当上压板与圆弧形垫块接近时，调整球座，使接触均衡。加荷应连续均匀，加荷速度为：当混凝土强度等级 < C30 时，取 0.02 ~ 0.05 MPa/s；强度等级 ≥ C30 且 < C60 时，取 0.05 ~ 0.08 MPa/s；混凝土强度等级 ≥ C60 时，取 0.08 ~ 0.10 MPa/s。直至试件接近破坏时，应停止调整试验机油门，直至试件破坏，然后记录破坏荷载 F(N)。

(5)结果计算与结论评定

①混凝土劈裂抗拉强度按下式计算(精确至 0.01 MPa)：

$$f_{ts} = \frac{2F}{\pi A} = 0.637 \times \frac{F}{A}$$

式中：f_{ts}——混凝土劈裂抗拉强度，MPa；

F——试件破坏荷载，N；

A——试件劈裂面积，mm^2。

②三个试件测值的算术平均值作为该组试件的劈裂抗拉强度值(精确至 0.01 MPa)。

③三个测定值中的最小值或最大值中如有一个与中间值的差异超过中间值的 15% 时，则把最大及最小值一并舍除，取中间值作为该组试件的抗拉强度值。

④如最大值和最小值与中间值相差均超过 15%，则该组试件试验结果无效。

⑤采用边长为 150 mm 的立方体试件作为标准试件，采用边长为 100 mm 的立方体非标准试件时，测得的强度应乘以尺寸换算系数 0.85；当混凝土强度等级 ≥ C60 时，宜采用标准试件；使用非标准试件时，尺寸换算系数应由试验确定。

4. 混凝土的抗折强度检测

(1)检测目的

测定混凝土的抗折强度，检验其是否符合结构设计要求。

(2)主要仪器设备

①试验机：与混凝土抗压强度试验中的规定相同。

②抗折试验装置：能使两个相等载荷同时作用在试件跨度 3 分点处，如图 4 - 22 所示。

(3)试件准备

混凝土的抗折强度标准试件的尺寸为 150 mm × 150 mm × 600(或 550)mm，非标准试件的尺寸为 100 mm × 100 mm × 400 mm。试件在长度方向中部 1/3 区段内不得有表面直径超过 5 mm、深度超过 2 mm 的孔洞。

(4)检测步骤

①试件从养护地取出后应及时进行试验，试验前将试件表面擦干净。

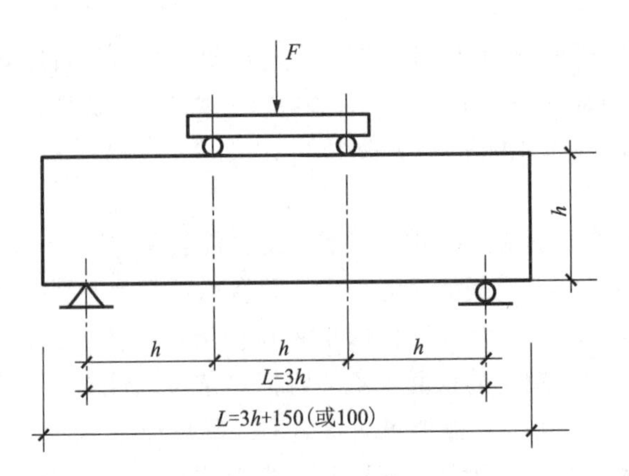

图 4－22　混凝土抗折试验装置图

②按图 4－22 安装试件，安装尺寸偏差不得大于1 mm。试件的承压面应为试件成型时的侧面。支座及承压面与圆柱的接触面应平稳、均匀，否则应垫平。

③施加荷载应保持均匀、连续，加荷速率为：当混凝土强度等级 < C30 时，取 0.02 ~ 0.05 MPa/s；强度等级≥C30 且 < C60 时，取 0.05 ~ 0.08 MPa/s；混凝土强度等级≥C60 时，取 0.08 ~ 0.10 MPa/s，至试件接近破坏时，应停止调整试验机油门，直至试件破坏，然后记录破坏荷载及试件下边缘断裂位置。

(5)结果计算与结论评定

①若试件下边缘断裂位置处于两个集中荷载作用线之内，则试件的抗折强度按下式计算，精确至 0.1 MPa：

$$f_{\mathrm{f}} = \frac{F \cdot l}{b \cdot h^2}$$

式中：f_{f}——混凝土抗折强度，MPa；

F——试件破坏荷载，N；

l——支座间跨度，mm；

h——试件截面高度，mm；

b——试件截面宽度，mm。

②三个试件测值的算术平均值作为该组试件的抗折强度值。如果三个测定值中的最小值或最大值中有一个与中间值的差值超过中间值的 15% 时，则把最大及最小值一并舍除，取中间值作为该组试件的抗折强度。如最大值和最小值与中间值相差均超过 15%，则该组试件试验结果无效。

③三个试件中有一个折断面位于两个集中荷载之外时，则混凝土抗折强度值按另两个试件的试验结果计算。若这两个测值的差值不大于这两个测值中较小值的 15% 时，则该组试件的抗折强度值按这两个测值的平均值计算，否则该组试件的试验无效。若有两个试件的下边缘断裂位置位于两个集中载荷作用线之外，则该组试件试验无效。

④采用 100 mm×100 mm×400 mm 非标准试件时，应乘以尺寸换算系数 0.85；当混凝土强度等级≥C60 时，宜采用标准试件；使用非标准试件时，尺寸换算系数应由试验确定。

4.8.4　砂浆和易性的检测

砂浆性能检测

1. 砂浆拌合物的试验室制备

（1）取样及试样制备

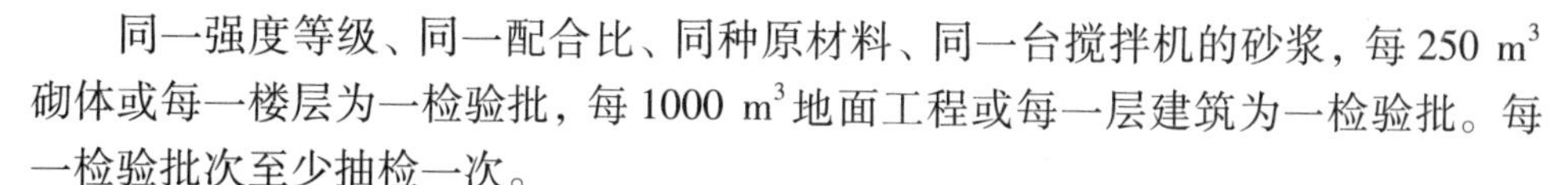

同一强度等级、同一配合比、同种原材料、同一台搅拌机的砂浆，每 250 m^3 砌体或每一楼层为一检验批，每 1000 m^3 地面工程或每一层建筑为一检验批。每一检验批次至少抽检一次。

建筑砂浆检测用料应从同一盘砂浆或同一车砂浆中取样。取样量不得少于试验所需量的 4 倍。当施工过程中进行砂浆试验时，砂浆取样方法应按相应的施工验收规范执行，并宜在现场搅拌点或预拌砂浆卸料点的至少 3 个不同部位取样。对于现场取得的试样，试验前应人工搅拌均匀。从取样完毕到开始进行各项性能检测不宜超过 15 min。

在试验室制备砂浆试样时，所用材料应提前 24 h 运入室内。拌和时试验室的温度应保持在（20 ±5）℃。需要模拟施工条件下所用的砂浆时，所用原材料的温度宜于施工现场保持一致。

试验所用原材料应与现场使用材料一致。砂应通过公称粒径 4.75 mm 筛。

试验室拌制砂浆时，材料用量应以质量计。称量精度：水泥、外加剂、掺合料等为 ±0.5%；砂为 ±1%。

在试验室搅拌砂浆时应采用机械搅拌，搅拌的用量宜为搅拌机容量的 30% ~70%，搅拌时间不应少于 120 s。掺有掺合料和外加剂的砂浆，其搅拌时间不应少于 180 s。

（2）主要仪器设备

①砂浆搅拌机。

②磅秤。

③天平。

④拌和钢板、抹刀等。

（3）拌和方法

①人工拌和法。将拌和铁板与拌铲等用湿布润湿后，将称好的砂子平摊在拌和板上，再倒入水泥，用拌铲自拌和板一端翻拌至另一端，如此反复，直至拌匀。

将拌匀的混合料集中成锥形，在堆上做一凹槽，将称好的石灰膏或黏土膏倒入凹槽中，再倒入适量的水将石灰膏或黏土膏稀释（如为水泥砂浆，将称好的水倒一部分到凹槽里），然后与水泥及砂一起拌和，逐次加水，仔细拌和均匀。

拌和时间一般需 5 min，和易性满足要求即可。

②机械拌和法。拌前先对砂浆搅拌机挂浆，即用按配合比要求的水泥、砂、水，在搅拌机中搅拌（涮膛），然后倒出多余砂浆。其目的是防止正式拌和时水泥浆损失影响到砂浆的配合比。

将称好的砂、水泥倒入搅拌机内。

开动搅拌机，将水徐徐加入（如是混合砂浆，应将石灰膏或黏土膏用水稀释成浆状），搅拌时间从加水完毕算起为 3 min。

将砂浆从搅拌机倒在铁板上，再用铁铲翻拌两次，使之均匀。

2. 砂浆的稠度检测

(1)试验目的

确定砂浆的配合比，或在施工工程中控制稠度，以保证施工质量。掌握行业标准 JGJ/T 70—2009《建筑砂浆基本性能试验方法》，正确使用仪器设备并熟悉其性能。

(2)主要仪器设备

①砂浆稠度仪：由试锥、容器和支座三部分组成，如图 4－23 所示。试锥由钢材或铜材制成，试锥高度为 145 mm，锥底直径为 75 mm，试锥连同滑杆的重量应为(300 ±2) g；盛载砂浆容器由钢板制成，筒高为 180 mm，锥底内径为 150 mm；支座分底座、支架及刻度显示三个部分，由铸铁、钢及其他金属制成。

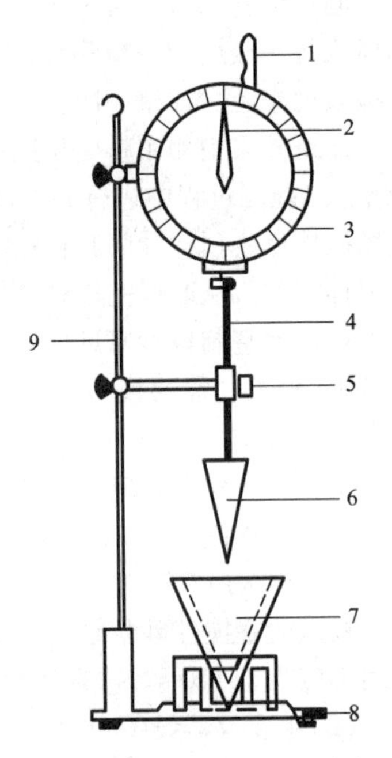

1—齿条测杆；2—摆针；3—测度盘；4—滑杆；5—制动螺丝；6—试锥；7—盛装容器；8—底座；9—支架

图 4－23 砂浆稠度测定仪

②钢制捣棒：直径为 10 mm，长度为 350 mm，端部磨圆。

③台秤、量筒、秒表等。

(3)试验步骤

①先采用少量润滑油轻擦滑杆，后将滑杆上多余的油用吸油纸擦净，使滑杆能自由滑动。

②采用湿布擦净盛浆容器和试锥表面，再将砂浆拌合物一次装入容器，使砂浆表面低于容器口 10 mm，用捣棒自容器中心向边缘插捣 25 次，然后轻轻地将容器摇动或敲击 5～6 下，使砂浆表面平整，随后将容器置于稠度测定仪的底座上。

③拧开试锥滑杆的制动螺丝，向下移动滑杆，当试锥尖端与砂浆表面刚接触时，拧紧制动螺丝，使齿条测杆下端刚接触滑杆上端，并将指针对准零点上。

④拧开制动螺丝，同时计时间，10 s 时立刻拧紧螺丝，将齿条测杆下端接触滑杆上端，从刻度盘上读出下沉深度(精确到 1 mm)，即为砂浆的稠度值。

⑤盛浆容器的砂浆，只允许测定一次稠度，重复测定时，应重新取样测定。

(4)试验结果评定

同盘砂浆应取两次试验结果的算术平均值作为测定值，并应精确至 1 mm。

当两次试验值之差大于 10 mm，应重新取样测定。

3. 砂浆的分层度检测

(1)试验目的

测定砂浆拌合物的分层度，以确定在运输及停放时的砂浆拌合物的稳定性，评定其和易性。掌握行业标准 JGJ/T 70—2009《建筑砂浆基本性能试验方法》，正确使用仪器设备并熟悉其性能。

(2)主要仪器设备

①砂浆分层度测定仪：应由钢板制成，内径为 150 mm，上节高度为 200 mm，下节带底净高为 100 mm，两节连接处应加宽 3～5 mm，并设有橡胶垫圈，如图 4－24 所示。

②振动台：振幅为(0.5 ±0.05) mm，频率为(50 ±3)Hz。

③砂浆稠度测定仪、木锤、秒表等。

(3)试验步骤

①首先将砂浆拌合物按稠度试验方法测定稠度。

②将砂浆拌合物一次装入分层度筒内，待装满后，用木锤在分层度筒周围距离大致相等的四个不同部位轻轻敲击 1 ~2 下；当砂浆沉落到低于筒口时，则应随时添加，然后刮去多余的砂浆并用抹刀抹平。

③静置 30 min 后，去掉上节 200 mm 砂浆，将剩余的 100 mm 砂浆倒出放在拌和锅内拌 2 min，再按稠度试验方法测其稠度。前后测得的稠度之差即为该砂浆的分层度值(mm)。

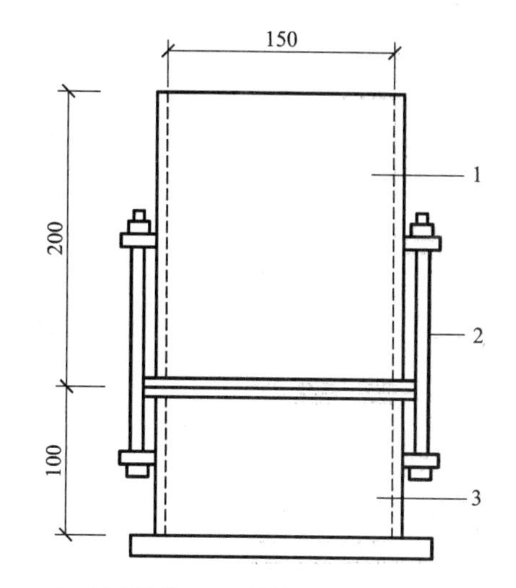

1—无底圆筒；2—连接螺栓；3—有底圆筒

图 4 –24　砂浆分层度测定仪(单位：mm)

(4)试验结果评定

取两次试验结果的算术平均值作为砂浆的分层度值，精确至 1 mm。

当两次分层度试验值之差如大于 10 mm 时，则应重新取样测定。

4. 砂浆保水性试验

(1)试验目的

测定砂浆保水性，以判断砂浆拌合物在运输及停放时内部组分的稳定性。掌握行业标准《建筑砂浆基本性能试验方法》(JGJ/T 70—2009)，正确使用仪器设备并熟悉其性能。

(2)主要仪器设备

①金属或硬塑料圆环试模，内径 100 mm，内部高度 25 mm；

②可密封的取样容器，应清洁、干燥；

③2 kg 的重物；

④金属滤网：网格尺寸为 45 μm，圆形，直径为(110 ±1) mm；

⑤超白滤纸，符合《化学分析滤纸》(BG/T 1914)中速定性滤纸。直径 110 mm，200 g/m^2；

⑥两片金属或玻璃的方形或圆形不透水片，边长或直径大于 110 mm；

⑦天平：量程 200 g，感量 0.1 g；量程 2000 g，感量 1 g；

⑧烘箱。

(3)试验步骤

①称量底板不透水片与干燥试模质量 m_1 和 15 片中速定性滤纸质量 m_2。

②将砂浆拌合物一次装入试模，并用抹刀插捣数次，当装入的砂浆略高于试模边缘时，用抹刀一次性将试模表面多余的砂浆刮去，将砂浆表面刮平。

③将试模边的砂浆擦净，称量试模、下不透水片和砂浆的质量 m_3。

④用金属滤网覆盖在砂浆表面，再在滤网表面放上 15 片滤纸，将上部不透水片盖在滤纸表面，然后用 2 kg 的重物压着上不透水片。

⑤静置 2 min 后移走重物及上部不透水片，取出滤纸(不包括滤网)，迅速称量滤纸质量 m_4。

(4)试验结果评定

砂浆保水率按下式计算：

$$W=\left[1-\frac{m_4-m_2}{\alpha\times(m_3-m_1)}\right]\times 100$$

式中：W——砂浆保水率%；

m_1——底部不透水片与干燥试模质量，g，精确至 1 g；

m_2——15 片滤纸吸水前的质量，g，精确至 0.1 g；

m_3——试模、底部不透水片与砂浆总质量，g，精确至 0.1 g；

m_4——15 片滤纸吸水后的质量，g，精确至 0.1 g；

α——砂浆含水率，%。

取两次试验结果的算术平均值作为砂浆的保水率，精确至 0.1%，且第二次试验应重新取样测定。当两个测定值之差超过 2% 时，此组试验结果无效。

测定砂浆的含水率时，应称取(100 ±10) g 砂浆拌合物试样，置于一干燥并已称重的盘中，在(105 ±5)℃的烘箱中烘干至恒重。砂浆含水率按下式计算：

$$\alpha=\frac{m_6-m_5}{m_6}\times 100$$

式中：α——砂浆含水率，%；

m_5——烘干后砂浆样本的质量，g，精确至 1 g；

m_6——砂浆样本的总质量，g，精确至 1 g。

取两次试验结果的算术平均值作为砂浆的含水率，精确至 0.1%。当两个测定值之差超过 2% 时，此组试验结果无效。

4.8.5 砂浆抗压强度的检测

1. 试验目的

测定建筑砂浆立方体的抗压强度，确定砂浆的强度等级并判断是否达到设计要求。掌握行业标准 JGJ/T 70—2009《建筑砂浆基本性能试验方法》，正确使用仪器设备并熟悉其性能。

2. 主要仪器设备

(1)压力试验机

精度为 1%，试件破坏荷载应不小于压力机量程的 20%，且不大于全量程的 80%。

(2)试模

尺寸为 70.7 mm ×70.7 mm ×70.7 mm 的带底试模，材质应符合现行行业标准《混凝土试模》JG 237 的规定选择，应具有足够的刚度并拆装方便。试模的内表面应机械加工，其不平度应为每 100 mm 不超过 0.05 mm，组装后各相邻面的不垂直度不应超过 ±0.5°。

(3)钢制捣棒

直径为 10 mm，长为 350 mm，端部磨圆。

(4)垫板

试验机上、下压板及试件之间可垫以钢垫板，垫板的尺寸应大于试件的承压面，其不平度应为每 100 mm 不超过 0.02 mm。

(5)振动台

空载中台面的垂直振幅应为(0.5 ±0.05) mm，空载频率应为(50 ±3) Hz，空载台面振幅均匀度不大于 10%，一次试验至少能固定 3 个试模。

3. 试件制备

(1)采用立方体试件，每组试件 3 个。

(2)应用黄油等密封材料涂抹试模的外接缝，试模内涂刷薄层机油或隔离剂。将拌制好的砂浆一次性装满砂浆试模，成型方法根据稠度而定。当稠度大于 50 mm 时宜采用人工插捣成型，当稠度不大于 50 mm 时宜采用振动台振实成型。

①人工插捣：用捣棒均匀地由边缘向中心按螺旋方式插捣 25 次，插捣过程中如砂浆沉落低于试模口，应随时添加砂浆，可用油灰刀插捣数次，并用手将试模一边抬高 5 ~ 10 mm 各振动 5 次，砂浆应高出试模顶面 6 ~ 8 mm。

②机械振动：将砂浆一次装满试模，放置到振动台上，振动时试模不得跳动，振动 5 ~ 10 s 或持续到表面出浆为止，不得过振。

(3)应待表面水分稍干后，再将高出试模部分的砂浆沿试模顶面刮去抹平。

4. 试件养护

(1)试件制作后应在(20 ±5)℃的环境下静置(24 ±2) h，对试件进行编号、拆模。当气温较低时，或者凝结时间大于 24 h 的砂浆，可适用延长时间，但不应超过 2 d。试件拆模后，应在(20 ±2)℃，相对湿度 90% 以上的标准养护室中养护。养护期间，试件彼此间隔不小于 10 mm，混合砂浆、湿拌砂浆试件上面应覆盖以防有水滴在试件上。

(2)从搅拌加水开始计时，标准养护龄期为 28 d，也可根据相关标准要求增加 7 d 或 14 d。

5. 立方体抗压强度试验

(1)试件从养护地点取出后应及时进行试验。试验前先将试件擦拭干净，测量尺寸，并检查其外观，并应计算试件的承压面积。当实测尺寸与公称尺寸之差不超过 1 mm，可按公称尺寸进行计算。

(2)将试件安放在试验机的下压板或下垫板上，试件的承压面应与成型时的顶面垂直，试件中心应与试验机下压板或下垫板中心对准。开动试验机，当上压板与试件或上垫板接近时，调整球座，使接触面均衡受压。承压试验时应连续而均匀地加荷，加荷速度应为 0.25 ~ 1.5 kN/s。当试件接近破坏而开始迅速变形时，停止调整试验机油门，直至试件破坏，然后记录破坏荷载 N_u。

6. 试验结果评定

砂浆立方体抗压强度应按下式计算，精确至 0.1 MPa。

$$f_{m,cu} = K\frac{N_u}{A}$$

式中：$f_{m,cu}$——砂浆立方体试件的抗压强度值，MPa；

N_u——试件破坏荷载，N；

A——试件承压面积，mm^2；

K——换算系数，取 1.35。

以3个试件测定值的算术平均值作为该组试件的抗压强度值，精确至0.1 MPa。

当3个测值的最大值或最小值中有一个与中间值的差值超过中间值的15%时，应把最大值及最小值一并舍去，取中间值作为该组试件的抗压强度值。

当两个测值与中间值的差值均超过中间值的15%时，该组试验结果应为无效。

【模块小结】

混凝土的基本组成材料为水泥、水、粗骨料、细骨料、外加剂等，它们在混凝土中各自起着不同的作用。混凝土所用原材料的质量必须满足国家有关标准规定要求。

混凝土拌合物的和易性包括流动性、黏聚性、保水性三个方面，这三个方面的性能要达到均为良好的状态，混凝土的工作性能才良好。常采用坍落度或维勃稠度试验进行检测。

混凝土的强度有抗压强度、抗拉强度、抗折强度等。混凝土的强度等级采用立方体抗压强度标准值确定。提高混凝土强度应从影响混凝土强度的因素着手。

混凝土的耐久性包括抗渗性、抗冻性、抗腐蚀性、抗碳化能力、碱骨料反应等。混凝土的耐久性与混凝土的密实度关系密切，也与水泥用量、水胶比密切相关。

混凝土配合比设计主要围绕四个基本要求进行，即满足设计强度要求、适应于工程施工条件下的和易性要求、满足使用条件下的耐久性要求、最大限度地降低工程造价。配合比设计时应正确确定三个参数，先计算出初步配合比，再通过实验室拌和调整，确定基准配合比和实验室配合比，最后根据施工现场骨料的含水率确定施工配合比。

其他品种的混凝土也日益得到广泛使用。各种混凝土的性能、特点各具特色，分别适用于不同的环境，扩大了混凝土的应用范围，从长远看是很有发展潜力的。

砂浆是一种细集料混凝土，在建筑中起黏结、传递应力、衬垫、防护和装饰等作用。建筑砂浆按其用途可分为砌筑砂浆、抹面砂浆和特种砂浆。

砂浆的和易性包括流动性和保水性两个方面的含义，其中流动性用稠度表示，用砂浆稠度仪检测，保水性用分层度和保水率表示，用砂浆分层度仪检测。

砂浆的强度是砂浆立方体标准试块在标准条件下养护28 d测得的抗压强度，分为多个强度等级。影响砂浆抗压强度的主要因素是水泥的强度等级和用量(或*W/C*)，砂的质量、掺和料的品种及用量、养护条件(温度和湿度)等对砂浆的强度也有一定的影响。

【技能抽查题】

一、单项选择题

1. 配制水泥混凝土宜优先选用(   )。

A. 1 区砂　　B. 2 区砂　　C. 3 区砂　　D. 4 区砂

2. 下列关于混凝土强度影响因素的描述，错误的是(   )。

A. 若水胶比不变，水泥强度越高，则混凝土的强度也越高

B. 其他条件相同时，碎石混凝土的强度高于卵石混凝土的强度

C. 正常养护条件下混凝土的强度随龄期的增长而提高

D. 混凝土的强度随水胶比增大而增加

3. 混凝土拌合物及养护用水宜采用(　　)。

A. 饮用水　　B. 海水　　C. 生活污水　　D. 地下水

4. 普通混凝土的强度等级是以具有95%保证率的(　　)天的标准尺寸立方体抗压强度代表值来确定的。

A. 3　　B. 7　　C. 14　　D. 28

5. 混凝土各种力学性能指标的基本代表值是(　　)。

A. 立方体抗压强度标准值　　B. 轴心抗压强度标准值

C. 轴心抗压强度设计值　　D. 轴心抗拉强度标准值

6. 对于现浇混凝土实心板，粗骨料的最大粒径不宜超过板厚的(　　)，且不超过40 mm。

A. 1/2　　B. 1/3　　C. 1/4　　D. 1/5

7. 根据大量试验资料统计表明，混凝土轴心抗压强度(　　)立方体抗压强度。

A. 小于　　B. 等于　　C. 大于　　D. 大于或等于

8. 在试验室拌制混凝土试块，坍落度大于70 mm的宜用(　　)。

A. 捣棒人工捣实　　B. 平板振动器振实

C. 自由密室　　D. 振动棒振实

9. 坍落度法是测量混凝土拌合物(　　)的方法。

A. 和易性　　B. 强度　　C. 硬化速度　　D. 密度

10. 夏季混凝土施工时，应首先考虑加入的外加剂是(　　)。

A. 引气剂　　B. 缓凝剂　　C. 减水剂　　D. 速凝剂

11. 当混凝土拌合物流动性偏小时，应采取(　　)的办法来调整。

A. 保持水胶比不变的情况下，增加水泥浆数量　　B. 加适量水

C. 延长搅拌时间　　D. 加适量水泥

12. 大体积混凝土工程常用的外加剂是(　　)。

A. 引气剂　　B. 缓凝剂　　C. 减水剂　　D. 速凝剂

13. 配制混凝土用砂的要求是尽量采用(　　)的砂。

A. 空隙率小　　B. 总表面积小

C. 总表面积大　　D. 空隙率和总表面积均较小

14. 混凝土拌合物的和易性好坏，直接影响工人浇注混凝土的效率，而且会影响(　　)。

A. 混凝土硬化后的强度　　B. 混凝土密实度

C. 混凝土耐久性　　D. 混凝土密实度、强度、耐久性

15. 砂的粗细程度用(　　)来表示。

A. 级配区　　B. 细度模数　　C. 压碎指标值　　D. 比表面积

16. 砂浆的分层度一般在(　　)为宜。

A. 5 ~ 10 mm　　B. 10 ~ 20 mm　　C. 20 ~ 30 mm　　D. 30 ~ 35 mm

17. 在试验室制备砂浆拌合物时，试验所用原材料应与现场使用材料一致，砂应通过公称粒径(　　)mm筛。

A. 4.75　　B. 3.5　　C. 7　　D. 2.36

18. 在试验室搅拌砂浆时应采用机械搅拌，掺有掺合料和外加剂的砂浆，其搅拌时间不应少于(　　)s。

A. 90　　B. 120　　C. 150　　D. 180

19. 砂浆的强度主要取决于(　　)。

A. 外加剂的掺入量　　B. 养护条件

C. 水泥强度和水泥用量　　D. 砂子的强度

20. 砂浆强度等级根据(　　)来确定。

A. 轴心抗压强度　　B. 立方体抗压强度

C. 水灰比　　D. 水泥强度

二、多项选择题

1. 粗集料的质量要求包括(　　)。

A. 最大粒径及级配　　B. 表面特征

C. 强度与坚固性　　D. 有害物质含量

2. (　　)属于提高混凝土耐久性的主要措施。

A. 根据混凝土工程所处环境条件合理选择水泥品种

B. 控制混凝土的最大水灰比和最小水泥用量

C. 掺加早强外加剂

D. 严格控制混凝土施工质量

3. 混凝土拌合物的坍落度具体选用时，主要应考虑(　　)等方面。

A. 构件截面尺寸　　B. 结构布筋情况

C. 施工捣实方式　　D. 结构部位

4. 砂的筛分析试验可以检测以下哪些指标(　　)。

A. 级配　　B. 细度模数　　C. 压碎指标值　　D. 比表面积

5. 混凝土拌合物的水胶比过大时，会造成(　　)。

A. 坍落度降低　　B. 黏结性和保水性不良

C. 混凝土强度降低　　D. 流浆

6. 设计混凝土配合比时要确定的三个重要参数是(　　)。

A. 水胶比　　B. 单位用水量　　C. 最小水泥用量　　D. 砂率

7. 在水泥用量不变的情况下，提高混凝土强度的措施有(　　)。

A. 采用高强度等级水泥　　B. 提高砂率

C. 降低水灰比　　D. 加强养护

8. 采用下列(　　)方法，可有效提高混凝土的抗渗性。

A. 掺用混凝土高效减水剂　　B. 掺用混凝土引气剂

C. 减小水灰比　　D. 增大粗骨料粒径

9. 砂浆和易性包括(　　)。

A. 流动性　　B. 保水性　　C. 黏聚性　　D. 渗透性

10. 下列(　　)选项中，可以要求砂浆的流动性大些。

A. 多孔吸水的材料　　B. 干热的天气

C. 手工操作砂浆　　D. 密实不吸水砌体材料

三、判断题

1. 拌合物的流动性随温度的升高而降低，故夏季施工时，为保持一定的和易性，应适当提高拌合物的用水量。（　　）

2. 混凝土用砂的细度模数越大，则该砂的级配越好。（　　）

3. 在进行混凝土立方体抗压强度值试验时，加荷速度越快，测得的强度值越大。（　　）

4. 潮湿养护的时间越长，混凝土强度增长越快。（　　）

5. 相同骨料用量下，粗的骨料的总表面积较小，可节约水泥，所以工程中要尽可能用较粗的砂和石子。（　　）

6. 混凝土的和易性包括流动性、黏聚性和保水性，各性能之间相互关联又相互矛盾，三方面性能要统一。（　　）

7. 采用石灰混合砂浆是为了改善砂浆的流动性。（　　）

8. 砂浆的流动性用沉入度表示，沉入度愈小，表示流动性愈小。（　　）

9. 相同流动性条件下，用粗砂拌制混凝土比细砂所用的水泥浆要省。（　　）

10. 影响砂浆强度的因素主要有水泥强度等级和水胶比。（　　）

四、案例分析题

1. 某施工工地向商品混凝土搅拌站购买了C20的混凝土，在施工现场留置了一组边长为150 mm的立方体试块，标准养护28 d，测得的抗压破坏载荷分别为510 kN、520 kN、650 kN。确定该批混凝土的抗压强度是否合格。

2. 某工地进场一批砂，取砂样做筛分析试验，各筛筛余量如下表：问(1)是否符合中砂级配要求？(2)细度模数是多少？

筛孔尺寸/mm	9.50	4.75	2.36	1.18	0.6	0.3	0.15	0
试样1筛余量/g	0	25	70	78	98	124	103	2
试样1筛余量/g	0	23	71	81	99	122	101	3

3. 施工现场现场砂石的情况：砂的含水率为4%，石的含水率为2%，混凝土的设计配合比为 $m_c:m_s:m_g=1:2.34:4.32$，$W/B=0.6$，请问每搅拌一盘混凝土（混凝土搅拌机每搅拌一盘混凝土用水泥两包），各组成材料的用量是多少？

模块五 墙体材料

能力目标	知识目标
1. 具有正确选用砌墙砖、砌块及墙板的能力 2. 能对砌墙砖、砌块及墙板进行正确管理 3. 具有对砌墙砖的外观质量、强度进行检测及等级评定的能力	1. 掌握常用砌墙砖、砌块及墙板的品种、规格、标记方法、质量等级、特点及应用 2. 熟悉常用砌墙砖、砌块及墙板的质量标准与施工管理 3. 了解常用砌墙砖、砌块及墙板的技术性质与产品质量验收

本模块推荐学习标准：

《烧结多孔砖和多孔砌块》(GB 13544—2011)

《烧结空心砖和空心砌块》(GB/T 13545—2014)

《蒸压加气混凝土砌块》(GB 11968—2006)

《普通混凝土小型砌块》(GB 8239—2014)

《砌墙砖试验方法》(GB/T 2542—2012)

墙体材料

用于砌筑、拼装或用其他方法构成承重或非承重墙体的块状材料称为墙体材料。墙体材料在建筑中除起着承重、围护、分隔作用外，还应具有防渗、保温、隔热、吸声、隔声等功能，以确保建筑结构的安全和室内环境的舒适度。因此，作为墙体材料，既要满足相应的强度要求，同时还要实现建筑节能的目的。墙体材料约占建筑物总质量的50%，用量较大，合理选择和正确使用墙体材料对保证建筑物的使用功能、降低工程总造价、提高建筑物的使用寿命起着非常重要的作用。充分利用工业废料和采用新型墙体材料，既有利于节约资源、节能降耗，也有利于环境保护，实现可持续发展的战略。墙体材料主要包括砖、砌块及轻质墙板。

5.1 砌墙砖

砖是以黏土、页岩、工业废料或其他地方资源为主要原料，用不同工艺制作而成的，用于砌筑承重墙和非承重墙及其他砌筑工程的小型块状材料。

按外观形态不同，砖分为普通砖、多孔砖和空心砖。无孔洞或孔洞率<25%的砖为普通砖；孔洞率≥25%且≤35%的为多孔砖；孔洞率≥40%的为空心砖。孔洞率是指砖中各孔洞体积之和占按外轮廓尺寸计算的砖体积的百分率。

按制造工艺不同，砖又分为烧结砖和非烧结砖两大类。经焙烧而成的砖称为烧结砖；不经过焙烧而制成的砖称为非烧结砖，主要有蒸压(蒸养)砖和混凝土砖。经高压(或常压)蒸汽养护而成的砖称为蒸压(蒸养)砖；混凝土砖是以水泥、砂、石等为主要原料，经配料、搅拌、成型、养护制成的砖。

5.1.1　烧结砖

烧结砖是指以黏土、页岩、煤矸石、粉煤灰、淤泥或工业固体废弃物为主要原料，经焙烧而成的直角六面体块体材料。按主要原料分为黏土砖（N）、页岩砖（Y）、煤矸石砖（M）、粉煤灰砖（F）、淤泥砖（U）和固体废弃物砖（G）。常用的品种有烧结普通砖（实心砖）、烧结多孔砖和烧结空心砖。其中，多孔砖具有质量轻、强度高、隔热保温性能好、节能等特点，是目前应用最广泛的品种。

1. 烧结砖的技术要求

烧结砖的主要技术要求包括：尺寸偏差、外观质量、强度、抗风化性能、泛霜、石灰爆裂、吸水率与饱和系数、放射性。此外，对于烧结多孔砖和烧结空心砖，其毛体积密度、孔型结构和孔洞率还应符合国家有关标准的规定。

（1）尺寸偏差

尺寸偏差是指烧结砖的实际尺寸与标准规定的公称尺寸之间的偏差。尺寸偏差过大，将影响砌体结构的外观和强度，故其偏差应符合国家有关标准的要求。

（2）外观质量

外观质量是指砖的厚度不匀、缺棱掉角、裂纹、弯曲的程度等。其外观质量的优劣直接影响砌体结构的外观和强度，故外观质量应符合国家有关标准的要求。

（3）抗风化性能

抗风化性能是指砖对于温度、干湿、冻融等气候因素引起风化破坏的抵抗能力。砖的抗风化性能可用抗冻性、吸水率及饱和系数三项指标来衡量。抗冻性是经 15 次冻融循环后，砖样不允许出现裂纹、分层、掉皮、缺棱、掉角等冻坏现象，且质量损失不得大于 2%。对于处于严重风化区的地区，砌墙砖必须进行冻融试验，经试验符合国家有关标准规定的才允许使用。

（4）泛霜

泛霜是指在新砌筑的砌体表面有时会出现一层白色的粉状物。出现泛霜是由于砖内含有较多可溶性盐类矿物，这些盐类矿物在砌筑时溶解于进入砖内的水中，当水分蒸发时，在砖的表面结晶析出成霜状（盐析）。根据泛霜程度，分为无泛霜（几乎看不到盐析）、轻微泛霜（出现一层细小霜膜）、中等泛霜（部分表面出现明显霜层）和严重泛霜（表面起砖粉、掉屑、脱皮现象）四种情况。严重泛霜的砖对建筑结构起破坏作用，不能使用。

泛霜

（5）石灰爆裂

烧结砖的原料或燃料中夹杂着石灰石等成分，烧结时被烧成过火生石灰，吸水后缓慢熟化产生体积膨胀，使砖发生爆裂的现象称之为石灰爆裂。石灰爆裂不但影响砖的外观，而且会降低砌体结构的强度。

（6）吸水率与饱和系数

将烘干的砖样先浸泡 24 h，再沸煮 5 h 后，测定其总的吸水率称为 5 h 沸煮吸水率；其浸泡 24 h 的吸水量与沸煮后的总吸水量的比值称为饱和系数。通过测定砖的 5 h 沸煮吸水率和饱和系数来衡量其抗风化性能。吸水率和饱和系数愈小，则砖的抗风化性能愈强。

(7)强度等级

根据砖的平均抗压强度不同分为若干个等级，强度等级由代号“MU”与抗压强度平均值来表示。如 MU15 表示该砖的平均抗压强度值不低于 15 MPa。砖的强度等级直接影响砌体结构的承载能力，故应根据砌体结构的设计要求，选用强度等级与之相适应的砖。

(8)放射性

放射性是指砖中含有镭$_{226}$、钍$_{232}$、钾$_{40}$等放射性物质。这些放射性物质如果含量超过规定要求，它们所释放的 γ 射线将对人体产生危害，故对其含量必须加以限量。

(9)毛体积密度

毛体积密度是衡量砖自重的一个指标。毛体积密度愈大，表明其孔隙率就愈小，保温性能就愈差，强度就愈高。

(10)孔型结构和孔洞率

孔型结构是指多孔砖和空心砖的孔洞排列情况；孔洞率是指孔洞的体积占砖的总体积的百分率。孔型结构和孔洞率对砖的强度及保温性有直接影响。

2. 常用烧结砖的质量标准与应用

(1)烧结普通砖

烧结普通砖的外观形状为实心的长方体，孔洞率小于 15%，毛体积密度为 1400 ~ 1900 kg/m^3，其外形见图 5 - 1。

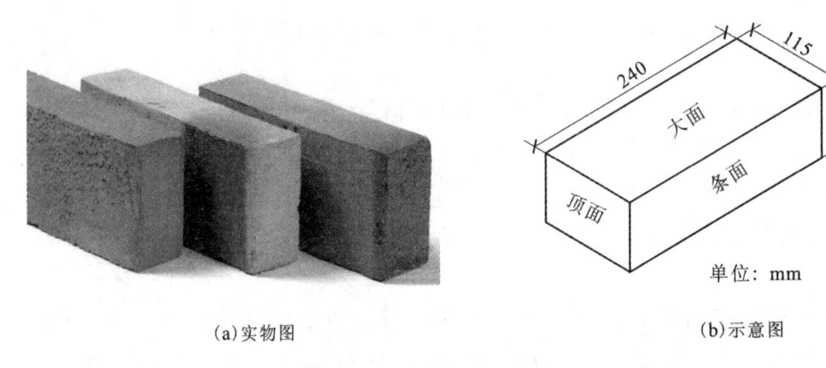

(a)实物图　　(b)示意图

图 5 - 1　烧结普通砖外形

规格品种：砖的公称尺寸为长 × 宽 × 高 = 240 mm × 115 mm × 53 mm。按砖的抗压强度分为 MU30、MU25、MU20、MU15 和 MU10 五个强度等级，各等级的强度要求见表 5 - 1。

表 5 - 1　烧结普通砖的强度等级(GB/T 5101—2017)

强度等级	10 块抗压强度平均值 $\bar{f}$/MPa，≥	抗压强度标准值 f_k/MPa，≥
MU30	30.0	22.0
MU25	25.0	18.0
MU20	20.0	14.0
MU15	15.0	10.0
MU10	10.0	6.5

注：$f_k = \bar{f} - 1.83s$（s 为 10 块砖的抗压强度标准差）。

质量等级：根据强度、抗风化性能、放射性核素限量、尺寸偏差、外观质量、泛霜和石灰爆裂分为合格品和不合格品两个质量等级，合格品的技术要求见表5－2。

表5－2　烧结普通砖的质量要求（GB/T 5101—2017）

<table>
<tr><td colspan="4">尺寸允许偏差/mm</td></tr>
<tr><td>公称尺寸</td><td colspan="2">样本平均偏差</td><td>样本极差，≤</td></tr>
<tr><td>240</td><td colspan="2">±2.0</td><td>6</td></tr>
<tr><td>115</td><td colspan="2">±1.5</td><td>5</td></tr>
<tr><td>53</td><td colspan="2">±1.5</td><td>4</td></tr>
<tr><td colspan="4">外观质量/mm</td></tr>
<tr><td colspan="3">项　目</td><td>指　标</td></tr>
<tr><td colspan="3">两条面高度差，≤</td><td>2</td></tr>
<tr><td colspan="3">弯曲，≤</td><td>2</td></tr>
<tr><td colspan="3">杂质凸出高度，≤</td><td>2</td></tr>
<tr><td colspan="3">缺棱掉角的三个破坏尺寸，不得同时大于</td><td>5</td></tr>
<tr><td rowspan="2">裂纹长度，≤</td><td colspan="2">大面上宽度方向及其延伸至条面的长度</td><td>30</td></tr>
<tr><td colspan="2">大面上长度方向及其延伸至顶面的长度或条面上水平裂纹的长度</td><td>50</td></tr>
<tr><td colspan="3">完整面，不得少于</td><td>一条面和一顶面</td></tr>
<tr><td colspan="4">泛霜与石灰爆裂</td></tr>
<tr><td>泛霜</td><td colspan="3">无泛霜</td></tr>
<tr><td>石灰爆裂</td><td colspan="3">最大破坏尺寸大于2 mm小于等于15 mm的爆裂区域，每组砖样不得多于15处，其中大于10 mm的不得多于7处；不允许出现最大破坏尺寸大于15 mm的爆裂区域。试验后抗压强度损失不得大于5 MPa</td></tr>
</table>

注：①为装饰而施加的色差、凹凸纹、拉毛、压花等不算作缺陷；②凡有下列缺陷之一者，不得称为完整面：缺损在条面或顶面上造成的破坏面尺寸同时大于10 mm×10 mm；条面或顶面上裂纹宽度大于1 mm，其长度超过30 mm；压陷、黏底、焦花在条面或顶面上的凹陷或凸出超过2 mm，区域尺寸同时大于10 mm×10 mm。

其他技术要求：烧结普通砖产品中不允许有欠火砖、酥砖、螺旋纹砖。砖的抗风化性能和放射性等技术要求应符合现行国家标准《烧结普通砖》(GB/T 5101—2017)的有关规定。

欠火砖是指未达到烧结温度或保持烧结温度时间不够的砖。色浅、敲击时音哑、孔隙率大、强度低、吸水率大、耐久性差。

酥砖是指因返潮、雨淋形成的分层等内部缺陷致成品砖被敲击时发出的声音混浊、沉闷、哑音或根本发不出声音或表面片状脱落的砖。易破碎、起壳、掉角，用手拿起碎块用力一捏，立刻呈粉末状，内芯有发黄、蜂窝现象，强度低、耐久性差。

螺旋纹砖是指砖体表面出现螺旋状裂纹的砖。螺旋纹砖受力后容易破碎，影响砌体的强度。

产品标记：按产品名称、类别、强度等级、质量等级和标准编号顺序编写。如强度等级为 MU15、质量等级为一等品的页岩烧结普通砖的标记为：烧结普通砖 Y MU15 B GB 5101—2017。

特点与应用：烧结普通砖具有较高的强度和耐久性、良好的保温隔热和隔声性能，但其自重大、块体小、施工效率低、能耗高、抗震性能差。适用于一般建筑物的承重和非承重墙体的砌筑。优等品适用于清水墙和装饰墙，一等品、合格品可用于混水墙的砌筑。中等泛霜的砖不能用于潮湿部位。也可用于砌筑柱、拱、窑炉、烟囱、台阶、沟道及基础等，亦可砌成薄壳，修建跨度较大的屋盖。在砖砌体中配置适当的钢筋或钢筋网成为配筋砖砌体，可代替钢筋混凝土过梁。在现代建筑中，还可与轻骨料混凝土、加气混凝土、岩棉等复合，砌筑成各种轻体墙，以增强其保温隔热性能。

烧结多孔砖

(2)烧结多孔砖

烧结多孔砖的外形为直角六面体，其外形见图 5 - 2。

(a) P型砖

(b) M型砖

图 5 - 2　烧结多孔砖外形

规格品种：砖的长、宽、高尺寸由 290 mm、240 mm、190 mm、180 mm、140 mm、115 mm、90mm 中的三个组合而成。按砖的毛体积密度的大小分为 1000 kg/m^3、1100 kg/m^3、1200 kg/m^3、1300 kg/m^3 四个等级；按整块砖的抗压强度分为 MU30、MU25、MU20、MU15、MU10 五个强度等级，各等级的强度要求同烧结普通砖，见表 5 - 1。

尺寸允许偏差和外观质量要求：砖的尺寸允许偏差和外观质量要求见表 5 - 3。

其他技术要求：烧结多孔砖产品中不允许有欠火砖、酥砖；砖的孔型结构及孔洞率、泛霜、石灰爆裂、抗风化性、放射性等技术要求应符合现行国家标准《烧结多孔砖和多孔砌块》(GB 13544—2011)的有关规定。

表 5-3 烧结多孔砖的尺寸允偏差(GB 13544—2011)

<table>
<tr><th colspan="3">尺寸允许偏差/mm</th></tr>
<tr><td>尺 寸</td><td>样本平均偏差</td><td>样本极差，≤</td></tr>
<tr><td>300～400</td><td>±2.5</td><td>9.0</td></tr>
<tr><td>200～300</td><td>±2.5</td><td>8.0</td></tr>
<tr><td>100～200</td><td>±2.0</td><td>7.0</td></tr>
<tr><td><100</td><td>±1.5</td><td>6.0</td></tr>
</table>

<table>
<tr><th colspan="3">外观质量/mm</th></tr>
<tr><td colspan="2">项 目</td><td>指 标</td></tr>
<tr><td colspan="2">完整面</td><td>不得少于一条面和一顶面</td></tr>
<tr><td colspan="2">缺棱掉角的三个破坏尺寸，不得同时大于</td><td>30</td></tr>
<tr><td rowspan="3">裂缝长度</td><td>大面(有孔面)上深入孔壁 15 mm 以上，宽度方向及其延伸至条面的裂纹长度，≤</td><td>80</td></tr>
<tr><td>大面(有孔面)上深入孔壁 15 mm 以上，长度方向及其延伸至顶面的裂纹长度，≤</td><td>100</td></tr>
<tr><td>条面上的水平裂纹长度，≤</td><td>100</td></tr>
<tr><td colspan="2">杂质在砖面上造成的凸出高度，≤</td><td>5</td></tr>
</table>

注：凡有下列缺陷之一者，不得称为完整面：缺损在条面或顶面上造成的破坏面尺寸同时大于 20 mm×30 mm；条面或顶面上裂纹宽度大于 1 mm，其长度超过 70 mm；压陷、黏底、焦花在条面或顶面上的凹陷或凸出超过 2 mm，区域最大投影尺寸同时大于 20 mm×30 mm。

产品标记：按产品名称、品种、规格、强度等级、密度等级和标准编号顺序编写。如规格为 290 mm×140 mm×90 mm、强度等级为 MU15、密度为 1200 级的页岩烧结多孔砖的标记为：烧结多孔砖 Y 290×140×90 MU15 1200 GB 13544—2011。

特点与应用：烧结多孔砖与烧结普通砖相比，除具有相当的强度外，还具有毛体积密度较小，自重较轻(墙体自重可减轻 1/5 左右)，保温隔热、隔声、吸潮、耐久性能好的特点。适用于一般建筑物的承重和非承重墙体的砌筑。

图 5-3 烧结空心砖外形

(3)烧结空心砖

烧结空心砖的外形为直角六面体，其外形见图 5-3。

规格品种：砖的长、宽、高尺寸可由 390 mm、290 mm、240 mm、190 mm、180(175) mm、140 mm、115 mm、90 mm 中的三个组合而成，其他规格尺寸可由供需双方协商确定；按砖的毛体积密度分为 800 kg/m^3、900 kg/m^3、1000 kg/m^3、1100 kg/m^3 四个级别；按砖的大面抗压强度分为 MU10.0、MU7.5、MU5.0、MU3.5 四个等级。

烧结空心砖

技术要求：烧结空心砖产品中不允许有欠火砖和酥砖；砖的尺寸偏差、外观质量、密度等级、强度等级、孔洞排列及其结构、泛霜、石灰爆裂、吸水率、抗风化性能及放射性等技术要求应符合现行国家标准《烧结空心砖和空心砌块》(GB/T 13545—2014)的有关规定。

产品标记：按产品名称、类别、规格、密度等级、强度等级、质量等级和标准编号顺序编写。如规格为 290 mm×190 mm×190 mm、强度等级为 MU7.5、密度为 800 级、优等品的页岩烧结空心砖的标记为：烧结空心砖 Y(290×190×190) 800 MU7.5 GB/T 13545—2014。

特点与应用：烧结空心砖具有质量轻，保温、隔热、隔声性能良好，块体大，施工效率高等特点，但由于其强度低，故仅适用于非承重墙体的砌筑。如多层建筑的内隔墙和框架结构的填充墙等。

5.1.2 非烧结砖

不经过焙烧而制成的砖，都属于非烧结砖。与烧结砖相比，它具有耗能低的优点。目前，非烧结砖主要有蒸养(压)砖和混凝土砖等。按外形分为普通砖(实心砖)和多孔砖两种。

蒸养砖和蒸压砖能够利用工业废料，因而具有节能环保，资源循环利用的经济效益和社会效益。

1. 非烧结砖的技术要求

非烧结砖的主要技术要求包括：尺寸偏差、外观质量、强度、抗冻性、干燥收缩率、吸水率、碳化性能、软化性能(软化系数)、放射性。此外，非烧结多孔砖的孔型结构和孔洞率还应符合国家有关标准的规定。

2. 常用非烧结砖的质量标准与应用

(1)蒸压灰砂砖

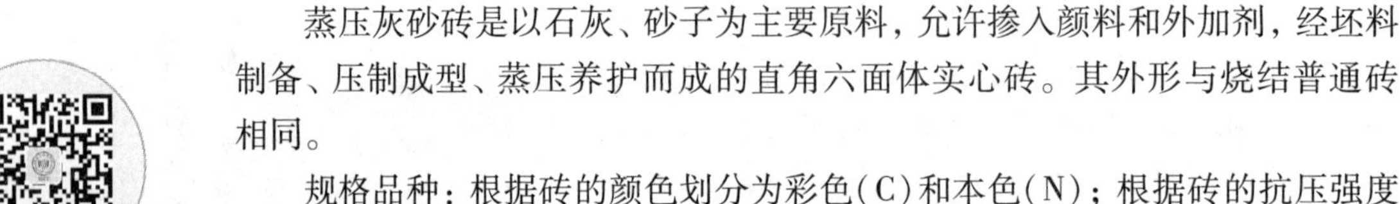

蒸压灰砂砖是以石灰、砂子为主要原料，允许掺入颜料和外加剂，经坯料制备、压制成型、蒸压养护而成的直角六面体实心砖。其外形与烧结普通砖相同。

蒸压灰砂砖

规格品种：根据砖的颜色划分为彩色(C)和本色(N)；根据砖的抗压强度和抗折强度分为 MU30、MU25、MU20、MU15 和 MU10 五个强度等级。

蒸压灰砂实心砖代号 LSSB，蒸压灰砂实心砌块代号 LSSV，大型蒸压灰砂实心砌块代号 LLSS。

技术要求：砖的尺寸偏差、外观质量、强度等级、抗冻性、放射性等技术要求应符合现行国家标准《蒸压灰砂实心砖和实心砌块》(GB 11945—2019)的有关规定。

产品标记：按代号、颜色、强度等级、规格尺寸和标准编号顺序编写。

特点与应用：蒸压灰砂砖强度高，无烧缩现象，尺寸偏差较小，外形光洁整齐。适用于承重和非承重墙体。MU15 及以上的砖可用于基础及其他建筑部位，MU10 的砖仅可用于防潮层以上的建筑部位。但是，由于蒸压灰砂砖的耐热性和耐腐蚀性较差，故不得用于长期受热 200℃以上、受急冷急热和有酸性介质侵蚀的建筑部位。

(2)蒸压灰砂多孔砖

蒸压灰砂多孔砖是以石灰、砂子为主要原料，允许掺入颜料和外加剂，经坯料制备、压制成型、蒸压养护而成的直角六面体多孔砖。其外形与烧结多孔砖相同。

规格品种：砖的公称尺寸为长×宽×高=240 mm×115 mm×90(115) mm。按整块砖的抗压强度分为MU30、MU25、MU20、MU15四个等级。

质量等级：按砖的尺寸偏差和外观质量分为优等品(A)和合格品(C)两个等级。

技术要求：多孔砖的孔洞应垂直于砖的大面，孔洞排列上下左右应对称，分布均匀，圆孔直径应≤22 mm，非圆孔内切圆直径应≤15 mm，孔洞外壁厚度应≥10 mm，肋厚应≥7 mm，孔洞率应≥25%；线性干燥收缩率应≤0.050%；碳化系数和软化系数应≥0.85；砖的尺寸允许偏差、外观质量、强度等级、抗冻性、放射性等技术要求应符合现行行业标准《蒸压灰砂多孔砖》(JC/T 637—2009)的有关规定。

产品标记：按产品名称、规格、强度等级、质量等级和标准编号顺序编写。如强度等级为MU20、质量等级为优等品、规格尺寸为240 mm×115 mm×90 mm的灰砂多孔砖的标记为：蒸压灰砂多孔砖240×115×90 MU20A JC/T637—2009。

特点与应用：蒸压灰砂多孔砖除了具有蒸压灰砂砖的优点外，还具有质轻、保温隔热、隔音等优点。应用范围同蒸压灰砂砖。

(3)蒸压粉煤灰多孔砖

蒸压粉煤灰多孔砖是以粉煤灰、生石灰(或电石渣)为主要原料，可掺加适量石膏等外加剂和其他集料，经坯料制备、压制成型、蒸压养护而成的直角六面体多孔砖，代号为AFPB。

规格品种：砖的长度可为360 mm、330 mm、290 mm、240 mm、190 mm、140 mm；宽度可为240 mm、190 mm、115 mm、90 mm；高度可为115 mm或90 mm。按整块砖的抗压强度和抗折强度分为MU25、MU20、MU15三个等级。

技术要求：砖的孔洞应与砌筑承受压力的方向一致，铺浆面应为盲孔或半盲孔，孔洞率为25%～35%；线性干燥收缩值应≤0.5 mm/m；碳化系数应≥0.85；吸水率应≤20%；砖的尺寸允许偏差、外观质量、强度等级、抗冻性和放射性等技术要求应符合现行国家标准《蒸压粉煤灰多孔砖》(GB 26541—2011)的有关规定。

产品标记：按产品代号(AFPB)、规格尺寸、强度等级和标准编号顺序编写。如规格尺寸为240 mm×115 mm×90 mm、强度等级为MU15的多孔砖的标记为：AFPB 240×115×90 MU15 GB 26541—2011。

特点与应用：蒸压粉煤灰多孔砖具有原材料丰富，生产技术简单，质量轻，强度高，保温隔热、隔声性能好，节能环保等优点。适用于工业与民用建筑的承重和非承重结构。

(4)承重混凝土多孔砖

承重混凝土多孔砖是以水泥、砂、石等为主要原料，经配料、搅拌、成型、养护制成的直角六面体多排孔混凝土砖。简称混凝土多孔砖，代号为LPB。其外形见图5-4。

图5-4　承重混凝土多孔砖外形

规格品种：砖的长度可为360 mm、290 mm、240 mm、190 mm、140 mm；宽度可为240、190 mm、115 mm、90 mm；高度可为115 mm、90 mm。按整块砖的抗压强度分为MU25、MU20、MU15三个强度等级。

技术要求：砖的孔洞应与砌筑承受压力的方向一致，铺浆面应为盲孔或半盲孔，最小外壁厚应≥18 mm，最小肋厚应≥15 mm，孔洞率为25% ~35%；线性干燥收缩率应≤0.045%；碳化系数和软化系数应≥0.85；吸水率应≤12%。砖的尺寸允许偏差、外观质量、相对含水率、强度等级、抗冻性和放射性等技术要求应符合现行国家标准《承重混凝土多孔砖》(GB 25779—2010)的有关规定。

产品标记：承重混凝土多孔砖的产品标记同蒸压粉煤灰多孔砖的产品标记。

特点与应用：承重混凝土多孔砖具有强度高，耐久性好，保温隔热、隔声性能好等优点。适用于工业与民用建筑的承重结构。

(4)炉渣砖

炉渣砖是以炉渣为主要原料，掺入适量水泥、电石渣、石灰、石膏，混合均匀压制成型后，经蒸汽或蒸压养护而成的直角六面体实心砖，代号为LZ。其外形与烧结普通砖相同。

规格品种：砖的公称尺寸为长×宽×高=240 mm×115 mm×53 mm。按砖的抗压强度划分为MU25、MU20、MU15三个等级。

技术要求：砖的线性干燥收缩率应≤0.06%，耐火极限应≥2.0 h；砖的尺寸允许偏差、外观质量、强度等级、抗冻性、抗碳化性、抗渗性、放射性等技术要求应符合现行行业标准《炉渣砖》(JC/T525—2007)的有关规定。

产品标记：按产品名称(LZ)、强度等级和标准编号顺序编写。如强度等级为MU20的炉渣砖的标记为：LZ MU20 JC/T525—2007。

特点与应用：由于炉渣具有大量微孔和良好的抗侵蚀性，故炉渣砖具有质量轻，保温隔热和抗侵蚀性能好，且具有利废、节能等优点。主要用于一般建筑物的承重和非承重墙体及基础部位。对于经常受干湿交替及冻融作用的建筑部位，最好使用高强度等级的炉渣砖或采用水泥砂浆抹面保护。防潮层以下的建筑部位应采用MU15以上的炉渣砖，MU10的炉渣砖只能用在防潮层以上的建筑部位。

5.2 建筑砌块

砌块是建筑工程中常用的新型墙体材料之一。它可以利用工业废料，化害为利，其块体较大，可提高砌筑效率，提高机械化程度。可以制成实心或空心，分别满足承重或轻质的要求；若在砂浆层中设置钢筋网片或在墙体内安插钢筋，容易满足牢固抗震的要求。因此，发展砌块建筑，是我国墙体材料改革的重要途径之一，尤其是空心砌块，其空心率可达35% ~50%，墙体自重可减轻30%以上，建筑功能也得到改善。

在砌筑块材中，凡长、宽、高有一项或一项以上分别大于365 mm、240 mm、115 mm，且高度不超过长或宽的6倍、长度不超过高度的3倍者，均称为砌块。

砌块按其用途分为承重砌块和非承重砌块；按其结构分为实心砌块和空心砌块；按其生产工艺分为非烧结砌块和烧结砌块；按产品规格分为小型砌块(主规格：高为115 ~380 mm)、中型砌块(主规格：高为380 ~980 mm)和大型砌块(主规格：高大于980 mm)。

由于砌块可以采用各种工业废料和地方资源，因此，若按所用原料来分，便有许多的品种，如硅酸盐混凝土砌块(粉煤灰砌块、加气混凝土砌块等)、轻骨料混凝土砌块(陶粒混凝土砌块、浮石混凝土砌块、火山渣混凝土砌块等)、水泥混凝土砌块、煤矸石砌块、石膏砌块、烧结黏土(煤矸石、页岩、粉煤灰)砌块等。常用的砌块有蒸压加气混凝土砌块、普通混凝土小型空心砌块、粉煤灰混凝土小型空心砌块。

5.2.1　蒸压加气混凝土砌块

蒸压加气混凝土砌块是以钙质材料(如水泥、石灰等)和硅质材料(如砂子、粉煤灰、矿渣等)为基本原料，以铝粉为发气剂，经过切割、蒸压养护等工艺制成的多孔、直角六面体块状墙体材料，代号为 AAC - B，其外形见图 5 - 5。

蒸压加气混凝土砌块

规格品种：砌块主规格尺寸为：长 600 mm；宽 100 mm、120 mm、125 mm、150 mm、180 mm、200 mm、240 mm、250 mm 或 300 mm；高 200 mm、240 mm、250 mm 或 300 mm。根据砌块的 100 mm 边长立方体抗压强度划分为 A1.5、A2.0、A2.5、A3.5、A5.0 五个强度等级，A1.5、A2.0 适用于建筑保温。根据砌块的干密度划分为 B03、B04、B05、B06、B07 五个级别，B03、B04 适用于建筑保温。根据尺寸偏差分为Ⅰ型和Ⅱ型，Ⅰ型适用于薄灰缝砌筑，Ⅱ型适用于厚灰缝砌筑。砌块的干密度、导热系数、干燥收缩值及强度级别应符合表 5 - 4 的规定。

图 5 - 5　蒸压加气混凝土砌块

表 5 - 4　砌块的干密度、导热系数、干燥收缩值及强度级别(GB 11968—2020)

干密度级别	B03	B04	B05	B06	B07
干密度/($kg \cdot m^{-3}$)，≤	350	450	550	650	750
强度级别	A1.5	A2.0、A2.5、A3.5	A2.5、A3.5、A5.0	A5.0	A5.0
导热系数(干态)/($W \cdot m^{-2} \cdot K^{-1}$)，≤	0.10	0.12	0.14	0.16	0.18
干燥收缩值/($mm \cdot m^{-1}$)，≤	0.50				

质量等级：砌块按其尺寸偏差、外观质量、干密度、抗压强度和抗冻性分为优等品(A)和合格品(B)两个质量等级。各等级的尺寸允许偏差与外观质量应符合表 5 - 5 的规定。

技术要求：砌块的强度等级、导热系数、抗冻性等技术要求应符合现行国家标准《蒸压加气混凝土砌块》(GB 11968—2020)的有关规定。

产品标记：按产品代号(AAC - B)，强度级别、干密度级别、规格尺寸和标准编号的顺序进行标记。如强度级别为 A3.5 级、干密度级别为 B05 级、规格尺寸为 600 mm × 200 mm × 250 mm 的蒸压加气混凝土砌块标记为：AAC - B A3.5 B05 600 × 200 × 250 GB/T 11968—2020。

表 5 -5　蒸压加气混凝土砌块的尺寸偏差与外观质量（GB 11968—2020）

<table>
<tr><th colspan="3" rowspan="2">项　目</th><th colspan="2">指标</th></tr>
<tr><th>Ⅰ型</th><th>Ⅱ型</th></tr>
<tr><td colspan="2" rowspan="3">尺寸允许偏差</td><td>长度/mm</td><td>±3</td><td>±4</td></tr>
<tr><td>宽度/mm</td><td>±1</td><td>±2</td></tr>
<tr><td>高度/mm</td><td>±1</td><td>±2</td></tr>
<tr><td rowspan="8">外观质量</td><td rowspan="3">缺棱掉角</td><td>最小尺寸/mm，≤</td><td>10</td><td>30</td></tr>
<tr><td>最大尺寸/mm，≤</td><td>20</td><td>70</td></tr>
<tr><td>大于以上尺寸的缺棱掉角个数/个，≤</td><td>0</td><td>2</td></tr>
<tr><td rowspan="3">裂纹长度</td><td>裂纹长度/mm，≤</td><td>0</td><td>70</td></tr>
<tr><td>任一面上不大于 70 mm 裂纹条数/条，≤</td><td>0</td><td>1</td></tr>
<tr><td>每块裂纹总数/条，≤</td><td>0</td><td>2</td></tr>
<tr><td colspan="2">损坏深度/mm，≤</td><td>0</td><td>10</td></tr>
<tr><td colspan="2">表面疏松、分层、油污</td><td>无</td><td>无</td></tr>
</table>

特点与应用：蒸压加气混凝土砌块是一种轻质多孔、吸音隔热性能良好的墙体材料。主要用于建筑物的外填充墙和非承重内隔墙，也可与其他材料组合成为具有保温隔热功能的复合墙体，但不宜用于最外层。另外，蒸压加气混凝土砌块如无有效措施，不得用于建筑物标高 ±0.000 以下；长期浸水、经常受干湿交替或经常受冻融循环的部位；受酸碱化学物质侵蚀的部位以及制品表面温度高于 80℃的部位。

5.2.2　普通混凝土小型砌块

普通混凝土小型砌块是以水泥、砂、石和炉渣等原料加水搅拌，经振动、加压振动或冲击成型，再经养护制成的直角六面体墙体材料，其外形见图 5 -6。

规格品种：砌块主要规格尺寸为 390 mm × 190 mm × 190 mm。按整块砌块的抗压强度分为 MU5.0、MU7.5、MU10.0、MU15.0、MU20.0、MU25、MU30、MU35、MU40 十个强度等级。

技术要求：砌块的最小外壁厚应≥30 mm，最小肋厚应≥25 mm，空心率应≥25%；砌块的尺寸允许偏差、外观质量、强度等级、相对含水率、抗冻性、抗渗性等技术要求应符合现行国家标准《普通混凝土小型空心砌块》（GB 8239—2014）的有关规定。

产品标记：按产品代号、规格尺寸、强度等级和标准编号顺序编写。

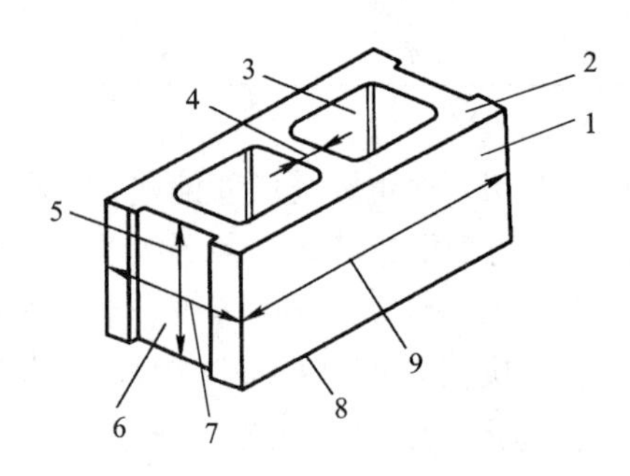

1—条面；2—坐浆面（肋厚较小的面）；3—壁；4—肋；5—高度；6—顶面；7—宽度；8—铺浆面；9—长度

图 5 -6　普通混凝土小型空心砌块外形

特点与应用：普通混凝土小型空心砌块具有块体大，质量轻，保温隔热、隔声性能好，施工效率高等优点。适用于工业与民用建筑的承重和非承重墙体。由于它的温度变形和干湿变形值都比普通烧结砖大，为了防止墙体开裂，应根据规定设置伸缩缝，并在必要部位增加圈梁或构造钢筋。

5.2.3 粉煤灰混凝土小型空心砌块

粉煤灰砌块

粉煤灰混凝土小型空心砌块是以粉煤灰、水泥、集料为主要组分(也可加入外加剂等)，加水搅拌、振动成型、蒸汽养护而制成的直角六面体墙体材料，代号为 FHB。其外形同普通混凝土小型空心砌块。

规格品种：砌块的主规格尺寸为长×宽×高＝390 mm×190 mm×190 mm。按砌块孔的排数分为单排孔(1)、双排孔(2)和多排孔(D)三类。按砌块的密度等级分为：600 kg/m^3、700 kg/m^3、800 kg/m^3、900 kg/m^3、1000 kg/m^3、1200 kg/m^3 和 1400 kg/m^3 七个等级。按整块砌块的抗压强度分为：MU3.5、MU5.0、MU7.5、MU10.0、MU15.0、MU20.0 六个等级。

技术要求：砌块的最小外壁厚，用于承重墙时应≥30 mm，用于非承重墙时应≥20 mm；最小肋厚，用于承重墙时应≥25 mm，用于非承重墙时应≥15 mm；线性干燥收缩率应≤0.06%；碳化系数和软化系数应≥0.80；相对含水率，潮湿地区应≤40%、中等地区应≤35%、干燥地区应≤30%；砌块的尺寸允许偏差、外观质量、强度等级、密度等级、抗冻性、放射性等技术要求应符合现行行业标准《粉煤灰混凝土小型空心砌块》(JC/T862—2008)的有关规定。

产品标记：按产品代号(FHB)、分类、规格尺寸、密度等级、强度等级和标准编号顺序编写。如规格尺寸为 390 mm×190 mm×190 mm、密度等级为 800 级、强度等级为 MU5 的双排孔砌块的标记为：FHB2 390×190×190 800 MU5 JC/T 862—2008。

特点与应用：砌块具有较好的后期强度储备，较好的抗震性、良好的保温性能和抗渗性，利废节能，块体大，施工效率高等优点。适用于民用和工业建筑的墙体。但不宜用于有酸性侵蚀的、经常处于高温或潮湿的部位以及有较大震动影响的建筑。

5.3 建筑墙板

建筑墙板

墙板与普通砖和砌块相比，具有轻质、多功能、便于拆装、平面尺寸大、施工效率高、改善墙体功能等特点。因此大力发展轻质墙板有助于带动建筑行业从落后的湿法施工向先进的干法施工迈进和跨越，从而实现住宅部件生产工业化、技术装备现代化、规模生产集约化、施工装备一体化；同时还可以减少墙体占用面积，提高住宅实用面积，减轻结构负荷，提高建筑物抗震能力及安全性能，降低综合造价。

目前，我国墙体板材品种较多。按墙板的主要组成材料可分为水泥类、石膏类和复合类墙板；按用途可分为内隔墙用板和外墙用板。

5.3.1 水泥类建筑墙板

1. 预应力混凝土空心板

预应力混凝土空心板，简称空心板(YKB)或SP板，它是以高强度低松弛预应力钢绞线或钢丝，水泥及砂、石为原料，采用先张法，经搅拌、挤压、养护、放张、切割而成的混凝土空心墙板，其外形见图5-7。根据需要可配以保温层、外饰面层和防水层。

规格品种：板的宽度可为500 mm、600 mm、900 mm或1200 mm；高度可为120 mm、150 mm、180 mm、200 mm、240 mm、250 mm、300 mm、360 mm或380 mm；长度可根据设计要求而定，但不宜超过高度的40倍。

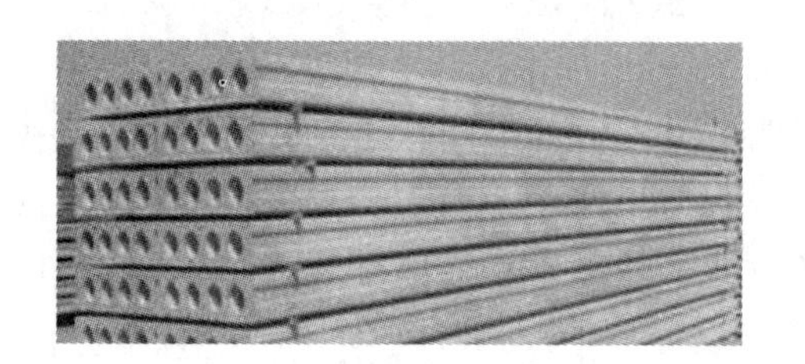

图5-7 预应力混凝土空心墙板

技术要求：板的混凝土强度等级应≥C30；预应力筋保护层厚度应≥20 mm；板的尺寸允许偏差、外观质量、结构性能(板的承载力、抗裂荷载)等技术要求应符合《SP预应力空心板》(05SG408)和《预应力混凝土空心板》(GB/T 14040—2007)的有关规定。

产品标记：预应力混凝土空心板产品的标记方法示例。如板的标志尺寸为长×宽×高=8400 mm×600 mm×200 mm；预应力钢筋为1×7股标准型钢绞线，钢绞线直径为12.7 mm，抗拉强度标准值为1860 MPa，数量为8根；预应力钢筋保护层厚度为30 mm；板的设计荷载等级为1级。其产品标记方式如下：

《SP预应力空心板》(05SG408)中标记为30 SP 20 A 84 08。

《预应力混凝土空心板》(GB/T 14040—2007)中标记为YKB20.6-84-8F(以预应力配筋表达法)或YKB20.6-84-1(以荷载序号表达法)。其中，板长和宽以100 mm计，板高以10 mm计，保护层厚度以mm计；预应力筋类型以相应代号表示，预应力筋类型及代号见表5-6。

表5-6 预应力筋类型及代号

预应力筋类型		钢绞线					螺旋肋钢丝		
预应力筋公称直径/mm		15.2	12.7	11.1	9.5	8.6	5	7	9
预应力筋股数		1×7	1×7	1×7	1×7	1×3	—	—	—
抗拉强度标准值/MPa		1860	1860	1860	1860	1570	1570	1570	1470
预应力筋类型代号	05SG408	—	A	B	C	D	—	—	—
	GB/T14040—2007	G	F	E	D	—	A	B	C
适用板高/mm		240、250、300、360、380					120、150、180、200		

特点与应用：预应力混凝土空心板具有强度高、耐久性好、保温隔热隔声性好，但自重较大的特点。主要用于混凝土框架结构、钢结构等建筑的承重或非承重内外墙板、楼板、屋面板、雨罩和阳台板等。

2. 玻璃纤维增强水泥轻质墙板

玻璃纤维增强水泥轻质墙板，简称 GRC 板，按使用功能分为外墙用板和内隔墙用板。

（1）玻璃纤维增强水泥外墙板：是以耐碱玻璃纤维为主要增强材料，硫铝酸盐水泥、铁铝酸盐水泥或硅酸酸盐水泥为胶凝材料，砂子为集料，采用直接喷射工艺或预混喷射工艺制成的非承重外墙板。

规格品种：板的尺寸可根据设计需要而定。按板的构造分为单层板（DCB）、有肋单层板（LDB）、框架板（KJB）和夹芯板（JXB）；按板有无装饰层分为有装饰层板和无装饰层板。

技术要求：板的外观质量、尺寸允许偏差、抗弯强度、抗冲击强度、干体积密度、吸水率及抗冻性等技术要求应符合《玻璃纤维增强水泥外墙板》（JC/T 1057—2007）的有关规定。

产品标记：按产品类型、长度、宽度、厚度标准编号顺序编写。如框架板，长度为 3200 mm、宽度为 2000 mm、厚度为 100 mm 的板标记为：GRC KJB 3200 × 2000 × 100 JC/T 1057—2007。

特点与应用：GRC 外墙板质量轻、强度高、韧性好、防水、耐久，在建筑工程中得到广泛应用。板面可按设计要求做其他艺术造型，也可贴瓷砖。板厚一般为 100 ~ 160 mm，保温材料选用聚苯板、岩棉、珍珠岩，其厚度按照热工要求确定。板幅可按开间或分条划分规格。板在柱的外侧，板面可承受风载及自重、地震力荷载。板接缝采用弹性嵌缝膏防水。在低层建筑中与主体采用刚性焊接连接，高层建筑则采用螺栓柔性连接，后者可抗 8 级地震。主要用于单层或多层混凝土框架结构、钢结构等建筑的非承重外墙板。

（2）玻璃纤维增强水泥轻质多孔隔墙条板：是以快凝低碱度硫铝酸盐水泥、耐碱玻璃纤维或其网格布为增强材料，膨胀珍珠岩为轻质骨料（也可用炉渣、粉煤灰等），并配以发泡剂和防水剂等原料制成的轻质多孔隔墙条板。可采用不同企口和开口形式。条板外形见图 5 - 8。

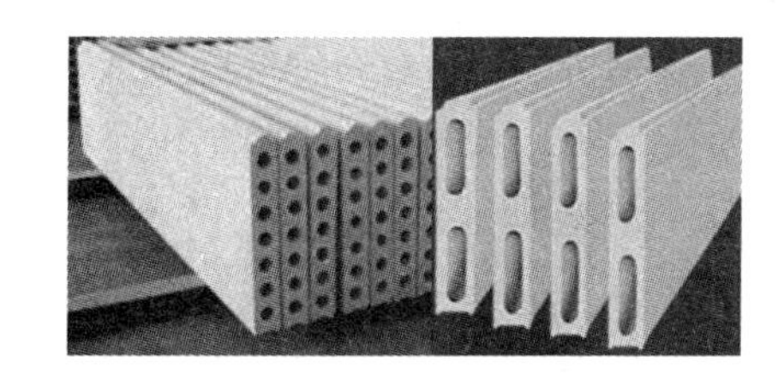

图 5 - 8　条板外形

规格品种：按板的厚度分为 90 型（板长 2500 ~ 3000 mm，板宽为 600 mm，板厚为 90 mm），120 型（板长 2500 ~ 3500 mm，板宽为 600 mm，板厚为 120 mm），其他规格尺寸可由供需双方协商解决。按板型分为普通板（PB）、门框板（MB）、窗框板（CB）和过梁板（LB）。

质量等级：按板的外观质量、尺寸偏差及物理力学性能分为一等品（B）和合格品（C）。

技术要求：板的外观质量、尺寸允许偏差、抗折破坏荷载、抗冲击性、吊挂力、气干面密度、燃烧性能等技术要求应符合《玻璃纤维增强水泥轻质多孔隔墙条板》（GB/T 19631—2005）的有关规定。

产品标记：按产品代号、规格尺寸、等级和标准编号顺序编写。如板长为 2650 mm，宽为 600 mm，厚为 90 mm 的一等品门框板标记为：GRC - MB 2650 × 600 × 90 B GB/T 19631—2005。

特点与应用：GRC 轻质多孔隔墙条板具有板体薄，能增加建筑使用面积；质量轻，可减轻承重构件载荷；保温隔热、隔声性能好；节能环保；表面光洁平整，刮腻子后即可做装饰层，并且可刨、可锯、可钻孔及易于预埋挂件等特点。主要用于工业与民用建筑的分室、分户隔墙。

3. 水泥木屑板

水泥木屑板是以普通硅酸盐水泥或矿渣硅酸盐水泥为胶凝材料，木屑为主要填料，木丝或木刨花为加筋材料，加入水和外加剂，平压成型、保压养护、调湿处理等制成的建筑板材，产品名称代号为 CBP，也称水泥刨花板。

规格品种：水泥木屑板通常为矩形。板的长度(l)为 2400 ~ 3600 mm；宽度(b)为 900 ~ 1250 mm；厚度(e)为 6 ~ 40 mm，其他规格尺寸可由供需双方协商确定。

技术要求：板的外观质量、尺寸允许偏差、抗折强度、浸水 24 h 后的抗折强度和厚度膨胀率、密度、防火性能等技术要求应符合《水泥木屑板》(JC/T411—2007)的有关规定。

产品标记：按产品名称、几何尺寸和标准编号顺序编写。如板长为 3000 mm，宽为 900 mm，厚为 12 mm 的水泥木屑板，标记为：CBP 3000 × 900 × 12 JC/T411—2007。

特点与应用：CBP 板具有轻质、隔声、隔热、防火、抗虫蛀、可钉、可锯、可装饰、在生产和使用中无污染等特点，是一种综合性能优良的新型墙体材料和装饰装修材料，可广泛用作各种建筑物的天棚吊顶板、非承重内隔墙板、地面板、屋面板、外墙板以及岗亭、售货亭、活动房等临时设施的围护材料，还是制造高级防静电地板的最佳基材。

4. 纤维增强低碱度水泥建筑平板

纤维增强低碱度水泥建筑平板是以温石棉、短切中碱玻璃纤维或抗碱玻璃纤维等为增强材料，以低碱度硫铝酸盐水泥为胶结材料制成的建筑平板。

规格品种：板的长度为 1200 mm、1800 mm、2400 mm 或 2800 mm；宽度为 800 mm、900 mm 或 1200 mm；厚度为 4 mm、5 mm 或 6 mm。其他规格尺寸可由供需双方协商解决。按有无石棉纤维增强分为有石棉纤维增强板(TK)和无石棉纤维增强板(NTK)两种。

质量等级：按板的尺寸偏差和物理力学性能分为优等品(A)、一等品(B)和合格品(C)。

技术要求：板的外观质量、尺寸允许偏差、抗折强度、抗冲击强度、吸水率及密度等技术要求应符合《纤维增强低碱度水泥建筑平板》(JC/T 626—2008)的有关规定。

产品标记：按产品分类、规格、等级和标准编号顺序编写。如 1800 mm × 900 mm × 6 mm 的优等品的掺石棉纤维增强低碱度水泥建筑平板，标记为：TK 1800 × 900 × 6 A JC/T 626—2008。

特点与应用：纤维增强低碱度水泥建筑平板具有轻质高强、防潮、防火、不易变形、可钉、可锯、可钻、可表面装饰等特点，适用于工业与民用建筑的非承重内隔墙和吊顶用板材。

5. 灰渣混凝土空心隔墙板

灰渣混凝土空心隔墙板是以水泥为胶凝材料，以灰渣(如粉煤灰、煤矸石、炉渣、矿渣、建筑工程施工废弃物或粉煤灰、陶粒和陶砂、页岩陶粒和陶砂、天然浮石等)为集料，以纤维或钢筋为增强材料，并配以外加剂等原料制成。其构造断面为多孔空心式，且灰渣总掺量在 40% 以上(质量比)。其外形与玻璃纤维增强水泥轻质多孔隔墙条板相同。

规格品种：板的长度宜≤3.3 m，为层高减去楼板顶部结构件(如梁、楼板)厚度及技术处理空间尺寸，具体由供需双方协商确定；宽度主规格尺寸为 600 mm；厚度主规格尺寸为 90 mm、120 mm、150 mm；其他规格尺寸可由供需双方协商确定。按板型分为普通板(PB)、门框板(MB)、窗框板(CB)和异型板(YB)。

技术要求：板的外观质量、尺寸允许偏差、抗弯承载力、抗冲击性能、面密度、耐火性能等技术要求应符合《灰渣混凝土空心隔墙板》(GB/T 23449—2009)的有关规定。

特点与应用：灰渣混凝土空心隔墙板具有质量轻，隔音、隔热、防火性能好，利废、节能、环保，切割性好，安装方便、效率高等特点。主要用于工业与民用建筑的非承重内隔墙。

5.3.2 石膏类建筑墙板

1. 石膏空心条板

石膏空心条板是以建筑石膏为主要原料，掺以无机轻集料、无机纤维增强材料，加入适量添加剂制成的空心条板，产品代号为SGK。其外形与玻璃纤维增强水泥轻质多孔隔墙条板相同。

石膏墙板

规格品种：板的长度为2100～3000 mm、宽度为600 mm、厚度为60 mm或90 mm；长度为2100～3600 mm、宽度为600 mm、厚度为120 mm。其他规格可由供需双方协商解决。

技术要求：板的外观质量、尺寸允许偏差、面密度、抗弯性能、抗冲击性能和单点吊挂力等技术要求应符合《石膏空心条板》(JC/T 829—2010)的有关规定。

产品标记：按产品名称、代号、长度、宽度、厚度和标准编号顺序编写。如3000 mm×600 mm×60 mm的石膏空心条板，标记为：石膏空心条板 SGK 3000×600×60 JC/T829—2010。

特点与应用：石膏空心条板具有质量轻、隔热、隔声、防水、防火、调湿、节能环保、可锯、可刨、可钻、施工简便、施工效率高、可有效降低建筑造价等特点。主要用于工业与民用建筑的内隔墙，其墙面可做喷浆、涂料、贴瓷砖、贴壁纸等各种饰面。

2. 纸面石膏板

纸面石膏板是以建筑石膏为主要原料，并掺入适量纤维(有机合成纤维或耐火无机纤维等)增强材料和外加剂(普通型或耐水型)等，与水搅拌均匀后，浇注于护面纸(普通型、耐水型)的面纸和背纸之间，并与护面纸牢固地黏结在一起的建筑板材。

规格品种：板材的公称长度分为1500 mm、1800 mm、2100 mm、2400 mm、2440 mm、2700 mm、3000 mm、3300 mm、3600 mm、3660 mm十种；公称宽度分为600 mm、900 mm、1200 mm、1220 mm四种；公称厚度分为9.5 mm、12.0 mm、15.0 mm、18.0 mm、21.0 mm、25.0 mm六种；按其功能分为普通纸面石膏板(P)、耐水纸面石膏板(S)、耐火纸面石膏板(H)及耐水耐火纸面石膏板(SH)四种；按其棱边形状分为矩形(J)、倒角形(D)、楔形(C)和圆形(Y)四种。

技术要求：板的外观质量、尺寸允许偏差、面密度、断裂荷载、硬度、抗冲击性、护面纸与芯材黏结性、受潮挠度及含水率、表面吸水率、遇火稳定性(仅对H和SH板材)等技术要求应符合现行国家标准《纸面石膏板》(GB/T 9775—2008)的有关规定。

产品标记：按产品名称、板类代号、棱边形状代号、长度、宽度、厚度和标准编号顺序编写。如板的规格尺寸为3000 mm×1200 mm×12.0 mm、具有楔形棱边的普通纸面石膏板，标记为：纸面石膏板 PC 3000×1200×12.0 GB/T 9775—2008。

特点与应用：具有质量轻、保温隔热、隔声、防火、装饰功能好、节省空间、绿色环保、生产能耗低、生产效率高、可加工性能强、施工方法简便等特点。适用于建筑用非承重内隔墙体和吊顶装饰用板材。也适用于需经二次饰面加工的装饰纸面石膏板的基板。

5.3.3 复合建筑墙板

复合墙板是由两种或两种以上不同材料组成的墙板。该板材克服了单一材料在某些功能的不足，充分发挥了单一材料的优点，从而提高复合墙板的综合性能。

1. 金属面绝热夹芯板

金属面绝热夹芯板是由双金属面和黏结于两金属面之间的绝热芯材组成的自支撑的复合板材。常用金属面绝热夹芯板的外形见图 5－9。

图 5－9 金属面绝热夹芯板

规格品种：板的长度≤12000 mm，宽度为 900～1200 mm；厚度为 50～200 mm。按芯材不同分为聚苯乙烯夹芯板（模塑 EPS/挤塑 XPS）、硬质聚氨酯夹芯板（PU）、岩棉夹芯板（RW）、矿渣棉夹芯板（SW）及玻璃棉夹芯板（GW）四种；按用途分为墙板（W）和屋面板（R）；按金属面材不同可为彩色涂层钢板（S）、压型钢板或其他金属板。

技术要求：金属面板厚应≥0.5 mm。板的外观质量、尺寸允许偏差、传热性能、面材与芯材的黏结性能和剥离性能、抗弯承载力、防火性能等技术要求应符合现行国家标准《建筑用金属面绝热夹芯板》（GB/T 23932—2009）的有关规定。

产品标记：按金属面层代号、芯材代号、用途、燃烧性能分级、耐火极限、规格（长×宽×厚）和标准编号顺序编写。如板的规格尺寸为 4000 mm×1000 mm×50 mm、燃烧性能为 A2 级、耐火极限为 60 min、面层为彩色涂层钢板、芯层为岩棉的墙用夹芯板，标记为：S－RW－W－A2－60－4000×1000×50－GB/T 23932—2009。

特点与应用：金属面绝热夹芯板具有质量轻、强度高、抗震、保温隔热性能好、节能环保、安装方便、施工效率高等特点。适用于工业与民用建筑的外墙、隔墙、屋面及天花板。尤其适用于活动板房墙面与屋面。

2. 泰柏板

泰柏板是以直径为 2 mm 的冷拔钢丝焊接而成的三维钢丝网为骨架，以阻燃聚苯乙烯泡沫板，或岩棉板为芯板，两面喷（抹）涂水泥砂浆而成，见图 5－10。

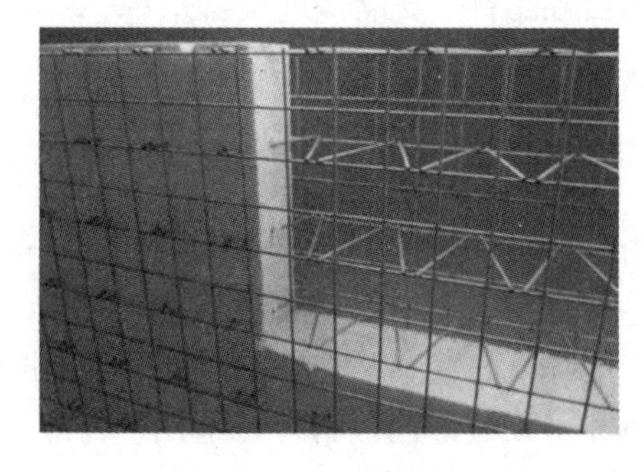

图 5－10 泰柏板

泰柏板的标准尺寸为 1.22 m×2.44 m，厚度为 100 mm，平均自重为 90 kg/m^2，热阻为 0.64 $(m^2 \cdot K)/W$。

泰柏板具有较高节能，质量轻、强度高、防火、抗震、隔热、隔音、抗风化，耐腐蚀的优良性能，并有组合性强、易于搬运，适用面广，施工简便等特点。

主要用于建筑的非承重外墙、轻质内隔墙等。

3. 铝塑复合板

铝塑复合板简称铝塑板，是指以塑料为芯层，两面为铝材的三层复合板材，并在产品表面覆以装饰性和保护性的涂层或薄膜(若无特别注明则通称为涂层)作为产品的装饰面。

按其用途不同分为普通装饰用铝塑复合板和建筑幕墙用铝塑复合板。

普通装饰用铝塑复合板按其燃烧性能分为普通型(G)和阻燃型(FR)两种；按其装饰面层工艺分为涂层型[氟碳树脂涂层装饰面(FC)、聚酯树脂涂层装饰面(PET)、丙烯酸树脂涂层装饰面(AC)]和覆膜型(F)两类。板材常见规格尺寸：长度为 2000 mm、2440 mm、3200 mm，宽度为 1220 mm、1250 mm，厚度为 3 mm、4 mm、5 mm、6 mm 等规格。

建筑幕墙用铝塑复合板按其燃烧性能分为普通型(G)和阻燃型(FR)两种，其装饰面通常为氟碳树脂涂层(FC)。板材规格尺寸：长度为 2000、2440、3000、3200 mm，宽度为 1220、1250、1500 mm，厚度为 4 mm。

铝塑复合板的技术要求应分别符合现行国家标准《普通装饰用铝塑复合板》(GB/T 22412—2016)和《建筑幕墙用铝塑复合板》(GB/T 17748—2008)的有关规定。

铝塑复合板具有豪华美观、艳丽多彩等装饰性，同时又具有耐候、耐蚀、防火、防潮、隔声、隔热、抗震、质轻、易加工成型、易搬运安装、可整块施工等特性。

普通装饰用铝塑复合板广泛应用于建筑物的外墙装饰、招牌、展板、广告宣传牌、建筑隔板、内墙用装饰板等。建筑幕墙用铝塑复合板适用于建筑幕墙的装饰。

4. 木塑复合板

木塑复合板是利用聚乙烯、聚丙烯和聚氯乙烯等代替通常的树脂胶黏剂，与超过 35% ~ 70% 以上的木粉、稻壳、秸秆等废植物纤维混合成新的木质材料，再经热挤压成型的板材(含线条)。

木塑装饰板按其表面是否有装饰层分为饰面(浸渍胶膜纸饰面、聚氯乙烯薄膜饰面、涂饰饰面等)和裸面木塑装饰板；按其使用场所分为室外用(W)和室内用(N)木塑装饰板；按其耐老化性能分为Ⅰ级(耐 1000 h 老化)、Ⅱ级(耐 500 h 老化)、Ⅲ级(耐 300 h 老化)三类。

木塑装饰板的技术要求应符合现行国家标准《木塑装饰板》(GB/T 24137—2009)的有关规定。

木塑装饰板具有防水、防潮、防虫、防白蚁、不长真菌、耐酸碱、多姿多彩；既具有天然木质感和木质纹理，又可以根据自己的个性来定制需要的颜色；可塑性强，能非常简单地实现个性化造型；高环保性、无污染、无公害、可循环利用；高防火性，能有效阻燃，防火等级达到 B1 级，遇火自熄，不产生任何有毒气体；不龟裂，不膨胀，不变形，无须维修与养护，便于清洁，节省后期维修和保养费用；吸音效果好，节能性好，使室内节能高达 30% 以上；可加工性好，可钉、刨、锯、钻，表面可上漆等优点。主要用于室内非结构型的墙板、壁板和天花等的装饰。

5. 蜂窝板

蜂窝板是由两块面板和充填其中用以保证两块面板黏合在一起共同工作的蜂窝中间层所组成的复合板材。

蜂窝板按其用途分为外装饰板(W)和内装饰板(N)两种；按面板所用材料不同可分为铝

蜂窝板(以铝蜂窝为芯材，两面黏结铝板，代号为L)、钢蜂窝板(以铝蜂窝为芯材，两面黏结镀锌钢板，代号为G)、玻纤蜂窝板(以铝蜂窝为芯材，两面黏结玻璃纤维增强树脂板，代号为B)、石材蜂窝板[以铝蜂窝为芯材，两面黏结天然岩石板材，如花岗岩板(HG)、大理石板(DL)、砂岩板(SY)和石灰岩板(SH)]、塑料蜂窝板(以铝蜂窝为芯材，两面黏结聚氯乙烯树脂板)等类。蜂窝板的构造见图5－11。

蜂窝板结构的设计思想来源“工”字梁结构，面板相当于“工”字梁的翼板，主要承受正应力；中间蜂窝层相当于“工”字梁的腹板，主要承受剪应力。两个面板的结构强度大，有较大的剖面惯性矩，因而刚度好、弯曲强度大；中间夹心层仿生于天然蜂窝结构，所用材料少，但剪切强度大、稳定性好；面板和蜂窝中间层优化组合，使得蜂窝板具有质量轻、强度大、刚度好等优点。面板与蜂窝选择适当，还可获得良好的抗震、隔热、隔音等性能，做成防火蜂窝板、隔热蜂窝板、隔音蜂窝板等。

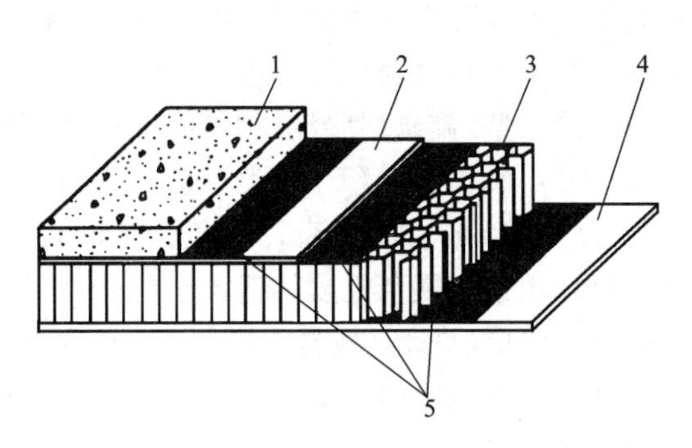

1—石材；2—与石材面板黏结的蜂窝面板(铝板、镀铝锌钢板、玻纤板)；3—铝蜂窝芯；4—蜂窝板面板(铝板、镀铝锌钢板、玻纤板)；5—胶黏剂层

图5－11　石材蜂窝板示意图

建筑装饰用蜂窝复合板的技术要求应符合现行行业标准《建筑装饰用石材蜂窝复合板》(JG/T 328—2011)的有关规定。

蜂窝板适用于建筑幕墙、室内隔墙、屋面及其他装饰部位。

5.4　墙体材料的验收与施工现场管理

5.4.1　墙体材料的验收

墙体材料产品的验收可按如下程序进行。

1. 核对产品出厂合格证

核对出厂合格证的有关产品名称、型号、规格、数量是否与产品和合同要求相符。

墙体材料产品出厂时，生产厂家必须提供产品质量合格证。产品质量合格证主要内容包括：生产单位及地址；产品名称及标记；生产日期；生产批号及批量；出厂日期；本批产品的检验报告，并有检验员和检验部门签章及产品使用说明书等。

2. 质量检验

尽管墙体材料产品在出厂时均附有生产厂家提供的产品出厂合格证，但是，为了确保建筑工程的质量和安全，国家有关法律法规和施工质量验收标准规定，墙体材料在使用前，应按有关产品标准和施工质量验收标准的规定，在监理人员的见证下，分批次、按批量随机抽取规定数量的样品送至具有相应资质的检验机构进行检验，以验证该批产品的技术参数是否符合有关产品标准、设计文件和合同约定的要求。

检验时，首先对产品的外观质量进行检验，外观质量不合格的应不予验收，在外观质量符合要求的前提下，再按有关产品标准和施工质量验收标准的规定，随机抽取规定数量的样品进行其他物理力学性能检验，检验结果符合要求后，该批产品可以验收。烧结砖中有欠火砖、酥砖和螺旋纹砖时，则判该批砖为不合格品，应不予验收。

产品检验分为出厂检验（产品标准中规定的部分技术参数）和型式检验（产品标准中规定的所有技术参数），施工过程中通常只进行出厂检验项目的检验，有特殊要求的，可按要求进行其他项目的检验。

5.4.2　墙体材料的施工现场管理

由于墙体材料产品的品种多，性能各异，因此，在储存保管过程中应严格按照有关产品标准的规定分类分别进行妥善保管，避免混淆，以确保建筑工程的质量和安全；同时，在保管过程中，应采取有效措施确保材料的性能不下降，如因保管不妥而导致材料性能下降、缺损或报废，将直接增加建筑工程的造价。

1. 砌墙砖和砌块的管理

砌墙砖和砌块在装卸时要轻拿轻放，避免碰撞摔打，禁止翻斗倾卸；储存时，不同技术参数的产品应分别码放，不得混杂，并应有明显的标识，以便施工人员正确选用；堆放场地应坚实平整；对于蒸压粉煤灰多孔砖、承重混凝土多孔砖及砌块还应有防雨淋措施。

由于砖具有较强的吸水性，特别是烧结砖。如果直接用干砖砌筑，则砌筑砂浆中的水分容易被干砖所吸收，使砂浆的流动性降低，导致砌筑灰缝不饱满，灰缝厚度和砌筑平整度难以控制，且还会影响水泥的水化，导致砂浆强度及砂浆与砖的黏接强度降低，砂浆与砖会出现不牢的现象，对砌体质量产生不利影响。因此，在砌筑前，应将干砖用洁净水润湿，但又不能过湿，过湿将使砂浆流动性增大、砂浆与砖的界面层水灰比增大、砂浆强度降低，妨碍了水泥浆体向砖体内渗透，出现流浆、离析等现象，也将导致砌体质量下降。

实践证明，适宜的含水率不仅可以提高砖与砂浆直接的黏接力，提高砌体的抗剪强度，还可以使砌筑砂浆在操作面上保持一定的摊铺流动性，便于施工操作，有利于保证砂浆的饱满度，这些对保证砌体施工质量和力学性能都是十分有利的。

适宜的含水率因砖的种类不同而不同。对于烧结砖，宜为 10%～15%；对于灰砂砖、粉煤灰砖，宜为 8%～12%。现场检验砖含水率的简易方法为断砖法，即将砖砍断，当砖截面四周渗水深度为 15～20 mm 时，视为符合要求的适宜含水率。

2. 建筑墙板的管理

建筑墙板在运输、搬运和贮存过程中的注意事项见表 5－7。

表 5－7　墙体材料的施工现场管理

板材名称	运输、搬运管理	贮存管理
预应力混凝土空心墙板	装运时的吊装、支垫位置和方法应符合板的受力状态，并应符合设计要求	堆放场地应坚实平整；应按型号、品种和生产日期分批分别码放；堆放时应在板的两端设置垫木，且垫木上下应对齐、垫平、垫实，不得有一角脱空现象；堆放层数不得超过 10 层，且堆高不宜超过 2.5 m；应有明显的标识，以便施工人员正确选用

续表 5－7

板材名称	运输、搬运管理	贮存管理
玻璃纤维增强水泥外墙板	应使用对板有缓冲和保护作用的材料进行捆扎，板应侧立贴实，支撑合理，避免结构伤害引起开裂或永久性扭曲	堆放场地应坚实平整；应按类型、规格分别堆放；应采用板框架对板进行侧立支撑，避免遭受荷载；在与板裸露表面接触的位置应采取保护措施，所有的垫块、包装和保护材料不应对板引起污染和毁损；应有明显的标识，以便施工人员正确选用
玻璃纤维增强水泥轻质多孔隔墙条板	应侧立搬运，禁止平抬；应使用对板有缓冲和保护作用的材料进行捆扎，板应侧立贴实，支撑合理，避免结构伤害引起开裂或永久性扭曲；应有防雨措施	堆放场地应坚实平整、干燥通风、具有防水防潮措施；应按型号、规格、等级分别堆放；应采用板框架对板进行侧立支撑，板面与铅垂面夹角不应大于15°，避免遭受荷载；堆长不应超过4 m，堆层不超过两层；在与板裸露表面接触的位置应采取保护措施，所有的垫块、包装和保护材料不应对板引起污染和毁损；应有明显的标识，以便施工人员正确选用
水泥木屑板	装、卸及运输过程中应防止碰撞、雨淋，人工搬运时必须侧立搬运，严禁抛、掷	堆放场地应坚实平整、干燥通风、具有防水防潮措施；应按规格、批号不同分别堆放；堆垛高度不宜超过1.8 m；应有明显的标识，以便施工人员正确选用
纤维增强低碱度水泥建筑平板	运输和装卸时，板应固定，不得抛掷和互相碰撞；运输工具底面应平整，并应有防雨措施	堆放场地应平整夯实、干燥通风、具有防水防潮措施；应按规格、等级不同分别堆放；堆垛高度不宜超过1.5 m；应有明显的标识，以便施工人员正确选用
灰渣混凝土空心隔墙板	应侧立搬运，禁止平抬；运输过程中应侧立贴实，用绳索绞紧，支撑合理，防止撞击，避免破损和变形；应有防雨措施	堆放场地应坚实平整、干燥通风、具有防水防潮措施；应按规格、型号不同分别堆放；应侧立堆放，下部用方木或砖垫高，板面与铅垂面夹角不应大于15°；堆长不应超过4 m，堆层不超过两层；应有明显的标识，以便施工人员正确选用；贮存时间超过6个月，应翻换板面朝向和侧边位置；贮存超过12个月，应重新抽样进行性能检验
石膏空心条板	散板运输不宜超过两层；应横向垂直，紧密排列，不应斜码及水平堆放；应捆牢加楔，避免在运输过程中晃动；人工搬运时应侧立搬运，不应平抬	堆放场地应坚实平整、干燥通风、具有防水防潮、防曝晒措施；应垂直码放，且码放高度不宜高于两层
纸面石膏板	运输过程中应避免撞击破损，并防止受潮	堆放场地应坚实平整、干燥通风、具有防水防潮措施；按不同型号、规格在室内分类水平堆放；堆放时用垫木方使板材和地面隔开，并确保板材在堆放时不变形、不受潮

续表 5－7

板材名称	运输、搬运管理	贮存管理
金属面绝热夹芯板	运输过程中应注意防水，避免受压或机械损伤，严禁烟火	堆放场地应坚实平整、干燥通风、具有防水防潮措施；应按不同型号、规格分别堆放；堆底应用垫木或泡沫板铺垫，垫木间距不大于 2.0 m，堆放高度不宜超过 2.0 m；应远离热源、火源，且不得与化学药品接触
铝塑复合板	运输和搬运时应轻拿轻放，严禁摔扔，防止产品损伤	应贮存在干燥通风处，避免高温及日晒雨淋；应按品种、规格、颜色分别堆放，并防止表面划伤
木塑装饰板	运输和搬运时应避免划伤表面和磕碰，且应防雨防潮	应按产品的类别、规格、等级不同分别堆放；板垛高度不宜超过 1.5 m，每垛应有明显标识；并应防止污损、受潮、雨淋和曝晒
蜂窝板	运输和搬运时宜以直立式方式进行；人工搬运时，只能单块搬运，不能多块叠加搬运，且应轻拿轻放，严禁摔扔，防止产品损伤	应按产品的品种、规格、颜色不同分别竖向堆放贮存在干燥通风处，避免高温及日晒雨淋；严禁和具有腐蚀性及污染性的材料混合堆放；堆放时应用木方将板的底部垫高 100 mm，严禁叠层堆积

5.5 砌墙砖性能检测

5.5.1 检测批的划分与检测样品的抽取

1. 检测批的划分

(1)按同一生产单位、同一生产工艺、同品种、同强度等级为一批。

(2)烧结普通砖、烧结多孔砖、烧结空心砖：以 3.5 万～15 万块为一批，不足 3.5 万块亦为一批。

(3)蒸压灰砂砖、蒸压灰砂多孔砖、蒸压粉煤灰多孔砖、承重混凝土多孔砖：以 10 万块为一批，不足 10 万块亦为一批。

(4)炉渣砖：以 1.5 万～3.5 万块为一批，当天产量不足 1.5 万块亦为一批。

2. 检测样品的抽取

外观质量检测样品应从每一检验批的堆垛中随机抽取 50 块作为检测样品。

强度检测样品应在每一检测批中随机抽取。抽取数量：蒸压灰砂砖为 5 块，其他砖为 10 块。非烧结砖也可用抗折强度试验后的试样作为抗压强度试件。

5.5.2 砌墙砖的外观质量检测

1. 检测依据

《砌墙砖试验方法》(GB/T 2542—2012)。

2. 量具

(1)砖用卡尺：见图5－14。分度值不大于0.5 mm。

(2)钢直尺：分度值不大于1 mm。

3. 测量方法

(1)缺损测量

缺棱掉角在砖上造成的破损程度，以破损部分对长、宽、高三个棱边的投影尺寸来度量，称为破坏尺寸，以mm为单位，不足1 mm的按1 mm计。见图5－12(a)所示。

缺损造成的破坏面是指缺损部分对条、顶面(空心砖为条、大面)的投影面积，见图5－12(b)所示。空心砖内壁残缺及肋残缺尺寸以长度方向的投影尺寸来度量。

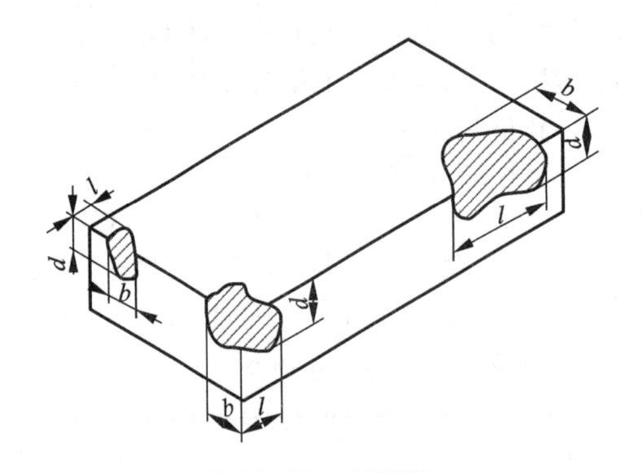

(a)缺棱掉角破坏尺寸的测量

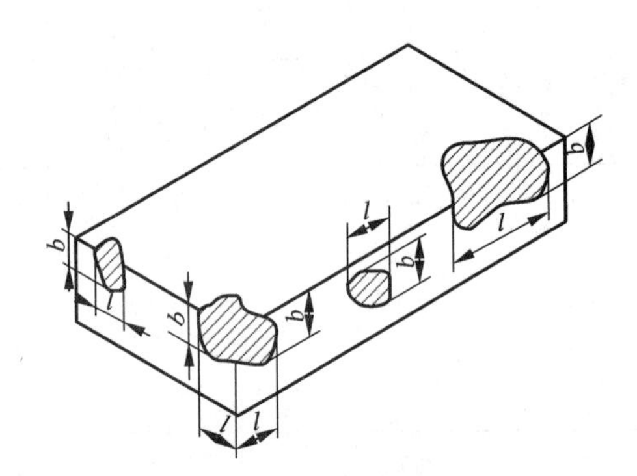

(b)缺损在条、顶面上造成破坏面的测量

l—长度方向的投影尺寸；b—宽度方向的投影尺寸；d—高度方向的投影尺寸

图5－12　砖的缺损测量示意图

(2)裂纹测量

裂纹分为长度方向、宽度方向和水平方向三种，以被测方向的投影长度表示，以毫米为单位，不足1 mm的按1 mm计。如果裂缝纹从一个面延伸至其他面上时，则累计其延伸的投影长度，见图5－13(a)所示。裂纹长度以在三个方向分别测得的最长裂纹作为测量结果。

多孔砖的孔洞与裂纹相通时，则将孔洞包括在裂纹内一并测量，如图5－13(b)所示。

(3)弯曲测量

弯曲分别在大面和条面上测量，测量时将砖用卡尺的两支脚沿棱边两端放置，择其弯曲最大处将垂直尺推至砖面，如图5－14所示。但不应将因杂质或碰伤造成的凹处计算在内。以弯曲中测得的较大者作为测量结果，以mm为单位，不足1 mm的按1 mm计。

(4)杂质凸出高度测量

杂质在砖面上造成的凸出高度，以杂质距离砖面的最大距离表示。测量时，将砖用卡尺的两支脚置于凸出两边的砖平面上，以垂直尺测量凸出的高度，见图5－15所示。以mm为单位，不足1 mm的按1 mm计。

(5)色差检测

将砖的装饰面朝上，随机分两排并列，在自然光下距离砖样2 m处目测砖样颜色是否基本一致。

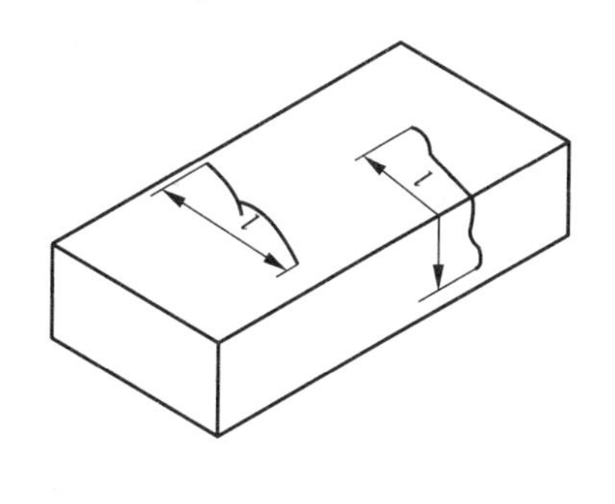

(a)普通砖宽度方向裂纹长度的测量

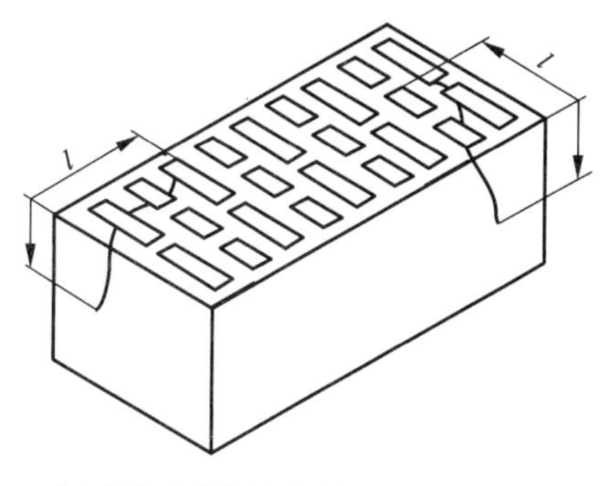

(b)多孔砖裂纹通过孔洞时裂纹长度的测量

l—裂纹总长度

图 5－13　裂纹长度测量示意图

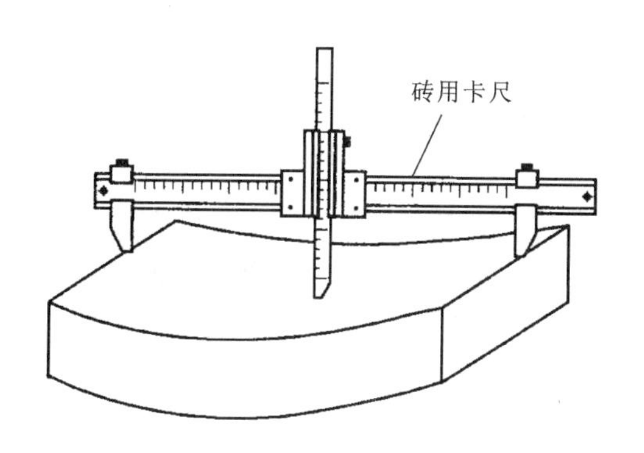

图 5－14　弯曲测量示意图

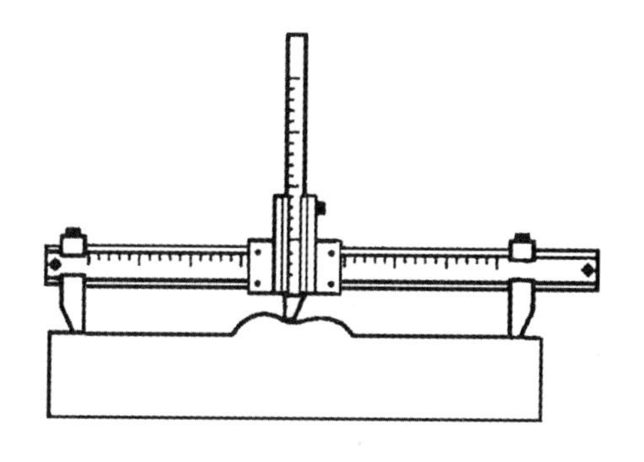

图 5－15　杂质凸出测量示意图

4. 结果评定

砖的质量等级根据实测的缺损、裂纹、弯曲、杂质凸出高度和色差严重程度按相应产品标准的要求确定。当外观质量检测项目中有一项不合格的，应判该批产品为不合格品。

5.5.3　砌墙砖的抗压强度检测

1. 检测依据

《砌墙砖试验方法》(GB/T 2542—2012)。

2. 仪器与器材

(1)石材切割机。

(2)压力试验机：精度等级应不低于1%，其量程应能使试件的预期破坏荷载值在全量程的20%～80%范围内。

(3)其他：水平尺、玻璃板、抹刀、废报纸等。

3. 试件的制作

(1)烧结普通砖

①将砖样沿长度方向的中部切断，断开的半截砖长应≥100 mm。如果<100 mm，应另取

备用试样补足。

②将已切开的半截砖放入室温的洁净水中浸泡 20 ~ 30 min 后取出，置于铁丝网架上滴水 20 ~ 30 min，然后以断口相反方向叠放(同一块试样的两半截砖)，并在两者中间抹以厚度不超过 5 mm 的符合《砌墙砖抗压强度试验用净浆材料》(GB/T 25183—2010)规定的专用净浆料后，刮去四周多余的净浆料。

注：砌墙砖抗压强度检测用净浆材料由外加剂(占总组分 0.1% ~0.2%)、石膏粉(占总组分 60%)、细骨料(粒径≤1.0 mm，含泥量≤0.50%，占总组分 40%)和水(占总组分 24% ~26%)拌和而成，此净浆料 4 h 抗压强度应在 19.0 ~21.0 MPa。

③将玻璃板置于试件制备平台上，其上铺一张润湿的废报纸，用毛刷刷平整，在湿报纸上铺一层厚度约 5 mm 的专用净浆材料，将试件受压面平稳地坐放在净浆料上，在另一受压面上稍加压力，使整个净浆层(厚度≤3 mm)与砖受压面相互黏结，砖的侧面应垂直于玻璃板，用抹刀将砖样四周多余的净浆料刮除。待净浆料适当地凝固后，连同玻璃板翻放在另一铺有湿报纸并放有净浆料的玻璃板上，对试件的另一受压面进行坐浆，用水平尺校正玻璃板至水平。制成的试件上下两面须平整、相互平行，并垂直于侧面。试件制作如图 5 -16 所示。

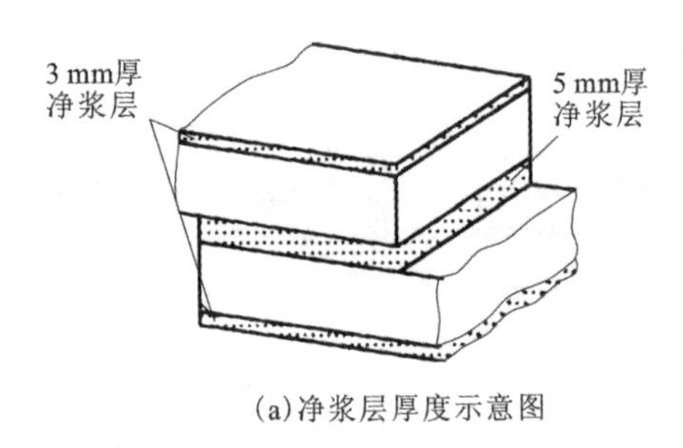

(a)净浆层厚度示意图

(b)层浆

(c)制作好的软件

图 5 -16　烧结普通砖抗压强度试件的制作

④试件数量：1 组 10 块。

(2)烧结多孔砖与空心砖

①将整块多孔砖或空心砖放入室温的洁净水中浸 20 ~ 30 min 后取出，置于铁丝网架上滴水 20 ~ 30 min，然后将铺浆面与坐浆面用专用净浆材料(同烧结普通砖)进行坐浆找平，具体坐浆方法参照烧结普通砖强度试件的制作方法。

②试件数量：1 组 10 块。

4. 试件养护

将制备好的试件放入温度≥10℃的不通风的室内养护 4 h。

5. 抗压强度测定

(1)测量每个试件连接面的长、宽尺寸各两个，分别取其平均值，准确至 1 mm。

(2)将试件平放在试验机下压板的中心处，以 2 ~6 kN/s 的加荷速率均匀加荷，直至试件破坏为止，记录最大破坏荷载 F_m。

6. 结果计算

每块试样的抗压强度按试(5 -1)计算，精确至 0.01 MPa：

$$f_i = \frac{F_m}{l \cdot b} \times 1000 \tag{5-1}$$

式中：f_i——试件抗压强度，MPa；

F_m——最大破坏荷载，N；

l——受压面（连接面）的长度，mm；

b——受压面（连接面）的宽度，mm。

7. 抗压强度评定

（1）烧结砖抗压强度评定

①当10块砖样的强度变异系数$\delta \leqslant 0.21$时，按10块砖样的抗压强度平均值$\bar{f}$、强度标准值f_k指标评定砖的强度等级。

其中，强度标准值：

$$f_k = \bar{f} - 1.8S$$

强度标准差：

$$S = \sqrt{\frac{1}{9}\sum_{i=1}^{10}(f_i - \bar{f})^2}$$

强度变异系数：

$$\delta = \frac{S}{\bar{f}}$$

式中：f_k——强度标准值，精确至0.1 MPa。

δ——强度变异系数，精确至0.01；

S——10块试样的抗压强度标准差，精确至0.01 MPa；

$\bar{f}$——10块试样的抗压强度的算术平均值，精确至0.1 MPa；

f_i——单块试样抗压强度测定值，精确至0.01 MPa。

②当10块砖样的强度变异系数$\delta > 0.21$时，按10块砖样的抗压强度平均值$\bar{f}$、单块最小抗压强度值f_{min}评定砖的强度等级，单块最小抗压强度值精确至0.1 MPa。

（2）非烧结砖抗压强度评定

非烧结砖抗压强度评定是以5块或10块砖样抗压强度平均值和单块最小值来综合评定的。具体参照相应标准进行。

模块小结

本模块详细介绍了常用烧结和非烧结普通砖与多孔砖、砌块、墙板等墙体材料的品种、规格、质量等级、外观质量、强度等物理力学性能以及验收保管与应用等有关知识。

烧结砖是指经焙烧而成的砖，非烧结砖是指不经焙烧而成的砖。非烧结砖主要品种有蒸压灰砂砖与多孔砖、蒸压粉煤灰多孔砖、炉渣砖和混凝土多孔砖。

烧结砖的技术性质主要包括物理性质（外观质量、规格、尺寸偏差等）、力学性能（强度等级)和耐久性(抗风化性能、泛霜、石灰爆裂等)。烧结砖的质量等级是根据其尺寸偏差、外观质量、强度等级、耐久性进行评定。

建筑砌块是尺寸大于砖的一种人造块材。常见的砌块有蒸压加气混凝土砌块、混凝土小型空心砌块、粉煤灰空心砌块等。

由于多孔砖、加气混凝土砌块和空心砌块具有质轻高强、保温、隔声、节能等优点,故在建筑工程中被广泛采用。

建筑墙板具有轻质、高强、多功能、施工效率高等特点。大力发展轻质墙板是墙体材料发展的趋势,常用的墙板有预应力混凝土空心板、GRC 板、石膏板、复合墙板等。

技能抽查题

一、单项选择题

1. 鉴别过火砖和欠火砖的常用方法是根据(　　)。

A. 砖的强度　　B. 砖的颜色深浅及敲击声音
C. 砖的外形尺寸　　D. 外观质量

2. 烧结砖在砌筑墙体前一定要经过浇水润湿,其目的是为了(　　)。

A. 把砖冲洗干净　　B. 保证砂浆的稠度
C. 增加砂浆对砖的黏结力　　D. B + C

3. 烧结普通砖的质量等级评价依据不包括(　　)。

A. 尺寸偏差　　B. 外观质量　　C. 泛霜　　D. 自重

4. 检验烧结多孔砖的强度等级,需取(　　)块试样进行试验。

A. 3　　B. 5　　C. 10　　D. 15

5. MU10 灰砂砖的应用范围是(　　)。

A. 可用于基础　　B. 仅可用于防潮层以上的建筑
C. 可用于受急冷急热的建筑部位　　D. 可用于长期受热 200℃以上的环境

6. 下面哪项不是加气混凝土砌块的特点(　　)。

A. 轻质　　B. 保温隔热性好　　C. 加工性能好　　D. 韧性好

7. 烧结多孔砌块的孔洞率要求大于或等于(　　)。

A. 25%　　B. 29%　　C. 32%　　D. 33%

8. 砌墙砖外观质量检验样品采用随机抽样法,在每一验收批中抽取(　　)块。

A. 50　　B. 100　　C. 30　　D. 10

9. 烧结多孔砖与烧结空心砖的主要区别在于(　　)方面。

A. 孔的尺寸小而多　　B. 孔的尺寸大而小
C. 孔洞率≥15%　　D. 可否用于承重结构

10. 非烧结砖是指不经过焙烧制成的砖,与烧结砖相比具有(　　)优点。

A. 表观密度小　　B. 保温性好　　C. 耗能低　　D. 资源广

二、多项选择题

1. 烧结普通砖按其所用原材料不同,可以分为(　　)。

A. 烧结页岩砖　　B. 烧结粉煤灰砖　　C. 烧结煤矸石砖　　D. 烧结多孔砖

2. 强度、抗风化性能合格的烧结普通砖，根据(　　　　)分为合格品和不合格品。

A. 尺寸偏差　　B. 外观质量　　C. 泛霜　　D. 孔型和孔洞排列

3. 评定烧结多孔砖的强度等级需要计算的指标包括(　　　　)。

A. 强度平均值　　B. 强度标准差

C. 强度变异系数　　D. 强度标准值

4. 以下材料可用于砌筑承重墙体的有(　　　　)。

A. 蒸压加气混凝土砌块　　B. 粉煤灰砌块

C. 普通混凝土小型空心砌块　　D. 烧结空心砖

5. 利用煤矸石和粉煤灰等工业废渣烧结砖，可以(　　　　)。

A. 减少环境污染　　B. 节约良田

C. 节省大量燃料煤　　D. 大幅提高产量

6. 下列关于墙体材料的描述，合理的是(　　　　)。

A. 烧结多孔砖的所有孔宽应相等

B. 烧结多孔砖的孔洞排列上下、左右应对称

C. 烧结多孔砖的每块砖不允许出现严重泛霜

D. 烧结多孔砖的密度等级分为900、1000、1100和1200四个等级

7. 下列对轻质墙板的特点描述正确的是(　　　　)。

A. 轻质高强，可用于承重墙体　　B. 保温、隔热、隔声

C. 施工方便、施工效率高　　D. 可提高房间使用面积

8. 按墙板的功能不同可分为(　　　　)。

A. 承重板　　B. 外墙板　　C. 内墙板　　D. 装饰墙板

9. 下列哪些墙板可用于非承重建筑外墙(　　　　)。

A. 预应力混凝土空心板　　B. 水泥木屑板

C. 石膏空心条板　　D. 金属面绝热夹芯板

10. 烧结砖的外观质量检验项目有(　　　　)。

A. 杂质凸出高度　　B. 缺损和裂纹

C. 外形尺寸　　D. 弯曲

三、判断题

1. 目前我国墙体材料的发展方向是大力发展轻质、高效、节能的新型墙体材料，使制品向小型化、多元化、轻质化、节能化、利废化和复合化方向发展。(　　)

2. 烧结普通砖的尺寸偏差是按长度，宽度和高度，以样本的平均偏差和极差提出限定指标的。(　　)

3. 石灰爆裂的原因是砖的原材料或内燃物质中夹杂着石灰质原料，焙烧时被烧成生石灰，砖吸水后体积膨胀而发生的爆裂现象。(　　)

4. 新疆地区的砖必须进行冻融试验，试验后的样砖不允许出现裂纹、掉皮、缺棱掉角等冻坏现象，质量损失不得大于5%。(　　)

5. 烧结普通砖的外观检验中，有欠火砖、酥砖或螺旋砖的则将欠火砖、酥砖或螺旋砖剔除即可。(　　)

6. 灰砂砖和粉煤灰砖都不得使用于长期受热高于200℃，受急冷急热或有酸性侵蚀介质的部位。 ( )

7. 灰砂砖和炉渣砖的强度等级确定方法相同。 ( )

8. 粉煤灰砌块是硅酸盐砼制品的一种，因其体积密度小于1900 kg/m^3，属轻砼的范畴，故其耐久性和砼一样。 ( )

9. 蒸压加气砼砌块的导热系数随体积密度的增大，其导热系数也越大。 ( )

10. 因石膏空心条板具有调温调湿功能，故它可用于厕浴间的隔墙。 ( )

四、案例分析题

1. 某工地备用烧结砖10万块，尚未砌筑使用，但储存两个月后，发现有部分砖自裂成碎块，断面处可见白色小块状物质，请分析其原因？

2. 某小区新建砖混结构房屋，设计要求砖的强度等级为MU15，监理人员在新进的烧结多孔砖产品中，随机抽取了10块砖样进行了强度检测，单块砖的强度测定值见下表，请分析这批砖的强度等级是否符合设计要求？

砖编号	1	2	3	4	5	6	7	8	9	10
抗压强度/MPa	16.6	18.2	9.2	17.6	15.5	20.1	19.8	21.0	18.9	19.2

模块六 建筑钢材

能力目标	知识目标
1. 具有正确选用建筑钢材的能力 2. 能对建筑钢材进行正确管理 3. 具有对钢筋的拉伸性能与冷弯性能进行检测和质量评定的能力	1. 掌握常用建筑钢材的品种、规格、特点及应用 2. 熟悉常用建筑钢材的质量标准与施工管理 3. 了解建筑钢材的主要技术性质、质量验收及钢材的腐蚀与防护

本模块推荐学习标准：

《碳素结构钢》(GB/T 700—2006)

《低合金高强度结构钢》(GB/T 1591—2008)

《热轧型钢》(GB/T 706—2008)

《钢筋混凝土用钢第 1 部分：热轧光圆钢筋》(GB 1499.1—2017)

《钢筋混凝土用钢第 2 部分：热轧带肋钢筋》(GB 1499.2—2018)

《冷轧带肋钢筋》(GB 13788—2017)

《预应力混凝土用钢丝》(GB/T 5223—2014)

6.1 概 述

钢材是一种重要的建筑材料，广泛应用于建筑工程的钢结构和钢筋混凝土结构中。建筑用钢材包括各种型钢、钢板、钢带、钢管、钢筋、钢丝、钢绞线等。建筑钢材组织均匀密实、强度硬度高、塑性韧性好，常温下能承受较大的冲击和振动荷载；能铸成各种形状的铸件和轧制成各种形状的钢材；能进行切割、焊接、铆接、冷加工和热处理等各种形式的加工。

采用各种型钢和钢板制作的钢结构，具有自重轻、强度高，适用于大跨度的桥梁、工业厂房、机场、运动场馆及超高层建筑等建筑工程；钢筋与混凝土组成的钢筋混凝土结构，虽然自重大，但节约钢材，且由于混凝土的保护作用克服了钢材易锈蚀、维护费用高的缺点。

钢材最大的缺点就是耐高温性差，长期受高温作用时，钢材会软化而失去其承载能力，因此，钢结构应注意防火。

6.1.1 钢的冶炼

钢材的冶炼与加工

钢是由生铁精炼而成。生铁是一种含碳量 2.5%~4.0% 的铁碳合金，且含有较多的硫、磷等有害杂质，质硬而脆，抗拉强度低，塑性及韧性差，不能锻造轧制。炼钢就是减少生铁中碳、硅、锰、磷、硫等杂质元素，添加必要的合金元素，以便得到性能理想的钢。钢是含碳量<2%的铁碳合金，其碳、硅、锰、磷、硫等杂质含量较少。

钢的冶炼方法目前主要有转炉炼钢法、平炉炼钢法和电炉炼钢法三种。

钢在冶炼过程中，将熔融的生铁进行氧化，使碳含量降低，同时使部分铁被氧化，因而在炼钢后期需要进行脱氧处理，加入脱氧剂(锰铁、硅铁、铝锭等)进行脱氧，使氧化铁还原为金属铁。根据出钢时钢水脱氧程度的不同，将钢分为沸腾钢、镇静钢和特殊镇静钢三种。

沸腾钢(F)：在炼钢炉内加入锰铁进行部分脱氧，脱氧不完全，钢中残留的 FeO 与碳化合，生成 CO 气泡逸出，形成钢水“沸腾”，故名为沸腾钢。沸腾钢中有残留 CO 气泡，热轧后会留下一些微型缝，使钢的力学性能变差。在冷却过程中，硫、磷成分会向凝固较迟的部分积聚，形成偏析现象，增大钢材的冷脆性和时效敏感性，降低可焊性，钢的组织不致密、力学性能波动较大。因此，只限于生产普通低碳钢。

镇静钢(Z)：它是除加入锰铁和硅铁外，还加入铝，使钢脱氧完全。铸锭时钢水很平静，无沸腾现象，故称镇静钢。镇静钢的成分均匀纯净，组织致密，故质量很好，但成本提高。此外，加入的铝还可以与氮化合生成氮化铝减轻氮的有害作用。所以镇静钢的冷脆性和时效敏感性较低，疲劳强度较高，可焊性好，适用于承受冲击荷载或其他重要结构。优质钢和合金钢一般都是镇静钢。

特殊镇静钢(TZ)：比镇静钢脱氧程度更充分彻底。特殊镇静钢的质量更好，适用于特别重要的结构工程。

6.1.2 钢的分类

1. 按化学成分分

按化学成分，钢可分为碳素钢和合金钢。钢的基本元素是铁，普通碳素钢中纯铁约占99%，其他元素有碳、硅、锰等，以及在冶炼过程中不易除尽的有害杂质硫、磷等。为了改善钢材的力学性质，一般在钢中加入适量的锰、硅、铬、镍、铜、钒、钛、铌等合金元素，使其获得某些特殊性质，这种钢称为合金钢。

根据碳素钢中碳(C)元素含量的高低，将其划分为低碳钢[$w(C)<0.25\%$]、中碳钢[$w(C)$ 含量为0.25%~0.6%]和高碳钢[$w(C)>0.6\%$]。

根据合金钢中合金元素含量的高低，将其划分为低合金钢(合金元素总含量<5%)、中合金钢(合金元素总含量为5%~10%)和高合金钢(合金元素总含量>10%)。

2. 按杂质含量分

根据钢中磷(P)、硫(S)杂质含量的高低划分为普通碳素钢[$w(P)\leqslant0.045\%$，$w(S)\leqslant0.050\%$]、优质碳素钢[$w(P)\leqslant0.035\%$，$w(S)\leqslant0.035\%$]、高级优质碳素钢[$w(P)\leqslant0.030\%$，$w(S)\leqslant0.030\%$]和特级优质碳素钢[$w(P)\leqslant0.025\%$，$w(S)\leqslant0.020\%$]。

3. 按用途分

按钢材的用途不同可分为结构钢、工具钢和特殊钢三类。

结构钢：用于建筑工程中的钢筋混凝土和钢结构用钢材，机械制造用结构钢材。

工具钢：用于制造切削工具、量具、模具等的钢材。

特殊钢：如不锈钢、耐热钢、耐磨钢、磁钢等。

4. 按冶炼过程中脱氧程度分

钢按其在冶炼过程中脱氧程度可分为沸腾钢、镇静钢和特殊镇静钢。

6.2　建筑钢材的主要技术性能

建筑钢材作为主要的受力结构材料，其技术性能包括两个方面：力学性能和工艺性能，钢材在外力作用下表现出来的性能称为力学性能；钢材在加工过程中表现出来的性能称为工艺性能。钢材的力学性能包括拉伸性能、冲击韧性、疲劳性、硬度等；工艺性能包括冷弯、焊接等加工性能。

6.2.1　力学性能

钢材的拉伸性能

1. 拉伸性能

拉伸性能是建筑钢材最常用、也是最重要的性能。而应用最广泛的低碳钢(因含碳量低，硬度不大，常称之为软钢)，在拉伸过程中所表现的应力(强度)与变形(延伸率)的关系最具有代表性，其“应力 - 应变”曲线图如图 6 - 1 所示。中、高碳钢(含碳量较高，硬度较大，常称之为硬钢)其“应力 - 应变”曲线图如图 6 - 2 所示。

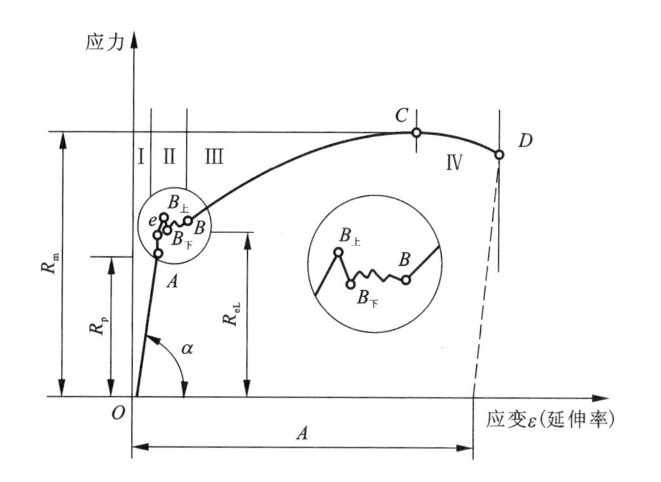

图 6 - 1　低碳钢的应力 - 应变图

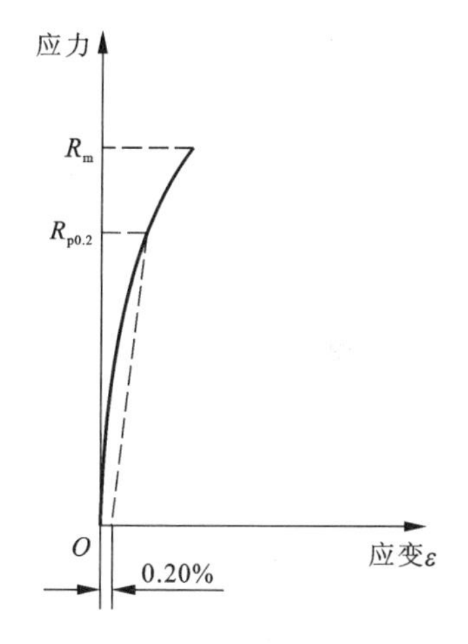

图 6 - 2　中、高碳钢的应力 - 应变图

低碳钢在拉伸过程中，其应力与变形的变化可分为弹性、屈服、强化和颈缩四个阶段。

弹性阶段(Ⅰ)：应力与应变成正比，见图 6 - 1 中直线 *OA* 段，在此过程中卸去荷载，试件将恢复到原来的形状和尺寸，无塑性变形，此阶段产生的变形称为弹性变形。曲线 *A* 点对应的应力叫做弹性极限(比例极限)，以 R_p 表示。在弹性阶段，应力与变形的比值称为弹性模量(E)，即 $E = R_p/\varepsilon = \tan\alpha$。钢材的弹性模量值大约为 2×10^5 MPa。弹性模量值的大小反映材料抵抗变形能力的大小。E 值愈大，使其产生同样弹性变形的应力值也就愈大。

屈服阶段(Ⅱ)：当应力超过弹性极限 *A* 点后，应力与变形不再成正比关系。由于钢材内部晶粒滑移，使荷载在一个较小的范围内波动，而变形却急剧增加，这一波动阶段叫做屈服阶段。此时卸除外力，试件的变形不能完全恢复，已产生了一定量的残余变形，即塑性变形。*AB* 段的最高点($B_上$)所对应的应力称为上屈服点(上屈服强度)，用 R_{eH} 表示；最低点($B_下$)所

对应的应力称为下屈服点(下屈服强度),用 R_{eL}表示,按式(6-1)计算,单位为 MPa:

$$R_{eL}=\frac{F_{eL}}{S_0} \tag{6-1}$$

式中:F_{eL}——屈服阶段的最小荷载,N;

S_0——试件的初始横截面面积,mm^2。

当钢材受力达到屈服点后,变形即迅速发展,虽然尚未破坏,但已不能满足正常使用要求。故钢材在结构中受力不得进入屈服阶段(即必须在弹性阶段内工作),否则将产生较大的塑性变形而使结构不能正常工作,并可能导致结构的破坏。因此,在结构设计中,要以屈服强度(下屈服点)作为钢材强度取值的依据。

对于中、高碳钢,其强度高、变形小,"应力-应变"图显得高而窄,如图6-2所示,他们没有明显的屈服现象,其屈服强度是以试件在拉伸过程中产生0.2%塑性变形(残余变形)时的非比例延伸强度 $R_{P0.2}$代替,称为条件屈服点。

强化阶段(Ⅲ):钢材从弹性阶段到屈服阶段,其变形从弹性转化为塑性,钢材内部组织产生晶格滑移。当应力超过屈服强度后,由于钢材内部组织产生晶格畸变,钢材得到强化,使其抵抗外力的能力又重新提高。此时的变形发展速度虽然也较快,但却是随着应力的增加而增加,故称为强化阶段,见图6-1曲线 *BC* 段。对应于最高点 *C* 的应力称为抗拉强度(极限强度)。以 R_m表示,按式(6-2)计算,单位为 MPa:

$$R_m=\frac{F_m}{S_0} \tag{6-2}$$

式中:F_m——最大荷载,N。

钢材的屈服强度与抗拉强度之比(R_{eL}/R_m)称为屈强比。屈强比是反映钢材利用率和安全可靠度的一个指标。屈强比较小,钢材的利用率虽较低,但结构或构件的可靠性较高。如果由于超载、材质不匀、受力偏心等多方面原因,使钢材进入了屈服阶段,但因其抗拉强度远高于屈服强度,而不至于立刻断裂,其明显的塑性变形会被人们发现并采取补救措施,从而保证安全;屈强比过大,钢材的利用率虽然高,但结构或构件的可靠性较低。合理的屈强比应在0.6~0.75之间。

颈缩阶段(Ⅳ):当荷载增加至极限 *C* 点以后,试件变形急剧增大,钢材抵抗变形能力明显下降,在试件最薄弱处的横断面开始迅速缩小,出现"颈缩"现象(见图6-3),直至断裂,最后在曲线的 *D* 点处断裂(见图6-1)。这一阶段(曲线 *CD* 段)称为颈缩阶段。

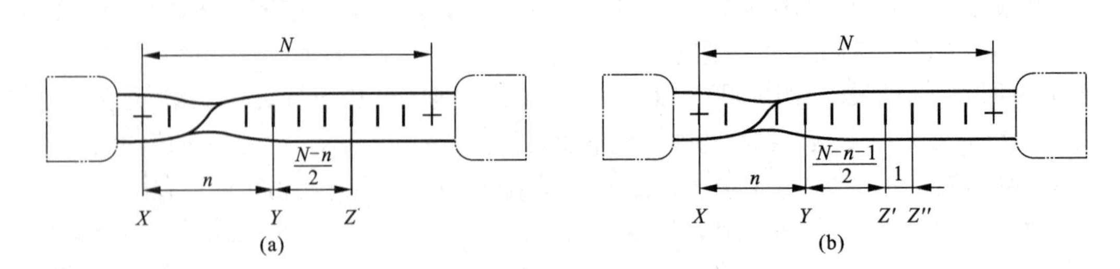

图6-3 颈缩现象及断后标距的测量

钢材的塑性表示钢材在外力作用下产生塑性变形而不断裂的能力，用断后伸长率 A 表示，按式(6－3)计算：

$$A=\frac{L_u-L_0}{L_0}\times 100\% \tag{6-3}$$

式中：A——钢材的断后伸长率，%；

L_0——试件的原始标距(比例试样：$L_0=5.65\sqrt{S_0}$，且应≥15 mm；当试样横截面较小时，可采用 $L_0=11.3\sqrt{S_0}$或非比例试样)，mm；

L_u——试件的断后标距，mm。

试件断后标距的测量：原则上只有断裂处与最接近的标距标记的距离不小于 $L_0/3$ 时，方为有效。但断后伸长率大于或等于产品规定值时，不管断裂位置处于原始标距内的任何位置，均为有效。如断裂处与最接近的标距标记的距离小于 $L_0/3$ 时，可采用移位法进行断后标距的测量，见图 6－3 所示。试验前将原始标距 L_0细分为 N 等分(每等分为 10 mm 或 5 mm)，试验结束后，将断裂的两截试样的断口紧密对接好，然后按下述方法测量断后标距：

当 $N-n$ 为偶数时[见图 6－3(a)]，则断后标距 $L_u=L_{XY}+2L_{YZ}$；

当 $N-n$ 为奇数时[见图 6－3(b)]，则断后标距 $L_u=L_{XY}+2L_{YZ'}+L_{Z'Z''}$。

伸长率的值愈大，说明钢材断裂时产生的塑性变形愈大，其塑性就愈好。尽管结构在弹性范围内使用，但在应力集中处，其应力可能超过屈服点，有一定的塑性变形，可保证应力重新分布，从而避免了结构的破坏。因此，凡用于结构的钢材，必须满足规范规定的屈服强度、抗拉强度和伸长率指标的要求。

2. 冲击韧性

钢材抵抗冲击荷载破坏的能力称为冲击韧性。

冲击韧性

钢材冲击韧性的好与差，可用冲击功或冲击值两种方法来表示。用标准试件作冲击试验时，在冲断过程中，试件所消耗的功称为冲击功 A_k(试验机上可直接读取，见图 6－4)；而单位面积材料所消耗的功称为冲击值 α_k，按式(6－4)计算：

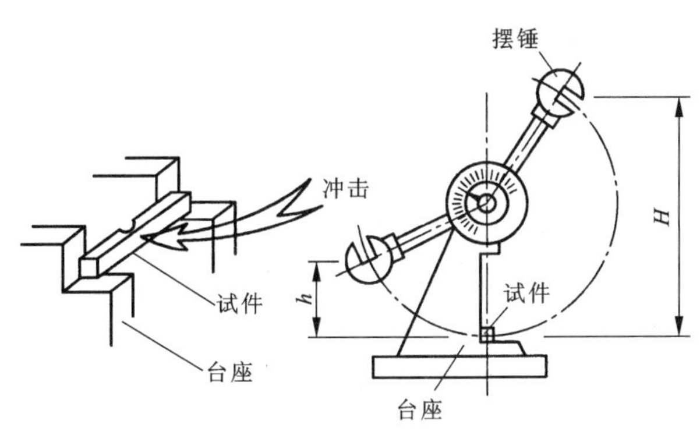

图 6－4　钢材的冲击试验

$$A_k=F(H-h)\quad 或\quad \alpha_k=\frac{A_k}{A_0}=\frac{F(H-h)}{A_0} \tag{6-4}$$

式中：A_k——冲击功，J；

α_k——冲击值，J/cm^2；

F——摆锤重量，N；

H、h——下摆前、冲断后的摆锤中心的高度，m；

A_0——标准试件缺口处的净面积，cm^2。

显然，A_k和α_k值愈大，说明钢材断裂前吸收的能量越多，钢材的冲击韧性就越好。对于经常受较大冲击荷载作用的钢材必须满足规范规定的冲击韧性指标(A_k或α_k)的要求。

温度对钢材的冲击韧性影响很大，钢材在负温条件下，冲击韧性会显著下降，钢材由塑性状态转化为脆性状态，这一现象称为冷脆。在实用上，对钢材冷脆性的评定，通常是在$-20℃$、$-30℃$、$-40℃$三个温度下分别测定其冲击功A_k或冲击值α_k，由此来判断脆性转变温度的高低。钢材的脆性转变温度应低于其实际使用环境的最低温度。对于铁路桥梁用钢，则规定在$-40℃$下的冲击值$\alpha_k \geqslant 30\ J/cm^2$，以防止钢材在使用中突然发生脆性断裂。

疲劳强度

3. 耐疲劳性

钢材在交变荷载的反复作用下，其应力往往在远小于其抗拉强度甚至小于屈服强度的情况下就突然发生断裂，这种现象称为钢材的疲劳破坏。

钢材的疲劳强度通常是指试件在反复的交变荷载作用下，在规定的周期基数(循环次数)内不发生断裂所能承受的最大应力值。周期基数一般为200万次或400万次以上。

钢材的疲劳强度与其组织结构、表面质量、合金成分、夹杂物和应力集中等因素有关。

钢材疲劳断裂的过程，一般认为是在重复的交变荷载作用下，虽然荷载值远小于最大荷载甚至小于屈服荷载，但在构件的最薄弱区域，首先产生很小的疲劳裂纹，并随交变荷载循环次数的增加而扩展，从而使钢材的有效承载截面不断缩小，以致不能承受所加荷载而突然断裂。因此，当制作承受反复交变荷载作用的结构或构件时，需要对所用钢材进行疲劳测试。

4. 硬度

钢材的硬度是钢材表面抵抗其他较硬物体压入产生局部变形的能力。硬度是衡量钢材软硬程度的一个指标。测定钢材硬度的方法，通常有布氏硬度、维氏硬度和洛氏硬度三种方法。

布氏硬度：用直径为D(mm)的淬火钢球以荷载F(N)将其压入试件表面，经规定的持续时间后卸载，即得直径为d(mm)的压痕，以荷载F除以压痕表面积S(mm^2)，所得应力值即为试件的布氏硬度值HB，如图6-5所示。可见布氏硬度是钢材在单位凹陷面积上所承受的压力。HB值愈大，表示钢材愈硬。

维氏硬度：在维氏硬度试验机上，用136°的金刚棱锥压头对钢材进行压陷，如图6-6所示。以每单位凹陷面积上所承受的压力表示的硬度作为维氏硬度，用HV代表。HV值愈大，表示钢材愈硬。

洛氏硬度：在洛氏硬度试验机上，用120°的金刚圆锥压头或淬火钢球对钢材表面进行压陷，以一定压力作用下压痕的深度(按一定关系换算)表示的硬度作为洛氏硬度，用HR表示，根据压头类型和压力大小的不同，有HRA、HRB、HRC之分。

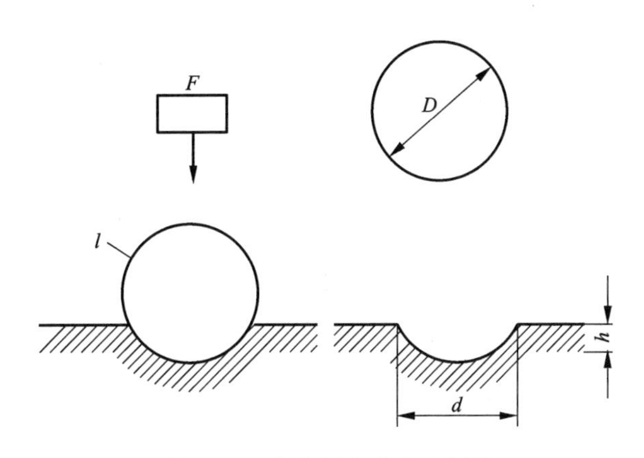

图6－5 布氏硬度试验示意图

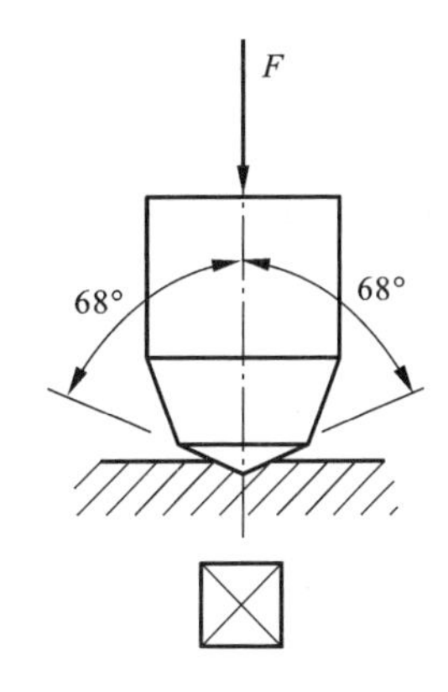

图6－6 维氏硬度试验示意图

通常，钢材的抗拉强度愈高，其塑性变形抵抗力就愈强，硬度就愈高。一般中、高碳钢比低碳钢要硬。

6.2.2 工艺性能

冷弯性能和焊接性能是建筑钢材重要的工艺性能。

1. 冷弯性能

冷弯性能是指钢材在常温下承受弯曲塑性变形而不断裂的能力。在工程中，常常需要将钢板、钢筋等钢材弯成所要求的形状，冷弯试验就是模拟钢材弯曲加工而确定的。衡量钢材弯曲能力的指标有两个：一是弯芯直径 d，用试件的厚度或直径 a 的倍数表示（$d=na$，$n=0, 1, 2, \cdots$）；二是弯转角度，如图6－7所示。若指定的弯曲压头直径越小，弯转角度越大，说明对钢材弯曲性能的要求就越高。钢材试件绕着指定弯径、弯曲至指定角度后，无肉眼可见的裂纹为冷弯性能合格。

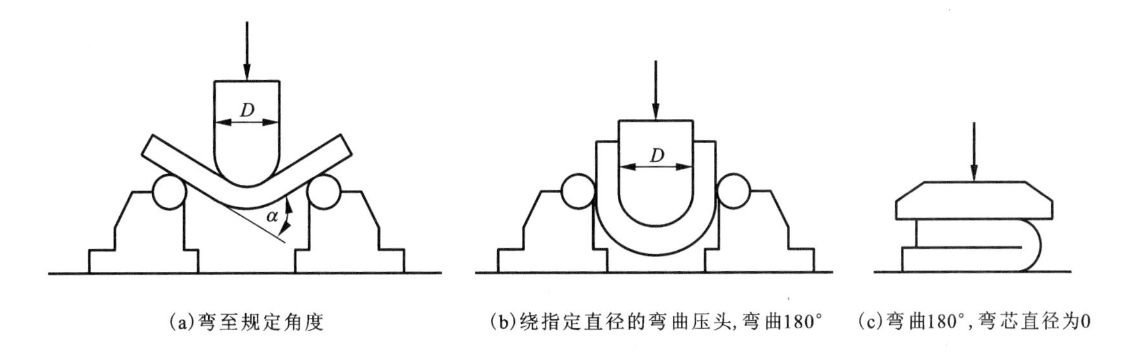

(a)弯至规定角度　(b)绕指定直径的弯曲压头，弯曲180°　(c)弯曲180°，弯芯直径为0

图6－7 钢材的冷弯试验

通过冷弯试验可以检查钢材内部存在的缺陷，如钢材因冶炼、轧制过程所产生的气孔、杂质、裂纹、严重偏析等。因此，钢材的冷弯指标不仅是工艺性能的要求，也是衡量钢材质量的重要指标。

钢材的伸长率和冷弯性能都反映了钢材的塑性，但伸长率是反映钢材在轴向均匀变形下的塑性，而冷弯却反映钢材在局部变形状态下的塑性，它比伸长率更能反映钢材内部组织状态、内应力及杂质等缺陷。伸长率合格的钢材，其冷弯性能不一定合格。因此，凡是建筑结构用的钢材，还必须满足冷弯性能的要求。

焊接性能

2. 焊接性能

焊接是连接钢构件的主要形式，无论是钢结构，还是钢筋骨架、接头及预埋件的连接等，大多数是采用焊接的，这就要求钢材具有良好的可焊性。

钢材在焊接过程中，由于受局部高温的作用，焊缝及其附近的过热区(热影响区)将发生晶体结构的变化，使焊缝周围产生硬脆倾向，降低焊件的使用质量。钢材的可焊性就是指钢材在焊接后，其焊接接头连结的牢固程度和硬脆倾向大小的一种性能。可焊性良好的钢材，焊接时不易形成裂纹、气孔、夹渣等缺陷，焊接后的焊接头牢固可靠，硬脆倾向小，焊缝处及附近仍能保持与母材基本相同的性能。

化学成分的影响

钢的化学成分、冶炼质量及冷加工等，对钢材的可焊性影响很大。试验表明，含碳量小于 0.25% 的碳素钢具有良好的可焊性，随着含碳量的增加，可焊性下降；硫、磷以及气体杂质均会显著降低可焊性；加入过多的合金元素，也将在不同程度上降低可焊性。因此，对焊接结构用钢，宜选用含碳量较低、杂质含量少的平炉镇静钢。对于高碳钢和合金钢，需采用焊前预热和焊后热处理等措施，来改善焊后的硬脆性。

对于焊接结构用钢及其焊缝，应按规定进行焊接接头的拉伸、冷弯、冲击、疲劳等项试验，以检查其焊接质量。

6.3 钢材的冷加工与热处理

6.3.1 钢材的冷加工与时效

冷加工强化

1. 钢材的冷加工

凡在常温下对钢材进行强力拉、拔、轧、扭的加工称为冷加工。钢材经冷加工，使其产生一定的塑性变形，其屈服强度、硬度均有所提高，但其塑性、韧性和弹性模量有所降低，这种现象称为冷加工强化。

(1)冷拉

将钢筋用拉伸设备在常温下拉长，使其产生一定的塑性变形，这就是冷拉。冷拉主要用于盘条钢筋的拉直和制作冷拉钢筋。

用于盘条钢筋拉直：用冷拉方法可将盘条钢筋拉直，一般只控制其冷拉率(拉长的百分率)为 6% ~ 10%，称为单控。这样的冷拉，能使钢筋的强度提高 10% ~ 20%，长度增加 6% ~ 10%，达到矫直、除锈、节约钢材的效果。一般的工地均可进行。

用于制作冷拉钢筋：将热轧钢筋进行冷拉，同时控制冷拉力(使之达到规范规定的冷拉应力)和冷拉率的最大值，称为双控。由于控制了冷拉力，能使冷拉钢筋的强度达到指定标准，得到一个新的钢筋品种——冷拉钢筋。

（2）冷拔

将钢筋通过用硬质合金制成的拔细模孔强行拉拔，如图6－8所示。每次可拔细0.5～1 mm，可拔多次。由于模孔直径略小于钢筋直径，从而使钢筋受拉拔的同时，在与模孔接触处受到强力挤压使其内部更加紧密，钢筋的强度和硬度大为提高，但塑性、韧性下降很多，具有硬钢性能。

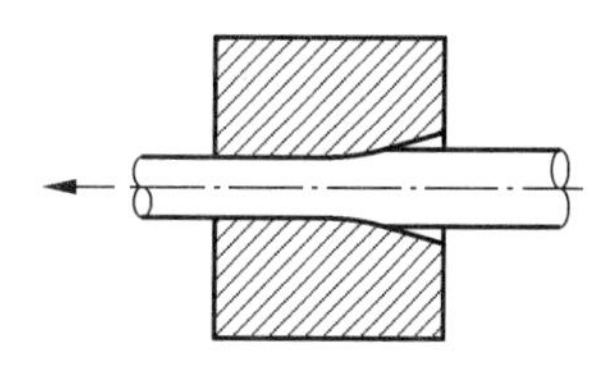

图6－8　钢筋冷拔示意图

用冷拔的方法，将 $\phi6\sim\phi10$ mm 的低碳钢筋拔制成的冷拔低碳钢丝，强度一般可提高40%～60%，长度增加40%～70%，并且矫直、除锈。这在一般的钢筋加工厂便可进行。

用于大跨度结构、桥梁的高强钢丝，也是用优质碳素钢经多次冷拔和热处理制成的。

（3）冷轧

在常温下将钢板通过两个辊轴进行辗压，强力压薄，可以制作强度较高的冷轧钢板；对热轧光圆钢筋经过冷轧，可制得表面带肋的冷轧带肋钢筋；对高强钢丝进行冷轧，可制得表面轧有许多凹痕的刻痕钢丝等。既提高了钢筋的强度，达到节约钢筋的目的，也增强了钢筋与混凝土的黏结力。

（4）冷轧扭

在常温下将热轧钢筋先行轧扁，再扭成麻花状，制成冷轧扭钢筋。既提高了钢筋的强度，达到节约钢筋的目的，也增强了钢筋与混凝土的黏结力。

2. 钢材的时效

经冷加工强化后的钢材，放置一段时间后，不但其屈服强度继续提高，抗拉强度也会提高，而塑性、韧性进一步下降。这一效果称为钢材的冷加工时效。钢材经冷加工和时效后的应力－应变曲线图如图6－9所示。

冷加工强化后的钢材在放置一段时间后所产生的时效称为自然时效。若将冷加工强化后的钢材加热到100～200℃，保持2 h，同样可以达到上述的效果，这称为人工时效。

实际工程中，钢材在冷加工后并不能立即进入结构中受荷，至少要经过一段施工过程，这时的钢材已具有了强化和时效的综合效果。而且不仅冷拉具有这一效果，冷拔，冷轧后的钢材也具有上述效果。

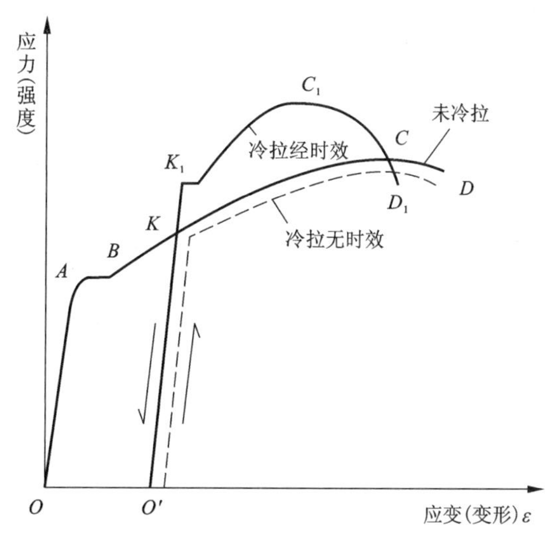

图6－9　钢材冷拉时效后应力－应变曲线图

钢材经过冷拉、冷拔、冷轧等冷加工之后产生强化和时效，使钢材的强度、硬度提高，塑性、韧性下降。利用这一性质，可以提高钢材的利用率，达到节省钢材、提高经济效益的目的。但应兼顾强度和塑性两方面的合理程度，不可因过分提高强度而使塑性、韧性下降过多，反而影响其质量。经过冷加工的钢材，不得用于承受动荷载作用的结构，也不得用于焊接施工。

6.3.2 钢材的热处理

热处理是强化钢材，使其发挥潜在能力的重要工艺。钢的热处理就是将钢在固态范围内加热到一定的温度，并在此温度保持一定的时间，然后以选定的冷却速度冷却下来，改变钢的内部组织，从而获得所需要性能的一种工艺方法。钢的热处理过程都是由加热、保温和冷却三个阶段组成。

热处理工艺方法日益繁多，根据热处理的目的以及加热和冷却方法不同，可将热处理分为整体热处理、表面热处理和化学热处理三大类。根据加热介质、加热温度和冷却方法的不同，每一大类又可区分为若干不同的热处理工艺。

1. 整体热处理

整体热处理是对工件整体加热，然后以适当的速度冷却，以改变其整体力学性能的金属热处理工艺。钢铁整体热处理大致有退火、正火、淬火和回火四种基本工艺。

2. 表面热处理

通过对钢件表面的加热、冷却以改变其表层的组织，而内部仍保持原来的组织的金属热处理工艺。其目的是获得高硬度的表面层和有利的内应力分布，以提高钢件的耐磨性能和抗疲劳性能。常用表面热处理方法有火焰加热表面淬火和感应加热表面淬火两种。

3. 化学热处理

化学热处理是利用化学反应、有时兼用物理方法改变钢件表层化学成分及组织结构，以便得到比均质材料更好的技术性能的金属热处理工艺。

经化学热处理后的钢件，其耐磨性、疲劳强度、抗蚀性与抗高温氧化性均得以提高，而内部仍为原始成分的钢，表层则是渗入了合金元素的材料，且内部与表层之间是紧密的晶体型结合，故它比电镀等表面防护技术所获得的内、表部的结合要强得多。

根据渗入元素的不同，化学热处理可分为渗碳、渗氮、渗硼、渗硅、渗硫、渗铝、渗铬、渗锌、碳氮共渗、铝铬共渗等。

6.4 建筑工程用钢及钢材的技术要求

碳素结构钢

6.4.1 建筑工程用钢的技术要求

建筑工程用钢主要采用碳素结构钢、优质碳素结构钢和低合金高强度结构钢。

1. 碳素结构钢

碳素结构钢的牌号由代表屈服强度的拼音字母 Q、屈服强度特征值、质量等级代号(按其含磷、硫杂质含量由多至少划分为 A、B、C、D 四个等级)、脱氧程度(沸腾钢 F、镇静钢 Z、特殊镇静钢 TZ)四部分按顺序组成。其中，镇静钢(Z)和特殊镇静钢(TZ)可以省略。按屈服强度分为 Q195、Q215、Q235、Q275 四种牌号。如 Q235AF 表示屈服强度为 235 MPa、质量等级为 A 级的沸腾钢；Q235D 表示屈服强度为 235 MPa、质量等级为 D 级的镇静钢或特殊镇静钢。建筑工程常用的 Q235 和 Q275 碳素结构钢的力学性能见表 6－1，其他牌号的力学性能应符合现行国家标准《碳素结构钢》(GB/T 700—2006)的有关规定。

Q195 和 Q215 钢的强度较低，但塑性、韧性很好，易于冷加工，线材用于制作冷拔低碳钢丝，并可用作铁钉、铆钉、螺栓；板材用于冷轧钢板、冷弯型钢；型材可用于钢结构、钢门窗；管材可用于供水、供油、供气管道等。

Q235 有较高的强度和良好的塑性、韧性、可焊性和冷加工性性能，适合于工程使用。结构工程的各种型钢和板材，钢筋混凝土工程中的光圆钢筋、钢丝及工程中的各种管材均可用 Q235 制作，铁路轨道中的垫板、道钉、轨距杆、防爬器也可用 Q235 制作。

Q275 的强度较高，但塑性、韧性和可焊性较差，加工难度较大，用于结构中的配件制作，预应力工程中预应力锚具制作等。

表 6-1　碳素结构钢的力学性能(GB/T 700-2006)

牌号	等级	屈服强度 R_{eL}/MPa，≥			抗拉强度 R_m/MPa，≥	断后伸长率 A/%，≥			冲击试验(V 型缺口)	
		厚度或直径/mm				厚度或直径 d/mm			温度/℃	冲击吸收功(纵向) A_k/J，≥
		<16	>16~40	>40~60		<16	>16~40	>40~60		
Q235	A	235	225	215	370~500	26	25	24	-	-
	B								+20	27
	C								0	
	D								-20	
Q275	A	275	265	255	410~540	22	21	20	-	-
	B								-20	27
	C								0	
	D								+20	

2. 低合金高强度结构钢

低合金高强度结构钢

低合金高强度结构钢的牌号由代表屈服强度的拼音字母 Q、屈服强度特征值、质量等级代号(A、B、C、D、E)三部分按顺序组成。按屈服强度分为 Q345、Q390、Q420、Q460、Q500、Q550、Q620、Q690 八种牌号。如 Q345D 表示屈服强度为 345 MPa、质量等级为 D 级的低合金高强度结构钢。建筑工程常用的 Q345 和 Q390 低合金高强度结构钢的力学性能见表 6-2，其他牌号的力学性能应符合现行国家标准《低合金高强度结构钢》(GB/T 1591—2008)的有关规定。

表 6-2　低合金高强度结构钢的力学性能(GB/T 1591—2008)

牌号	等级	屈服强度 R_{eL}/MPa，≥				抗拉强度 R_m/MPa，≥		断后伸长率 A/%，≥	
		厚度或直径/mm				厚度或直径/mm		厚度或直径/mm	
		≤16	>16~40	>40~63	>63~80	≤40	>40~80	≤40	>40~80
Q345	A、B	345	335	325	315	470~630		≥20	≥19
	C、D、E							≥21	≥20
Q390	A、B、C、D、E	390	370	350	330	490~650		≥20	≥19

低合金高强度结构钢具有强度高，综合性能好的特点，在实际工程中，低合金高强度结构钢轧制的型钢、钢板常用作高层建筑的钢结构、大跨度屋架、网架及其他承受较大荷载的构件。

3. 优质碳素结构钢

优质碳素结构钢是含碳量 <0.90% 的碳素钢，这种钢中所含的硫、磷及非金属夹杂物比碳素结构钢少，力学性能较为优良。

优质碳素结构钢按冶金质量等级分为优质钢(硫、磷含量≤0.035%)、高级优质钢(代号为 A。硫、磷含量≤0.030%)和特级优质钢(代号为 E。硫含量≤0.025%，硫含量≤0.020%)。

优质碳素结构钢的牌号用两位数字表示，即钢中平均含碳量的万分位数。例如，20 号钢表示平均含碳量为 0.20% 的优质碳素钢。对于高级优质钢或特级优质钢，则在尾部加上 A 或 E，如 20A(20 号高级优质钢)；对于沸腾钢则在尾部加上 F，如 10F、15F 等。

优质碳素结构钢的技术要求应符合现行国家标准《优质碳素结构钢》(GB/T 699—1999)的有关规定。

优质碳素结构钢在工程中一般用于生产预应力混凝土用钢丝、钢绞线、锚具，以及高强度螺栓、重要结构的钢铸件等。优质碳素结构钢中 08、10、15、20、25 等牌号属于低碳钢，其塑性好，易于拉拔、冲压、挤压、锻造和焊接。其中 20 钢用途最广，常用来制造各种型钢、螺钉、螺母、垫圈等。30、35、40、45、50、55 等牌号属于中碳钢，因钢中珠光体含量增多，其强度和硬度较高，淬火后的硬度可显著增加。其中，以 45 钢最为典型，它不仅强度、硬度较高，且兼有较好的塑性和韧性，即综合性能优良。45 钢在机械结构中用途最广，常用来制造轴、丝杠、齿轮、连杆、套筒、键、重要螺钉和螺母、预应力筋用锚具、夹具及连接器等。60、65、70、75 等牌号属于高碳钢，它们经过淬火、回火后不仅强度、硬度提高，且弹性优良，常用来制造小弹簧、发条、钢丝绳、轧辊等。

型钢

6.4.2 钢结构用钢材

钢结构用钢材有热轧型钢、冷弯型钢、钢管和钢板等，它们都是采用碳素结构钢(Q235 或 Q275)、优质碳素结构钢或低合金高强度结构钢(Q345 或 Q390)生产加工而成。

1. 热轧型钢

热轧型钢是用加热钢坯轧成的各种几何断面形状的型钢。

常用的有工字钢、H 型钢、T 型钢、槽钢、等边角钢、不等边角钢、L 型钢等。型钢的规格通常以反映其断面形状的主要轮廓尺寸来表示；角钢的长度通常为 4.0 ~ 19.0 m，其他型钢的长度通常为 5.0 ~ 19.0 m。常用热轧型钢横截面示意图见图 6 - 10 所示。

热轧型钢的尺寸、外形、质量及允许偏差，拉伸性能(屈服强度、抗拉强度、断后伸长率)，冷弯性能等技术要求应符合现行国家标准《热轧型钢》(GB/T 706—2016)的有关规定。

型钢由于截面形式合理，材料在截面上的分布对受力最为有利，且构件间连接方便，所以它是钢结构中采用的主要钢材。

2. 冷弯型钢

冷弯型钢是用钢板或钢带为坯料，在常温下用连续辊式冷弯机组弯曲成各种断面形状的型钢。

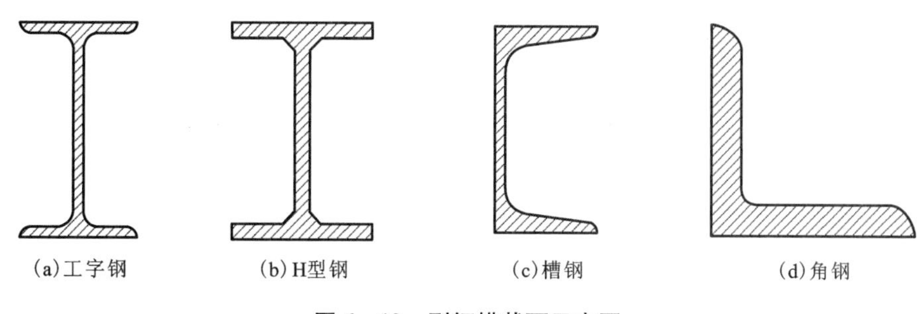

(a)工字钢 (b)H型钢 (c)槽钢 (d)角钢

图6-10 型钢横截面示意图

按产品截面形状分为冷弯圆形空心型钢(Y)、冷弯方形空心型钢(F)、冷弯矩形空心型钢(J)、冷弯异形空心型钢(YI)、等边角钢(JD)、不等边角钢(JB)、等边槽钢(CD)、不等边槽钢(CB)、内卷边槽钢(CN)、外卷边槽钢(CW)、Z形钢(Z)、卷边Z形钢(ZJ)。常用冷弯型钢外形见图6-11所示。

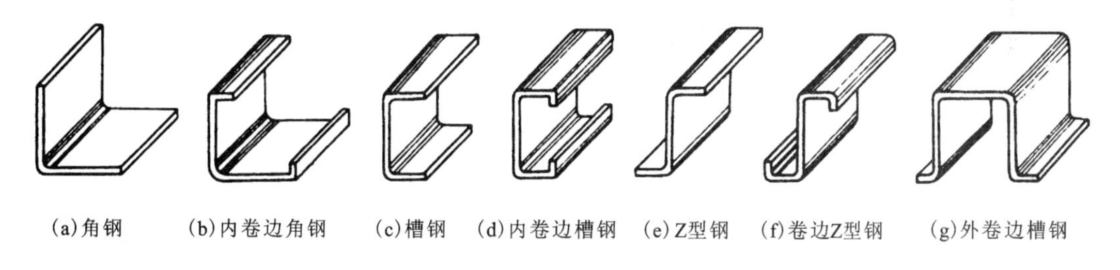

(a)角钢 (b)内卷边角钢 (c)槽钢 (d)内卷边槽钢 (e)Z型钢 (f)卷边Z型钢 (g)外卷边槽钢

图6-11 冷弯型钢截面图

冷弯型钢按屈服强度等级分为235、345、390(MPa)。各强度等级的力学性能应符合表6-3的规定。其尺寸、外形、质量及允许偏差，表面质量，焊缝质量等技术要求应符合现行国家标准《冷弯型钢通用技术要求》(GB/T 6725—2017)的有关规定。

表6-3 冷弯型钢的力学性能(GB/T 6725—2017)

屈服强度等级	壁厚 t/mm	屈服强度 R_{eL}/MPa，≥	抗拉强度 R_m/MPa	断后伸长率 A/%，≥
235	≤19	235	370~560	24
345		345	470~680	20
390		390	490~700	17

冷弯型钢具有如下特点：

①截面经济合理，节省材料。其截面形状可以根据需要设计，结构合理，单位质量的截面系数高于热轧型钢。在同样负荷下，可减轻构件自重，节约材料，比热轧型钢节约金属38%~50%，方便施工，降低综合费用。

②品种繁多。可以生产用一般热轧方法难以生产的壁厚均匀、截面形状复杂的冷弯型钢、各种型材和各种不同材质的冷弯型钢。

③产品表面光洁，外观好，尺寸精确，而且长度也可以根据需要灵活调整，全部按定尺或倍尺供应，提高材料的利用率。

④生产中还可与冲孔等工序相配合，以满足不同的需要。

3. 钢管

钢管是一种具有中空截面的钢材。按外形分为圆形和矩形，按生产工艺分为热轧无缝钢管、焊接钢管和冷弯钢管。由于钢管在相同截面积下，刚度较大，因而是中心受压杆的理想截面；流线型的表面使其承受风压小，用于高耸结构十分有利。在建筑结构上，钢管多用于制作网架(网壳)、桁架、塔桅等构件，也可用于制作钢管混凝土。钢管混凝土可用于厂房柱、构架柱、地铁站台柱、塔柱和高层建筑柱等。

钢结构用热轧无缝钢管及冷弯矩形钢管的技术要求应符合现行国家标准《结构用无缝钢管》(GB/T 8162—2008)及《建筑结构用冷弯矩形钢管》(JG/T 178—2005)的有关规定。

4. 钢板

在钢结构中，单块钢板不能独立工作，必须用几块钢板组合成工字形、箱形等结构来承受荷载。

建筑结构用钢板：建筑结构用钢板的牌号由代表屈服强度的汉语拼音字母 Q、屈服强度特征值、代表高性能建筑结构用钢的拼音字母 GJ、质量等级符号(B、C、D、E)组成，如 Q345GJC；对于厚度方向性能钢板，则在质量等级后加上厚度方向性能级别(Z15、Z25、Z35)，如 Q345GJZ25。建筑结构用钢板的尺寸、表面质量、化学成分、拉伸、冲击、弯曲性能等技术要求应符合现行国家标准《建筑结构用钢板》(GB/T 19879—2015)的有关规定。

桥梁用结构钢：桥梁用结构钢的牌号由代表屈服强度的汉语拼音字母 Q、屈服强度特征值、桥字的汉语拼音首个字母 q、质量等级符号(C、D、E、F)组成。例如：Q420qD。当要求钢板具有耐候性能或厚度方向性能时，则在上述规定的牌号后分别加上代表耐候的汉语拼音字母 NH 或厚度方向(Z15、Z25、Z35)性能级别的符号，例如：Q420qDNH 或 Q420qDZ15。桥梁用结构钢的尺寸、表面质量、化学成分、拉伸、冲击、弯曲性能等技术要求应符合现行国家标准《桥梁用结构钢》(GB/T 714—2015)的有关规定。

6.4.3 普通混凝土结构用钢材

钢筋

普通混凝土结构用钢材主要有热轧钢筋(热轧光圆钢筋和带肋钢筋)和冷轧带肋钢筋。主要用于钢筋混凝土和预应力混凝土结构的配筋。

1. 热轧光圆钢筋

经热轧成型，横截面通常为圆形，外表光滑的钢筋为热轧光圆钢筋。

品种规格：钢筋的公称直径为 6～22 mm，分为盘卷(直径在 12 mm 以下)和直条(直径在 12 mm 以上)两种；按钢筋的屈服强度特征值分为 HPB235、HPB300 两个牌号。钢筋的牌号由“HPB + 屈服强度特征值”构成，其中 HPB 为(Hot rolled Plain Bars)的缩写。

技术要求：热轧光圆钢筋的力学与工艺性能应符合表 6 - 4 的规定。钢筋的尺寸、质量及允许偏差、表面质量等技术要求应符合现行国家标准《钢筋混凝土用钢第 1 部分：热轧光圆钢筋》(GB 1499.1—2017)的有关规定。

特点与应用：热轧光圆钢筋的强度较低，但塑性、焊接性能好，便于冷加工。因其表面光滑，与混凝土之间的握裹力较差，用于钢筋混凝土结构配筋时，常需要在钢筋端部进行弯钩，以提高其锚固性能。适应于中、小型钢筋混凝土结构的主要受力筋及构造筋。

表 6-4　热轧光圆钢筋的力学与工艺性能(GB 1499.1—2017)

牌号	屈服强度 R_{eL}/MPa，≥	抗拉强度 R_m/MPa，≥	断后伸长率 A/%，≥	最大力下总伸长率 A_{gt}/%，≥	冷弯试验	
					弯芯直径 d	弯曲角度
HPB300	300	420	25	10	a	180°

注：a 为钢筋公称直径。

2. 热轧圆盘条钢筋

经热轧成型，钢筋的横截面通常为圆形，外表光滑的盘条钢筋。

品种规格：钢筋的公称直径为 6～12 mm。建筑工程用的牌号为 Q235。钢筋的牌号由代表屈服强度的汉语拼音字母 Q 和屈服强度特征值组成。

技术要求：热轧圆盘条钢筋的力学与工艺性能应符合表 6-5 的规定，其他技术要求应符合现行国家标准《低碳钢热轧圆盘条》(GB/T 701—2008)的有关规定。

表 6-5　热轧圆盘条钢筋的力学与工艺性能(GB/T 701—2008)

牌号	抗拉强度 R_m/MPa，≥	断后伸长率 $A_{11.3}$/%，≥	冷弯试验	
			弯芯直径 d	弯曲角度
Q235	500	23	0.5a	180°
Q275	540	21	1.5a	

注：a 为钢筋公称直径。

特点与应用：热轧圆盘条钢筋的特点与热轧光圆钢筋相似。主要用作箍筋、现浇楼板钢筋及用于制作冷拉钢筋。

3. 热轧带肋钢筋

经热轧成型，横截面通常为圆形，其表面有两条对称的纵肋和沿长度方向均匀分布的横肋的钢筋为热轧带肋钢筋。

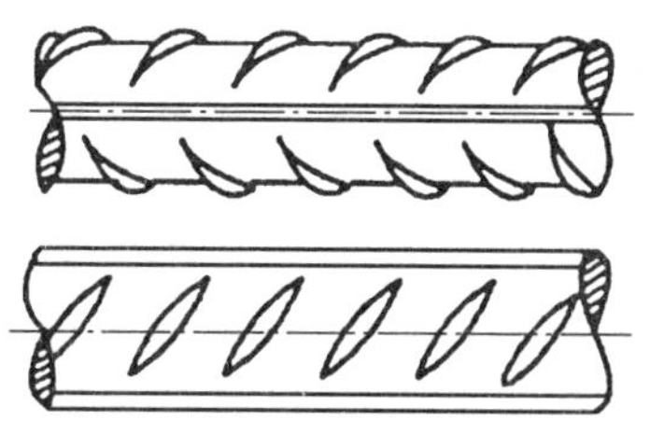

(a)月牙肋钢筋

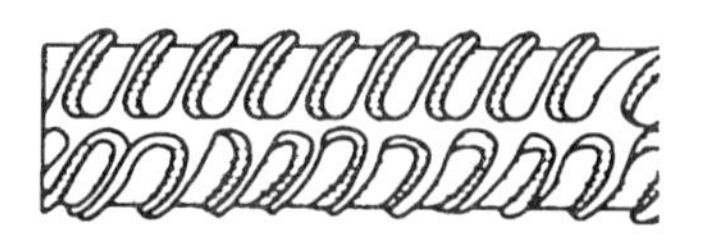

(b)等高肋钢筋

图 6-12　带肋钢筋外形

品种规格：钢筋表面横肋的纵横面呈月牙形且与纵肋不相交的钢筋称为月牙肋钢筋，见图 6-12(a)；横肋的纵横面高度相等且与纵肋相交的钢筋称为等高肋钢筋，见图 6-12(b)。热轧带肋钢筋分为普通型(牌号为"HRB＋屈服强度特征值")和细晶粒型(牌号为"HRBF＋屈服强度特征值")。公称直径为 6～50 mm。按钢筋屈服强度特征值分为 HRB400(HRBF400)、HRB500(HRBF500)、HRB600 等几个牌号。

技术要求：钢筋的力学与工艺性能应符合表 6-6 的规定，其他技术要求应符合现行国家标准《钢筋混凝土用钢第 2 部分：热轧带肋钢筋》(GB 1499.2—2018)的有关规定。

表 6－6 热轧带勒钢筋的力学与工艺性能(GB 1499.2—2018)

牌号	屈服强度 R_{eL}/MPa，≥	抗拉强度 R_m/MPa，≥	断后伸长率 A/%，≥	最大力总延伸率 A_{gt}/%，≥	冷弯试验 弯曲压头直径 D/mm			冷弯试验 弯曲角度
					6～25	28～40	>40～50	
HRB400 HRBF400	400	540	16	7.5	4d	5d	6d	180°
HRB500 HRBF500	500	630	15		6d	7d	8d	
HRB600	600	730	14		6d	7d	8d	

注：d 为钢筋公称直径。

产品标识：钢筋产品的表面分别轧有“强度等级(普通型分别以 4、5、6 表示；细晶粒型分别以 C4、C5、C6 表示)、厂家商标及公称直径”标识，以示区别。

特点与应用：热轧带肋钢筋具有较高的强度，塑性和焊接性能较好。因其表面具有横肋和纵肋，与混凝土之间的握裹力强，用于钢筋混凝土结构配筋时，通常情况下，无需对其端部进行弯钩。适应于大、中型钢筋混凝土结构的主要受力筋和预应力混凝土结构配筋。

4. 冷轧带肋钢筋

冷轧带肋钢筋是用低碳钢热轧圆盘条经冷轧后，在其表面带有沿长度方向均匀分布的两面或三面横肋的钢筋。

品种规格：钢筋的公称直径为 4～12 mm。根据其抗拉强度特征值分为 CRB550、CRB650、CRB800、CRB600H、CRB680H、CRB800H 六个牌号。

技术要求：冷轧带肋钢筋的力学与工艺性能应符合表 6－7 的规定，其他技术要求应符合现行国家标准《冷轧带肋钢筋》(GB 13788—2017)的有关规定。

表 6－7 冷轧带勒钢筋的力学与工艺性能(GB 13788—2017)

牌号	非比例延伸强度 $R_{p0.2}$/MPa，≥	抗拉强度 R_m/MPa，≥	断后伸长率 A/%，≥		反复弯曲次数/次，≥	冷弯试验(180°)	松弛率 r/%，≤ (初始应力 $R_{con}=0.7R_m$)
			$A_{11.3}$	A_{100}			1000h
CRB550	500	550	11.0	—	—	$D=3d$	—
CRB650	585	650	—	4.0	3	—	8
CRB800	720	800					
CRB600H	540	600	14.0	—	—	$D=3d$	—
CRB680H	600	680	14.0	—	4	—	5
CRB800H	720	800	—	7.0	4	—	5

注：D 为弯曲压头直径；d 为钢筋公称直径。

特点与应用：冷轧带肋钢筋具有强度高、硬、脆，节约建筑钢材、降低工程造价、与混凝土之间的握裹力强、伸长率较同类的冷加工钢筋大等优点。主要用于各种现浇板。

6.4.4　预应力混凝土结构用钢材

预应力混凝土结构用钢材除了普通配筋用热轧钢筋和冷轧钢筋外，其主要受力钢筋为钢丝或钢绞线。

1. 预应力混凝土用钢丝

预应力混凝土用钢丝是以优质碳素钢盘条制成的专用线材。

品种规格：按加工状态分为冷拉钢丝（代号为 WCD）和消除应力钢丝两类。消除应力钢丝按松弛性能又分为低松弛级钢丝（代号为 WLR）。按外形分为光圆（代号为 P）、螺旋肋（代号为 H）、刻痕（代号为 I）三种，其外形见图 6－13。钢丝的公称直径为 3～12 mm。根据其抗拉强度分为 1470、1570、1670、1770 及 1860（MPa）五个强度等级。

钢丝与钢铰线

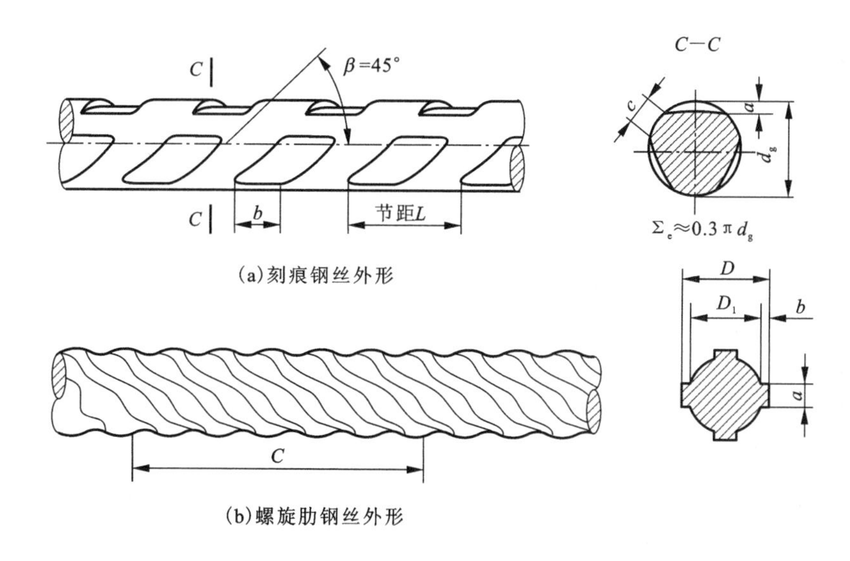

(a)刻痕钢丝外形

(b)螺旋肋钢丝外形

图 6－13　预应力混凝土用钢丝外形

产品的标记：按产品名称、公称直径、抗拉强度等级、加工状态代号、外形代号和标准编号顺序编写。如公称直径为 7.00 mm、抗拉强度为 1570 MPa 的低松弛螺旋肋钢丝，其标记为：预应力钢丝 7.00－1570－WLR－H－GB/T 5223—2014。

技术要求：产品的力学性能、表面质量、伸直性、耐疲劳性等技术要求应符合现行国家标准《预应力混凝土用钢丝》（GB/T 5223—2014）的有关规定。

特点与应用：预应力混凝土用钢丝具有强度高、节约钢材用量，无接头，与混凝土之间的握裹力强等特点。主要用于制作先、后张法的大、中、小型各种结构形状的预应力混凝土构件。如桥梁、屋架、吊车梁、轨枕、预制板、墙板、管桩、电杆和预应力混凝土水管、电视塔、核电站等工程。

2. 预应力混凝土用钢绞线

预应力混凝土用钢绞线是由多根高强度钢丝捻制而成的绞合钢缆，并经消除应力处理(稳定化处理)制成，其外形见图 6－14。

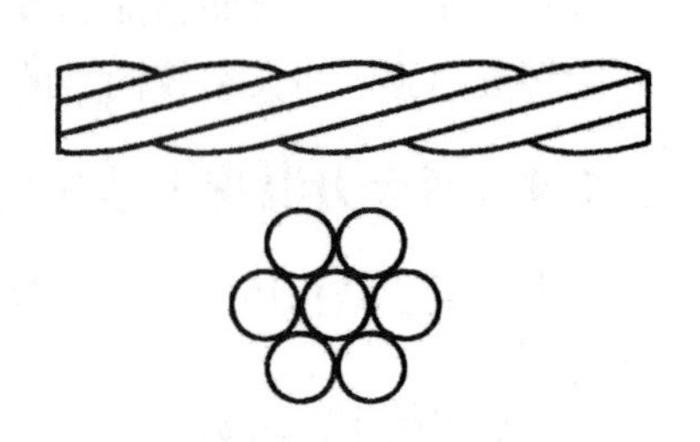

图 6－14　钢绞线外形

品种规格：按其表面形态可以分为光面钢绞线、刻痕钢绞线、镀锌钢绞线、涂环氧树脂钢绞线、外包塑料套钢绞线等。建筑工程常用的钢绞线结构为1×7股，公称直径为 ϕ15.2 mm 或 ϕ12.7 mm。

技术要求：预应力混凝土用钢绞线的力学性能见表 6－8。其他技术要求应符合《预应力混凝土用钢绞线》(GB/T 5224—2014)、《镀锌钢绞线》(YB/T 5004—2001)、《高强度低松弛预应力热镀锌钢绞线》(YB/T 152—1999)、《无黏结预应力钢绞线》(JG 161—2004)等有关规定。

表 6－8　预应力混凝土用钢绞线力学性能(GB/T 5224—2014)

钢绞线结构	公称直径/mm	抗拉强度 R_m/MPa，≥	整根钢绞线的最大力 F_m/kN，≥	规定非比例延伸力 $F_{p0.2}$/kN，≥	最大力下总伸长率 A_{gt} (L_0≥500 mm)	1000 h 松弛率 r (初始应力 R_{con})
1×7	12.70 (15.20)	1720	170(241)	153(217)	≥3.5%	$R_{con}=0.6R_m$时，$r\leq1.0\%$ $R_{con}=0.7R_m$时，$r\leq2.5\%$ $R_{con}=0.8R_m$时，$r\leq4.5\%$ (允许用至少 100 h 松弛率推算 1000 h 松弛率)
		1860	184(260)	166(234)		
		1960	193(274)	174(247)		
1×7C 模拔型	12.70	1860	208	187		
	15.20	1820	300	270		

注：表中括号内的数字为 ϕ15.20 钢绞线的要求。

产品标记：按产品名称、结构代号、公称直径、强度级别和标准编号顺序编写。如公称直径为 15.20 mm、强度等级为 1860 MPa 的 7 根钢丝捻制的标准型钢绞线，其标记为：预应力钢绞线 1×7－15.20—1860—GB/T 5224—2014。

特点与应用：钢绞线具有强度高、松弛率小、与混凝土黏结好、断面面积大、使用根数少、柔性好、在结构中排列布置方便、无接头、易于锚固等优点。主要用于大跨度、大荷载的预应力桥梁、屋架、薄腹梁等预应力混凝土结构或构件的曲线配筋。

3. 预应力混凝土用螺纹钢筋

预应力混凝土用螺纹钢筋是采用热轧、轧后余热处理或热处理等工艺制成的，带有不连续的外螺纹的直条钢筋，该钢筋在任意截面处，均可用带有匹配形状的内螺纹的连接器或锚具进行连接或锚固，也称精轧螺纹钢筋。

品种规格：钢筋的公称直径为 18～50 mm，常用的有 ϕ25 mm 和 ϕ32 mm。钢筋的牌号由“PSB＋屈服强度特征值”组成，如：PSB785。根据其屈服强度特征值分为 785、830、930、1080、1200(MPa)五个级别。

技术要求：钢筋各级别的力学性能要求见表 6－9，其他技术要求应符合现行国家标准

《预应力混凝土用螺纹钢筋》(GB/T 20065—2016)的有关规定。

特点与应用：预应力混凝土用螺纹钢筋强度高、松弛率小，但塑性低。主要用于预应力混凝土结构的预应力筋。

表 6－9　预应力混凝土用螺纹钢筋力学性能(GB/T 20065—2016)

<table>
<tr><th rowspan="2">级别</th><th rowspan="2">屈服强度
R_{eL}/MPa，≥</th><th rowspan="2">抗拉强度
R_m/MPa，≥</th><th rowspan="2">断后伸长率
A/%，≥</th><th rowspan="2">最大力下总伸长率
A_{gt}/%，≥</th><th>松弛率 r/%，≤
(初始应力 $R_{con}=0.7\ R_{eL}$)</th></tr>
<tr><th>1000 h</th></tr>
<tr><td>PSB785</td><td>785</td><td>980</td><td>7</td><td rowspan="5">3.5</td><td rowspan="5">4.0</td></tr>
<tr><td>PSB830</td><td>830</td><td>1030</td><td rowspan="4">6</td></tr>
<tr><td>PSB930</td><td>930</td><td>1080</td></tr>
<tr><td>PSB1080</td><td>1080</td><td>1230</td></tr>
<tr><td>PSB1200</td><td>1200</td><td>1330</td></tr>
</table>

6.5　钢材的腐蚀与防止

6.5.1　钢材的腐蚀

钢筋的腐蚀

钢材和周围介质接触时，由于发生化学反应或电化学作用而引起的破坏称为钢材的腐蚀。钢材被腐蚀后，其外形、色泽和力学性能将发生变化，从而影响其耐久性。钢材的腐蚀过程，可分为化学腐蚀和电化学腐蚀。

1. 化学腐蚀

化学腐蚀亦称干腐蚀，属纯化学腐蚀。是指钢材在常温和高温时发生的氧化或硫化作用。氧化作用的原因是钢铁与氧化性介质接触产生化学反应。氧化性气体有空气、氧、水蒸气、二氧化碳、二氧化硫和氯等，反应后生成疏松氧化物。常温下，钢材表面能形成一薄层钝化能力很弱的氧化保护膜 Fe_2O_3，在干燥环境下，能阻止钢材的进一步腐蚀。但在温度和湿度较高的环境中，氧化作用会加速钢材的腐蚀。

2. 电化学腐蚀

电化学腐蚀也称湿腐蚀。是由于电化学现象在钢材表面产生局部电池作用的腐蚀。由于钢材是由不同的金属和非金属元素组成的合金材料，当他们与电解质溶液接触时，将具有不同的电极电位，结果在钢材中形成大量的微小原电池，从而产生电化学腐蚀。例如在水溶液中的腐蚀，在大气，土壤中的腐蚀等。

钢材在潮湿的空气中，由于吸附作用，在其表面覆盖一层极薄的水膜，由于表面成分或者受力变形等的不均匀，使邻近的局部产生电极电位的差别，形成了许多微电池。在阳极区，铁被氧化成 Fe^{2+} 进入水膜，因为水中溶有来自空气中的氧，在阴极区氧被还原为 OH^-，两者结合成不溶于水的 $Fe(OH)_2$，并进一步氧化成疏松易剥落的红棕色铁锈 $Fe(OH)_3$。在工业大气的条件下，钢材较容易锈蚀。

钢材在大气中的腐蚀，实际上是化学腐蚀和电化学腐蚀同时作用所致，但以电化学腐蚀为主。

6.5.2　防止钢材腐蚀的措施

钢材的腐蚀有材质的原因，也有使用环境和接触介质等原因，因此防腐蚀的方法也有所侧重。目前所采用的防腐蚀方法有添加合金元素、覆盖法和电化学保护法。

1. 添加合金元素

在碳素钢中加入能提高抗腐蚀能力的合金元素，如铬、镍、锡、钛和铜等，制成不同的合金钢，提高钢基体的电极电位，从而提高钢材的抗腐蚀能力。

2. 覆盖法

在钢材表面覆盖一薄层耐蚀性很强的金属或非金属物质，使钢材同腐蚀介质隔离，从而达到防腐的目的。覆盖法又分金属覆盖法和非金属覆盖法。

金属覆盖法：用耐腐蚀性能好的金属，以电镀或喷镀的方法覆盖在钢材的表面，提高钢材的耐腐蚀能力。如镀锌、镀铬、镀铜和镀镍等。

非金属覆盖法：在钢材表面用非金属材料作为保护膜，与环境介质隔离，以避免或减缓腐蚀。如喷涂涂料、搪瓷和塑料等。

3. 电化学保护法

将被保护的钢材作为原电池的阴极而不受腐蚀的方法，故又称为阴极保护法。包括牺牲阳极保护法和外加电流法。

牺牲阳极保护法：在钢材结构上接一块较钢材还原性强的金属（如锌、镁等），与被保护的钢结构相连构成原电池，还原性较强的金属将作为原电池的阳极发生氧化反应而消耗，而被保护的钢结构作为原电池的阴极就可以避免腐蚀。这种方法在那些不容易或不能覆盖保护层的钢结构（如蒸汽锅炉、轮船外壳、地下管道、道桥建筑等）常被采用。

外加电流法：在钢结构附近安放一些废钢铁或其他难熔金属（如高硅铁及铅银合金等），将外加直流电源的负极接在被保护的钢结构上，正极接在废钢铁或难熔的金属上，通电后则废钢铁或难熔金属成为阳极而被腐蚀，钢结构成为负极而得到保护。

埋于混凝土中的钢筋，处于碱性介质的条件（新浇筑的混凝土的 pH 值约为 12.5）下，氧化膜也为碱性，故不致锈蚀。但若混凝土中含有卤素离子，特别是氯离子，它们能破坏保护膜，使锈蚀迅速发展。对于预应力钢筋，一般含碳量较高，且多经过冷加工或热处理，更容易产生锈蚀，因此，应根据混凝土结构所处环境条件，严格控制混凝土中氯离子的含量。

6.6　钢材的验收与施工现场管理

6.6.1　钢材的验收

1. 核对钢材的出厂质量证明书

根据钢材出厂质量证明书，核对钢材的生产厂家、品种、规格、标识（金属挂牌标识）、执行标准及数量是否与产品和购置合同一致，包装、标志是否符合国家有关标准的规定。

钢材的出厂质量证明书的内容包括：供方名称或商标、需方名称、发货日期、标准号、钢材牌号、炉（批）号、交货状态、用途、重量或件数、品种名称、尺寸（型号）和级别、标准和合同中所规定的各项试验结果、供方质量监督部门印章等内容。

2. 外观质量与尺寸检查

检查钢材的外观是否符合相应标准的要求，并抽查钢材的尺寸、质量偏差是否在标准规定范围内。

3. 抽样检验

在外观质量符合要求的前提下，按相应标准规定，随机抽取规定数量的样品进行力学与工艺等性能试验。

4. 检验结果的评定

经按规定方法抽样检验，检验结果均符合国家现行有关标准要求时，判为合格批，可以验收。若有一项或多项技术指标不符合标准规定时，则应重新从该批未检验过的钢材中随机抽取双倍数量的试样进行复验，复验全部符合标准规定的则可判为合格批，可以验收；如仍有不符合标准规定项，则该检验批判为不合格批，不予验收。

6.6.2　钢材的施工现场管理

钢材在贮存过程中应加强管理，避免混淆、锈蚀和污染。若管理不当，造成钢材锈蚀或污染，将会导致钢材的性能受损，从而影响到建筑工程的质量、安全与造价。国家有关标准规定：当钢材表面出现带有颗粒状或片状老锈时，不得使用；当钢材经除锈后出现严重的表面缺陷时，应重新抽样进行性能检验，检验合格的可以继续使用；当钢材表面有油污、漆污时，应将污渍清洗干净后再使用。因此，钢材的施工现场管理工作是一项十分重要的工作，保管不当，将直接造成经济损失，增加建筑造价。钢材的施工现场管理应注意如下几方面：

(1) 堆放场地应坚实平整、干燥、不积水、并应有防雨淋措施。

(2) 堆放时，在钢材的下面应用方木或其他方料进行垫高，以防钢材受潮锈蚀。

(3) 应按品种、规格、批次不同分别堆放，并应有明显的标识，不至混淆。

(4) 应防止钢材被油、油漆等污染。

6.7　钢筋性能检测

钢筋性能检测

6.7.1　检测样品的抽取

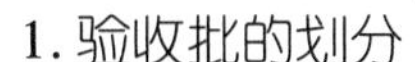

1. 验收批的划分

(1) 每批均应由同一牌号、同一炉罐号、同一规格组成，且每批重量应不大于 60 t。超过 60 t 的部分，每增加 40 t(或不足 40 t 的余数)，增加一个拉伸试验试样和一个弯曲试验试样。不足 60 t 的亦为一批。

(2) 对于热轧带肋钢筋、热轧光圆钢筋、钢筋混凝土用余热处理钢筋，允许用同一牌号、同一冶炼方法、同一浇注方法的不同炉罐号组成混合批，但各炉罐号含碳量之差不大于 0.02%，含锰量之差不大于 0.15%，混合批的质量应不大于 60 t。

2. 抽样数量

从每一验收批中，随机抽取 2 根钢筋进行试验用试件的切取。切取试件时，应先将钢筋端部 500 mm 切除，然后在两根钢筋上分别切取 1 根拉伸试验用试件和 1 根弯曲试验用试件，共4根试件组成1组试件，其中拉伸和弯曲试验用试件各2根。当初次检测不合格时，应再次从该批产品中重新随机抽取4根钢筋，分别切取4根试件进行复验。

3. 试件的长度

试件的长度应根据试验机的最小工作空间和试件的直径确定。对于钢筋试件其拉伸试件的最小长度：$L=L_0+300$(mm)；冷弯试件的最小长度：$L=D+2d+200$(mm)；其中，L_0 为原始标距($L_0=5.65\sqrt{S_0}\approx 5d$)；$D$ 为确定的弯曲压头直径(mm)；d 为钢筋的公称直径(mm)；S_0 为按钢筋的公称直径计算所得的截面积(mm^2)。

6.7.2 钢筋的拉伸性能检测

1. 检测依据

《金属材料拉伸试验第1部分：室温试验方法》(GB/T 228.1—2021)。

2. 检测要求

(1)试验温度：试验一般在室温10～35℃下进行。对温度要求严格的，试验温度应为(23±5)℃。

(2)试验加荷速率：除产品标准另有规定外，试验机夹头的分离速率应尽可能保持恒定，并在表6－10规定的应力速率范围内。且任何情况下，弹性范围内的应力速率不得超过表6－10规定的最大速率。

表6－10 拉伸试验应力速率

材料的弹性模量 E /MPa	应力速率/($MPa\cdot s^{-1}$)	
	最 小	最 大
$<1.5\times10^5$	2	20
$\geqslant1.5\times10^5$	6	60

3. 仪器设备

(1)游标卡尺：量程应≥300 mm，分度值应≤0.05 mm。

(2)标距分划仪：分格间距为5 mm或10 mm。

(3)液压万能材料试验机：精度等级应不低于1%，其量程应能使试件的预期破坏荷载值在全量程的20%～80%范围内。见图6－15。

图6－15 万能材料试验机

4. 检测步骤

(1)准备工作

①试件的准备、横截面尺寸的测量。

②原始标距的刻画：将试件除夹持部分外，标距所在范围按10 mm或5 mm一格刻划好。

③检查试验机运行是否正常。

④根据试件的规格形状更换合适的夹具。

⑤根据试件的抗拉强度合理选用试验机的量程。

⑥启动试验机，关闭回油阀，慢慢开启送油阀，将试验机工作油缸升起 1 ~ 2 mm 后关闭送油阀，然后调节试验机度盘指针使其归零。若为自动数据采集仪，则按"清零"键置"0"。

(2)拉伸试验

①先将试件的一端夹紧在试验机的上夹具内，然后调节试验机工作横梁，使试验机的工作空间满足试验要求后，再将试件的下端夹紧。

②慢慢开启送油阀，按表 6 – 10 规定的试验加荷速率均匀加荷，并保持加荷速率恒定。在屈服前，尤其应注意保持加荷速率恒定。

③上屈服力 F_{eH} 和下屈服力 F_{eL} 的确定：见图 6 – 16。

上屈服力 F_{eH} 的确定：可从"力 – 延伸"曲线或峰值力显示器上求得，定义为力首次下降前(或测力度盘指针首次往回摆)的最大力值。即屈服前的第一个峰值力(第一个极大力值)，不管其后的峰值力是比它大还是比它小。

下屈服力 F_{eL} 的确定：可从"力 – 延伸"曲线上求得，定义为不计初始瞬时效应时，屈服阶段中指示的最小力值(或测力度盘指针回摆过程中的最小力值)。

当屈服阶段中出现两个或两个以上谷值力时，则舍去第一个谷值力，取其余谷值力中的最小值，见图 6 – 16(a)、图 6 – 16(b)；若只出现 1 个下降谷值力，则取该谷值力，见图6 – 16(c)。

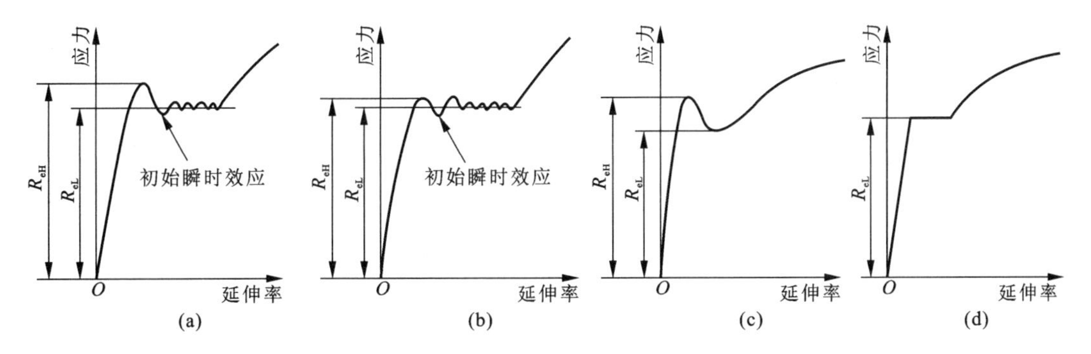

图 6 – 16　不同类型曲线的上屈服强度 R_{eH} 和下屈服强度 R_{eL}

当屈服阶段中呈现屈服平台时，取平台力值，见图 6 – 16(d)；若呈现多个而且后者高于前者的屈服平台时，则取第一个平台力值。

注：正确的判定结果应该是下屈服力一定小于上屈服力；具有自动数据采集功能的试验机会自动读取屈服力、最大力及延伸率。

④试件拉断后，关闭送油阀，读取最大力值 F_m。

⑤取下拉断的试件，关闭试验机，打开回油阀，让试验机工作油缸回到初始位置。

⑥将拉断的两段钢筋试件的断口紧密对接好后，测量试件断后标距 L_u，精确至 0.25 mm。(具体测量方法参照本模块图 6 – 3 所示方法进行)

5. 结果计算与修约

(1)屈服强度(下屈服强度)按式(6-5)计算：

$$R_{eL}=1000F_{eL}/S_0 \quad (6-5)$$

式中：R_{eL}——试件的下屈服强度，MPa；

F_{eL}——试件的下屈服力，kN；

S_0——拉伸前试件标距内的原始横截面积，mm^2，计算结果取四位有效数字。对于建筑用钢筋，其原始横截面积按钢筋的公称直径 d 计算，$S_0=\pi\cdot d^2/4$，其中 $\pi=3.142$(取四位有效数字)。

(2)抗拉强度按式(6-6)计算：

$$R_m=1000F_m/S_0 \quad (6-6)$$

式中：R_m——试件的抗拉强度，MPa；

F_m——试件的最大力值，kN；

S_0——拉伸前试件标距内的原始横截面积，mm^2。

(3)断后伸长率按式(6-7)计算：

$$A=\frac{L_u-L_0}{L_0}\times 100\% \quad (6-7)$$

式中：A——试件的断后伸长率，%；

L_0——拉伸试验前试件原始标距，mm；

L_u——拉断后试件断后标距，mm。

(4)计算结果的修约：屈服强度、抗拉强度计算结果修约至1 MPa；伸长率计算结果修约至0.5%。

6. 结果评定

当两根试件的屈服强度、抗拉强度、断后伸长率检测结果均满足相关标准规定时，可评定该批钢筋产品拉伸性能合格。否则，应重新取双倍试样进行复检，若复检结果全部能满足相关标准规定时，可评定为合格。若仍有不合格的，则评定为不合格品。

6.7.3 钢筋的冷弯性能检测

1. 检测依据

《金属材料弯曲试验方法》(GB/T 232—2010)。

2. 检测环境条件

试验应在室温10℃~35℃下进行。

3. 仪器设备

万能材料试验机或专用弯曲试验机：应配备弯曲装置。

4. 试验步骤

(1)准备工作

根据钢筋的类别、规格按相应产品标准，更换试验机的弯曲压头(弯芯直径)，然后根据钢筋试件的规格调节好弯曲支座两支持辊间的净距离，并检查试验机的运行是否正常。

弯曲支座两支持辊间的净间距离按式(6-8)确定：

$$l=(D+3d)\pm\frac{d}{2} \qquad (6-8)$$

式中：l——弯曲支座两支持辊间的净距离，mm。

D——确定的弯曲压头直径，mm。

d——钢筋的公称直径，mm。

(2)弯曲试验

将弯曲试件安放在试验机的弯曲支持辊中心处，启动试验机，关闭回油阀，慢慢开启送油阀，按(1 ±0.2) mm/s 的加荷速率均匀加荷，将试样弯曲至规定角度后卸荷，取下试样察看弯曲结果。见图 6 – 17。

图 6 – 17　弯曲后的试件

5. 结果评定

弯曲试验后，试样弯曲外表面无肉眼可见裂纹的为合格。否则，应重新取双倍试样进行复检，若复检试样弯曲外表面均无肉眼可见裂纹，可评定为合格。若仍有不合格的，则评定为不合格品。

模块小结

本模块详细介绍了建筑钢材的力学性能(拉伸性能、冲击韧性、耐疲劳性、硬度)和工艺性能(冷弯性能、焊接性能)及常用建筑钢材的品种、规格、技术要求、应用、钢材的腐蚀与防护、钢材的验收与施工现场管理、钢筋性能检测等有关知识。

建筑工程用钢材包括钢结构用钢材、普通混凝土结构用钢材和预应力混凝土结构用钢材。

钢结构常用钢材有碳素结构钢、低合金高强度结构钢、优质碳素结构钢及各种型材(热轧和冷轧型钢)、钢板、钢管等。

普通混凝土结构常用钢材有热轧光圆钢筋、热轧圆盘条钢筋、热轧带肋钢筋和冷轧带肋钢筋等。其中热轧钢筋是最主要品种。

预应力混凝土结构常用钢材有预应力混凝土用钢丝、预应力混凝土用钢绞线、预应力混凝土用螺纹钢筋等。

建筑钢材的性能检测主要包括力学性能(拉伸性能)和工艺性能(冷弯性能)检测。

技能抽查题

一、单项选择题

1. 建筑钢材随含碳质量分数的提高，其(　　)。

A. 强度、硬度、塑性提高　　B. 强度提高，塑性降低

C. 强度降低，塑性提高　　D. 强度、塑性都降低

2. Q235C 的钢材，其质量要比 Q235A 的钢材(　　)。

A. 好　　B. 差　　C. 两种钢材质量接近　　D. 冲击韧性差

3. 低碳钢在拉伸过程中受力至拉断，其中受拉时所能承受的最大应力值出现在(　　)。

A. 弹性阶段　　B. 屈服阶段　　C. 强化阶段　　D. 颈缩阶段

4. 钢结构设计时，碳素结构钢以(　　)强度作为设计计算取值的依据。

A. 屈服强度　　B. 抗拉强度

C. 规定非比例延伸强度　　D. 弹性极限强度

5. 钢丝、钢绞线主要用于(　　)。

A. 普通混凝土结构　　B. 作为冷加工的原料

C. 用作箍筋　　D. 大荷载、大跨度及需曲线配筋的预应力混凝土结构

6. 严寒地区使用的钢材，应选用(　　)。

A. 脆性临界温度低于环境最低温度的钢材

B. 脆性临界温度高于环境最低温度的钢材

C. 脆性临界温度与环境最低温度相同的钢材

D. 强度高、塑性好、质量等级为 A 的钢材

7. 吊车梁和桥梁用钢，要注意选用(　　)较大，且时效敏感性小的钢材。

A. 塑性　　B. 韧性　　C. 脆性　　D. 硬度

8. 造成钢材表面锈蚀最主要的原因是(　　)。

A. 钢材本身含有杂质　　B. 表面不平，经冷加工后存在内应力

C. 有外部电解质作用　　D. 电化学作用

9. 在对该项目某批次钢筋力学性能进行检验时，发现其冷弯性能不合格，那么应从同批次钢筋中再任取(　　)倍数量的试样进行冷弯性能复检。

A. 1.0　　B. 1.5　　C. 2.0　　D. 2.5

10. 钢结构的主要缺点之一是(　　)。

A. 结构的自重大　　B. 施工困难　　C. 不耐火、易腐蚀　　D. 价格高

二、多项选择题

1. (　　　　)是衡量钢材强度的重要指标。

A. 屈服强度　　B. 屈强比　　C. 冲击韧性　　D. 抗拉强度

2. 建筑工程中常用的钢种有(　　　　)。

A. 碳素结构钢中的低碳钢　　B. 优质碳素结构钢

C. 高合金钢　　D. 低合金高强度结构钢

3. 表示钢材拉伸性能的指标有(　　　　)。

A. 屈服强度　　B. 抗拉强度　　C. 伸长率　　D. 弹性模量

4. 目前我国钢筋混凝土结构中普遍使用的钢材有(　　　　)。

A. 热轧带肋钢筋　　B. 冷轧带肋钢筋

C. 钢绞线　　D. 热轧光圆钢筋

5. 目前我国钢结构中普遍使用的钢材有(　　　　)。

A. 型钢　　B. 钢筋　　C. 钢板　　D. 钢管

6. 具有如下现象的钢筋不得使用(　　　　)。

A. 钢筋除锈后如有严重的表面缺陷　　B. 带有颗粒状或片状老锈的钢筋

C. 钢筋的表面有油渍、漆污　　D. 冷弯不合格

7. 钢材经冷加工强化处理后，下列说法正确的是(　　　　)。

A. 屈服强度提高　B. 抗拉强度提高　　C. 伸长率降低　　　　　D. 弹性模量提高

8. 钢筋的验收，除按《型钢验收、包装、标志及质量说明书的一般规定》进行外，还要按各自的标准进行，主要包括(　　　　)方面内容。

A. 尺寸、外形及每米长的质量　　　B. 化学成分、力学性能和工艺性能检验

C. 钢筋的包装、标志和质量证明书　　D、验收批和复检的规定

三、判断题

1. 钢是铁碳合金。(　　)

2. 钢材的强度和硬度随含碳量的提高而提高。(　　)

3. 碳素结构钢的牌号越大，其强度越高，塑性越好。(　　)

4. 钢材的伸长率表明钢材的塑性变形能力，伸长率越大，钢材的塑性越好。(　　)

5. 钢材的屈强比越大，反映结构的安全性越高，但钢材的有效利用率越低。(　　)

6. 反映钢材均匀变形的塑性指标是冷弯。(　　)

7. 钢材经冷加工强化后其屈服强度、抗拉强度、弹性模量均提高，但塑性降低。(　　)

8. 对于承受动荷载的结构物，应选用时效敏感性小的钢材。(　　)

9. 钢材防锈的根本方法是防止潮湿和隔绝空气。(　　)

四、案例分析题

从进货的一批 ϕ20HRB400 钢筋中抽样，并截取两根钢筋作拉伸试验，测得如下结果：达到屈服下限的荷载分别为 137.5 kN 和 135.8 kN，拉断时荷载分别为 184.4 kN 和 182.7 kN，试件断后标距分别为 118 mm 和 121 mm。试计算此钢筋的屈服强度、抗拉强度(修约到 5 MPa)和伸长率(修约到 0.5%)，评价其利用率及使用中的安全可靠程度。

模块七 建筑防水材料

能力目标	知识目标
1. 具有针对不同建筑部位选用合适的建筑防水材料的能力 2. 可根据相关标准评定常用建筑防水材料的性能	1. 掌握各类防水材料的性能及其应用 2. 熟悉防水工程材料的常用品种 3. 了解建筑密封材料的品种、性能和应用

本模块推荐学习标准：

《弹性体改性沥青防水卷材》(GB 18242—2008)

《塑性体改性沥青防水卷材》(GB 18243—2008)

《高分子防水卷材》(GB 18173.1—2012)

《屋面工程技术规范》(GB 50345—2012)

建筑防水体系

防水材料是指能防止雨水、雪水、地下水等对建筑物和各种构筑物的渗透、渗漏和侵蚀的材料。建筑物的屋面、地下室、基础、盥洗室、卫生间以及水塔、水池等水工构筑物都须进行防水处理。

7.1 坡屋面刚性防水材料

7.1.1 屋面瓦

建筑物的屋面系统大致可以分成坡屋面和平屋面两个系统。瓦是最主要的屋面材料，它作为最古老的建筑材料之一，千百年来被广泛使用，它不仅起到了遮风挡雨和室内采光的作用，而且有着重要的装饰效果。

屋面瓦种类很多，主要的分类方法是根据其原料来分类，有黏土瓦、彩色混凝土瓦、石棉瓦、琉璃瓦等。其中黏土瓦、彩色混凝土瓦和石棉瓦主要用于民用建筑的坡形屋顶，琉璃瓦主要用于园林建筑和仿古建筑的屋面或墙瓦。

1. 黏土瓦

黏土瓦是以杂质少、塑性好的黏土为主要原料，经过加水搅拌、制胚、干燥、烧结而成，按用途可分为平瓦和脊瓦，按其颜色分为青瓦和红瓦。

根据标准《烧结瓦》(JC 709—1998)规定，平瓦有Ⅰ、Ⅱ、Ⅲ三个型号，各型号的尺寸分别为400 mm×240 mm、380 mm×225 mm和360 mm×220 mm三种。平瓦弯曲破坏荷重不得小于1020N。有釉类瓦的吸水率不大于12%，无釉类瓦的吸水率不大于21%，抗冻性要求经过15次冻循环后无分层、开裂及剥落等现象，抗渗试验中经3 h瓦背面不得出现水滴现象。

脊瓦分一等品和合格品两个等级，其长度和宽度尺寸分别大于等于300 mm、180 mm，单块脊瓦的抗折、抗冻性能同平瓦一样。

黏土瓦主要用于民用建筑及农村建筑的坡型屋面，但是由于黏土瓦的自重大、不环保、能耗大、质量差、装饰效果差等缺点，现已经逐渐被其他产品替代。

2. 水泥瓦

水泥瓦，实际上是彩色水泥瓦的简称，又叫彩瓦，水泥彩瓦，它是用水泥、砂及颜料为主要原料，按一定比例配合、搅拌、通过压模或滚压成型、养护而成。

根据国标 GB 8001—87 规定，其标准尺寸为400 mm×240 mm 和385 mm×235 mm 两种。单片瓦抗折力不得低于600 N，每片瓦的吸水率不得大于12%，抗渗试验中每片瓦背面不得出现水滴现象，抗冻试验中任何一片瓦不得出现贯穿裂纹、脱皮、剥落等冻坏现象。

水泥瓦彻底改变了传统的采用干硬性混凝土经滚压式成型的水泥瓦粗糙、强度低、瓦型单调等缺点，它具有密实度大、强度高、重量轻、瓦型合理、搭接牢固等优点，具有独特防水结构、超高的强度、美丽的外观等，其色彩多样，使用年限长，造价便宜。它既适用于普通民房，也适用于高档别墅及高层建筑的防水隔热。所以，彩色水泥瓦是社会主义新农村建设和城市小区及高档洋房别墅工程的新选择。

3. 琉璃瓦

琉璃瓦是中国传统的建筑材料，历史十分悠久。它采用优质黏土塑制成型，表面涂一层彩色釉，再高温烧结而成，釉的颜色有黄、绿、黑、蓝、紫等色。由于有了一层釉，其外表富丽堂皇，形状也有多种多样，经久耐用。琉璃瓦多用于具有民族色彩的宫殿式大屋顶建筑中，通过造型设计，已制成的有花窗、栏杆等琉璃制品，广泛用于庭院装饰中。

4. 玻纤瓦

玻纤瓦的全称为玻纤胎沥青瓦，简称为玻纤瓦或者沥青瓦，它是由改性沥青、玻璃纤维、彩色陶粒、自黏胶条组成，因其主要材质为沥青，故一般称之为沥青瓦。

玻纤瓦的特点是重量轻，每平方米在10 kg 左右，且其材质为改性沥青，只要安装方法得当，防水效果较好，特别适合平改坡项目或木结构房子；由于玻纤瓦施工简便，施工损耗基本可以忽略不算，所以也增强了其市场竞争力，可为开发商节约工程造价。玻纤瓦颜色多样性，安装在屋面后其美观效果特别强，是应用于建筑屋面防水的一种新型的屋面材料。

7.1.2 金属屋面板材

金属屋面是指采用金属板材作为屋盖材料，将结构层和防水层合二为一的屋盖形式。金属板材的种类很多，有锌板、镀铝锌板、铝合金板、铝镁合金板、钛合金板、铜板、不锈钢板等。厚度一般为0.4 ~1.5 mm，板的表面一般进行涂装处理。由于材质及涂层质量的不同，有的板寿命可达50 年以上。板的制作形状有多种多样，有的为复合板，即将保温层复合在两层金属板材之间，也有的为单板。施工时，有的板在工厂加工好后现场组装，有的根据屋面工程的需要在现场加工，保温层有的在工厂复合好，也可以在现场制作。所以金属屋面板材形式多样，从大型公共建筑到厂房、库房、住宅等均有使用。其规格和技术性能参照表7 -1。

金属板材的堆放地应平坦、坚实，且便于排除地面水，堆放时应分层，并每隔 3 ~5 m 处加放垫木。人工搬运时不得扳单层钢板处，机械运输时应有专用吊具包装。

表 7-1　金属板材规格性能

项　目	规格和性能					
屋面板宽度/mm	1000					
屋面板每块长度/mm	≤12					
屋面板厚度/mm	40		60		80	
板材厚度/mm	0.5	0.6	0.5	0.6	0.5	0.6
适用温度范围/℃	-50~120					
耐火极限/h	0.6					
重量/($kg \cdot m^{-2}$)	12	14	13	15	14	16
屋角板、泛水板屋脊板厚度/mm	0.6~0.7					

防水卷材

7.2　防水卷材

防水卷材在我国建筑防水材料的应用中处于主导地位，广泛用于屋面、地下和特殊构筑物的防水，是一种面广量大的防水材料。防水卷材是一种具有宽度和厚度并可卷曲的片状防水材料，目前主要包括传统的沥青防水卷材、高聚物改性沥青防水卷材和合成高分子防水卷材三大类，后两类卷材的综合性能优越，是目前国内大力推广使用的新型防水卷材。各类防水卷材应具有良好的耐水性、温度稳定性和抗老化性，同时应具有必要的机械强度、柔韧性、延伸性和抗断裂能力。

7.2.1　沥青防水卷材

沥青防水卷材是用原纸、纤维毡等胎体材料浸涂沥青，表面撒布粉状、粒状或片状隔离材料制成可卷曲的片状防水材料。

1. 石油沥青纸胎油毡

石油沥青纸胎油毡是一种传统的防水卷材，在我国具有悠久的生产与使用历史。它是用低软化点石油沥青浸渍原纸，然后用高软化点石油沥青涂盖油纸两面，再涂或撒上隔离材料（石粉或云母片）所制成的一种无涂盖层的纯纸胎防水卷材。

《石油沥青纸胎油毡》（GB 326—2007）规定：油毡按卷重和物理性能分为Ⅰ型、Ⅱ型、Ⅲ型，幅宽为 1000 mm，其他规格可由供需双方商定，每卷油毡的总面积为$(20 \pm 0.3)\,m^2$。

纸胎油毡成本较低，易腐蚀，使用的沥青材料的温度敏感性大、低温柔性差、易老化，因而使用年限较短，耐久性差，抗拉强度低，消耗大量优质纸源。其中Ⅰ型、Ⅱ型油毡适用于辅助防水、保护隔离层、临时性建筑防水、防潮及包装等，Ⅲ型油毡适用于屋面工程的多层防水。

2. 石油沥青玻璃纤维胎防水卷材

简称玻纤油毡，它采用玻璃纤维薄毡为胎体，浸涂石油沥青，并在表面涂撒矿物粉料或覆盖聚乙烯膜等隔离材料，制成可卷曲的片状防水材料。按上表面分为 PE 膜、粉面，也可按生产厂家要求采用其他类型的上表面材料；按单位面积质量分为15号、25号两个标号；按力学性能分为Ⅰ、Ⅱ型。卷材的公称宽度为1 m，公称面积为10 m^2，20 m^2。其性能指标应符合《石油沥青玻璃纤维胎防水卷材》(GB/T 14686—2008)的规定。

沥青玻纤胎油毡卷材具有较高的抗拉强度，防渗性能较好，耐化学微生物腐蚀，寿命长，主要适用于一般工业与民用建筑的多层防水，并用于包扎管道(热管道除外)，作防腐保护层，也用于屋面、地下、水利等工程的多层防水。

3. 铝箔面沥青防水卷材

简称铝箔面油毡，它采用玻璃毡为胎体，浸涂氧化石油沥青，表面用压纹铝箔黏面，其底面撒布细颗粒矿物材料或覆盖聚乙烯膜制成的防水材料。铝箔面油毡具有反射热和紫外线的功能及美观效果，能降低屋面及室内温度，阻隔蒸汽渗透，用于多层防水的面层和隔气层。

4. 石油沥青防水卷材的储存、运输和保管

不同规格、标号、品种、等级的产品不得混放；卷材应保管在规定温度下，粉毡和玻璃毡不高于4℃，片毡不高于50℃。纸胎油毡和玻纤毡需立放，高度不超过两层，所有搭接边的一端必须朝上面；玻璃布油毡可以同一方向平放堆置成三角形，最高码放10层，并应存放在远离火源、通风、干燥的室内，防止日晒、雨淋和受潮；用轮船和铁路运输时，卷材必须立放，高度不得超过两层，短途运输可平放，不宜超过4层，不得倾斜或横压，必要时加盖苫布；人工搬运要轻拿轻放，避免出现不必要的损伤；产品质量保证期为一年。

7.2.2　高聚物改性沥青防水卷材

高聚物改性沥青防水卷材是以玻纤毡、聚酯毡、黄麻布、聚乙烯膜、聚酯无纺布、金属箔或者两种复合材料为胎基，以掺量不少于10%的合成高分子聚合物改性沥青、氧化沥青为浸涂材料，以粉状、片状、粒状矿质材料、合成高分子薄膜、金属膜为覆面材料制成的可卷曲的片状类防水材料，厚度有3 mm、4 mm、5 mm三种。高聚物改性沥青防水卷材是新型的防水卷材，利用高聚物改性后的石油沥青作为涂盖材料，具有高温不流淌、低温不脆裂、拉伸强度高、延伸率较大等优异性能。高聚物改性沥青作为建筑防水工程的主导材料已被广泛应用于建筑各领域。

高聚物改性沥青防水卷材按改性材料的不同一般可分为弹性体改性沥青防水卷材、塑性体改性沥青防水卷材、橡塑共混体聚合物改性沥青防水卷材三大类。

1. 弹性体改性沥青防水卷材

弹性体改性沥青防水卷材是用沥青或热塑性弹性体(如SBS)改性沥青浸渍胎基，两面涂以弹性体沥青涂盖层，上表面撒以细砂、矿物粒或覆盖聚乙烯膜，下表面撒以细砂或覆盖聚乙烯膜所制成的一类防水材料。

SBS橡胶改性沥青防水材料是弹性体改性沥青防水卷材使用最广泛的一种，按胎基分为聚酯毡(PY)、玻纤毡(G)、玻纤增强聚酯毡(PYG)三类。按表面覆盖材料分为聚乙烯膜(PE)、细砂(S)和矿物粒料(M)三种。按物理力学性能分为Ⅰ型和Ⅱ型。

按《弹性体改性沥青防水卷材》(GB 18242—2008)规定，SBS改性沥青防水材料的性能应符合表7-2的要求。

表 7－2　弹性体(SBS)改性沥青防水卷材的性能

项　目		指　标				
		Ⅰ型		Ⅱ型		
		PY	G	PY	G	PYG
可溶物含量/$(g\cdot m^{-2})$，≥	厚度为 3 mm	2100				—
	厚度为 4 mm	2900				—
	厚度为 5 mm	3500				
	试验现象	—	胎基不燃	—	胎基不燃	—
耐燃性	试验温度/℃	90		105		
	试验现象	上表面和下表面的滑动平均值≤2 mm；浸涂材料无流淌、滴落				
低温柔性	试验温度/℃	－20		－25		
	厚度为 3 mm	绕 ϕ30 mm 圆棒弯曲无裂缝				
	厚度为 4 mm、5 mm	绕 ϕ50 mm 圆棒弯曲无裂缝				
不透水性	试验水压/MPa	0.3	0.2	0.3		
	持压时间 30 min	不透水				
拉力/$[N\cdot(50\ mm)^{-1}]$	最大拉力，≥	500	350	800	500	900
	次高峰拉力，≥	—	—	—	—	800
	试验现象	拉伸过程中，试件中部无沥青涂盖层开裂或与胎基分离现象				
延伸率/%	最大峰时延伸率，≥	30	—	40	—	—
	第二峰时延伸率，≥	—	—	—	—	15
浸水后质量增加/%	PE、S	1.0				
	M	2.0				
接缝剥离强度/$(N\cdot mm^{-1})$，≥		1.5				
钉杆撕裂强度/N，≥		—				300
矿物粒料黏附性/g，≤		2.0				
卷材下表面沥青涂盖层厚度/mm，≥		1.0				
渗油性	张数，≤	2				
热老化试验(80±2)℃受热 10 d±1 h	拉力保持率/%，≥	90				
	延伸率保持率/%，≥	80				
	低温柔性	－15℃，弯曲无裂缝		－20℃，弯曲无裂缝		
	尺寸变化率/%，≤	0.7	—	0.7	—	0.3
	质量损失/%，≤	1.0				

SBS 改性沥青防水卷材在常温下具有弹性，低温时柔性好，同时有较好的耐高温型、延伸率，具有较理想的耐疲劳性。适用于工业与民用建筑的屋面和地下防水工程，尤其适用于较低气温环境的建筑防水。

2. 塑性体改性沥青防水卷材

塑性体改性沥青防水卷材是以聚酯胎、玻纤毡、玻纤增强聚酯毡为胎基，以无规聚丙烯(APP)或聚烯烃类聚合物(APAO、APO 等)作石油沥青改性剂，两面覆以隔离材料所制成的防水卷材。

APP 防水卷材是塑性体改性沥青防水卷材中较广泛适用的一种，按胎基分为聚酯毡(PY)、玻纤毡(G)、玻纤增强聚酯毡(PYG)三类。按上表面隔离材料分为聚乙烯膜(PE)、细砂(S)和矿物粒料(M)。下表面隔离材料为细砂(S)、聚乙烯膜(PE)。按物理力学性能分为Ⅰ型和Ⅱ型。

按《塑性体改性沥青防水卷材》(GB 18243—2008)规定，APP 改性沥青防水材料的性能应符合表 7－3 的要求。

表 7－3　塑性体(APP)改性沥青防水卷材的性能

项目		指标				
		Ⅰ型		Ⅱ型		
		PY	G	PY	G	PYG
可溶物含量/($g \cdot m^{-2}$)，≥	厚度为 3 mm	2100				—
	厚度为 4 mm	2900				—
	厚度为 5 mm	3500				
	试验现象	—	胎基不燃	—	胎基不燃	—
耐燃性	试验温度/℃	110		130		
	试验现象	上表面和下表面的滑动平均值≤2 mm;浸涂材料无流淌、滴落				
低温柔性	试验温度/℃	－7		－15		
	厚度为 3 mm	绕 ϕ30 mm 圆棒弯曲无裂缝				
	厚度为 4 mm、5mm	绕 ϕ50 mm 圆棒弯曲无裂缝				
不透水性	试验水压/MPa	0.3	0.2	0.3		
	持压时间 30 min	不透水				
拉力/[$N \cdot (50mm)^{-1}$]	最大拉力，≥	500	350	800	500	900
	次高峰拉力，≥	—	—	—	—	800
	试验现象	拉伸过程中，试件中部无沥青涂盖层开裂或与胎基分离现象				
延伸率/%	最大峰时延伸率，≥	25	—	40	—	—
	第二峰时延伸率，≥	—	—	—	—	15
浸水后质量增加/%	PE、S	1.0				
	M	2.0				

续表 7-3

项目		指标				
		Ⅰ型		Ⅱ型		
		PY	G	PY	G	PYG
接缝剥离强度/(N·mm^{-1})，≥		1.0				
钉杆撕裂强度/N，≥		—				300
矿物粒料黏附性/g，≤		2.0				
卷材下表面沥青涂盖层厚度/mm，≥		1.0				
热老化试验 (80±2)℃ 受热 10 d ±1 h	拉力保持率/%，≥	90				
	延伸率保持率/%，≥	80				
	低温柔性	-2 ℃，弯曲无裂缝		-10 ℃，弯曲无裂缝		
	尺寸变化率/%，≤	0.7	—	0.7	—	0.3
	质量损失/%，≤	1.0				

APP 改性沥青防水沥青防水卷材耐热性优异，耐水性、耐腐蚀性好，低温柔性好。适用于工业与民用建筑的屋面和地下防水工程，以及道路、桥梁等建筑物的防水，尤其适用于较高气温环境的建筑防水。

3. 高聚物改性沥青防水卷材的外观要求及储存、运输与保管

成卷卷材应卷紧整齐，端面里进外出不得超过 10 mm；成卷卷材在规定温度下展开，在距卷芯 1.0 m 长度外，不应有 10 mm 以上的裂纹和黏结；胎基应浸透，不应有未被浸透的条纹；卷材表面应平整，不允许有空洞、缺边、裂口，矿物粒(片)应均匀并且紧密黏附于卷材表面；每卷接头不多于 1 个，较短一段不应少于 2.5 m，接头应剪切整齐，加长 150 mm，备作黏结。

不同品种、等级、标号、规格的产品应有明显标记，不得混放；卷材应存放在远离火源、通风、干燥的室内，防止日晒、雨淋和受潮；卷材必须立放，高度不得超过两层，不得倾斜或横压，运输时平放不宜超过 4 层；应避免与化学介质及有机溶剂等有害物质接触。

7.2.3 合成高分子防水卷材

合成高分子卷材是以合成橡胶、合成树脂或两者的共混体为基料，加入适量的化学助剂和填充剂等，经不同工序(混炼、压延或挤出等)加工而成的可卷曲的片状防水材料。

合成高分子防水卷材耐热性和低温柔韧性好，拉伸强度、抗撕裂强度、断裂伸长率大，耐老化、耐腐蚀，适应冷施工，是一种新型的高档防水材料。其品种有很多，目前较为常用的合成高分子防水卷材有合成橡胶类三元乙丙橡胶防水卷材、聚氯乙烯防水卷材和氯化聚乙烯-橡胶共混防水卷材。

1. 三元乙丙(EPDM)橡胶防水卷材

三元乙丙(EPDM)橡胶防水卷材是以三元乙丙橡胶为主体，掺入适量的丁基橡胶、软化

剂、补强剂、填充剂等，经过配料、密炼、混炼、过虑、挤出成型、硫化、检验、分卷、包装等工序加工制成的高弹性橡胶防水卷材。其性能应符合《高分子防水卷材》(GB 18173.1—2012)的规定。

三元乙丙橡胶防水卷材具有良好的耐老化性、耐酸碱、耐腐蚀性能，同时拉伸性能好，延伸率大，能够较好适应基层伸缩或开裂变形的需要，其耐高、低温性能优良，低温可达 -40℃，高温可达 160℃，能在恶劣的环境长期使用，适用于外露防水层的单层或多层防水，如易受振动、易变形的建筑防水工程，有刚性保护层或倒置式屋面及地下室、桥梁、隧道防水。

2. 聚氯乙烯(PVC)防水卷材

聚氯乙烯(PVC)防水卷材聚氯乙烯为原料，加入一定量的填充料和改性剂、增塑剂及其他助剂，经混炼、压延或挤出成型的防水卷材，属非硫化型、高档弹塑性防水材料。

聚氯乙烯防水卷材按基料分为 S 型、P 型两种。S 型是以煤焦油与聚氯乙烯树脂混溶料为基料的柔性卷材，P 型是以增塑聚氯乙烯树脂为基料的塑性卷材。按有无增强材料分为均质型(单一的 PVC 片材)和复合型(有纤维毡或纤维织物增强材料)两个品种。均质型 PVC 卷材按国家标准《聚氯乙烯防水卷材》(GB 12952—2003)规定，分为无复合层的为 N 类、用纤维单面复合的 L 类、织物内增强的 W 类。厚度为 1.2 mm、1.5 mm、2.0 mm，长度为 10 m、15 m 和 20 m。每类型又分为Ⅰ型和Ⅱ型。

聚氯乙烯防水卷材的拉伸强度高、伸长率大，对基层的伸缩和开裂变形适应性强，卷材幅面宽，可焊接性好；具有良好的水蒸气扩散性，冷凝物容易排出；耐穿透、耐腐蚀、耐老化，低温柔性和耐热性好。主要适用于建筑工程的各种屋面防水，以及建筑物的地下防水和隧道、高速公路、人防工程、垃圾填埋场、人工湖等防水抗渗工程。

3. 氯化聚乙烯 - 橡胶共混防水卷材

氯化聚乙烯 - 橡胶共混防水卷材是以氯化聚乙烯和合成橡胶共混物为主体，加入适量的软化剂、硫化剂、稳定剂、填充剂、促进剂等，经混炼、压延等工艺制成的防水卷材，简称共混卷材，属硫化型高档防水卷材。

根据共混材料的不同分为 S 型和 N 型，以氯化聚乙烯与合成橡胶共混体制成的防水卷材为 S 型，以氯化物与合成橡胶和再生橡胶共混体制成的防水卷材为 N 型。氯化聚乙烯 - 橡胶共混防水卷材卷材的厚度有 1.0 mm、1.2 mm、1.5 mm、1.8 mm、2.0 mm，幅宽有 1000 mm、1200 mm，长度为 20 m，其物理性能应符合《高分子防水材料》(GB 18173.1—2012)的规定。

氯化聚乙烯 - 橡胶共混防水卷材具有高延伸率、高强度，耐臭氧性能和耐低温性能好，耐老化性、耐水和耐腐蚀性强，性能优于单一的橡胶类或树脂类卷材，对结构基层的变形适应能力大，适用于寒冷地区或变形较大的建筑防水工程，屋面的外露和非外露防水工程，地下室防水工程以及水池、土木建筑的防水工程等。

4. 合成高分子卷材的外观要求及储存、运输与保管

卷材表面应平整、边缘整齐，不允许出现裂纹、气泡、机械损伤、折痕、穿孔、杂质及异常黏着的缺陷；允许在 20 m 长度内有一接头，并加长 150 mm，备作搭接；接头处要求剪切平整，最短段不小于 2.5 m 等。

合成高分子卷材的储存、运输与保管与高聚物改性沥青防水卷材的要求相同。

防水涂料

7.3 防水涂料

防水涂料是以沥青、合成高分子材料等为主体，在常温下呈无定形流态或半固态，经涂布能在结构物表面形成坚韧的防水膜物料的总称。防水涂料固化成膜后的防水涂膜具有良好的防水性能，特别适合于各种复杂不规则部位的防水，能形成无接缝的完整防水膜。大多采用冷施工，不必加热熬制，涂布的防水涂料既是防水层的主体，又是黏结剂，因而施工质量容易保证。防水涂料有良好的温度适应性，操作简单，易于维修和维护。

1. 防水涂料的组成、分类和特点

防水涂料实质上是一种特殊涂料，它的特殊性在于当涂料涂布在防水结构表面后，能形成柔软、耐水、抗裂和富有弹性的防水涂膜，隔绝外部的水分子向基层渗透。因此，在原材料的选择上不同于普通建筑涂料，主要采用憎水性强、耐水性好的有机高分子材料，常用的主体材料采用聚氨酯、氯丁胶、再生胶、SBS 橡胶和沥青以及它们的混合物，辅助材料主要包括固化剂、增韧剂、增黏剂、防霉剂、填充料、乳化剂、着色剂等，其生产工艺和成膜机理与普通建筑涂料基本相同。

防水涂料根据组分的不同可分为单组分防水涂料和双组分防水涂料两类。根据成膜物质的不同可分为沥青基防水材料、高聚物改性沥青防水材料和合成高分子材料防水材料三类。如按涂料的介质不同，又可分为溶剂型、水乳型和反应型三类，不同介质的防水涂料的性能特点见表 7 –4。

表 7 –4　溶剂型、乳液型和反应型防水涂料的性能特点

项目	溶剂型防水涂料	水乳型防水涂料	反应型防水涂料
成膜机理	通过溶剂的挥发、高分子材料的分子链接触、缠结等过程成膜	通过水分子的蒸发，乳胶颗粒靠近、接触、变形等过程成膜	通过预聚体与固化剂发生化学反应成膜
干燥速度	干燥快，涂膜薄而致密	干燥较慢，一次成膜的致密性较低	可一次形成致密的较厚的涂膜，几乎无收缩
储存稳定性	储存稳定性较好，应密封储存	储存期一般不宜超过半年	各组分应分开密封存放
安全性	易燃、易爆、有毒，生产、运输和使用过程中应注意安全使用，注意防火	无毒，不燃，生产使用比较安全	有异味，生产、运输和使用过程中应注意防火
施工情况	施工时应通风良好，保证人身安全	施工较安全，操作简单，可在较为潮湿的找平层上施工，施工温度不宜低于 5℃	施工时需现场按照规定配方进行配料，搅拌均匀，以保证施工质量

一般来说，防水涂料具有以下六个特点：

(1) 防水涂料在常温下呈液态，特别适宜在立面、阴阳角、穿结构层管道、不规则屋面、节点等细部构造处进行防水施工，固化后能在这些复杂表面处形成完整的防水膜。

(2)涂膜防水层自重轻，特别适宜于轻型薄壳屋面的防水。

(3)防水涂料施工属于冷施工，可刷涂，也可喷涂，操作简便，施工速度快，环境污染小，同时减小了劳动强度。

(4)温度适应性强，防水涂层在 -30℃ ~80℃条件下均可使用。

(5)涂膜防水层可通过加贴增强材料来提高抗拉强度。

(6)容易修补，发生渗漏可在原防水涂层的基础上修补。

防水涂料的主要优点是易于维修和施工，特别适用于管道较多的卫生间、特殊结构的屋面以及旧结构的堵漏防渗工程。

2. 防水涂料的主要技术性质

由于防水涂料形成的防水涂层必须连续无缝隙，与基层产生良好的黏结，也不能因基层开裂、预制构件节点的松动、保护层开裂等原因造成防水涂层的破坏。因此，防水涂料除应具有良好的防水、防渗性能外，还必须具有较好的抗拉强度、延伸率、抗撕裂强度及耐候性等。其主要技术性质如下。

(1)含固量

含固量是指涂料内所含固体物质的比例，主要为主要成膜物质和助剂，这些物质与涂料的黏性和涂膜的硬度、强度、耐候性和厚度等密切相关。含固量高的涂料黏性较好，涂膜的厚度大，耐高温性和耐磨性较好。

(2)延伸性

延伸性是指当防水基层或保护层产生开裂或变形较大时涂层抵抗开裂的能力。抗裂性通常与主体材料的性能有关，例如韧性、强度和塑性等。

(3)不透水性

不透水性是反映防水涂料抵抗压力水渗透的能力，这是防水涂料最基本的要求。不透水性的好坏主要与涂膜的分子结构、致密度及厚度有关。一般来说，双组分反应型的不透水性比其他防水涂料好，溶剂型比水乳型防水涂料的不透水性强。

(4)低温柔韧性

低温柔韧性指涂膜在低温条件下抵抗变形而不开裂的能力，主要与主体材料和增韧剂的种类、数量有关。

(5)耐热性

耐热性是指涂膜在高温下不流淌、无起泡和脱落等现象的性能。

(6)其他技术性能

防水涂料还有耐老化性能，耐酸碱性、黏结性等。

3. 常用的防水涂料

(1)沥青基防水涂料

以沥青为基料配制成的水乳型或溶剂型防水涂料。这类涂料可用于建筑结构基层的涂刷处理，也可用于低防水等级的建筑物表面防水层。

①溶剂型涂料

溶剂型沥青涂料是将石油沥青直接溶解于汽油等有机溶剂后制得的溶液，它多在防水工程的底层，故称为冷底子油。冷底子油黏度小，具有良好的流动性。涂刷在混凝土、砂浆或木材等基面上，能很快渗入基层孔隙中，待溶剂挥发后，便与基面牢固结合。冷底子油形成的涂膜较薄，一般不单独作防水材料使用，只用作沥青类油毡施工时的基层处理剂。冷底子油可封闭基层毛细孔隙，使基层形成防水能力；作用是处理基层界面，以便沥青油毡便于铺贴，使基层表面变为憎水性，为黏结同类防水材料创造了有利条件。

②水乳型沥青防水涂料

水乳型沥青防水涂料主要由沥青、乳化剂、稳定剂和水等组分所组成，将石油沥青分散于水中所形成的水分散体。沥青和乳化剂在一定工艺作用下，生成水包油或油包水的液态沥青。水乳型沥青防水材料主要有石灰乳化沥青、膨润土沥青乳液和水性石棉沥青防水涂料等品种。根据建材行业标准 JC/T 408—2005《水乳型沥青防水涂料》，按照产品性能分为 H 型和 L 型。其物理力学性能见表 7－5。

表 7－5　水乳型沥青防水涂料的性能

<table>
<tr><th colspan="2">项　目</th><th>L</th><th>H</th></tr>
<tr><td colspan="2">固体含量/%，≥</td><td colspan="2">45</td></tr>
<tr><td colspan="2" rowspan="2">耐热度/℃</td><td>80±2</td><td>110±2</td></tr>
<tr><td colspan="2">无流淌、滑动、滴落</td></tr>
<tr><td colspan="2">不透水性</td><td colspan="2">0.10 MPa，30 min 无渗水</td></tr>
<tr><td colspan="2">黏结强度/MPa，≥</td><td colspan="2">0.30</td></tr>
<tr><td colspan="2">表干时间/h，≤</td><td colspan="2">8</td></tr>
<tr><td colspan="2">实干时间/h，≤</td><td colspan="2">24</td></tr>
<tr><td rowspan="4">低温柔度/℃</td><td>标准条件</td><td>－15</td><td>0</td></tr>
<tr><td>碱处理</td><td rowspan="3">－10</td><td rowspan="3">5</td></tr>
<tr><td>热处理</td></tr>
<tr><td>紫外线处理</td></tr>
<tr><td rowspan="4">断裂伸长率/%，≥</td><td>标准条件</td><td colspan="2" rowspan="4">600</td></tr>
<tr><td>碱处理</td></tr>
<tr><td>热处理</td></tr>
<tr><td>紫外线处理</td></tr>
</table>

（2）高聚物改性沥青防水涂料

高聚物改性沥青防水涂料是以沥青为基料，用合成高分子为聚合物进行改性而制成的水乳型或溶剂型防水涂料。这类防水涂料在柔韧性、抗裂性、拉伸强度、耐高低温性能、使用寿命等方面都比沥青基防水涂料有了很大的改善。

①氯丁橡胶沥青防水涂料

氯丁橡胶沥青防水涂料是以含有环氧树脂的氯丁橡胶乳液为改性剂，以优质的石油乳化沥青为基料，并加入表面活性剂、防霉剂等辅助材料精制成。氯丁橡胶沥青防水涂料改变了传统沥青低温脆裂，高温流淌的特性，经过改性后，不但具有氯丁橡胶的弹性好、黏接力强、耐老化、防水防腐的优点，同时集合了沥青防水的性能，组合成强度高、成膜快、防水强、耐老化、有弹性、抗基层变形能力强、冷作施工方便、不污染环境的一种优质防水涂料。

②SBS 改性沥青防水涂料

SBS 改性沥青防水涂料是一种水乳型弹性沥青防水材料。具有防水性能好、低温柔性好、延伸率高、施工方便等特点，具有良好的适应屋面变形的能力。该产品无毒、无味、无环境污染、可在潮湿基层冷施工。涂膜干后有优良的耐酸、耐碱、耐候性，在防水基层形成无缝的整体防水层，施工简单快捷。SBS 改性沥青防水涂料适用于建筑工程屋面、地下、隧道工程防水以及道路桥梁防水工程。

③水乳型再生橡胶改性沥青防水涂料

水乳型再生橡胶改性沥青防水涂料是用再生乳胶代替较贵的丁苯橡胶、氯丁橡胶等合成乳胶，与沥青乳胶加工而成的防水涂料。水乳型再生橡胶改性沥青防水涂料具有一定的柔韧性和耐久性，宜在封闭压埋或倒置式屋面中与其他防水材料复合使用；具有无毒、无味、不燃的特点，安全可靠，不污染环境，冷施工，操作简单；可在表面潮湿的基层上施工。原料属于再生利用，来源广泛，价格较低。

(3)合成高分子防水涂料

合成高分子防水涂料以多种高分子聚合材料为主要成膜物质，添加触变剂、防流挂剂、防沉淀剂、增稠剂、流平剂、防老剂等添加剂和催化剂，经过特殊工艺加工而成，其涂膜具有优良的高弹性和绝佳的防水性能。该产品无毒、无味，安全环保。涂膜耐水性、耐碱性、抗紫外线能力强，具有较高的断裂延伸率，拉伸强度和自动修复功能。

①聚氨酯防水涂料

聚氨酯防水涂料是由异氰酸酯、聚醚等经加成聚合反应而成的含异氰酸酯基的预聚体，配以催化剂、无水助剂、无水填充剂、溶剂等，经混合等工序加工制成的单组分聚氨酯防水涂料。该产品按组分分为单组分(S)和双组分(M)两种，按拉伸性能分为Ⅰ型和Ⅱ型。该涂料具有弹性高、延伸性好、抗拉强度和抗撕裂强度较高，耐候、耐腐蚀、耐老化性好，对小范围的基层裂缝有较强的适应性，体积收缩小。适用于非暴露性屋面、地下工程、室内防水。

②丙烯酸酯防水涂料

丙烯酸酯防水涂料是以纯丙烯酸聚合物乳液为基料，加入其他添加剂而制得的单组分水乳型防水涂料。该涂料特点是：可湿面施工；以水为分散介质，无毒、无味、不污染环境，属于环保产品；具有良好的耐老化、延伸性、弹性、黏结性和成膜性；防水层为封闭体系，整体防水效果好，特别适用于异型结构基层的施工。适用于屋面、墙面、卫生间、地下室等非长期浸水环境下的、防渗工程。

4. 防水涂料的储存、运输及保管

防水涂料的包装容器必须密封严实，容器表面应有标明涂料名称、生产厂名、生产日期和产品有效期的明显标志；储运及保管的环境温度应不得低于0℃；严防日晒、碰撞，渗漏；应存放在干燥、通风、远离火源的室内，料库内应配备专门用于扑灭有机溶剂的消防措施；运输时，运输工具、车轮应有接地措施，防止静电起火。

表7-6　常用防水涂料的性能及用途

涂料种类	特　点	适用范围
乳化沥青防水涂料	成本低，施工方便，耐热性好，但延伸率低	适用于民用及工业建筑厂房的复杂屋面和青灰屋面防水，也可涂于屋顶钢筋板面和油毡屋面防水
橡胶改性沥青防水涂料	有一定的柔韧性和耐水性，常温下冷施工，安全可靠	适用于工业及民用建筑的保温屋面、地下室、洞体、冷库地面等的防水
硅橡胶防水涂料	防水性好，成膜性、弹性黏结性好，安全无毒	地下工程、储水池、厕浴间、屋面的防水
PVC防水涂料	具有弹塑性，能适应基层的一般开裂或变形	可用于屋面及地下工程、蓄水池、水沟、天沟的防腐和防水
三元乙丙橡胶防水涂料	具有高强度、高弹性、高延伸率，施工方便	可用于宾馆、办公楼、厂房、仓库、宿舍的建筑屋面和地面防水
聚丙烯酸酯防水涂料	黏结性强，防水性好，延伸率高，耐老化，能适应基层的开裂或变形，冷施工	广泛应用于中、高级建筑工程的各种防水工程，平面、立面均可施工
聚氨酯防水涂料	强度高，耐老化性能优异，延伸率大，黏结力强	用于建筑屋面的隔热防水工程，地下室、厕浴间的防水，也可用于彩色装饰性防水
粉状黏性防水涂料	属于刚性防水，涂层寿命长、经久耐用，不存在老化问题	适用于建筑屋面、厨房、厕浴间、坑道、隧道地下工程防水

7.4　防水工程材料的选择

1. 建筑防水的功能要求

防水工程是保证百年大计工程质量的重要一环，材料的选择和使用是直接影响工程质量的重要因素。建筑物和构筑物的防水是依靠具有防水性能的材料来实现的，防水材料质量的优劣直接关系到防水层的耐久年限，防水工程的质量在很大程度上取决于防水材料的性能和质量，材料是防水工程的基础。我们在进行防水工程施工时，所采用的防水材料必须符合国家或行业的材料质量标准，并应满足设计要求。但不同的防水做法，对材料也应有不同的防水功能要求。

建筑防水材料的共性要求如下：

(1)具有良好的耐候性，对光、热、臭氧等应具有一定承受能力。

(2)具有抗水渗透和耐酸碱性能。

(3)对外界温度和外力具有一定的适应性，即材料的拉伸强度要能承受温差变化以及各种外力与基层伸缩、开裂所引起的变形。

(4)整体性好，既能保持自身的黏结性，又能与基层牢固黏结较高的剥离强度，形成稳定的不渗水整体。

2. 不同气候条件选材

(1)高温地区的屋面防水层，长时间的处于暴晒，此时应选用耐紫外线强，软化点高的防水卷材。如：APP改性沥青防水卷材、三元乙丙橡胶防水卷材、聚氯乙烯防水卷材。

(2)严寒多雪地区，防水材料一般要经历低温冻胀收缩的循环变化，可能会过早的发生断裂情况，因此这些地区宜选择SBS改性沥青卷材或焊接合缝的合成高分子卷材。

(3)潮湿多雨的地区，应选择耐水性好的涂料，耐水泡的黏结剂，防水处理宜选玻纤胎、聚酯胎的改性沥青卷材或耐水的胶黏剂黏合高分子卷材。

(4)干旱少雨的地区，对防水的要求有所降低，二级建筑作一道设防也能满足防水要求，如果做好保护层，能够达到耐用年限，也降低了工程成本。

3. 工程不同部位防水的选材

(1)屋面受自然环境因素侵害较大，风吹、日晒、雨淋、昼夜温差等，如没有良好的材性和保护措施，很难达到要求的防水年限。因此应选用耐老化性能好的，且有一定延伸性的、耐热度高的材料。根据《屋面工程技术规范》(GB 50345—2012)的规定，屋面防水工程根据建筑物的类别、重要程度、使用功能要求分为两个等级，并应按相应等级进行防水设防，对防水有特殊要求的建筑屋面，应进行专项防水设计。

表7－7　屋面防水等级和设防要求

防水等级	建筑类别	设防要求	防水做法		
			卷材、涂膜	瓦	金属板
Ⅰ级	重要建筑和高层建筑	两道防水设防	卷材防水层和卷材防水层、卷材防水层和涂膜防水层、复合防水层	瓦＋防水层	压型金属板＋防水垫层
Ⅱ级	一般建筑	一道防水设防	卷材防水层、涂膜防水层、复合防水层	瓦＋防水垫层	压型金属板、金属面绝热夹芯板

(2)地下工程长期处于潮湿状态又难维修，但温差变化小，需采用刚柔结合的多道设防，除刚性防水填加剂外，还应选用耐霉烂、耐腐蚀性好的、使用寿命长的柔性材料。在垫层上做防水时，应选用耐穿刺性好的材料，如厚度为3 mm或4 mm的玻纤胎、聚酯胎改性沥青卷材、玻璃布油毡等；当使用高分子防水基材时，必须选用耐水性好的黏结剂，基材的厚度应不小于1.5 mm；选用防水涂料时需选用成膜快的，不产生再乳化的材料，如聚氨酯、硅橡胶防水涂料等，其厚度应不小于2.5 mm。

(3)厕浴间一般不会受到自然气温的限制，但其阴阳角多，而且各种穿楼板管道也多，卷材、片材施工困难，选用防水涂料为宜，厕浴间面积较小，涂层可形成整体的无缝涂膜，不受基面凹凸形状影响，如聚氨酯防水涂料等。对穿楼板的管道，可选用密封胶或遇水膨胀橡胶条处理。

(4)建筑外墙板缝防水工程所选用的防水材料应有较好的耐候性、高延伸率以及黏结性为主的材料。一般选择防水并辅以保温隔热的材料进行配套处理为宜。

4. 工程条件要求选材

(1)建筑等级是选择材料的首要条件，一、二级建筑必须选用优质防水材料，如聚酯胎高聚物改性沥青卷材，合成高分子卷材，复合使用的合成高分子涂料。

(2)坡屋面用瓦，其下必须另设柔性防水层。因有固定瓦钉穿过防水层，要求防水层有握钉能力，防止雨水沿钉渗漏。最合适的卷材是4 mm厚高聚物改性沥青卷材。

(3)振动较大的屋面，如靠近铁路、地震区、厂房的大跨度轻型屋架，砂浆基层极易裂缝，满黏的卷材被拉断，应选用高延伸率和高强度的卷材或涂料，如三元乙丙橡胶卷材，聚酯胎高聚物改性沥青卷材，聚氯乙烯卷材等。

(4)不能上人的陡坡屋面，因为坡度很大，可达60°以上，防水层上无法作块体保护层，只能选用带矿物粒料的卷材，或者选用铝箔覆面的卷材、金属卷材。

建筑密封材料

7.5 建筑密封材料

建筑密封材料是嵌入建筑物缝隙、门窗四周、玻璃镶嵌部位以及由于开裂产生的裂缝，能承受位移且能达到气密、水密目的的材料，又称嵌缝材料。密封材料可分为定型材料(密封条和压条)和非定型材料(密封膏或嵌缝膏)两种。密封材料应具有良好的黏接性、耐老化和对高、低温度的适应性，能长期经受被黏接构件的收缩变形与振动而不失去密封性能。

1. 建筑防水沥青嵌缝油膏

建筑防水沥青嵌缝油膏是以石油沥青为基料，加入改性沥青、稀释剂、填料等配制成的黑色膏状嵌缝材料。常用的改性沥青有废橡胶粉、硫化鱼油、桐油等。主要适用于冷施工型的屋面、墙面防水密封级桥梁、涵洞、输水洞及地下工程等的防水密封。

2. 硅酮建筑密封膏

硅酮建筑密封膏是以硅氧烷聚合物为主要成分的单组分或双组分室温固化型建筑密封材料，它具有优良的耐热、耐寒、耐老化及耐紫外线等耐候性能，与各种基材如混凝土、铝合金、不锈钢、塑料等有良好的黏结力，并且具有良好的伸缩耐疲劳性能，防水、防潮、抗震、气密、水密性能好。适用于各类建筑物和地下结构的防水、防潮和接缝处理。根据国家标准GB/T 14683—2003《硅酮建筑密封胶》，硅酮建筑密封膏分为G类(镶嵌玻璃用)和F类(建筑接缝用)，产品按位移能力分为25、20两个级别，按拉伸模量分为高模量(HM)和低模量(LM)两个次级别。其理化性能应符合表7-8的要求。

3. 橡胶止水带

橡胶止水带和止水橡皮是以天然橡胶与各种合成橡胶为主要原料，掺加各种助剂及填充料，经塑炼、混炼、压制成型，根据使用情况可分类为埋式橡胶止水带和背贴式橡胶止水带。该止水材料具有良好的弹性、耐磨性、耐老化性和抗撕裂性能，适应变形能力强、防水性能好，温度使用范围为-45℃~60℃，当温度超过70℃，以及橡胶止水带受强烈的氧化作用或受油类等有机溶剂侵蚀时，均不得使用橡胶止水带。

4. PVC塑料止水带

PVC塑料止水带由优级聚氯乙烯树脂与各种化工填加剂，经混合、造粒、挤出等工序而制成的止水带产品。它充分利用聚氯乙烯树脂具有的弹性变形特性在建筑构造接缝中起到防漏、防渗作用，且具有耐腐蚀、耐久性好的特点。PVC塑料止水带主要用于混凝土浇注时设置在施工缝及变形缝内与混凝土构成为一体的基础工程，如隧道、涵洞、引水渡槽、拦水坝、贮液构筑物、地下设施等。

表 7-8　硅酮建筑密封胶的理化性能

项　目		技术指标			
		25HM	20HM	25LM	20LM
密度/(g·cm^{-3})		规定值±1			
下垂度/mm	垂直	≤3			
	水平	无变形			
表干时间/h		≤3°			
挤出性/(mL·min^{-1})		≥80			
弹性回复率/%		≥80			
拉伸模量/MPa	23℃	>0.4 或 >0.6		≤0.4 和≤0.6	
	-20℃				
定伸黏接性		无破坏			
紫外线辐照后黏接性		无破坏			
冷拉-热压后黏接性		无破坏			
浸水后定伸黏接性		无破坏			
质量损失率/%		≤10			

模块小结

防水材料主要的作用是对建筑物起到防渗漏、防潮作用、保护建筑物内部使用空间免受水的影响。坡屋面刚性防水材料主要有屋面瓦和金属屋面板材，主要用于屋面防水；防水卷材的分类主要有沥青防水卷材、高聚物改性沥青防水卷材、合成高分子防水卷材，广泛用于屋面、地下和特殊构筑物的防水；防水涂料有沥青类防水涂料、高聚物改性沥青防水涂料、合成高分子防水涂料，防水涂料固化成膜后的防水涂膜具有良好的防水性能，特别适合于各种复杂不规则部位的防水。

建筑密封材料按形态分为不定型密封材料和定型密封材料两大类，主要应用在板缝、接头、裂隙、屋面等部位。

技能抽查题

一、单项选择

1. 三元乙丙橡胶防水卷材属于(　　)。

A. 合成高分子防水卷材　　　　B. 沥青防水卷材

C. 高聚物改性沥青防水卷材　　D. 一般常规防水卷材

2. 下列中属于合成高分子防水涂料的产品有(　　)。

A. 氯丁橡胶沥青防水涂料　　B. SBS 改性沥青防水涂料

C. 聚氨酯防水涂料　　D. 水性石棉沥青防水涂料

3. (　　)改性沥青防水卷材属于弹性体改性沥青防水卷材。

A. SBS　　B. APP　　C. EPDM　　D. PVC

二、多项选择

1. APP 防水卷材按胎基分为哪几种？(　　)

A. 聚酯毡(PY)　　B. 玻纤毡(G)

C. 玻纤增强聚酯毡(PYG)　　D. 聚乙烯膜(PE)

2. SBS 改性沥青防水涂料具有以下哪些特点？(　　)

A. 低温柔性好　　B. 延伸率高　　C. 施工方便　　D. 耐热性好

三、判断

1. 根据地下工程长期处于潮湿状态又难维修，但温差变化小等特点，需采用刚柔结合的多道设防。(　　)

2. 建筑外墙板缝防水工程所选用的防水材料应是有较好的耐候性、高延伸率以及黏结性为主的材料。(　　)

3. 合成高分子防水卷材耐热性和低温柔韧性好，拉伸强度、抗撕裂强度、断裂伸长率大，耐老化、耐腐蚀，适应冷施工。(　　)

模块八　建筑石材

能力目标	知识目标
1. 具有鉴别石材好坏的能力 2. 能根据石材的性能特点和工程的具体要求正确合理地选用石材	1. 熟悉石材的分类、石材的主要技术性能 2. 掌握天然大理石和天然花岗岩的技术要求、性能与特点及应用 3. 了解人造石材的分类、特点与用途

本模块推荐学习标准：

《天然大理石建筑板材》(GB/T 19766—2016)

《天然花岗石建筑板材》(GB/T 18601—2009)

《砌体结构设计规范》(GB 50003—2011)

石材是最古老的土木工程材料之一，凡是由天然岩石开采而得到的毛石，经加工而制成的料石、板材和颗粒状材料，统称为石材。石材具有很高的抗压强度，良好的耐久性与耐磨性，产源分布广泛，容易就地取材，价格低廉，粗略加工后即可使用等许多优点，在建筑工程中得到广泛应用，如质重而坚密的块体石料常用于砌筑基础、台座、桥涵、挡土墙、护坡、堤岸、沟渠与隧道衬砌等，这类岩石的散粒石料广泛用作道路材料与混凝土的骨料，坚固耐久、色泽美观、易于磨光的石料，则常用作结构物的饰面或防护材料。世界上许多的古建筑都是由石材砌筑而成，不少古石建筑至今仍保存完好，如埃及金字塔、意大利比萨斜塔、中国河北赵州桥(图 8 - 1)、广州圣心教堂等都是以石材砌筑而成。

图 8 - 1　赵州桥

8.1 概　述

8.1.1 岩石的形成与分类

天然石材采自地壳表层的岩石，岩石是矿物的集合体，单矿岩由单一矿物组成，如白色大理石，它是由方解石或白云石组成。多矿岩由两种或两种以上的矿物组成，如花岗岩，它是由长石、石英、云母及某些暗色矿物组成。自然界中的岩石大多以多矿岩形式存在。岩石按地质形成条件不同，可分为三大类，即岩浆岩、沉积岩和变质岩。

1. 岩浆岩

岩浆岩又称火成岩，它是由地壳内部熔融的岩浆上升冷却而形成的。岩浆岩根据冷却条件的不同，又分为深成岩、喷出岩和火山岩三种。

深成岩是地壳深处的岩浆在很大的覆盖压力下缓慢冷却形成的岩石，其构造致密，表观密度大，抗压强度高，耐磨性好，吸水率小，抗冻性、耐水性和耐久性好。天然石材中的花岗岩属于典型的深成岩。

喷出岩是熔融的岩浆喷出地表后，在压力降低并迅速冷却的条件下形成的岩石。当喷出岩形成较厚的岩层时，其性质接近深成岩；当喷出岩形成的岩层较薄时，则形成的岩石常呈多孔结构，性质近似于火山岩。工程中常用的喷出岩有玄武岩、辉绿岩等。

火山岩是火山爆发时的岩浆被喷到空中，经急速冷却后落下而形成的碎屑岩石，大都是轻质多孔结构的材料，如火山灰、浮石等，其中火山灰被大量用作水泥的混合料，而浮石可用作轻质骨料来配制轻骨料混凝土。

2. 沉积岩

沉积岩是由露出地表的岩石长期风化后，经过风力搬迁、流水冲移而沉淀堆积，在离地表不太深处形成的岩石。沉积岩为层状结构，各层的成分、结构、颜色、层厚等均不相同。与岩浆岩相比，沉积岩结构密实性较差，孔隙率大、表观密度小、吸水率大，抗压强度较低，耐久性也较差。沉积岩在建筑工程中用途广泛，最重要的是石灰岩。石灰岩是烧制石灰和水泥的主要原料，更是配制普通水泥混凝土的重要组成材料，石灰岩还可用来修筑堤坝、铺筑道路，结构致密的石灰岩经切割、打磨抛光后，还可代替大理石板材使用。

3. 变质岩

变质岩是由原生的岩浆岩或沉积岩，经过地壳内部高温、高压作用而形成的岩石。通常沉积岩变质后，性能变好，结构变得致密、耐用，如石灰岩变质为大理石；而岩浆岩变质后，性能反而变差，如花岗岩变质为片麻岩，易产生分层剥落，耐久性差。

8.1.2 石材的主要技术性质

天然石材的技术性质，可分为物理性质、力学性质和工艺性质。

1. 物理性质

(1)表观密度

石材的表观密度常间接反映石材的致密程度与孔隙率大小。天然石材按其表观密度分为重石和轻石两类。重质石材，表观密度大于1800 kg/m^3，主要用于建筑物的基础、墙体、地面、路面、桥梁以及水上建筑物等；轻质石材，表观密度小于1800 kg/m³，可用来砌筑保暖房屋的墙体。

(2)吸水性

吸水率低于1.5%的岩石称为低吸水性岩石，介于1.5%～3.0%的称为中吸水性岩石，吸水率高于3.0%的称高吸水性岩石。深成岩以及许多变质岩，它们的孔隙率都很小，故而吸水率也很小，例如花岗岩的吸水率通常小于0.5%。沉积岩由于形成条件、密实程度与胶结情况有所不同，因而孔隙率与孔隙特征的变动很大，这导致石材吸水率的波动也很大，例如致密的石灰岩，它的吸水率可小于1%，而多孔的贝壳石灰岩吸水率可高达15%。

(3)耐水性

石材的耐水性用软化系数表示，根据软化系数大小，可将石材分为高、中、低三个等级。软化系数大于0.90为高耐水性，软化系数在0.75～0.90之间的为中耐水性，软化系数在0.60～0.75之间为低耐水性。建筑工程中使用的石材软化系数应大于0.8。

(4)抗冻性

石材的抗冻性是指其抵抗冻融破坏的能力，是衡量石材耐久性的一个重要指标。石材在吸水饱水状态下，经过规定次数的反复冻融循环，若无贯穿裂纹，且质量损失不超过5%，强度损失不大于25%，则为抗冻性合格。根据能经受的冻融循环次数，可将石材分为：5、10、15、25、50、100及200等标号。石材抗冻性与吸水性有密切的关系，吸水率大的石材其抗冻性也差。根据经验，吸水率$<0.5\%$的石材，则认为是抗冻的。

(5)耐热性

石材的耐热性与其化学成分及矿物组成有关。石材经高温后，由于热胀冷缩、体积变化而产生内应力或因组成矿物发生分解和变异等导致结构破坏。如含有石膏的石材，在100℃以上时就开始破坏；含有石英和其他矿物所组成的结晶石材，如花岗岩等，当温度达到573℃以上时，由于石英受热发生膨胀，强度会迅速下降。

2. 力学性质

(1)抗压强度

石材是非均质和各向异性的材料，而且是典型的脆性材料，其抗压强度高，抗拉强度比抗压强度低得很多，约为抗压强度的1/20～1/10。根据《砌体结构设计规范》(GB 50003—2011)规定，天然石材按抗压强度分为MU100、MU80、MU60、MU50、MU40、MU30和MU20。如MU60表示石材的抗压强度为60 MPa。石材的强度等级可用边长为70 cm的立方体试件的抗压强度来表示，抗压强度为三个试件的破坏强度的平均值。天然石材抗压强度取决于岩石的矿物组成、结构特征、胶结物质的种类以及均匀性等。

(2)硬度

岩石的硬度以莫氏硬度表示，它取决于石材的矿物组成的硬度与构造。凡由致密、坚硬矿物组成的石材，其硬度就高。岩石的硬度与抗压强度有很好的相关性，一般抗压强度高的，硬度也大。岩石的硬度越大，其耐磨性和抗刻划性能越好，但表面加工越困难。

(3)耐磨性

耐磨性是指石材在使用条件下抵抗摩擦、边缘剪切以及冲击等复杂作用的能力。石材的耐磨性与岩石组成矿物的硬度及岩石的结构和构造有一定关系，一般而言，岩石强度高，构造致密，则耐磨性也较好。用于可能遭受磨损、磨耗作用的场所，如台阶、人行道、地面、楼梯踏步、道路路面的碎石等，应采用具有高耐磨性的石材。

3. 工艺性质

(1)加工性

石材的加工性主要是指对岩石开采、锯解、切割、凿琢、磨光和抛光等加工工艺的难易程度。凡强度、硬度、韧性较高的石材，不易加工；质脆而粗糙，有颗粒交错结构，含有层状或片状构造，以及已风化的岩石，都难以满足加工要求。

(2)磨光性

磨光性指石材能否磨成平整光滑表面的性质。致密、均匀、细粒的岩石，一般都有良好的磨光性，可以磨成光滑亮洁的表面。疏松多孔、有鳞片状构造的岩石，磨光性不好。

(3)抗钻性

抗钻性指石材钻孔时的难易程度的性质。影响抗钻性的因素很复杂，一般石材的强度越高、硬度越大，越不易钻孔。

8.2 砌筑用石材

砌筑用石材指用于建筑基础、墙体等，根据《砌体结构设计规范》(GB 50003—2011)的规定，砌筑用石材按其加工后的外形规则程度，可分为毛石和料石。

1. 毛石

又称片石或块石，是山体爆破后直接得到的形状不规则、中部厚度不小于200 mm的石块。毛石依其平整程度又分为乱毛石和平毛石。

(1)乱毛石：形状不规则，一般在一个方向上的尺寸达300～400 mm，每块质量约为15～30 kg。在建筑工程中常用于砌筑毛石基础、勒脚、墙身、堤坝、挡土墙等，也可用于大体积混凝土中(也称毛石混凝土)作为骨料。在铁道工程中常用于砌筑基础、挡土墙、沟渠、护坡和用作道床填料等。

(2)平毛石：将乱毛石略经加工就得到了平毛石，它的形状比乱毛石整齐，基本上有六个面，大致有两个平行面，但表面粗糙，中部厚度不小于200 mm。常用于砌筑建筑物的基础、勒脚、墙身、桥墩和铁路的涵洞、墩台、挡土墙等。

2. 料石

又称条石，通常选择质地均匀、耐久性好、不易风化的岩石，如花岗岩、砂岩等，由人工或机械加工而成，具有较规则六面体形的石块。按外形规则程度可分为毛料石、粗料石和细料石。

(1)细料石：经过细加工，外观规则，叠砌面凹入深度不大于10 mm，截面的宽度、高度不宜小于200 mm，且不宜小于长度的1/4。细料石主要用作柱头、柱脚、楼梯、台阶的踏步、窗台板、栏杆和其他外部镶面石料等。

(2)粗料石：规格尺寸同上，但叠砌面凹入深度均不大于20 mm。粗料石主要用于高层和大跨度的建筑物基础、桥墩镶面、隧道衬砌和承重墙身砌筑。要求抗压强度不小于20 MPa。

(3)毛料石：外形大致方正，一般不加工或稍加修整，高度不应小于200 mm，叠砌面凹入深度不大于25 mm。多用于砌筑建筑物的主要部位，如墙身、墙角、勒脚，还可用于桥墩的镶面工程、涵洞的拱圈与帽石、隧道衬砌的边墙等。

8.3　装饰用饰面石材

饰面石材是指用于建筑物表面装饰的石材，主要用于建筑物内外墙面、柱面、地面、台阶、门套、台面等处。石材用做建筑表面装饰尤显庄重华贵、典雅自然。饰面石材分天然饰面石材和人造饰面石材。天然饰面石材主要有大理石、花岗石、青石、岩板等。人造石材主要有水泥型、树脂型、复合型和烧结人造石材等。

8.3.1　天然大理石

大理石

1. 大理石的定义及品种

天然大理石(图 8-2)是石灰岩或白云石经过地壳高温、高压作用形成的一种变质岩，通常为层状结构，具有明显的结晶和纹理，主要矿物成分为方解石和白云石，属中硬石材，因我国云南大理盛产这种石材而将其命名为大理石。

从大理石矿体开采出来的块状石料称为大理石荒料，大理石荒料经锯切、磨光等加工后就成为大理石装饰板材。商业上所说的大理石是指以大理岩为代表的一类装饰石材，包括碳酸盐岩和与其有关的变质岩，其主要成分以碳酸钙为主，约占 50% 以上。

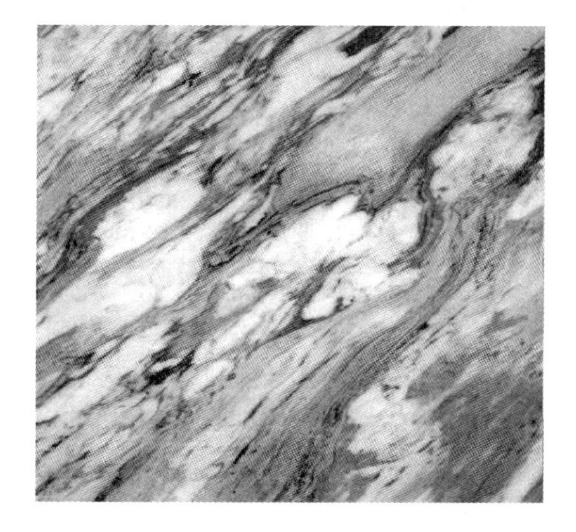
图 8-2　大理石

天然大理石具有纯黑、纯白、纯灰、浅灰、绿色、红色、青色、黄色等多种色彩，且斑纹多样，光泽柔润，绚丽多彩，装饰效果非常好。如云灰大理石以其多呈云灰色或云灰色的底面上泛起一些天然的云彩状花纹而得名；白色大理石因其晶莹纯净，洁白如玉，熠熠生辉，俗称汉白玉，是大理石中的名贵品种；彩色大理石表面经过研磨、抛光，便呈现色彩斑斓、千姿百态的天然图画，是大理石的精品。

2. 大理石的性能及技术指标

天然大理石组织结构致密均匀，抗压强度高，加工性好，温度变形小，装饰性好，吸水率小，耐腐蚀、耐久性好，耐磨性强，莫氏硬度 3~4，属于中硬石材。因为天然大理石的主要成分碳酸钙为碱性物质，其抗风化能力较差，当受到酸雨或空气中酸性氧化物(如 CO_2、SO_2)遇水形成的酸类侵蚀，表面失去光泽，变得粗糙多孔而降低装饰效果，所以大理石除个别品种(如汉白玉等)外，一般不宜用于室外装饰。镜面板材的镜向光泽度不低于 70 光泽单位，其他物理性能指标要求见表 8-1。

表 8-1 天然大理石的物理性能指标

<table>
<tr><th rowspan="2">项　目</th><th colspan="3">技术指标</th></tr>
<tr><th>方解石大理石</th><th>白云石大理石</th><th>蛇形石大理石</th></tr>
<tr><td>体积密度/($g \cdot cm^{-3}$)，≥</td><td>2.60</td><td>2.80</td><td>2.56</td></tr>
<tr><td>干燥压缩强度/MPa，≥</td><td>52</td><td>52</td><td>70</td></tr>
<tr><td>吸水率/%，≤</td><td>0.50</td><td>0.50</td><td>0.60</td></tr>
<tr><td>弯曲强度(干燥或水饱和)/MPa，≥</td><td colspan="3">7.0</td></tr>
<tr><td>耐磨度/$(1 \cdot cm)^{-3}$，≥</td><td colspan="3">10</td></tr>
</table>

根据《天然大理石建筑板材》(GB/T 19766—2016)的规定，大理石板才按形状分为普型板(PX)和圆弧板(HM)(装饰面轮廓线的曲率半径处处相同的饰面板材)和毛光板(MG)。普型板按规格尺寸偏差、平面度公差、角度公差及外观质量将板材分为优等品(A)、一等品(B)，合格品(C)三个等级。圆弧板按规格尺寸偏差、直线度公差、线轮廓度公差及外观质量将板材分为优等品(A)、一等品(B)、合格品(C)三个等级。同一批板材的色调应基本调和，花纹应基本一致。

表 8-2 大理石普型板尺寸允许偏差

<table>
<tr><th colspan="3" rowspan="2">规格/mm</th><th colspan="3">允许偏差/mm</th></tr>
<tr><th>优等品</th><th>一等品</th><th>合格品</th></tr>
<tr><td rowspan="4">规格尺寸允许偏差</td><td colspan="2">长度、宽度</td><td colspan="2">0
-1.0</td><td>0
-1.5</td></tr>
<tr><td rowspan="2">厚度</td><td>≤12</td><td>±0.5</td><td>±0.8</td><td>±1.0</td></tr>
<tr><td>>12</td><td>±1.0</td><td>±1.5</td><td>±2.0</td></tr>
<tr><td colspan="2">干挂板材厚度</td><td colspan="2">+2.0
0</td><td>+3.0
0</td></tr>
<tr><td rowspan="3">平面度允许公差</td><td colspan="2">≤400</td><td>0.2</td><td>0.3</td><td>0.5</td></tr>
<tr><td colspan="2">>400～≤800</td><td>0.5</td><td>0.6</td><td>0.8</td></tr>
<tr><td colspan="2">>800</td><td>0.7</td><td>0.8</td><td>1.0</td></tr>
<tr><td rowspan="2">角度允许公差</td><td colspan="2">≤400</td><td>0.3</td><td>0.4</td><td>0.5</td></tr>
<tr><td colspan="2">>400</td><td>0.4</td><td>0.5</td><td>0.7</td></tr>
</table>

大理石板材的标记顺序：荒料产地地名、花纹色调特征描述、大理石(M)；编号、类别、规格尺寸、等级、标准号。示例：用房山汉白玉大理石荒料加工的 600 mm×600 mm×20 mm、普型、优等品板材，其标记顺序为房山汉白玉大理石；M1101 600×600×20 A GB/T 19766—2016。

表 8－3　大理石板材正面外观缺陷的质量要求

名称	规定内容	优等品	一等品	合格品
裂纹	长度超过 10 mm 的不允许条数(条)	0	0	0
缺棱	长度不超过 8 mm，宽度不超过 1.5 mm(长度≤4 mm，宽度≤1 mm 不计)，每米长允许个数(个)	0	1	2
缺角	沿板边长顺延方向，长度≤3 mm，宽度≤3 mm(长度≤2 mm，宽度≤2 mm 不计)，每块板允许个数(个)	0	1	2
色斑	面积不超过 6 cm^2(面积小于 2 cm^2 不计)，每块板允许个数(个)	0	1	2
砂眼	直径在 2 mm 以下	0	不明显	有，但不影响装饰效果

3. 大理石的应用

天然大理石板主要用于建筑物室内饰面，如地面、柱面、墙面、造型面、酒吧台侧立面与台面、服务台立面与台面、电梯间门口等。大理石磨光板有美丽多姿的花纹，常用来镶嵌或刻出各种图案的装饰品。天然大理石板还被广泛地用于高档卫生间的洗漱台面及各种家具的台面。

4. 天然大理石板材的标志、包装、运输与储存

包装箱上应注明企业名称、商标、标记，须有“向上”和“小心轻放”的标志，对安装顺序有要求的板材应标明安装序号。按板材品种、类别、等级分别包装，板材光面相对并加垫，包装应满足正常条件下安全装卸、运输的要求。运输过程中应防碰撞、滚摔，板材应室内储存，室外储存应加遮盖，应按板材品种、类别、等级或工程安装部位分别码放。

8.3.2　天然花岗岩

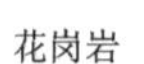

花岗岩

1. 花岗岩的定义及品种

花岗岩是典型的深成岩，是全晶质岩石，主要成分是石英、长石及少量云母和暗色矿物(橄榄石类、辉石类、角闪石类及黑云母等)，呈整体均匀粒状结构。由花岗岩矿体开采出来的块状石料称为花岗岩荒料，花岗岩荒料经锯切、研磨、抛光后成为具有一定规格的花岗岩装饰板材。

花岗岩的产地主要有：北京西山，山东崂山、泰山，安徽黄山、大别山，陕西华山、秦岭，广东云浮、丰顺县、连县，广西岭西县，河南太行山，四川峨眉山、横断山以及云南、贵州山区等。国产花岗岩较著名的品种有济南青、泉州黑、将军红、白虎涧、莱州白(青、黑、红、棕黑等)、岑溪红等。

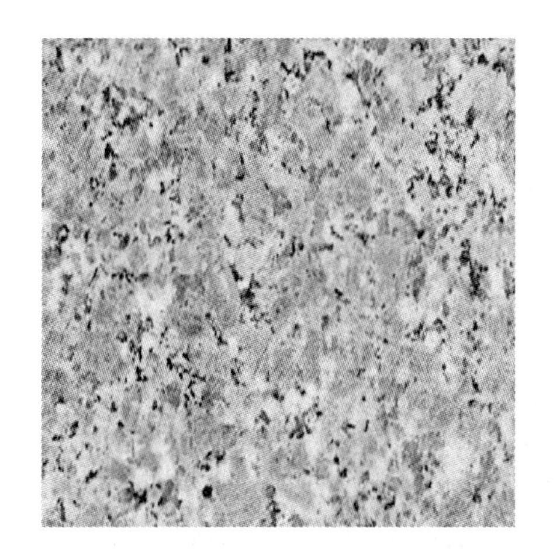

图 8－3　花岗岩

2. 花岗岩的性能及技术指标

天然花岗岩结构致密，质地坚硬，莫氏硬度6～7，属于硬石材，抗压强度高，吸水率小，耐磨性、耐腐蚀性、抗冻性好，耐久性好，耐久年限可达200年以上，经加工后的板材呈现出各种斑点状花纹，具有良好的装饰性。但天然花岗岩的自重较大，硬度大，开采加工较困难，质地较脆，耐火性差，当花岗岩受热温度超过573℃时，花岗岩中的石英晶态转变造成体积膨胀，从而导致石材爆裂，失去强度，某些花岗岩含有微量放射性元素，对人体有害。其物理性能指标见表8－4。

表8－4 天然花岗石物理性能指标

项　目	指　标	
	一般用途	功能用途
体积密度/($g \cdot cm^{-3}$)，≥	2.56	2.56
压缩强度(干燥和水饱和)/MPa，≥	100	131
弯曲强度(干燥和水饱和)/MPa，≥	8.0	8.3
耐磨度/($1 \cdot cm^{-3}$)，≥	25	25
吸水率/%，≤	0.6	0.4

根据《天然花岗石建筑板材》(GB/T 18601—2009)的规定，花岗石按形状分为毛光板(MG)、普型板(PX)、圆弧板(HM)和异型版(YX)；按表面加工程度分为镜面板(JM)、细面板(YG)和粗面板(CM)；按用途分为一般用途(用于一般性装饰用途)、功能用途(用于结构性承载用途或特殊功能要求)。其中毛光板按厚度偏差、平面度公差、外观质量等将板材分为优等品(A)、一等品(B)和合格品(C)三个等级；普型板按规格尺寸偏差、平面度公差、角度公差、外观质量等将板材分为优等品(A)、一等品(B)和合格品(C)三个等级；圆弧板按规格尺寸偏差、直线度公差、线轮廓度公差、外观质量等将板材分为优等品(A)、一等品(B)和合格品(C)三个等级。同一批板材的色调应基本调和，花纹应基本一致。

天然石材的放射性是人们关注度较高的热点问题，根据我国建筑材料的标准《建筑材料放射性核素限量》(GB 6566—2010)，按放射性物质的放射性比活度，将天然石材产品分为A、B、C三个等级。其中A类产品的使用范围不受限制；B类产品不可用于居室内饰面，但可用于其他一切建筑物的内、外饰面；C类产品只可用于一切建筑物的外饰面。

花岗岩板材的标记顺序：荒料产地地名、名称、花岗石(G)；类别、规格尺寸、等级、标准号。示例：用山东济南花岗石荒料加工的600 mm×600 mm×20 mm、普型、镜面、优等品板材，其标记为济南青花岗石，(G3710)PXJM 600×600×20 A GB/T 18601—2009。

3. 天然花岗岩的应用

花岗岩主要用于建筑物室内外装饰，如室内地面、内外墙面、柱面、墙裙、楼梯等处，也可用于吧台、服务台、收款台、家具装饰以及制作各种纪念碑、墓碑等，还可用来砌筑建筑物的基础、墙体、桥梁、踏步、堤坝、铺筑路面、制作城市雕塑等。磨光花岗岩板的装饰特点是华丽而庄重，粗面花岗岩装饰板材的特点是凝重而粗犷。应根据不同的使用场合选择不同物理性能及表面装饰效果的花岗岩。

表 8-5　花岗岩普型板材尺寸允许偏差

规格/mm			细面和镜面板材/mm			粗面板材/mm		
			优等品	一等品	合格品	优等品	一等品	合格品
规格尺寸允许偏差	长度、宽度		0 -1.0	0 -1.0	0 -1.5	0 -1.0	0 -1.0	0 -1.5
	厚度	≤12	±0.5	±1.0	+1.0 -1.5	—	—	—
		>12	±1.0	±1.5	±2.0	+1.0 -2.0	±2.0	+2.0 -3.0
平面度允许偏差	板材长度	≤400	0.20	0.35	0.50	0.60	0.80	1.00
		>400～≤800	0.50	0.65	0.90	1.20	1.50	1.80
		>800	0.70	0.85	1.00	1.50	1.80	2.00
角度允许偏差	板材长度	≤400	0.30	0.50	0.80	0.30	0.50	0.80
		>400	0.40	0.60	1.00	0.40	0.60	1.00

表 8-6　花岗岩板材正面外观缺陷的质量要求

名称	规 定 内 容	优等品	一等品	合格品
裂纹	长度不超过两端顺延至板边总长度的1/10(长度<20 mm的不计)，每块板允许条数(条)	0	1	2
缺棱	长度≤10 mm，宽度≤1.2 mm(长度<5 mm，宽度<1 mm不计)，周边每米长允许个数(个)	0	1	2
缺角	沿板边长，长度≤3 mm，宽度≤3 mm(长度≤2 mm，宽度≤2 mm不计)，每块板允许个数(个)	0	1	2
色斑	面积≤15 mm×30 mm(面积<10 mm×10 mm不计)，每块板允许个数(个)	0	2	3
色线	长度不超过两端顺延至板边总长度的1/10(长度<40 mm的不计)，每块板允许条数(条)	0	2	3

注：毛光板外观缺陷不包括缺棱和缺角，干挂板不允许有裂纹存在。

4. 天然花岗岩板材的标志、包装、运输与储存

与天然大理石板材的标志、包装、运输与储存相同。

8.3.3　人造饰面石材

人造石材

天然石材虽然有着自身的很多优点，但资源有限，花色固定，价格昂贵。随着现代建筑业的发展，对装饰材料提出了轻质、高强度、品种多样等要求，人造石材就在这样的背景下应运而生了。人造石材的花纹图案可以人为控制，胜过天然石材，而且具有质量轻、强度高、色泽均匀、耐腐蚀、耐污染、施工方便、品种多样、装饰性能好等许

多优点，是一种具有良好发展前途的装饰材料。人造饰面石材是人造大理石和人造花岗岩的总称，属水泥混凝土或聚酯混凝土的范畴。人造石材主要应用于各种室内装饰、卫生洁具等，还可加工成浮雕、艺术品、美术装潢品和陈列品等。

按照人造石材生产所用材料，一般可以分为四类。

1. 水泥型人造石材

这种石材是以各种水泥或石灰磨细砂为黏结剂，砂、天然碎石粒为粗细骨料，经配料、搅拌、成型、加压蒸养、磨光、抛光而制成，配制过程中还可加入色料。水磨石即属此类，这类人造石材具有美观、强度高、施工方便、生产取材方便，价格低廉等特点，广泛用于建筑物的地面、柱面、台面、踢脚线、窗台等处，是常用的人造石材之一。

2. 树脂型人造石材

这种人造石材多是以不饱和聚酯树脂为黏结剂，与石英砂、大理石、方解石粉等搅拌混合，浇铸成型，在固化剂作用下产生固化作用，经脱模、烘干、抛光等工序而制，其光泽好、颜色鲜艳丰富、可加工性强、装饰效果好，室内装饰工程中采用的人造石材主要是树脂型人造石材。

3. 复合型人造石材

复合型人造石材是指采用的胶结料中，既有无机胶凝材料(如水泥)，又采用了有机高分子材料(树脂)。它是先用无机胶凝材料将碎石、石粉等基料胶结成型并硬化后，再将硬化体浸渍在有机单体中，使其在一定条件下聚合而成。对于板材，底层可采用性能稳定而价格低廉的无机材料制成，面层采用聚酯和大理石粉制作。复合型人造石材的造价较低，装饰效果好，但受温差影响后聚酯面容易产生剥落和开裂。

4. 烧结人造石材

烧结型人造石材的生产方法与陶瓷工艺相似。将斜长石、石英、辉石、方解石粉和赤铁矿粉及部分高岭土等混合，一般配比为黏土 40%、石粉 60%，采用混浆法制备坯料，用半干压法成型，在窑炉中以 1000℃左右的高温焙炽。烧结型人造石材装饰性好，性能稳定，但经高温焙烧能耗大，产品破碎率高，因而造价高。

模块小结

岩石按地质形成条件不同，可分为岩浆岩、沉积岩和变质岩三类。砌筑用石材主要有毛石和料石两种。装饰用饰面石材主要有天然大理石、天然花岗岩和人造石材，它们各自有不同的组成、品种、技术要求、性能与特点。选用石材应根据石材本身的性能特点和工程的具体要求。

技能抽查题

一、单项选择

1. 石材的抗压强度是以边长(　　)的立方体试件，在吸水饱和状态下，测得的抗压强度平均值，以 MPa 表示。

A. 70 mm×70 mm×70 mm　　　　B. 50 mm×50 mm×50 mm

C. 100 mm × 100 mm × 100 mm　　D. 50 mm × 100 mm × 100 mm

2. 毛料石外观大致方正，砌体面凹凸不大于(　　)。

A. 25 mm　　B. 20 mm　　C. 15 mm　　D. 10 mm

3. 板材标记顺序为(　　)。

A. 规格尺寸、等级、标准号、命名、分类　　B. 命名、分类、规格尺寸、等级、标准号

C. 分类、规格尺寸、等级、标准号、命名　　D. 标准号、命名、分类、规格尺寸、等级

4. 天然花岗石性能抗压强度一般为(　　)MPa。

A. 120～250　　B. 100～250　　C. 130～200　　D. 150～250

5. 按照人造大理石生产所用材料，一般可以分为(　　)类

A. 二　　B. 三　　C. 四　　D. 五

二、多项选择

1. 天然大理石的主要缺点有两个，分别是(　　)。

A. 硬度较低　　B. 抗冻性差

C. 抗风化能力较差　　D. 耐水性差

2. 天然花岗岩的优点有(　　)。

A. 结构致密，抗压强度高　　B. 孔隙率小，吸水率极低，耐冻性强

C. 化学稳定性好，抗风化能力强　　D. 耐腐蚀性等耐久性很强。

3. 天然花岗岩的缺点主要有(　　)。

A. 自重大　　B. 花岗岩的硬度大

C. 花岗岩质脆，耐火性差　　D. 花岗岩含有微量放射性元素

4. 聚酯型人造石的特点有(　　)。

A. 装饰性好　　B. 强度高，耐磨性好

C. 耐腐蚀性，耐污染性好　　D. 耐热性、耐酸性较差

三、判断

1. 岩石中含有较多的黏土或易溶物质时，软化系数则较小，其耐水性较好。(　　)

2. 通常晶体结构的岩石较非晶体结构的岩石具有较高的韧性。(　　)

3. 大理石由于抗风化性能较差，在建筑装饰中主要用于室内饰面。(　　)

4. 天然花岗石属于高级建筑装饰材料，主要应用于大型公共建筑或装饰等级要求较高的室内外装饰工程。(　　)

5. 人造大理石和人造花岗岩可用作室内墙面、柱面、壁画、建筑浮雕等处装饰，也可用于制作卫生洁具，如浴缸、洗面盆、坐便器等。(　　)

模块九　建筑玻璃

能力目标	知识目标
1. 具有正确选用建筑平板玻璃、安全玻璃、节能玻璃的能力	1. 掌握建筑平板玻璃、安全玻璃、节能玻璃的品种、规格、质量等级、特点及应用
2. 能对建筑平板玻璃、安全玻璃、节能玻璃进行正确管理	2. 熟悉建筑平板玻璃、安全玻璃、节能玻璃的质量标准与施工管理
3. 能对建筑平板玻璃、安全玻璃、节能玻璃的质量进行验收	3. 了解建筑平板玻璃、安全玻璃、节能玻璃的技术性质及质量验收

本模块推荐学习标准：

《平板玻璃》(GB 11614—2009)

《建筑用安全玻璃 第 2 部分：钢化玻璃》(GB 15763. 2—2005)

《建筑用安全玻璃 第 4 部分：均质钢化玻璃》(GB 15763. 4—2009)

《镀膜玻璃 第 1 部分 阳光控制镀膜玻璃》(GB/T 18915. 1—2013)

《镀膜玻璃 第 2 部分低辐射镀膜玻璃》(GB/T 14915. 2—2013)

《中空玻璃》(GB/T 11944—2012)

建筑玻璃

9.1　概述

9.1.1　玻璃的原料与生产

玻璃是以石英砂、砂岩或石英岩、石灰石、长石、白云石及纯碱等为主要原料，经粉碎、筛分、配料、高温熔融、成型、退火、冷却、加工等工序制成的非结晶无机非金属材料。若在玻璃原料中加入适量的不同着色剂(金属氧化物)，可生产出具有各种颜色的彩色玻璃(本体着色玻璃)；将玻璃进行特殊工艺处理后，又可制得具有某些特殊功能的玻璃，如磨砂玻璃、压花玻璃、钢化玻璃等。

9.1.2　玻璃的分类

玻璃的种类很多，根据其化学成分可分为钠钙硅玻璃、钾玻璃、硼砂玻璃、铅玻璃和石英玻璃等；根据其颜色可分为本色玻璃(无色透明玻璃)和本体着色玻璃；根据其表面状态可分为平板玻璃、压花玻璃、磨砂玻璃、喷砂玻璃、刻花玻璃等；根据其功能和用途，建筑玻璃可分为平板玻璃、安全玻璃、节能玻璃等。

9.1.3　玻璃的性质

玻璃是一种均质材料，其在各个方向的性质相同；玻璃介质稳定，当熔融体冷却成玻璃体时，它能在较低温度下保留高温时的结构而不变化；玻璃具有可逆变性，即熔融态向玻璃态转化是可逆变的，是可回收再利用的。另外玻璃还具有如下特性。

(1)表观密度

玻璃的表观密度与其化学成分有关，故变化很大，且随温度升高而减小。普通硅酸盐玻璃的表观密度在常温下大约是2500 kg/m^3。

(2)力学性质

玻璃的力学性质决定于其化学组成、制品形状、表面性质和加工方法。凡含有未熔杂物、结石、节瘤或具有微细裂纹的制品，都会造成应力集中，从而急剧降低其机械强度。在建筑中，玻璃经常承受弯曲、拉伸、冲击和震动，很少受压，所以玻璃的力学性质的主要指标是抗拉强度和脆性指标。玻璃的实际抗拉强度为30～60 MPa。普通玻璃的脆性指标(弹性模量与抗拉强度之比)为1300～1500。脆性指标越大，说明脆性越大。

(3)热工性质

①导热性：玻璃的导热性很差，在常温时其导热系数仅为铜的1/400，但随着温度的升高将增大。另外，它还受玻璃的颜色和化学组成的影响。

②热膨胀性：玻璃的热膨胀性决定于化学组成及其纯度，纯度越高热膨胀系数越小。

③热稳定性：玻璃的热稳定性决定于玻璃在温度剧变时抵抗破裂的能力。玻璃受急冷急热时，易发生爆裂。玻璃的热膨胀系数越小，其热稳定性越高。玻璃制品越厚、体积越大，热稳定性越差。因此须用热处理方法提高制品的热稳定性。

(4)化学稳定性

玻璃具有较高的化学稳定性，可耐普通酸碱的腐蚀，但长期遭受侵蚀性介质的腐蚀，也能导致变质和破坏。

(5)光学性能

玻璃既能透过光线，又能反射光线和吸收光线，所以厚玻璃和多层重叠玻璃，往往是不易透光的。玻璃反射光能与入射光能之比称为反射系数。反射系数的大小决定于反射面的光滑程度、折射率、入射光线入射角的大小、玻璃表面是否镀膜及膜层的种类等因素。玻璃吸收光能与入射光能之比称为吸收系数；透射光能与入射光能之比称为透射系数。反射系数、透射系数和吸收系数之和为100%。将透过3 mm厚标准透明玻璃的太阳辐射能量作为1.0，其他玻璃在同样条件下透过太阳辐射能的相对值称为遮蔽系数。遮蔽系数越小，说明通过玻璃进入室内的太阳辐射能越少，冷房效果越好，光线越柔和。

随着现代建筑发展的需要，玻璃的功能也不断向多功能方向发展。玻璃的深加工制品具有控制光线、调节温度、防止噪声和提高建筑艺术装饰等功能。因此，玻璃已不再只是采光材料，而是现代建筑的一种结构材料和装饰材料，被广泛用于建筑门窗、建筑幕墙、建筑装饰等领域。

9.2 平板玻璃

9.2.1 平板玻璃的生产

建筑用平板玻璃是板状的钠钙硅玻璃。平板玻璃的生产工艺有压延法、对辊法、有槽垂直引上法、无槽垂直引上法、浮法等工艺。目前世界上平板玻璃的生产主要采用浮法工艺，其原理是将各种组成原料在熔炉里熔化后，使处于熔融状态的玻璃熔液经过流槽进入盛有熔融锡液的锡槽中。由于玻璃液的密度较锡液小，玻璃熔液便浮在锡液上面，在其本身的重力及表面张力的作用下，能均匀地摊平在锡液表面上，同时玻璃的上表面受到高温区的抛光作用，从而使玻璃的两个平面均匀平整，然后经过定型、冷却后，进入退火窑退火、冷却，最后经切割而成的平板玻璃。该方法生产的平板玻璃具有单位产品能耗低，成品合格率高，玻璃表面平整、厚度均匀、没有波纹等优点。

9.2.2 平板玻璃的等级与质量要求

品种规格：平板玻璃按其颜色属性分为无色透明平板玻璃和本体着色平板玻璃；着色玻璃有蓝色、茶色、灰色、绿色、金色等色泽。平板玻璃按其厚度不同可分为 2 mm、3 mm、4 mm、5 mm、6 mm、8 mm、10 mm、12 mm、15 mm、19 mm、22 mm、25 mm 12 种规格（毫米俗称为“厘”）。浮法平板玻璃的尺寸一般不小于 1000 mm × 1200 mm，常用的尺寸为 1500 mm × 2000 mm，最大尺寸可达 3000 mm × 4000 mm。

质量等级：平板玻璃按其外观质量分为合格品、一等品和优等品三个等级。

质量要求：平板玻璃的外观质量应符合表 9－1 的规定。玻璃的弯曲度应≤0.2%；尺寸偏差、对角线差、可见光透射比等技术要求应符合现行国家标准《平板玻璃》（GB 11614—2009）的有关规定。

表 9－1 平板玻璃的外观质量（GB 11614—2009）

缺陷种类	质量要求					
	合格品		一等品		优等品	
点状缺陷	尺寸(L)/mm	允许个数	尺寸(L)/mm	允许个数	尺寸(L)/mm	允许个数
	$0.5\le L\le 1.0$	$\le 2\times S$	$0.3\le L\le 0.5$	$\le 2\times S$	$0.3\le L\le 0.5$	$\le 1\times S$
	$1.0< L\le 2.0$	$\le 1\times S$	$0.5< L\le 1.0$	$\le 0.5\times S$	$0.5< L\le 1.0$	$\le 0.2\times S$
	$2.0< L\le 3.0$	$\le 0.5\times S$	$1.0< L\le 1.5$	$\le 0.2\times S$	$L>1.0$	0
	$L>3.0$	0	$L>1.5$	0		
点状缺陷密集度	尺寸≥0.5 mm 的点状缺陷最小间距应≥300 mm；直径 100 mm 圆内尺寸≥0.3 mm 的点状缺陷应≤3 个		尺寸≥0.3 mm 的点状缺陷最小间距应≥300 mm；直径 100 mm 圆内尺寸≥0.2 mm 的点状缺陷应≤3 个		尺寸≥0.3 mm 的点状缺陷最小间距应≥300 mm；直径 100 mm 圆内尺寸≥0.1 mm 的点状缺陷应≤3 个	
线道	不允许		不允许		不允许	

续表 9－1

缺陷种类	质量要求								
	合格品			一等品			优等品		
裂纹	不允许			不允许			不允许		
划伤	允许范围		允许条数	允许范围		允许条数	允许范围		允许条数
	宽≤0.5 mm，长≤60 mm		≤3×S	宽≤0.2 mm，长≤40 mm		≤2×S	宽≤0.1 mm，长≤30 mm		≤2×S
光学变形	公称厚度	无色	本体着色	公称厚度	无色	本体着色	公称厚度	无色	本体着色
	2 mm	≥40°	≥40°	2 mm	≥50°	≥45°	2 mm	≥50°	≥50°
	3 mm	≥45°	≥40°	3 mm	≥55°	≥50°	3 mm	≥55°	≥50°
	≥4 mm	≥50°	≥45°	4～12 mm	≥60°	≥55°	4～12 mm	≥60°	≥55°
				≥15 mm	≥55°	≥50°	≥15 mm	≥55°	≥50°
断面缺陷	公称厚度≤8 mm 时，不超过玻璃板的厚度；公称厚度＞8 mm 时，不超过 8 mm								

注：①点状缺陷中部允许有光畸变点；②表中 S 为玻璃板的面积(m^2)；③点状缺陷的允许个数和划伤的允许条数为系数与 S 相乘所得的数值，并修约至整数。

9.2.3　平板玻璃的应用及施工管理

特点与应用：平板玻璃是典型的脆性材料，其硬度高，耐磨性好，耐化学腐蚀性好，通常情况下，对酸、碱、盐及化学试剂和气体有较强的抵抗能力，但长期遭受侵蚀性介质的作用也能导致其质变和破坏，如玻璃的风化和发霉都会导致外观的破坏和透光能力的降低；尺寸稳定性好，但受急冷急热时，易发生爆裂。

无色透明玻璃具有良好的透光性和透视性，对太阳光中紫外线的透过率较低，具有一定的隔声和保温性能，其导热系数为 0.73～0.82 W/(m·K)。主要用于建筑物的门窗、墙面、室内装饰等。

透明彩色玻璃的透光性、透视性均比无色透明玻璃要差，但阻隔紫外线的透射效果好，主要用于建筑物的内外墙面、门窗及对光波有特殊要求的采光部位；不透明彩色玻璃主要用于建筑装饰及对光波有特殊要求的采光部位。

施工管理：玻璃在搬运过程中应防止剧烈晃动、碰撞和倾倒，并应有防雨淋措施。贮存时不得斜放或侧放，且必须贮存在干燥通风的库房内，避免受潮和雨淋，以免玻璃发霉。

9.2.4　装饰平板玻璃

装饰平板玻璃是将普通平板玻璃的表面在生产过程中或后期进行特殊处理，使其具有一定的颜色、图案和质感等，以满足建筑装饰对玻璃的不同要求。装饰平板玻璃常用的有压花玻璃、磨(喷)砂玻璃、喷花玻璃、刻花玻璃、冰花玻璃、乳花玻璃、光栅玻璃、玻璃镜等。

1. 压花玻璃

压花玻璃又称花纹玻璃或滚花玻璃。是用压延法生产的表面带有花纹图案、透光但不透明的平板玻璃。厚度有 3 mm、4 mm、5 mm、6 mm、8 mm 5 种规格，其理化性能与透明平板玻璃基本相同，仅在光学上具有透光不透明的特点，可使光线柔和，并具有隐私的屏护作用和一定的装饰效果。

压花玻璃按其外观质量分为一等品和合格品。

压花玻璃适用于建筑的室内间隔、卫生间门窗、宾馆、办公楼、会议室的门窗及需要阻断视线的各种场合。

压花玻璃的技术要求应符合现行行业标准《压花玻璃》(JC/T 511—2002)的有关规定。

2. 磨(喷)砂玻璃

磨(喷)砂玻璃又称毛玻璃。它是用普通平板玻璃经研磨、喷砂加工，使表面成为均匀粗糙的平板玻璃。用硅砂、金刚砂或刚玉砂等作研磨材料，加水研磨制成的称为磨砂玻璃；用压缩空气将细砂喷射到玻璃表面而成的，称为喷砂玻璃。

这类玻璃易使光线产生漫反射，透光而不透视，它可以使室内光线柔和而不刺目。主要用于需要隐蔽的浴室、卫生间、办公室的门窗及隔断，也可用作灯箱透光片和黑板。

3. 喷花玻璃

喷花玻璃又称为胶花玻璃，是在平板玻璃表面贴以图案，抹以保护层，经喷砂处理形成透明与不透明相间的图案而成。喷花玻璃给人以高雅、美观的感觉，适用于室内门窗、隔断和采光。

4. 刻花玻璃

刻花玻璃是由平板玻璃经涂漆、雕刻、围蜡与酸蚀、研磨而成。图案的立体感非常强，似浮雕一般，在室内灯光的照射下，更是熠熠生辉。刻花玻璃主要用于高档场所的室内隔断或屏风。

5. 冰花玻璃

冰花玻璃是一种利用平板玻璃经特殊处理形成具有自然冰花纹理的玻璃。它对通过的光线有漫射作用，如作门窗玻璃，犹如蒙上一层纱帘，看不清室内的景物，却有着良好的透光性能，具有良好的装饰效果。

冰花玻璃可用无色、茶色、蓝色、绿色等彩色玻璃制造。其装饰效果优于压花玻璃，给人以清新之感，是一种新型的室内装饰玻璃，可用于宾馆、酒楼等场所的门窗、隔断、屏风和家庭装饰。

6. 乳花玻璃

乳花玻璃是新近出现的装饰玻璃，它是在平板玻璃的一面贴上图案，抹以保护层，经化学处理蚀刻而成。它的花纹清新、美丽，富有装饰性。适用于室内门窗、隔断和采光。

7. 光栅玻璃

光栅玻璃俗称镭射玻璃。它是以平板玻璃为基材，用特种材料采用特殊工艺处理，在玻璃表面构成全息光栅或其他几何光栅的平板玻璃。该玻璃在光源的照射下，能产生物理衍射的七彩光。光栅玻璃可依据不同需要，利用电脑设计，激光表面处理，编入各种色彩、图形及各种色彩变换方式，在普通玻璃上形成全息光栅或其他光栅，凹与凸部形成四面对应分布或散射分布，构成不同质感、空间感，不同立面的透镜，加上玻璃本身的色彩及射入的光源，致使无数小透镜形成多次棱镜折射，从而产生不时变换的色彩和图形，具有很高的观赏与艺术装饰价值。

光栅玻璃按其结构分为普通夹层光栅玻璃、钢化夹层光栅玻璃和单层光栅玻璃；按品种分为透明光栅玻璃、印刷图案光栅玻璃、半透明半反射光栅玻璃和金属质感光栅玻璃；按耐化学稳定性分为A类光栅玻璃和B类光栅玻璃。

光栅玻璃耐冲击性、防滑性、耐腐蚀性均好，适用于家居及公共设施和文化娱乐场所的大厅、内外墙面、门面招牌、广告牌、顶棚、屏风、门窗等美化装饰。

光栅玻璃的技术要求应符合现行行业标准《光栅玻璃》(JC/T510—1993)的有关规定。

8.玻璃镜

目前使用的玻璃镜主要有镀银玻璃镜和无铜镀银玻璃镜两类。

镀银玻璃镜是在平板玻璃基片上镀有一层反光银层，银层上镀一层铜膜，再以镜背漆为保护层的镜子，代号为SGM。主要用于室内装饰。

无铜镀银玻璃镜是以平板玻璃为基片，镀覆不含铜的反射层和保护层。具有反光率高、晶莹剔透、耐腐蚀、防水、经久耐用、不含铅、不含铜，有效地克服了传统镀银工艺中使用硫酸铜铁粉置换反应而造成的环境污染等优点。适用于高档家具、高级浴室镜子、化妆镜、高级商业场所、豪华酒店、宾馆、商场、体育馆、健身房等场所。

在室内装饰中，利用玻璃镜子的反射和折射，可达到增加空间感和距离感，或改变光照的效果。

玻璃镜按其颜色分为无色和有色两种；按其厚度分为2 mm、3 mm、4 mm、5 mm、6 mm、8 mm、10 mm 7种规格。其外观质量应符合表9-2的规定；其尺寸偏差、反射层银含量、保护层的铅含量、保护层铅笔硬度、保护层的附着力、耐湿热性能、可见光反射率、光学变形等技术要求与质量检验应符合现行行业标准《镀银玻璃镜》(JC/T 871—2000)和现行国家标准《无铜镀银玻璃镜》(GB/T 28804—2012)的有关规定。

表9-2　玻璃镜的外观质量

项　目	要　求
划伤	长 <30 mm，宽 ≤ 0.1 mm，2条/m^2银镜；宽 >0.1 mm，不允许
发霉斑迹	肉眼部应看见
疵点	直径为0.2~0.3 mm，2条/m^2银镜；直径 >0.4 mm，不允许

9.3　安全玻璃

建筑用安全玻璃是指经剧烈振动或撞击不破碎或即使破碎也不易伤人的玻璃。包括钢化玻璃、夹丝玻璃、夹层玻璃等品种。安全玻璃具有良好的安全性，抗冲击性和抗穿透性，具有防盗、防爆、防冲击等功能。主要用于建筑幕墙、外墙、室内隔墙、门窗及有特殊安全要求的装修用玻璃。

9.3.1　钢化玻璃

钢化玻璃是经热处理工艺之后的玻璃。它是将优质的浮法玻璃加热接近软化点时，将玻璃表面急速冷却，在玻璃表面形成永久压应力层，并具有特殊的碎片状态的玻璃制品。

玻璃经钢化后，其抗弯强度是普通玻璃的3～5倍，挠度比普通玻璃大3～5倍，抗冲击强度是普通玻璃的5～10倍。因为有强大的表面压应力，使外压所产生的拉应力被玻璃强大的压应力所抵消，从而提高了玻璃的承载能力，增强玻璃自身抗风压、耐热抗冲击等性能，增强了玻璃的安全性。钢化玻璃破坏时呈无锐角的小碎片，极大地降低了对人体的伤害。钢化玻璃的耐急冷急热性较普通玻璃有2～3倍的提高，一般可承受150℃以上的温差变化，对防止热炸裂有明显的效果。但是，钢化后的玻璃不能再进行切割和加工；钢化玻璃的强度虽然比普通玻璃高，但是钢化玻璃在温差变化大时有自爆（自己破裂）的可能性。

钢化玻璃自爆原因是玻璃制造过程中混入硫与镍杂质，在高温下生成硫化镍。硫化镍有两种结晶，高温时（>380℃）为α相、低温时为β相。在钢化时由于急速冷却，α相来不及转变成β相，在使用过程中，常温亚稳定的α相慢慢转变成稳定的β相，伴随约4%的体积膨胀才引起钢化玻璃自爆的。为了消除钢化玻璃自爆的危害，在钢化过程中将玻璃进行均质化处理，使硫化镍α相彻底转变为β相。经均质化处理后的钢化玻璃称为均质钢化玻璃，也称热浸制钢化玻璃，简称HST。

品种：钢化玻璃按其生产工艺分为垂直法钢化玻璃（在钢化过程中采取夹钳吊挂的方式生产出来的钢化玻璃）和水平法钢化玻璃（在钢化过程中采取水平辊支撑的方式生产出来的钢化玻璃）；按其形状不同分为平面钢化玻璃和曲面钢化玻璃。

技术要求：建筑用钢化玻璃和均质钢化玻璃的外观质量应符合表9－3的规定，其他技术要求应分别符合现行国家标准《建筑用安全玻璃 第2部分：钢化玻璃》（GB 15763.2—2005）和《建筑用安全玻璃 第4部分：均质钢化玻璃》（GB 15763.4—2009）的有关规定。

表9－3　钢化玻璃的外观质量

项目	说　明	允许缺陷
爆边	每片玻璃每米边长允许长度≤10 mm，自玻璃边部向玻璃板表面延伸深度≤2 mm，自板面向玻璃厚度延伸深度不超过厚度1/3的爆边个数	1处
划伤	宽度≤0.1 mm的轻微划伤，每平方米面积内允许存在条数	长度≤100 mm时，4条
	宽度>0.1 mm的划伤，每平方米面积内允许存在条数	宽度为0.1～1 mm，长度≤100 mm时，4条
夹钳印	夹钳印与玻璃边缘的距离≤20 mm，边部变形量≤2 mm	
裂纹、缺角	不允许存在	

应用：钢化玻璃适用于建筑物的室内隔断、浴室、玻璃地板、楼梯挡板或踏板、吊顶、窗户、幕墙、天棚、观光电梯；阳台、平台走廊的栏板和中庭内栏板、公共建筑物的出入口门、大厅门等部位。

施工管理：钢化玻璃的搬运、贮存管理参照平板玻璃的施工管理进行。

9.3.2　夹丝玻璃

夹丝玻璃也称防碎玻璃或钢丝玻璃。它是由压延法生产的，即在玻璃熔融状态下将经预热处理的钢丝或钢丝网压入玻璃中间，经退火、切割而成。夹丝玻璃表面可以是压花的或磨光的，颜色可以制成无色透明或彩色的。

品种规格：夹丝玻璃按其表面状态分为夹丝压花玻璃和夹丝磨光玻璃；按产品厚度分为6 mm、7 mm、10 mm三中规格；按等级分为优等品、一等品和合格品；产品尺寸一般不小于600 mm×400 mm，不大于2000 mm×1200 mm。

技术要求：夹丝玻璃所用的钢丝网和金属丝线分为普通钢丝和特殊钢丝两种，普通钢丝直径应≥0.4 mm，特殊钢丝直径应≥0.3 mm，夹丝网应采用经过处理的点焊金属网；夹丝玻璃产品的长度和宽度尺寸允许偏差为±4.0 mm；夹丝压花玻璃产品的弯曲度应≤1.0%，夹丝磨光玻璃产品的弯曲度应≤0.5%；玻璃产品边部凸出、缺口的尺寸应≤6 mm，偏斜的尺寸应≤4 mm，一片玻璃只允许有一个缺角，且缺角的深度应≤6 mm。产品的外观质量、防火性能等技术要求应符合现行行业标准《夹丝玻璃》(JC 433—1991)的有关规定。

特点与应用：夹丝玻璃由于钢丝网的骨架作用，不仅提高了玻璃的强度，而且当受到冲击或温度骤变而破坏时，碎片也不会飞散，避免了碎片对人的伤害；当出现火情时，夹丝玻璃即使受热炸裂，但由于金属丝网的作用，玻璃仍能保持固定，起到隔绝火焰的作用。故夹丝玻璃具有良好的安全性和防火性。适用于公共建筑物的门、窗、隔墙、厂房天窗、各种采光顶、以及有防火、防震等要求的部位。

施工管理：夹丝玻璃的搬运、贮存管理参照平板玻璃的施工管理进行。

9.3.3 夹层玻璃

夹层玻璃是指玻璃与玻璃(或)塑料等材料，用中间层分隔，并通过处理使其黏结为一体的复合材料的统称。常见和大多使用的是玻璃与玻璃，用离子性中间层或PVB、SGP、EVA塑料中间层分隔，并通过处理使其黏结为一体的玻璃构件。

品种规格：按中间层材质不同有PVB(聚乙烯醇缩丁醛树脂)和EVA(乙烯-聚酯酸乙烯共聚物)等夹层玻璃；按其形状不同分为平面夹层玻璃和曲面夹层玻璃；按其霰弹袋冲击性能分为Ⅰ类夹层玻璃(对霰弹袋冲击性能不做要求的夹层玻璃，该类玻璃不能作为安全玻璃使用)、Ⅱ-1类夹层玻璃(霰弹袋冲击高度可达1200 mm，冲击结果玻璃未破坏和/或安全破坏的安全夹层玻璃)、Ⅱ-2类夹层玻璃(霰弹袋冲击高度可达750 mm)及Ⅲ类夹层玻璃(霰弹袋冲击高度可达300 mm)四类。厚度为9.0~100 mm。

技术要求：夹层玻璃不允许存在裂口、脱胶、皱痕和条纹，爆边长度或宽度不得超过玻璃的厚度，其他技术要求应符合现行国家标准《建筑用安全玻璃 第3部分：夹层玻璃》(GB 15763.3—2009)的有关规定。

特点与应用：夹层玻璃具有透明、抗冲击、耐热、耐湿、耐寒、防紫外线、隔声等特点。玻璃即使碎裂，碎片也会被黏在薄膜上，破碎的玻璃表面仍保持整洁光滑，有效防止了碎片扎伤和穿透坠落事件的发生，确保了人身安全。适用于高层建筑的门窗、天窗、楼梯栏板和有抗冲击作用要求的商店、银行、橱窗、隔断及水下工程等安全性能高的场所或部位等。

施工管理：夹层玻璃的搬运、贮存管理参照平板玻璃的施工管理进行。

9.4 节能玻璃

节能玻璃是指能有效地反射太阳光线，包括对太阳光中的远红外线有较高反射比的玻璃及玻璃制品。建筑用节能玻璃及制品主要有镀膜玻璃、中空玻璃、空心玻璃砖等。

9.4.1 镀膜玻璃

镀膜玻璃也称反射玻璃，是在平板玻璃表面涂镀一层或多层金属、合金或金属氧合物薄膜，以改变玻璃的光学性能，满足某种特定要求的玻璃制品。按特性不同分为阳光控制镀膜玻璃和低辐射镀膜玻璃等。

1. 阳光控制镀膜玻璃

阳光控制镀膜玻璃也称热反射玻璃。是指对波长范围350~1800 nm的太阳光具有一定控制作用的镀膜玻璃。它是采用真空磁控溅射法或化学气相沉积法制造工艺，在平板玻璃的表面镀上一层金、银、铜、铝、铬、镍和铁等金属或金属氧化物薄膜的玻璃制品。

品种规格：按其颜色分为金色、茶色、灰色、紫色、褐色、青铜色和浅蓝等色；按其外观质量、光学性能差值、颜色均匀性分为优等品和合格品；按其热处理加工性能分为非钢化、钢化和半钢化阳光控制镀膜玻璃。规格尺寸与平板玻璃相同。

技术要求：阳光控制镀膜玻璃的外观质量应符合表9-4的规定，其他技术要求应符合现行国家标准《镀膜玻璃 第1部分 阳光控制镀膜玻璃》(GB/T 18915.1—2013)的有关规定。

特点与应用：阳光控制镀膜玻璃具有有单向透视和映像功能，并且能有效地反射太阳光线，包括大量红外线。因此在日照时，能使室内的人感到清凉舒适，具有良好的节能和装饰效果。适用于对阳光有控制要求的建筑幕墙、外门窗等部位。

施工管理：阳光控制镀膜玻璃的搬运、贮存管理参照平板玻璃的施工管理进行。

2. 低辐射镀膜玻璃

低辐射镀膜玻璃又称低辐射玻璃、"Low-E"玻璃，是一种对波长范围4.5~25 μm的远红外线有较高反射比的镀膜玻璃。低辐射镀膜玻璃还可以复合阳光控制功能，称为阳光控制低辐射玻璃。

品种规格：按其外观质量分为优等品和合格品；按其生产工艺分为离线低辐射镀膜玻璃(用真空磁控溅射方法，将辐射率极低的金属银及其他金属和金属氧化物均匀地镀在玻璃表面)和在线低辐射镀膜玻璃(在玻璃生产过程中，在热玻璃表面喷涂以锡盐为主要成分的化学溶液，形成单层具有一定低辐射功能的氧化锡薄膜)。低辐射镀膜玻璃可以进一步加工，根据加工的工艺可以分为钢化低辐射镀膜玻璃、半钢化低辐射镀膜玻璃、夹层低辐射镀膜玻璃等。规格尺寸与平板玻璃相同。

技术要求：低辐射镀膜玻璃的外观质量应符合表9-4的规定，其他技术要求应符合现行国家标准《镀膜玻璃 第2部分低辐射镀膜玻璃》(GB/T 18915.2—2013)的有关规定。

特点与应用：低辐射镀膜玻璃具有较高的可见光透过率，其反射光的颜色较淡，几乎难以看出，并且具有优异的隔热、保温性能效果。它的主要功能是降低室内外远红外线的辐射能量传递，而允许太阳能辐射尽可能多地进入室内，从而维持室内的温度。适用于对阳光辐射有控制要求的建筑幕墙、外门窗等部位。

施工管理：低辐射镀膜玻璃的搬运、贮存管理参照平板玻璃的施工管理进行。

表9－4　镀膜玻璃的外观质量

缺陷名称	说　明	优 等 品	合格品
针孔	直径<0.8 mm	不允许集中	
	0.8 mm≤直径<1.2 mm	中部：$3.0\times S$个，且任意两针孔之间的距离应≥300 mm 75 mm 边部：不允许集中	不允许集中
	1.2 mm≤直径<1.6 mm	中部：不允许 75 mm 边部：$3.0\times S$个	中部：$3.0\times S$个 75 mm 边部：$8.0\times S$个
	1.6 mm≤直径<2.5 mm	不允许	中部：$2.0\times S$个 75 mm 边部：$5.0\times S$个
	直径>2.5 mm	不允许	不允许
斑点	1.0 mm≤直径<2.5 mm	中部：不允许 75 mm 边部：$2.0\times S$个	中部：$5.0\times S$个 75 mm 边部：$6.0\times S$个
	2.5 mm≤直径<5.0 mm	不允许	中部：$1.0\times S$个 75 mm 边部：$4.0\times S$个
	直径>5.0 mm	不允许	不允许
斑纹	目视可见	不允许	不允许
暗道	目视可见	不允许	不允许
膜面划伤	0.1 mm≤宽度<0.3 mm 长度≤60 mm	不允许	不限，划伤间距应≥100 mm
	宽度>0.3 mm 或长度>60 mm	不允许	不允许
玻璃面划伤	宽度≤0.3 mm，长度≤60 mm	$3.0\times S$个	
	宽度>0.3 mm，长度>60 mm	不允许	不允许

注：①针孔集中是指在ϕ100 mm 面积内超过20个；②S是以平方米为单位的玻璃板面积，保留小数点后两位；③允许个数及允许条数为各系数与S相乘所得的整数值；④玻璃板的中部是指距玻璃板边缘75 mm 以内的区域，其他部分为边部。

9.4.2　中空玻璃

中空玻璃是将两片或多片玻璃以有效支撑均匀隔开并黏接密封，使玻璃层间形成有干燥气体空间的玻璃制品。中空玻璃可采用平板玻璃、镀膜玻璃、夹层玻璃、钢化玻璃、防火玻璃、半钢化玻璃和压花玻璃等加工制作。支撑材料可为铝隔条、不锈钢隔条、复合材料隔条、复合胶条等。

品种规格：按形状分为平面中空玻璃和曲面中空玻璃；按中空腔内气体分为普通中空玻璃（中空腔内为空气）和充气中空玻璃（中空腔内充入氩气、氪气等气体）。

技术要求：中空玻璃的外观质量要求见表9－5。

表 9 - 5　中空玻璃的外观质量(GB/T 11944—2012)

项目	要　求
边部密封	内道密封胶应均匀连续，外道密封胶应均匀整齐，与玻璃充分黏结，且不超出玻璃边缘
玻璃	宽度≤0.2 mm、长度≤30 mm 的划伤允许 4 条/m^2，0.2 mm < 宽度≤1 mm、长度≤50 mm 的划伤允许 1 条/m^2；其他缺陷应符合相应玻璃标准要求
间隔材料	无扭曲，表面平整光滑；表面无污痕、斑点及片状氧化现象
中空腔	无异物
玻璃内表面	无妨碍透视的污渍和密封胶流淌

中空玻璃的外道密封胶宽度应≥5 mm；复合密封胶条的胶层宽度应为(8 ±2)mm；内道丁基胶层宽度应≥3 mm，特殊规格或有特殊要求的产品由供需双方商定；露点(玻璃表面局部冷却达到一定温度后，内部水气在冷点部位结露，该温度为露点)应 < -40℃；水气密封耐久性能(水分渗透系数 $I \leqslant 0.25$，平均值 $I_{aw} \leqslant 0.20$)；尺寸偏差、耐紫外线耐久性能等技术要求应符合现行国家标准《中空玻璃》(GB/T 11944—2012)的有关规定。

特点与应用：中空玻璃具有良好的隔热、隔音、防盗、防火效果，适用于建筑外墙门窗、冷藏等场所。

施工管理：中空玻璃的搬运、贮存管理参照平板玻璃的施工管理进行。

9.4.3　空心玻璃砖

空心玻璃砖是以烧熔的方式将两片玻璃胶合在一起，再用白色胶与水泥搅和将边隙密封而成。

品种规格：按其外形分为正方形、长方形和异形；按其颜色分为无色和本体着色两类。其常见规格有 145 mm × 145 mm × 80(95)mm、190 mm × 190 mm × 80(95)mm、190 mm × 90 mm × 80 mm 等。其外形见图 9 - 1。

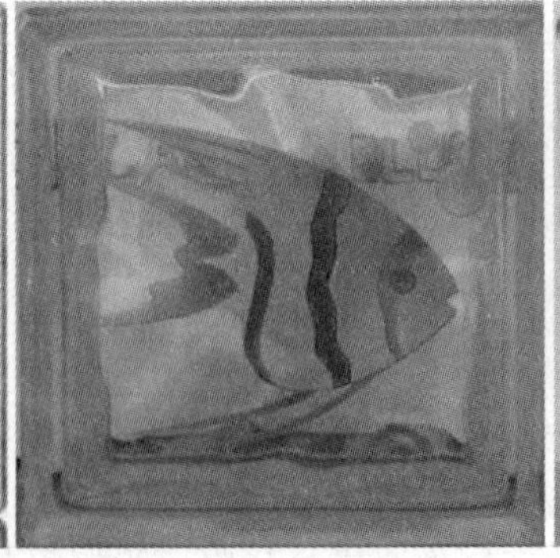

图 9 - 1　空心玻璃砖

技术要求：空心玻璃砖正外表面最大凸起应≤2.0 mm，最大凹进应≤1.0 mm；不允许有贯通裂缝；熔接缝补允许高出砖外边缘；不允许有缺口；正面应无明显偏离主色调的色带或色道，同一批次的产品之间，其正面颜色应无明显色差；砖的平均抗压强度应≥7.0 MPa，单块最小值应≥6.0 MPa；砖的尺寸偏差、抗冲击性、抗热震性等技术要求应符合现行行业标准《空心玻璃砖》(JC/T 1007—2006)的有关规定。

特点与应用：由于空心玻璃砖的中间是密闭的腔体并且存在一定的微负压，具有透光、不透明、隔音、热导率低、强度高、耐腐蚀、保温、隔潮、装饰效果高贵典雅、富丽堂皇等特点。主要应用于银行、办公、医院、学校、酒店、机场、车站、景观、影墙、民用建筑、室内隔断、舞台等场所的装饰。

施工管理：空心玻璃砖的搬运、贮存管理参照平板玻璃的施工管理进行。

模块小结

本模块详细介绍了建筑用平板玻璃、安全玻璃及节能玻璃的品种、规格、技术要求、特点与应用，以及施工管理等有关知识。

建筑用平板玻璃是板状的钠钙硅玻璃。按其颜色属性分为无色透明平板玻璃和本体着色平板玻璃；按其用途分为普通平板玻璃和装饰平板玻璃。装饰平板玻璃常用的有压花玻璃、磨(喷)砂玻璃、喷花玻璃、刻花玻璃、冰花玻璃、乳花玻璃、光栅玻璃、玻璃镜等。

普通平板玻璃既可直接用于建筑装饰工程，也是生产装饰平板玻璃、安全玻璃、节能玻璃及其他玻璃制品的原料。其最大的缺点就是抗冲击性差，易碎。

建筑用安全玻璃是指经剧烈振动或撞击不破碎或即使破碎也不易伤人的玻璃。主要品种有钢化玻璃、夹丝玻璃、夹层玻璃等。

钢化玻璃是将优质平板玻璃经热处理工艺之后，在玻璃表面形成永久压应力层，并具有特殊的碎片状态的玻璃制品。它分为钢化玻璃和均质钢化玻璃。钢化玻璃具有较强的抗冲击性，且破坏后呈无锐角的小碎片，极大地降低了对人体的伤害，具有较高的安全性。

夹丝玻璃也称防碎玻璃或钢丝玻璃。按其表面状态分为压花和磨光两种；按其颜色分为无色透明和彩色玻璃。夹丝玻璃由于钢丝网的骨架作用，不仅提高了玻璃的强度，而且当受到冲击或温度骤变而破坏时，碎片也不会飞散，具有良好的安全性和防火性。

夹层玻璃是在两块玻璃的中间夹入一层耐热高分子塑料薄膜，经特殊工艺处理成为一体的复合玻璃制品。玻璃即使碎裂，碎片也会被黏在薄膜上，因而具有较高的安全性。

节能玻璃是指能有效地反射太阳光线，包括对太阳光中的远红外线有较高反射比的玻璃制品。主要品种有镀膜玻璃、中空玻璃和空心玻璃砖。他们的共同特点就是具有良好的隔热保温作用。

镀膜玻璃也称反射玻璃。是在平板玻璃表面涂镀一层或多层金属、合金或金属氧合物薄膜，以改变玻璃的光学性能，满足某种特定要求的玻璃制品。主要有阳光控制镀膜玻璃和低辐射镀膜玻璃等品种。

中空玻璃是将两片或多片玻璃以有效支撑均匀隔开并黏接密封，使玻璃层间形成有干燥气体空间的玻璃制品。由于不流动的空气导热系数低，故中空玻璃具有良好的隔热保温作用。

空心玻璃砖是以烧熔的方式将两片玻璃胶合在一起，再用白色胶与水泥搅和将边隙密封而成的玻璃制品。其隔热保温作用的原理同中空玻璃。

技能抽查题

一、单项选择题

1. 平板玻璃按其(　　)分为合格品、一等品和优等品三个等级。

A. 抗弯强度　　B. 外观质量　　C. 尺寸偏差　　D. 可见光透射率

2. 通常所称的5厘平板玻璃是指(　　)。

A. 玻璃板的厚度为5 cm

B. 玻璃板的厚度为5 mm

C. 玻璃板的长度和宽度的尺寸允许偏差为5 cm

D. 玻璃板的长度和宽度的尺寸允许偏差为5 mm

3. 下列各选项中不属于装饰平板玻璃的是(　　)。

A. 磨(喷)砂玻璃　　B. 镀膜玻璃　　C. 光栅玻璃　　D. 玻璃镜

4. 下列各选项中不属于安全玻璃的是(　　)。

A. 钢化玻璃　　B. 夹丝玻璃　　C. 镭射玻璃　　D. 夹层玻璃

5. 下列各选项中不属于节能玻璃的是(　　)。

A. 低辐射玻璃　　B. 夹层玻璃　　C. 中空玻璃　　D. 热反射玻璃

二、多项选择题

1. 下列选项中关于平板玻璃的特点描述正确的是(　　　　)。

A. 透光透视性好　　B. 硬而脆

C. 破坏后呈无锐角的小碎片　　D. 化学稳定性好

2. 下列选项中关于钢化玻璃的特点描述正确的是(　　　　)。

A. 强度硬度高　　B. 抗冲击性好

C. 破坏后呈无锐角的小碎片　　D. 防火性好

3. 下列选项中具有防火功能的玻璃是(　　　　)种。

A. 中空玻璃　　B. 夹层玻璃　　C. 光栅玻璃　　D. 夹丝玻璃

4. 下列选项中具有隔热保温功能的玻璃及玻璃制品的是(　　　　)。

A. 热反射玻璃　　B. 钢化玻璃　　C. 中空玻璃　　D. 平板玻璃

5. 下列选项中的玻璃适用于高层建筑窗户及建筑幕墙的是(　　　　)。

A. 中空玻璃　　B. 夹层玻璃　　C. 钢化玻璃　　D. 夹丝玻璃

三、判断题

1. 玻璃是无机非金属材料，属于不燃材料，故平板玻璃具有防火功能。　(　　)

2. 由于玻璃是一种不溶于水的材料，故玻璃可长期贮存在潮湿环境中。　(　　)

3. 毛玻璃具有透光而不透视功能，所以毛玻璃属于安全玻璃。　(　　)

4. 钢化玻璃和均质钢化玻璃均属钢化玻璃，他们具有相同的性能。　(　　)

5. 热反射玻璃具有良好的遮光、隔热性能，还具有单向透视和映像功能。　(　　)

模块十　建筑陶瓷

能力目标	知识目标
1. 具有正确选用陶瓷砖、陶瓷马赛克及建筑琉璃制品的能力	1. 掌握建筑用陶瓷砖、陶瓷马赛克及建筑琉璃制品的品种、规格、质量等级、特性及应用
2. 能对建筑用陶瓷砖、陶瓷马赛克及建筑琉璃制品进行正确管理	2. 熟悉建筑用陶瓷砖、陶瓷马赛克及建筑琉璃制品的质量标准与施工管理
3. 能对陶瓷砖、陶瓷马赛克及建筑琉璃制品的质量进行验收	3. 了解建筑用陶瓷砖、陶瓷马赛克及建筑琉璃制品的技术性质

本模块推荐学习标准：
《陶瓷砖》(GB/T 4100—2015)
《广场用陶瓷砖》(GB/T 23458—2009)

10.1　概　述

10.1.1　陶瓷的原料与生产

1. 陶瓷的原料

陶瓷的生产原料主要包括陶瓷黏土、石英及熔剂原料。

(1)陶瓷黏土原料

陶瓷黏土原料主要有高岭土矿、瓷石、陶土。作为可塑性陶瓷原料的黏土，可用于陶瓷坯体、釉色、色料等配方。高岭土原料除了用于生产陶瓷产品外，还被广泛用于造纸工业以及建筑涂料的填料等多种用途。

(2)石英原料

石英原料主要有水晶、脉石英、石英岩、石英砂岩、石英砂、燧石、硅藻土、海卵石及粉石英等。石英是陶瓷坯体中的主要原料，它可以降低陶瓷泥料的可塑性，减小坯体的干燥收缩，缩短干燥时间，防止坯体变形。在烧成中，石英的加热膨胀可以部分抵消坯体的收缩；高温时石英成为坯体的骨架，与氧化铝共同生成莫来石，能够防止坯体发生软化变形；石英还能提高瓷器的白度与半透明度。石英在釉料中能够提高釉的熔融温度与黏度，减少釉的膨胀系数，也能够提高釉的机械强度、硬度、耐磨性与耐化学腐蚀性。

(3)熔剂原料

熔剂原料包括碳酸盐和镁硅酸盐两大类。

碳酸盐类熔剂原料：主要有碳酸钙、方解石、大理石、白云石、菱镁矿、碳酸镁、石灰岩等。碳酸盐类熔剂原料的主要成分碳酸钙在陶瓷坯釉料中主要是发挥熔剂作用，能够降低陶瓷坯釉烧成温度，促进产品烧结。用于釉料中可以增加釉的硬度与耐磨度，增加釉的抗腐蚀性，降低釉的高温黏度与增加釉的光泽度等优点。碳酸盐类熔剂原料在建筑卫生陶瓷产品中使用很多。

镁硅酸盐类原料：主要有滑石、蛇纹石及镁橄榄石。滑石在陶瓷工业中用途范围很广，可以生产白度高，透明度好的高档日用陶瓷产品、电瓷及特种陶瓷制品。建筑卫生陶瓷坯料中加入滑石后，可以降低烧成温度，扩大烧成范围，提高产品的半透明与热稳定性。滑石加入到釉料中时，能够防止釉面的开裂，增加釉料的乳浊性，并能扩大釉料的烧成范围，提高成品率。

2. 陶瓷的生产

陶瓷是用陶瓷黏土、石英及碳酸盐或镁硅酸盐等天然矿物原料，经配料、球磨、制坯、干燥、焙烧而成的。

10.1.2 陶瓷的分类

1. 按所用原料及烧结程度分

陶瓷制品按所用原料及烧结程度不同分为陶、瓷、炻三类。

陶：其生产原料含杂质较多，烧结程度低，孔隙率较大（吸水率$>10\%$），断面粗糙无光，不透明，敲击时声音粗哑。

瓷：他是由较纯的瓷土烧结而成，坯体已完全烧结，完全玻化，因此坯体很致密，基本不吸水（吸水率$\leqslant 0.5\%$），断面有一定的半透明性，敲击时声音清脆。

炻：是介于陶和瓷之间的制品，其孔隙率比陶小（吸水率$<10\%$），但烧结程度和密实度不及瓷，坯体大多带有灰、黄或红等颜色，断面不透明，但其热稳定性好，成本较瓷低。

2. 按品种分

建筑陶瓷按品种可分为陶瓷砖（板）、陶瓷马赛克（陶瓷锦砖）和琉璃制品。

陶瓷砖和陶瓷马赛克主要用于建筑室内外的墙面和地面的装饰。

琉璃制品主要用于建造纪念性仿古建筑及园林建筑中的亭、台、楼、阁等装饰。

10.1.3 陶瓷制品的表面装饰

陶瓷制品的表面装饰是对陶瓷制品进行艺术加工的重要手段，它不但能大大提高陶瓷制品的外观效果，而且对陶瓷制品本身起到一定的保护作用，从而有效地把陶瓷制品的实用性和装饰性有机地结合起来。装饰工艺主要有施釉、彩绘和饰金等方式。

1. 施釉

釉是不透水的玻化覆盖层。施釉是将高质量的石英、长石、高岭土等为主要原料制成的浆体，涂于陶瓷坯体表面二次烧成的连续玻璃质层。釉的种类繁多，按其外表特征分为透明釉、乳浊釉、有色釉、光亮釉、无光釉、结晶釉、砂金釉、光泽釉、碎纹釉、珠光釉、花釉、流动釉等；按施釉的方法不同分为涂釉、浇釉、浸釉、喷釉、筛釉等。釉面层具有类似于玻璃的某些性质，可以改善陶瓷制品的表面性能并提高其力学强度。面层施釉的陶瓷制品表面平滑、光亮、防水、耐磨、耐污染、易于清洗。

2. 彩绘

彩绘是在陶瓷制品表面绘以彩色图案花纹，提高陶瓷制品的装饰性。根据彩绘工艺不同分为釉下彩绘和釉上彩绘两种。

釉下彩绘：是在陶瓷坯体或素烧釉坯表面进行彩绘，然后再覆盖一层透明釉层，经二次烧制而成。彩料受到表面透明釉层的隔离保护，使彩绘图案不会磨损，彩料中对人体有害的金属盐类也不会溶出。由于釉下彩料的颜色种类有限，且基本上采用手工绘画，生产效率低，因此限制了它在陶瓷制品中的广泛应用。

釉上彩绘：是在烧好的陶瓷釉面上用低温彩料绘制图案花纹，然后在较低温度下(600～900℃)二次烧制而成。由于彩烧温度低，故使用颜料比釉下彩绘多，色调极其丰富。同时，釉上彩绘在高强度陶瓷体上进行，因此，除手工绘画外，还可以用贴花、喷花、印花等方法绘制，生产效率高，成本低廉，能工业化大批量生产。建筑装饰陶瓷制品大多采用贴花、喷花、印花等釉上彩绘工艺。釉上彩易磨损，表面有彩绘凸出感觉，光滑性差，且易发生彩料中的铅被酸所溶出而引起铅中毒。

3. 贵金属装饰

贵金属装饰是用金、银、铂或钯等贵金属装饰在陶瓷表面釉层上，这种方法仅限于一些高级精细陶瓷制品。饰金较为常见，其他贵金属装饰较少，如金边和图画描金等。

根据装饰工艺不同分为亮金、磨光金和腐蚀金装饰等。

亮金装饰：该装饰工艺是将一种外观呈褐棕色的黏稠亮金水(黄金和白金水)描绘在烧好的陶瓷釉面上，经二次烧制而成的装饰工艺。亮金水彩烧后可直接获得金光的亮度，但金膜厚度只有0.5 μm，且容易磨损。亮金装饰在陶瓷装饰中使用极为广泛，特别是日用瓷的镶金，主要是用来装饰金边，有时也用来描画面或作金地来衬托画面作用。

磨光金装饰：该装饰工艺使用的是本金(含金量为45%)，且使用的技法较亮金操作要困难得多，由于含金量高，一般只局部使用于高级产品。它与亮金不同之处在于经过彩烧后金层是无光的，必须经过玛瑙笔、红铁石抛光后才能获得发亮的金层，磨光后金色经久耐用。磨光金装饰的金膜厚度远高于亮金装饰，比较耐用。

腐蚀金装饰：该装饰工艺是在釉面用稀氢氟酸溶液涂刷无柏油的釉面部分，使之表面釉层腐蚀，然后加填金色彩料，烧制后再进行抛光，无釉部分凹陷无光，未经腐蚀的部分凸起光亮，从而在陶瓷制品的表面形成亮暗不一的金色图案花纹。

10.2　陶瓷砖

10.2.1　陶瓷砖的分类

陶瓷砖

1. 按表面特性分

陶瓷砖按其表面特性可分为有釉砖(釉面砖，代号为GL)和无釉砖(代号为UGL)。

(1)釉面砖

釉面砖是在砖的坯体表面经过施釉高温烧制处理的陶瓷砖，这种瓷砖是由土胚和表面的釉面两个部分构成的。釉面的作用主要是增强瓷砖的美观和防污作用。按其表面装饰效果分为单色釉面砖、彩釉砖、仿古砖、印花釉面砖与字画砖等；按其表面光泽效果分为亮光釉面砖和哑光釉面砖；按产品性能分为精细型和普通型；按材质和烧成程度分为陶质釉面砖和瓷质釉面砖。

仿古砖：是从彩釉砖演化而来的，实质上是上釉的瓷质砖。与普通的釉面砖相比，其差别主要表现在釉料的色彩上面，所谓仿古，指的是砖的效果，应该叫仿古效果的瓷砖。它是通过样式、颜色、图案营造出怀旧的氛围，仿造以往的样式做旧，用带着古典的独特韵味吸引着人们的目光，体现岁月的沧桑，历史的厚重。

亮光釉面砖：釉面光洁干净，光的反射性良好。这种砖比较适合于铺贴在厨房的墙面。

哑光釉面砖：表面光洁度差，对光的反射效果差，给人的感觉比较柔和舒适。

(2)无釉砖

无釉砖也称通体砖，该类砖的表面不上釉，而且正面和反面的材质、色泽一致，因此而得名。通体砖均属于耐磨砖。虽然现在还有渗花通体砖等品种，但相对来说，其花色比不上釉面砖。通体砖包括防滑砖、抛光砖和玻化砖。

防滑砖：表面粗糙，质地坚硬耐磨，一般较少用于墙面，通常用于地面防滑装饰。

抛光砖：是将通体砖坯体的表面经过打磨而成的一种光亮的砖种，属于通体砖的一种衍生产品。在运用渗花技术的基础上，抛光砖也可做出各种仿石、仿木效果。但是，抛光后，砖的闭口微气孔成为开口孔，所以耐污染性相对较弱。抛光砖表面光洁、坚硬、耐磨，适合在除洗手间、厨房以外的墙面和室内地面中使用。

玻化砖：是一种高温烧制的瓷质砖，坯体烧结完全，完全玻化，吸水率 $E\leqslant 0.5\%$，是所有瓷砖中最硬的一种。玻化砖的生产工艺比抛光砖要求更高，用高温烧制而成，质地比抛光砖更硬、更耐磨，光洁度更好。玻化砖就是强化的抛光砖，表面不需要抛光处理就很亮。这种陶瓷砖具有天然石材的质感，而且更具有高光洁度、高硬度、高耐磨、吸水率低、色差少，以及色彩丰富等优点。一般用于客厅地面装饰。

2. 按成型方法分

陶瓷砖按其成型方法不同分为挤压型(A 型)、干压型(B 型)两类。

挤压型：是将可塑性坯料经过挤压机挤出成型，再将所成型的泥条按砖的预定尺寸进行切割。其产品分为精细的或普通的，主要是由它们的性能来决定的。这种方法主要是用来生产劈裂砖和方砖。

干压型：是先将配制好的原料加水磨制成泥浆，再将泥浆喷雾干燥制成含有一定水分的干粉，然后将混合好的粉料置于模具中，于一定压力下压制成型的陶瓷砖。这种方法成型速度快，产量大，成型后的半成品强度高，能进行后序的表面装饰。现在市场上所有的陶瓷砖产品大都是采用干压法成型的。

3. 按陶瓷砖的吸水率分

陶瓷砖按其吸水率(E)的大小分为低吸水率砖(Ⅰ类，其中又分为Ⅰa 类和Ⅰb 类)、中吸水率砖(Ⅱ类，其中又分为Ⅱa 类和Ⅱb 类)和高吸水率砖(Ⅲ类)。

Ⅰa 类：砖的吸水率 $E\leqslant 0.5\%$，该类砖为瓷质砖。

Ⅰb 类：砖的吸水率 $0.5\% < E\leqslant 3\%$，该类砖为炻瓷砖。

Ⅱa 类：砖的吸水率 $3\% < E\leqslant 6\%$，该类砖为细炻砖。

Ⅱb 类：砖的吸水率 $6\% < E\leqslant 10\%$，该类砖为炻质砖。

Ⅲ类：砖的吸水率 $E>10\%$，该类砖为陶质砖。

4. 按性能分

建筑用陶瓷砖按产品的尺寸偏差、表面质量和物理性能的要求不同分为精细砖和普通砖。

5. 按用途分

建筑用陶瓷砖按其用途可分为内墙砖、外墙砖和地面砖。

10.2.2　陶瓷砖的技术要求

陶瓷砖的技术要求包括尺寸允许偏差、表面质量以及物理性能等方面。

1. 尺寸允许偏差

尺寸允许偏差包括砖的长度、宽度、厚度、边直度、直角度和表面平整度(由砖的中心弯曲度、边弯曲度和翘曲度来度量)。

边直度：是指在砖的平面内，边的中央偏离直线的偏差。

直角度：将砖的一个角紧靠着放在用标准板校正过的直角上，该角与标准直角的偏差。

中心弯曲度：是指砖面的中心点偏离由四个角点中的三点所确定的平面的距离。

边弯曲度：是指砖的一条边的中点偏离由四个角点中的三点所确定的平面的距离。

翘曲度：是指由砖的三个角点确定一个平面，第四角点偏离该平面的距离。

2. 表面质量

表面质量包括裂纹、釉裂、缺釉、不平整、针孔、桔釉、斑点(异色点)、釉下缺陷、装饰缺陷、磕碰、釉泡、毛边、釉缕。

釉裂：是指釉面砖的釉面上有不规则如头发丝的细微裂纹。

不平整：是指在砖或釉面上非人为的凹陷。

针孔：是指施釉砖表面的如针状的小孔。

桔釉：是指釉面有明显可见的非人为结晶，光泽较差。

釉泡：是指釉面砖表面的小气泡或烧结时释放气体后的破口泡。

釉缕：是指沿砖边有明显的釉堆集成的隆起。

3. 物理性能

物理性能主要包括砖的吸水率、破坏强度、断裂模数、耐磨性、耐污染性、抗化学腐蚀性、釉面砖的抗釉裂性、铅和镉的溶出量等方面。

破坏强度：破坏荷载乘以两根支撑棒之间的跨距与试样宽度的比值而得出的力，单位为牛顿(N)。

断裂模数：破坏强度除以沿破坏断裂面的最小厚度的平方得出的量值，单位为兆帕(MPa)。

抗釉裂性：是指釉面砖在蒸压釜中承受高压蒸汽的作用后，釉面有无釉裂情况。

铅和镉的溶出量：铅和镉属于重金属，当釉面砖与食品接触时，釉中的铅和镉可能会溶解释出进入食品，当溶出量达到一定量时，会造成人体中毒。因此，当釉面砖用于加工食品的工作台或与食品可能接触的场所时，对釉面砖的铅和镉的溶出量应进行严格控制。

陶瓷砖的技术要求应符合现行国家标准《陶瓷砖》(GB/T 4100—2015)的有关规定。

10.2.3 内墙砖

内墙砖是指用于装饰和保护建筑物内墙的陶瓷砖或陶瓷板。内墙砖通常采用釉面砖或抛光砖。内墙所用釉面砖大多是吸水率 $E>10\%$ 的陶质釉面砖。

1. 品种规格

釉面内墙砖按其表面装饰效果分为单色釉面砖、彩色釉面砖、印花釉面砖与字画釉面砖等；按其表面光泽效果分为亮光釉面砖和哑光釉面砖两种；按产品性能分为精细砖和普通砖；按其外形分为正方形和长方形。

釉面内墙砖的厚度为 6～8 mm；幅面尺寸常用的规格有：150 mm×150 mm、150 mm×200 mm、300 mm×450 mm 和 300 mm×600 mm 等；抛光砖的厚度为 8～12 mm，幅面尺寸常用的规格有 600 mm×900 mm 等。

2. 技术要求

内墙砖的正面，相对于砖的工作尺寸的边直度和直角度的最大允许偏差，精细型和普通型均为 ±1.0%；相对于砖的工作尺寸计算的对角线的中心弯曲度，精细型为 ±1.0%，普通型为 ±1.5%；相对于砖的工作尺寸的边弯曲度，精细型为 ±1.0%，普通型为 ±1.5%；相对于砖的工作尺寸计算的对角线的翘曲度，精细型和普通型均为 ±1.5%；至少有 95% 的砖主要区域无明显的表面缺陷；砖的破坏强度应≥600 N；砖的断裂模数(破坏强度 <3000 N 的砖)的平均值应≥8 MPa，单块值应≥7 MPa；釉裂试验应无釉裂；其他技术要求应符合现行国家标准《陶瓷砖》(GB/T 4100—2015)的有关规定。

10.2.4 外墙砖

外墙砖是指用于装饰和保护建筑物外墙的陶瓷砖或陶瓷板。由于建筑外墙经常遭受阳光、风吹雨淋、冰雪和大气污染等的侵袭，因此用于外墙装饰的陶瓷砖应具备防火、防水、抗冻、耐磨、耐腐蚀、自洁等要求，同时还应具备良好的质感和丰富的装饰效果，以满足保护外墙的功能要求和建筑外观的美化。外墙砖应采用吸水率较低的瓷质釉面砖、仿古砖或无釉抛光砖。由于陶质釉面砖吸水率大，坯体吸收水分后会产生吸湿膨胀现象，而表面釉层属于不吸水的玻璃质层，不会产生吸湿膨胀现象，当坯体吸湿膨胀应力超过釉层抗拉强度时，釉面就会发生开裂、剥落、掉皮现象，因此，陶质釉面砖不宜用于外墙的装饰。

1. 品种规格

外墙砖按产品材质分为釉面砖和无釉砖；按表面光泽效果分为亮光面、哑光面、磨砂面等；按表面装饰效果分为平面、砂岩面、水波纹面、仿古面砖等；按颜色分为无彩色(白色和黑色)和彩色；按产品性能分为精细砖和普通砖；按施工方法分为铺贴外墙砖和干挂陶板；按砖的外形分为正方形和长方形。

磨砂面砖：是指砖的表面采用磨砂工艺处理，使光泽暗淡迟钝。

平面外墙砖：是指砖的表面平整，无任何凹陷或者磨砂效果的外墙瓷砖。

砂岩面砖：是指砖的表面采用磨砂效果处理，具有天然砂岩的质感和防滑等效果。

干挂：是一种新的施工工艺。它需要先在墙体上安装钢龙骨(主龙骨)，然后用不锈钢双弯连接件将陶瓷板挂在主龙骨上，调整好水平和板缝后固定，最后在板缝间施以 502 胶。

外墙砖的厚度为 6～8 mm；幅面尺寸常用的规格有：45 mm×95 mm、45 mm×145 mm、

45 mm×195 mm、50 mm×200 mm、60 mm×240 mm、95 mm×95 mm、100 mm×100 mm、100 mm×200 mm、200 mm×400 mm 等。

干挂陶板的厚度为 8~12 mm；幅面尺寸常用的规格有：600 mm×600 mm、600 mm×900 mm、800 mm×800 mm 等。

2. 技术要求

外墙砖的尺寸、表面质量以及物理性能等技术要求应符合现行国家标准《陶瓷砖》(GB/T 4100—2015)的有关规定。

10.2.5 地面砖

地面砖是指用于装饰和保护建筑物地面的陶瓷砖或陶瓷板。地面砖应选用耐磨性和防滑性好的陶瓷砖。

1. 品种规格

地面砖按使用环境分为室内地面用砖和室外地面用砖；按产品材质分为釉面砖(包括釉面仿古砖)、抛光玻化砖、全瓷仿古砖、防滑砖和广场砖；砖的外形通常为正方形。

地面砖的厚度为 8~12 mm；幅面尺寸常用的规格有：300 mm×300 mm、600 mm×600 mm、800 mm×800 mm 等。

2. 技术要求

室内地面用陶瓷砖的尺寸偏差、表面质量、破坏强度、断裂模数、防滑性、耐磨性、耐污染性等技术要求应符合现行国家标准《陶瓷砖》(GB/T 4100—2006)的有关规定。

广场用陶瓷砖的吸水率平均值应≤5%，单块值应≤5.5%；砖的破坏强度的平均值应≥1500 N；断裂模数的平均值应≥20 MPa，单块值应≥18 MPa；防滑坡度应≥12°；砖的尺寸偏差、表面质量、耐磨性等技术要求应符合现行国家标准《广场用陶瓷砖》(GB/T 23458—2009)的有关规定。

10.2.6 新型墙地砖

随着建筑装饰业的不断发展，新型墙、地砖装饰材料品种不断出现，如轻质陶瓷砖、防静电陶瓷砖、麻面砖、琥珀石抛光砖、陶瓷艺术砖等。

1. 轻质陶瓷砖

轻质陶瓷砖是以陶瓷原料或工业废料为主要原料，经成型、高温烧成等生产工艺制成的低容重(≤1.50 g/cm^3)陶瓷砖。

轻质陶瓷砖按产品的表面特征分为有釉和无釉两种；按产品的容重(ρ)分为 A 类(1.00 g/cm^3 $\leq\rho\leq$ 1.50 g/cm^3)和 B 类($\rho<$ 1.00 g/cm^3)两类。产品的尺寸规格与墙用普通陶瓷砖相同。

轻质陶瓷砖的破坏强度和断裂模数：A 类破坏强度的平均值应≥1300 N，断裂模数平均值应≥11 MPa，单块值应≥10 MPa；B 类破坏强度的平均值应≥1000 N，断裂模数平均值应≥9 MPa，单块值应≥8 MPa。

轻质陶瓷砖的导热系数：用作墙体绝热材料时，产品在 23℃时的导热系数应≤0.60 W/(m·K)，并应向客户报告 10℃或 23℃(热带地区 40℃)时导热系数设计值。

轻质陶瓷砖的尺寸允许偏差、表面质量、抗热震性、抗釉裂性、抗冻性、吸水率等技术要求应符合现行行业标准《轻质陶瓷砖》(JC/T 1095—2009)的有关规定。

轻质陶瓷砖具有强度高、质量轻、保温隔热、防火阻燃、变形系数小、抗老化、生态环保等优点。适用于建筑物的内外墙外保温、防火隔离带、建筑自保温冷热桥处理等。

2. 防静电陶瓷砖

防静电陶瓷砖是指在生产过程中加入特殊材料，使其具有永久防静电性能的陶瓷砖。

防静电陶瓷砖的防静电性能要求：砖的点对点电阻、表面电阻和体积电阻均应在 $5\times10^5\sim1\times10^9\Omega$ 之间。

点对点电阻是指在一给定通电时间内，施加在材料表面两点间的直流电压与通过这两点间直流电流之比(Ω)。

表面电阻是指在给定的通电时间之后，施加于材料表面上的标准电极之间的直流电压对于电极之间的电流的比值(Ω)，在电极上可能的极化现象忽略不计。

体积电阻是指在给定的通电时间之后，施加于与一块材料的相对两个面上相接触的两个引入电极之间的直流电压对于该两个电极之间的电流的比值(Ω)，在电极上可能的极化现象忽略不计。

防静电陶瓷地砖的防滑性能：地面用产品极限倾角的平均值应≥12°。

防静电陶瓷砖的尺寸允许偏差、表面质量等技术要求应满足《陶瓷砖》(GB 4100—2015)的有关规定，其耐用性等技术要求尚应符合现行国家标准《防静电陶瓷砖》(GB 26539—2011)的有关规定。

防静电陶瓷砖是一种新型防静电材料，克服了如环氧和三聚氰胺、PVC 防静电涂料、地板、防静电橡胶板等高分子材料易老化、不耐磨、易污染、耐久性和防火欠佳的缺点，兼容了陶瓷墙地砖优点，具有美观耐用、防火、防滑、抗压、耐磨、耐腐蚀、防污、防水防渗透、辐射性低、环保卫生、易于施工，是一种永久性防静电，具有高档艺术装饰效果的一种功能性陶瓷砖。主要应用于医院手术室、能源、国防、航天、航空、电子、石油化工信息及民用生活领域有防静电要求的室内墙地面的装修，是目前最理想的防静电与装饰兼容的材料。

3. 麻面砖

麻面砖是采用仿天然岩石色彩的配料，压制成表面凹凸不平的麻面坯体后，经一次烧成的炻质面砖。砖的表面酷似经人工修凿过的天然岩石面，纹理自然，粗犷雅朴，有白、黄、红、灰、黑等多种色调。主要规格有 200 mm×100 mm，200 mm×75 mm 和 100 mm×100 mm 等。麻面砖吸水率 $<1\%$，破坏强度 >20 MPa，防滑耐磨。薄型砖适用于建筑物外墙装饰，厚型砖适用于广场、停车场、码头、人行道等地面铺设。

4. 琥珀石抛光砖

琥珀石瓷砖是多种粉料在魔术布料的工艺下诞生的顶尖抛光砖作品。质地坚硬而又富有琥珀般的润泽质地，抛光界面上很清晰地透出各种琥珀切面的石节纹理，在时尚个性中流露出一丝掩藏不住的奢华。

琥珀石抛光砖由于高致密度的坯面，随机自由布料，因而在外观上具有丰富的色系和变化多样的图案，形成了纹理细腻、层次分明、立体感强、高度光亮的砖面，天然石材效果特别明显，内质上完全玻化，吸水率低，集耐磨、抗污、纹理自然于一体，具有耐急冷急热、防腐蚀的优良理化性能，无放射污染，符合环保要求。适用于高级酒店、宾馆、会展厅、机场及民用建筑的的室内外墙面、室内地面的装饰。

5. 陶瓷艺术砖

陶瓷艺术墙地砖是采用优质黏土、瘠性原料及无机矿化剂为原料，经成型、干燥、高温焙烧而成，砖表面具有各种图案浮雕，艺术夸张性强，组合空间自由度大，可运用点、线、面等几何组合原理，配以适量同规格彩釉砖或釉面砖，可组合成抽象的或具体的图案壁画。

瘠性原料：是指硅酸盐原料中与水混合后没有黏性而起瘠化作用的物料。用在陶瓷和耐火材料生产中，可降低配合料的可塑性以及减少坯体在干燥和烧成时的收缩，起骨架作用。石英、长石、煅烧过的黏土（熟料）和耐火材料的碎块，都可用作瘠性物料。

10.2.7 陶瓷砖的施工管理

陶瓷砖产品在搬运、装卸过程中应轻拿轻放，严禁扔、摔，运输过程中应避免碰撞。贮存场地应平整、坚实，并应按品种、规格、色号分别整齐堆放。有纸盒包装的产品在室外存放时应有防雨措施。

10.3 陶瓷马赛克

陶瓷马赛克

陶瓷马赛克又名陶瓷锦砖，是指用于装饰与保护建筑物地面及墙面的由多块小砖（表面面积不大于49 cm^2）拼贴成联的陶瓷砖。

1. 品种规格

陶瓷马赛克按其表面性质分为有釉、无釉两种；按砖联分为单色、混色和拼花三种。单块砖边长不大于95 mm，表面面积不大于55 cm^2；砖联分正方形、长方形和其他形状，特殊要求可由供需双方商定；按其尺寸允许偏差和外观质量分为优等品和合格品两个等级。

陶瓷马赛克一般做成18.5 mm×18.5 mm×5 mm、39 mm×39 mm×5 mm的小方块，或边长为25 mm的六角形等。这种产品出厂前已按各种图案反贴在牛皮纸上，每张大小约为300 mm×300 mm，称作一联。施工时将每联纸面向上，贴在半凝固的水泥砂浆面上，用长木板压面，使之黏贴平实，待砂浆硬化后洗去皮纸，即显出美丽的图案。陶瓷马赛克的外观形状见图10－1。

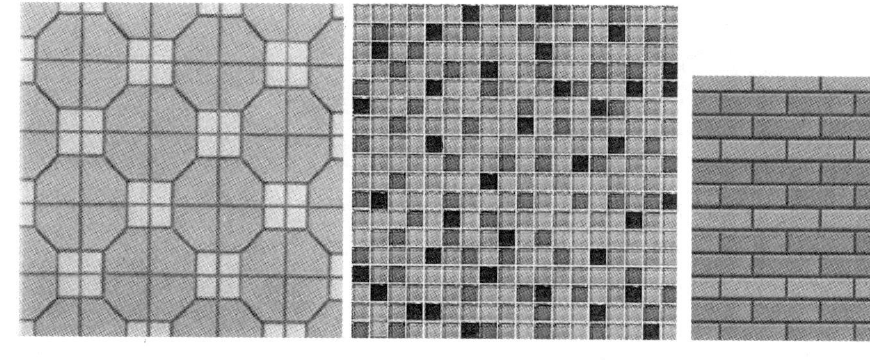

图10－1 陶瓷马赛克

2. 技术要求

陶瓷马赛克不允许出现夹层、釉裂、开裂，表面不应有明显的斑点、黏疤、起泡、坯粉、麻面、波纹、缺釉、桔釉、棕眼、落脏、溶洞、缺角、缺边、变形等影响装饰效果的缺陷。成联陶瓷马赛克的色差目测应基本一致，合格品目测稍有色差。其吸水率、耐磨性、抗热震性、抗冻性、耐化学腐蚀性，成联陶瓷马赛克铺贴衬材的黏结性、铺贴衬材的剥离性、铺贴衬材的露出等技术要求应符合现行行业标准《陶瓷马赛克》(JC/T 456—2015)的有关规定。

3. 特性与应用

陶瓷马赛克色泽多样，质地坚硬，经久耐用，耐酸、耐碱、耐火、耐磨，抗压力强，吸水率小，不渗水，易清洗，可用于工业与民用建筑的洁净车间、门厅、走廊、餐厅、厕所、浴室、工作间、化验室等处的地面和内墙面，并可作高级建筑物的外墙饰面材料。

4. 施工管理

产品在搬运、装卸过程中应轻拿轻放，严禁扔、摔，严禁受潮或雨淋。贮存时，应按等级、品种、色号分别整齐堆放，并严禁受潮或雨淋。

10.4　建筑琉璃制品

建筑琉璃制品是以黏土为主要原料，经成型、施釉、烧成而得的用于建筑物的瓦类、脊类、饰件类陶瓷制品。

1. 品种规格

建筑琉璃制品按品种分为瓦类、脊类和饰件类。见图 10－2。

瓦类部分根据形状可进一部分为板瓦、筒瓦、滴水瓦、沟头瓦、J 形瓦、S 形瓦和其他异形瓦等；脊类包括扣脊、正吻等；饰件类主要有兽、博古、花窗、栏杆等。

建筑琉璃制品的规格以长度和宽度的外形尺寸表示。具体可由供需双方协商。

1—饰件；2—滴水瓦；3—沟头瓦；4—板瓦；5—筒瓦；6—脊类

图 10－2　建筑琉璃制品

2. 技术要求

瓦之间及配件搭配使用时必须保证搭接合适。对以拉挂为主铺设的瓦，应有 1～2 个孔，能有效拉挂的孔为 1 个以上，钉孔或钢丝孔铺设后不能漏水。瓦的正面或背面可以有加固、挡水等为目的的加强筋、凹凸纹等。产品表面不应有明显的磕碰、釉黏、缺釉、斑点、落脏、棕眼、溶洞、图案缺陷、烟熏、釉缕、釉泡、釉裂、变形、裂纹、分层等影响装饰效果的缺陷。

干压成型的建筑琉璃制品吸水率应≤5.0%；破坏荷重≥1600 N；挤压成型的建筑琉璃制品吸水率应≤8.0%；破坏荷重≥1300 N。经 10 次冻融循环不出现裂纹或剥落；经 10 次耐急冷急热循环不出现炸裂、剥落及裂纹延长现象。产品的尺寸允许偏差、变形、裂纹等技术要求应符合现行行业标准《建筑琉璃制品》(JC/T 765—2015)的有关规定。

3. 特性与应用

琉璃制品表面色彩鲜艳、光亮夺目、质地坚密、造型古朴典雅、经久耐用，是具有中华民族文化特色与风格的传统建筑装饰材料。主要用于建造纪念性仿古建筑及园林建筑中的亭、台、楼、阁等装饰。

4. 施工管理

产品在搬运、装卸过程中应轻拿轻放，严禁扔、摔，运输过程中应避免碰撞。贮存时，应按品种、规格、色号分别整齐堆放。

模块小结

本模块详细介绍了建筑用陶瓷砖、陶瓷马赛克及建筑琉璃制品的品种、规格、技术要求、特性与应用，以及施工管理等有关知识。

建筑用陶瓷砖按其用途可分为内墙砖、外墙砖和地面砖；按表面特性分为有釉砖(釉面砖)和无釉砖；按成型方法不同分为挤压型(A 型)、干压型(B 型)和其他型(C 型)；按吸水率(E)的大小分为瓷质砖($E \leqslant 0.5\%$)、炻瓷砖($0.5\% < E \leqslant 3\%$)、细炻砖($3\% < E \leqslant 6\%$)、炻质砖($6\% < E \leqslant 10\%$)和陶质砖($E > 10\%$)；按产品的尺寸偏差、表面质量和物理性能的要求不同分为精细砖和普通砖。

釉面砖是在砖的坯体表面经过施釉高温烧制处理的陶瓷砖。釉是不透水的玻化覆盖层，釉面的作用主要是增强瓷砖的美观和防污作用，釉面砖的表面平滑、光亮、防水、耐磨、耐污染、易于清洗。釉面砖按其表面装饰效果分为单色釉面砖、彩釉砖、仿古砖、印花釉面砖、图案砖与字画砖等；按其表面光泽效果分为亮光釉面砖和哑光釉面砖；按材质和烧成程度分为陶质釉面砖和瓷质釉面砖。主要用于建筑物的室内外墙面及地面的装饰。

无釉砖也称通体砖，该类砖的表面不上釉。主要产品有防滑砖、抛光砖和玻化砖。该类砖的花色较少。抛光砖和玻化砖也可做出各种仿石、仿木效果。无釉砖的表面平整、光洁、强度高、耐磨性强。通常用于室内外地面的装饰。

新型墙地砖主要有轻质陶瓷砖、防静电陶瓷砖、麻面砖、琥珀石抛光砖、陶瓷艺术砖等。它们是具有某种特殊功能和装饰效果的高档建筑装饰材料。

陶瓷马赛克又名陶瓷锦砖，是指用于装饰与保护建筑物地面及墙面的由多块小砖(表面面积不大于 55 cm^2)拼贴成联的陶瓷砖。其色泽多样，质地坚硬，经久耐用，耐酸、耐碱、耐火、耐磨，抗压力强，吸水率小，不渗水，易清洗。适应于建筑物的室内外墙体和地面的装饰。

建筑琉璃制品表面色彩鲜艳、光亮夺目、质地坚密、造型古朴典雅、经久耐用，是具有中华民族文化特色与风格的传统建筑装饰材料。主要用于建造纪念性仿古建筑及园林建筑中的亭、台、楼、阁等装饰。

技能抽查题

一、单项选择题

1. 下列选项中，哪项不属于陶瓷砖的尺寸允许偏差指标(　　　　)。

A. 长度、宽度、厚度　　B. 边直度与直角度

C. 表面平整度　　D. 缺棱掉角

2. 建筑用陶瓷砖按产品性能不同分为精细砖和普通砖，其主要区别是(　　　　)。

A. 产品的尺寸允许偏差不同　　B. 产品的表面质量要求不同

C. 产品的物理性能要求不同　　D. A+B+C

3. 内外墙装饰用陶瓷砖的主要区别是(　　　　)。

A. 表面质量与花色　　B. 吸水率与表面光滑程度

C. 尺寸大小　　D. 破坏强度

4. 地面与墙面装饰用陶瓷砖的主要区别是(　　　　)。

A. 硬度与耐磨性　　B. 破坏强度与防滑性

C. 耐磨性与防滑性　　D. 强度与耐污性

5. 轻质陶瓷砖的主要特点是(　　　　)。

A. 保温隔热性好　　B. 质量轻强度低

C. 吸水率大　　D. 抗釉裂性差

二、多项选择题

1. 陶瓷制品按所用原料及烧结程度不同分为(　　　　)。

A. 陶器　　B. 瓷器　　C. 炻器　　D. 琉璃器

2. 陶瓷砖按其表面特性可分为(　　　　)。

A. 有釉砖　　B. 玻化砖　　C. 无釉砖　　D. 陶瓷马赛克

3. 釉面砖按其表面光泽效果分为(　　　　)。

A. 亮光砖　　B. 抛光砖　　C. 哑光釉　　D. 彩釉砖

4. 陶瓷砖按产品的吸水率的大小分为(　　　　)。

A. 瓷质砖　　B. 炻瓷砖　　C. 陶质砖　　D. 炻质砖

5. 陶瓷砖的技术要求包括(　　　　)指标。

A. 尺寸允许偏差　　B. 表面与结构质量　　C. 表面质量　　D. 物理性能

三、判断题

1. 釉是不吸水的玻璃质物质，因此有釉砖的吸水率低、破坏强度高，无釉砖的吸水率高、破坏强度低。(　　)

2. 釉面内墙砖和釉面地砖的物理性能的区别是釉面内墙砖的吸水率和破坏强度均低于釉面地砖。(　　)

3. 亮光釉面砖与哑光釉面砖的主要区别是对光的反射不一样。(　　)

4. 能用于内墙装饰的陶瓷砖也能用于外墙装饰。(　　)

5. 陶瓷马赛克是由不同颜色和不同形状的小瓷片拼接而成的陶瓷联，具有花色多样、美观，可用于建筑物的室内外的墙地面装饰。(　　)

模块十一　木　材

能力目标	知识目标
1. 具有鉴别木材好坏的能力 2. 能对木材进行防护 3. 具有正确合理选用木材制品的能力	1. 熟悉木材基本性质及木材的防护方法 2. 掌握木材在建筑工程中综合应用 3. 了解木材的分类、构造

本模块推荐学习标准：

《普通胶合板》(GB/T 9846—2015)

《中密度纤维板》(GB/T 11718—2009)

《浸渍纸层压木质地板》(GB/T 18102—2020)

11.1　概　述

木材是人类最早使用的建筑材料之一，具有悠久的历史。木材具有很多优良的性能，如轻质高强、导电导热性低、较好的弹性和韧性、能承受冲击和振动、易于加工等优点；但天然木材构造不均匀，具有各向异性，易吸湿变形，且易腐、易燃。树木生长周期长，成长不易，在应用木材作建筑材料时，木材的节约使用和综合利用十分重要。

11.1.1　木材的分类

木材由树木加工而成，树木按树叶的不同分为针叶树和阔叶树两大类。

针叶树树叶细长如针，多为常绿树，树干通直高大，纹理顺直，材质均匀且较软，易于加工，又称软材。因其强度较高，表观密度和干湿变形较小，耐腐蚀性较强，是建筑工程中的主要用材，广泛应用于承重结构构件、门窗、地面及装饰工程等。常用的针叶树种有冷杉、云杉、红杉、马尾松等。

阔叶树树叶宽大呈网状，多为落叶树，树干通直部分较短，表观密度大，材质较硬，较难加工，故又称硬材。因其干湿变形大，易翘曲和干裂，建筑上常用作尺寸较小的构件，不宜制作承重构件。有些树种纹理美观，适合用于室内装修、制作家具和胶合板等。常用的阔叶树种有樟木、柞木、槐木、桦木、杨木、水曲柳、青岗木、榆木等。

木材按用途和加工程度的不同可分为原条、原木和锯材等类型。

原条是伐倒的木材经过打枝、剥皮后，未经加工造材的树木的树干称为原条，主要用在建筑工程的脚手架和家具等。原木是原条按尺寸、形状、质量的标准规定或特殊规定截成一定长度的木段，在建筑、家具、工艺雕刻及造纸等多方面都有很大用途。锯材是原木或原条经打枝和剥皮后，按一定的规格要求加工而成，包括整边锯材、毛边锯材、板材、方材等，主要用于建筑工程、桥梁、家具、造船、车辆、包装箱板等。

11.1.2 木材的构造

木材的构造是决定木材性质的主要因素，由于树种和树木生长环境不同，其构造差异很大，因而性质也不同。木材的构造分为宏观构造和微观构造。

1. 宏观构造

用肉眼或放大镜所观察到的木材的特征，称为木材的宏观构造。可从木材的三切面上观察，横切面（垂直于树轴的切面）、径切面（通过树轴的纵切面）和弦切面（平行于树轴的纵切面），如图 11－1 所示。

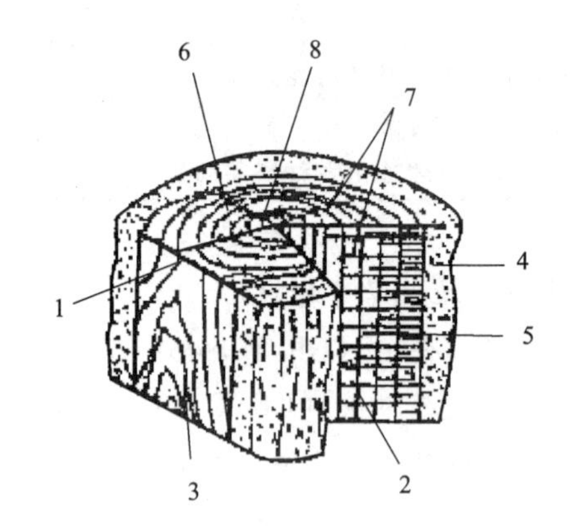

1—横切面；2—径切面；3—弦切面；4—树皮；5—木质部；6—年轮；7—木射线；8—髓心

图 11－1 木材的宏观构造

由图 11－1 可见，树干是由树皮、木质部和髓心三部分组成。

树皮覆盖在木质部的外表面，起保护树木的作用，建筑上用途不大。

木质部是树皮和髓心之间的部分，是木材的主体。木质部的颜色不均匀，接近树干中心的部分色泽较深，称为心材；靠近树皮的部分色泽较浅，称为边材。由于心材的含水率低，材质较硬，不易翘曲变形，耐久性、耐腐性均比边材好，故心材比边材的利用价值要大。从横切面上可以看到木质部具有深浅相间的同心圆环，即年轮。在同一年轮内，春天生长的木质生长快，色泽浅，质松软，强度低，称为春材（早材）；夏秋两季生长的木质生长缓慢，色泽深，质坚硬，强度高，称为夏材（晚材）。相同的树种，年轮细密且均匀，材质越好；夏材部分愈多，表观密度愈大，木材强度愈高。

在树干中心由第一轮年轮组成的初生木质部分称为髓心。其材质松软，强度低，易腐朽开裂。从髓心向外呈放射状分布的横向纤维，称为髓线。髓线的细胞壁很薄，它与周围细胞组织的连接较弱，因此木材干燥时易沿髓线方向产生放射状裂纹。

木材由年轮、髓线构成木材的天然纹理，称为木材的花纹，使木材具有很好的装饰效果。

2. 微观构造

在显微镜下观察到的木材构造，称为微观结构。借助显微镜观察到木材是由无数空心管状细胞紧密结合而成的。每个细胞分作细胞壁和细胞腔两个部分，细胞壁由若干层细纤维组成，细纤维间存在极小的空隙，能吸附和渗透水分，其纵向连结比横向连结牢固，所以木材的纵向强度高于横向强度。细胞本身的组织构造在很大程度上决定木材的性质，如细胞壁越厚，细胞腔越小，组织越均匀，则木材越密实，细胞壁吸附水分的能力也越强，表观密度和强度越大，湿胀干缩率也越大。与春材相比，夏材的细胞壁较厚，细胞腔较小。

针叶树和阔叶树的微观结构有较大差别。针叶树的微观结构比较简单，排列也比较规则，主要包括轴向管胞、髓线、木薄壁组织和树脂道，其髓线较细。阔叶树材的微观构造要复杂得多，主要包括导管、管胞（环管管胞和导管状管胞）、轴向薄壁组织、木纤维、髓线等，其髓线发达，粗大明显，导管和髓线是鉴别针叶树和阔叶树的主要标志。

11.1.3　木材的基本性质

1. 木材的物理性质

(1)密度和表观密度

木材密度是木材性质的一项重要指标，根据它可以估计木材的实际重量，推断木材的工艺性质和木材的干缩、膨胀、硬度、强度等木材物理力学性质。干燥木材的密度相差不大，平均约为1.55 g/m^3。

各种木材的表观密度，则因孔隙率、含水率等不同而有很大差异。木材的表观密度越大，其湿胀干缩变化也越大。通常以含水率为15%(标准含水率)时的表观密度为准。木材的表观密度一般在400 ~500 kg/m^3。

(2)含水率

木材的含水率是指木材中所含水的重量占干燥木材重量的百分比。

木材中的水分主要有三种，自由水、吸附水和结合水。自由水是指呈游离状态存在于木材的细胞腔和细胞间隙中的水分；吸附水是指被吸附在细胞壁的纤维丝间的水分；结合水是指木材化学组成中的水分，含量极少。自由水与木材的表观密度、传导性、抗腐蚀性、燃烧性、干燥性、渗透性和保水性有关，而吸附水则是影响木材强度和湿胀变形的主要原因。

当吸附水达到饱和而尚无自由水时的含水率，称为纤维饱和点。木材的纤维饱和点因树种而有差异，在25% ~35%之间，平均值约为30%。纤维饱和点是木材含水率是否影响其强度和湿胀干缩的临界值。

木材所含水分与周围空气的湿度达到平衡时的含水率称为木材的平衡含水率，是木材干燥加工时的重要控制指标。木材的平衡含水率与所在地区的环境温湿度有关，我国北方地区约为12%，南方约为18%，长江流域一般为15%。

(3)胀缩性

木材具有显著的湿胀干缩性能。当木材含水率在纤维饱和点以上变化时，只有自由水增减变化，木材的体积不发生变化。当木材的含水率在纤维饱和点以下时，随着干燥，细胞壁中的吸附水开始蒸发，体积收缩；反之，干燥木材吸湿后，体积将发生膨胀，直到含水率达到纤维饱和点为止。

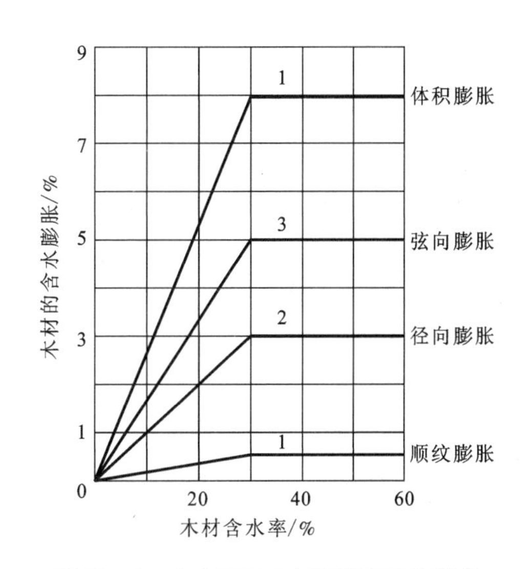

图11－2　含水率对木材胀缩变形的影响

木材的这种变形程度因为树种而不同，一般来说，木材表观密度越大，夏材含量越多，变形就越大，如硬木等。木材由于构造不均匀，致使各个方向上胀缩也不一样，在同一木材中，这种变化沿弦向最大，径向次之，纵向(顺纤维方向)最小，如图11－2所示。木材的湿胀干缩变形给其使用带来不利影响，干缩使木结构拼缝不严、卯榫松弛、翘曲开裂，湿胀使木材产生凸起变形。为了避免木材在使用过程中含水率变化太大而引起变形或开裂，在木材加工使用之前，应将其风干至使用环境中常年平均的平衡含水率。

2. 木材的力学性质

木材的强度按照受力状态分为抗压、抗拉、抗剪和抗弯四种，其中抗压、抗拉及抗剪强度还有顺纹、横纹之分。作用力方向和木材纤维方向平行时，称为顺纹；作用力方向垂直于纤维方向时，称为横纹。由于木材结构构造各向异性，在顺纹方向，木材的抗拉强度和抗压强度都比横纹方向高很多。木材的顺纹抗压强度是确定木材强度等级的依据。

木材强度除与自身的树种构造有关之外，还与含水率、环境温度、负荷时间、疵病等因素有关。当木材的含水率在纤维饱和点以上变化时，只是自由水在变化，对木材的强度没有影响；当木材的含水率在纤维饱和点以下变化时，随含水率的降低，吸附水减少，细胞壁趋于紧密，木材强度增大；反之，木材的强度减小。当木材温度升高时，组成细胞壁的成分会逐渐软化，强度随之降低，如果环境温度可能长期超过50℃时，则不应采用木结构，木材受冻融作用后强度也会降低。木材在长期荷载作用下所能承受的最大应力称为木材的持久强度，它仅为木材在短期荷载作用下极限强度的50%~60%，木结构一般都处于长期负荷状态，所以在木结构设计时，通常以木材的持久强度为依据。木材在生长、采伐、保存过程中，会产生内部和外部的缺陷，这些缺陷统称为疵病，主要有木节、斜纹、裂纹、虫蛀、腐朽等，会造成木材构造的不连续性和不均匀性，从而使木材的强度降低。

表 11－1　木材各向各强度大小关系比较

抗压		抗弯	抗剪		抗拉	
顺纹	横纹		顺纹	横纹	顺纹	横纹
1	1/10 ~ 1/3	1.5 ~ 2	1/7 ~ 1/3	1/2 ~ 1	2 ~ 3	1/20 ~ 1/3

11.1.4　木材的防护

木材作为土木工程材料，最大缺点是容易腐蚀和燃烧，会大大地缩短木材的使用寿命，并限制了它的应用范围。采取必要的防护措施来提高木材的耐久性，对木材的合理使用具有十分重大的意义。因此，在实际应用中，我们需要注意对木材进行必要的防护处理。

1. 木材的腐朽与防腐

(1) 木材的腐朽

木材是天然有机材料，易受真菌、昆虫侵害而腐朽变质。木材中常见的有霉菌、变色菌、腐朽菌三种。霉菌生长在木材表面，是一种发霉的真菌，它对木材不起破坏作用，经过抛光后可去除。变色菌以木材细胞腔内含物为养料，不破坏细胞壁。所以霉菌、变色菌只使木材变色，影响外观，而不影响木材的强度。腐朽菌对木材危害严重，腐朽菌以木质素为其养料，并通过分泌酶来分解木材细胞壁组织中的纤维素、半纤维素，使木材腐朽败坏。

真菌的繁殖和生存，必须同时具备适宜的温度、足够的空气和适当的湿度三个条件。温度为25 ~ 30℃，含水率50% 以上，又有一定量的空气，最适合真菌的繁殖。当温度大于60℃

或小于5℃时，真菌不能生长。如含水率小于20%或把木材泡在水中，真菌也难于存在。所以打在地下或水中的木桩不易腐烂。但受到反复干湿作用时，则会加速木材腐朽进程。

木材除受真菌腐蚀外，还会遭受昆虫的蛀蚀，如白蚁、天牛等。它们在树皮或木质部内生存、繁殖，致使木材强度降低，甚至结构崩溃。

(2)木材的防腐与防蛀

木材防腐基本原理在于破坏真菌及虫类生存和繁殖的条件，常用方法有以下两种：一是将木材干燥至含水率在20%以下，保证木结构处在干燥状态，对木结构物采取通风、防潮、表面涂刷涂料等措施；二是将化学防腐剂施加于木材，使木材成为有毒物质，常用的方法有表面喷涂法、浸渍法、压力渗透法等，常用的防腐剂有水溶性的、油溶性的及浆膏类的几种。

木材防止虫蛀的方法主要是采用化学药剂处理，通常是向木材注入防虫剂。

2. 木材的防火

木材属于易燃材料，达到某一温度时木材会着火燃烧。由于木材作为一种理想的装饰材料被广泛用于各种建筑之中，因此，木材的防火问题就显得尤为重要。

木材的防火措施主要有两种，分别是表面涂敷法和溶液浸注法。

表面涂敷法是在木材表面涂刷一层防火涂料，使之成为难燃材料，达到遇小火能自熄，遇大火能延缓或阻止燃烧而赢得灭火时间的目的。它不仅可以起到防火的作用，还可以起到防腐和装饰的作用。溶液浸注法是将阻燃剂浸注到木材内部达到阻燃效果。浸注分为常压和加压浸注，加压浸注使阻燃剂浸入量及深度大于常压浸注。因此在对木材防火要求较高的情况下，应采用加压浸注。浸注之前，应尽量使木材达到充分干燥，并初步加工成型。否则防火处理后再进行锯、刨等加工，会使木材中浸有的阻燃剂部分流失。

11.2　木材的综合利用

木材加工

由于树木生长缓慢，而我国又是森林资源贫乏的国家之一，因此对木材进行节约使用、合理使用和综合利用十分重要。所谓木材的综合利用，就是利用木材加工后的边角废料、刨花、锯末、植物纤维等经过再加工处理，制成各种人造板材或木地板，有效提高木材的利用率。

11.2.1　人造板材

1. 胶合板

胶合板是由木段旋切成单板或由木方刨切成薄木，再用胶黏剂胶合而成的三层或多层的板状材料，通常用奇数层单板，并使相邻层单板的纤维方向互相垂直胶合而成。我国胶合板主要采用水曲柳、椴木、桦木、马尾松及部分进口原木制成。

根据国家标准《普通胶合板》(GB/T 9846—2015)的规定，胶合板按其构成分为单板胶合、复合胶合板和木芯胶合板；按其耐久性分为室外条件下使用(Ⅰ类)、潮湿条件下使用(Ⅱ类)和干燥条件下使用(Ⅲ类)；按其表面加工状况分为未砂光板、砂光板；按其用途分为普通胶合板和特种胶合板；按其甲醛释放量分为E_0级(可直接用于室内)、E_1级(可直接用于室内)和E_2级(甲醛释放量≤5.0 mg/L，必须饰面处理后才允许使用于室内)胶合板。

胶合板厚度一般有3 mm、5 mm、9 mm、12 mm、15 mm、18 mm等；板的平面尺寸一般为

2440 mm×1220 mm。建筑工程中常用的胶合板有三合板、五合板、九合板等。

(1)单板胶合板：又称为木皮、面板、面皮。是由旋切或锯制方法生产的木质薄片状材料。其厚度通常在0.4~10 mm之间。主要用作生产胶合板和其他胶合层积板。一般优质单板用于胶合板、细木工板、模板、贴面板等人造板的面板，等级较低的单板用作背板和芯板。

(2)复合胶合板：是以单板作表层，以碎料(或碎料板)、纤维(或纤维板)、层迭的单板条等作芯层而制造成的一种胶合板。

(3)木芯胶合板：又分为细木工板和层积板。细木工板俗称大芯板，是由两片单板中间胶压拼接木板而成，中间木板是由优质天然的木板方经热处理(即烘干室烘干)以后，加工成一定规格的木条，由拼板机拼接而成，拼接后的木板两面各覆盖两层优质单板，再经冷、热压机胶压后制成。细木工板的两面胶黏单板的总厚度不得小于3 mm，各类细木工板的边角缺损，在公称幅面以内的宽度不得超过5 mm，长度不得大于20 mm。层积板是用全部纵向单板胶合而成。

胶合板提高了木材的利用率，并且材质均匀，强度高，吸湿变形小，不翘曲开裂，板面具有美丽的木纹，装饰性好。可用于室内隔墙、顶棚板、门面板、家具等装修。

2. 纤维板

纤维板是将木材加工下来的树皮、刨花、树枝等废料，经破碎浸泡、碾磨成木浆，再加入一定的胶黏剂，经过热压成型、干燥处理而成的人造板材，按其密度分为低、中和高密度纤维板；根据板坯成型工艺可分为湿法纤维板、干法纤维板和定向纤维板；按后期处理方法不同又可分为普通纤维板和特殊纤维板。

纤维板具有材质均匀、纵横强度差小、不易开裂等优点。但纤维板的背面有网纹，造成板材两面表面积不等，吸湿后因产生膨胀力差异而使板材翘曲变形；硬质板材表面坚硬，钉钉困难，耐水性差；干法纤维板虽然避免了某些缺点，但成本较高。

(1)中密度纤维板

指以木质纤维或其他植物素纤维为原料，经纤维制备，施加合成树脂，在加热加压条件下，压制成厚度≥1.5 mm，名义密度范围在0.65~0.80 g/cm^{3}之间的板材。根据国家标准《中密度纤维板》(GB/T 11718—2009)的规定，中密度纤维板按其使用环境条件分为干燥、潮湿、高湿度、室外用中密度纤维板；按其使用功能分为普通型、家具型和承重型中密度纤维板；按其附加功能分为阻燃（FR)、防虫害(I)和抗真菌(F)等类型；按其外观质量分为优等品和合格品。板材幅面长度为2440 mm，幅面宽度为1220(或1830)mm。

中密度纤维板结构均匀，密度和强度适中，有较好的再加工性，产品厚度范围较宽，具有多种用途，如家具、装修等用板材。

(2)难燃中密度纤维板

难燃中密度纤维板除了具有普通中密度纤维板的优点外，还具有良好的阻燃性。难燃中密度纤维板分为室内用、室内防潮用和室外用三类。板材幅面长度为2440 mm，幅面宽度为1220(或1830)mm。

(3)湿法硬质纤维板

指以木质纤维或其他植物素纤维为原料，板坯成型含水率高于20%，且主要是运用纤维间的黏性与其固有的黏合特性使其结合的纤维板，其密度>800 kg/m^3。按其使用环境条件分为干燥、潮湿、高湿和室外条件下使用的普通用板，干燥和潮湿条件下使用的承载用板。

硬质纤维板产品厚度在3～8 mm之间，强度较高，3～4 mm厚度的硬质纤维板可代替9～12 mm锯材薄板材使用。适用于室内墙壁、门窗、家具及车船等装修。

3. 刨花板

刨花板是由木材碎料（木刨花、锯末或类似材料）或非木材植物碎料（亚麻屑、甘蔗渣、麦秸、稻草或类似材料）与胶黏剂一起热压而成的板材。

刨花板按其所使用的原料分为木材、甘蔗渣、亚麻屑、麦秸、竹材和其他原料刨花板；按其密度分为低密度（0.25～0.45 g/cm^3）、中密度（0.55～0.70 g/cm^3）、高密度（0.75～1.3 g/cm^3）三种，但通常生产的密度多为0.65～0.75 g/cm^3的刨花板；按其表面状态分为未砂光板、砂光板、涂饰板和装饰材料饰面板（如装饰单板、浸渍胶膜纸、装饰层压板、薄膜等）；按板的构成分为单层结构、三层结构、多层结构和渐变结构刨花板；按其用途分为在干燥状态下使用的普通用板、在干燥状态下使用的家具及室内装修用板、在干燥状态下使用的结构用板、在潮湿状态下使用的结构用板、在干燥状态下使用的增强结构用板和在潮湿状态下使用的增强结构用板。

刨花板的公称厚度为4 mm、6 mm、8 mm、10 mm、12 mm、14 mm、16 mm、19 mm、22 mm、25 mm、30 mm等；幅面尺寸为1220 mm×2440 mm。

刨花板具有良好的绝热、吸声性能；内部为交叉错落结构的颗粒状，各部方向的性能基本相同，横向承重力好；表面平整，纹理逼真，密度均匀，厚度误差小，耐污染，耐老化，美观，可进行各种贴面；在生产过程中，用胶量较小，环保系数相对较高等优点。但有释放游离甲醛污染环境的缺点。主要用于家具和建筑工业及火车、汽车车厢制造。

11.2.2　木质地板

木质地板具有自重轻、弹性好、脚感舒适、导热性小、冬暖夏凉等特性，满足了人们回归自然、追求质朴的心理，备受消费者的青睐。

1. 条木地板

条木地板是室内使用最普遍的木质地面，空铺条木地板由龙骨、地板等部分构成。地板有单层和双层两种，双层者下层为毛板，面层为硬木条板，硬木条板多选用水曲柳、柞木、枫木、柚木、榆木等硬质树材，单层条木板常选用松、杉等软质树材。条板宽度一般不大于120 mm，板厚为20～30 mm，材质要求采用不易腐朽和不易变形开裂的优质板材。条木地板适用于办公室、会议室、休息室、宾馆客房、舞台、住宅等地面的装饰。

2. 拼花木地板

拼花木地板是用阔叶树种的硬木材，经干燥处理并加工成一定几何尺寸的木块，再拼成一定图案而成的地板材料。它分双层和单层两种，两者面层均为拼花硬木板层，双层者下层为毛板层。面层拼花板材多选用水曲柳、柞木、核桃木、栎木、榆木、槐木、柳桉等质地优良、不易腐朽开裂的硬木树材。拼花小木条的尺寸一般为长250～300 mm，宽40～60 mm，板厚20～25 mm，木条一般均带有企口。拼花木地板坚硬而富有弹性、耐磨、耐腐蚀、质感和光泽好、纹理美观，一般均经过远红外线干燥，含水率恒定，因而外形稳定，易保持地面平整而不变形。拼花地板适用于高级宾馆、饭店、别墅、会议室、展览室、体育馆、影剧院及住宅等的地面装饰。

3. 复合木地板

复合木地板，也叫强化木地板、强化地板，一般是由四层材料复合组成，即耐磨层、装饰层、高密度基材层、平衡(防潮)层，是用一层或多层专用纸浸渍热固氨基树脂，铺装在刨花板、高密度板等人造板基材表面，背面加平衡层、正面加装饰层和耐磨层，经热压而成。其幅面尺寸为(600～2430)mm×(60～600)mm，厚度为6～15 mm。复合木地板耐磨、抗菌、耐污、隔音降噪，脚感舒适，色彩、花样丰富，色泽均匀，可以仿真各种天然或人造花纹，装饰效果好。其基材采用速生林材制造，成本较实木地板低廉，同时可以规模化生产，相对性价比高。安装简便，其四边设有榫槽，安装时只需将榫槽相互契合，形成精确咬接即可，可直接安装在地面或其他地板表面，可以从房间的任意处开始铺装，简单快捷。

11.3 其他木质类装饰制品

建筑装饰木材

1. 木装饰线材

木装饰线材是选用硬质、纹理清晰、木质较好的木材，经干燥处理后，用机械或手工加工而成。木质装饰线材在室内装饰中起到固定、连接、加强饰面装饰效果的作用，可作为装饰工程中各平面相接处、相交处、分界面、层次面、对接面的衔接口、交接条等的收边封口材料。木线材的品种规格繁多，从材质上分，有硬质杂木线、水曲柳木线、核桃木线等；从功能上分，有压边线、墙腰线、天花角线、弯线、挂镜线、楼梯扶手等；从款式上分，有外凸式、内凹式、凸凹结合式、嵌槽式等。

2. 旋切微薄木

旋切微薄木是以色木、桦木或多瘤的树根为原料，经水煮软化后，旋切成厚0.1 mm左右的薄片，再用胶黏剂黏贴在坚韧的纸上，制成卷材。或者，采用柚木、水曲柳、柳桉等树材，通过精密旋切，制得厚度为0.2～0.5 mm的微薄木。再采用先进的胶黏工艺和胶黏剂，黏贴在胶合板基材上，制成微薄木贴面板。旋切微薄木花纹美丽动人，材色悦目，真实感和立体感强，具有自然美的特点。采用树根瘤制作的微薄木，具有鸟眼花纹的特色，装饰效果更佳。微薄木主要用作高级建筑的室内墙、门及橱柜等家具的饰面。在采用微薄木装饰立面时，应根据其他花纹的美观和特点区别其上下端，施工安装时，应注意将树根方向向下、树梢在上。为了便于使用，在生产微薄木贴面板时，板背盖有经验印记，有印记的一端即为树根方向。建筑物室内采用微薄木装饰时，在决定采用树种的同时，还应考虑家具色调、灯具灯光、以及其他附件的陪衬颜色，以求获得更好地互相辉映。

3. 木花格

木花格是模板和枋木制作成具有若干个分格的木架，这些分格的尺寸或形状一般都各不相同。木花格宜选用硬木或杉木树材制作，并要求材质木节少、木色好，无虫蛀和腐朽等缺陷。用天然木材制作的木花格，有木材质朴、典雅的质感，表面纹理清晰，整体造型别致。我国古代即用木花格作门窗、屏风、隔墙、栏杆、亭楼、榭等各类建筑装饰，是东方文化特有的建筑装饰形式。现代建筑中木花格除单独应用以外，还常常配以玻璃板、金属板、塑料板、壁纸、涂料墙面等打底，作墙面、顶棚等建筑部位的装饰，营造具有“东方古典”元素的美学效果，起到调整室内装饰格调、改进空间效果和提高室内艺术质量等作用。

模块小结

木材按树叶分为针叶树和阔叶树。建筑使用的木材是树木的木质部，分心材和边材两部分。木材的最大特点是各向异性，即各方向的物理力学性质有很大差异。木材的另一个重要特点是含水率不同，对木材各项性能的影响不同。在现代建筑中，由于木材具有轻质高强，弹性、韧性好，导热系数小，耐久性好，装饰性好，易于加工，安装施工方便等独特的优良性，使其在建筑工程中，尤其是装饰领域，有着重要的地位。

技能抽查题

一、单项选择

1. 吸湿和解吸是指(　　)的吸收和排除。

A. 自由水　　B. 吸着水　　C. 化合水　　D. 游离水

2. 以下哪个指标是影响木材强度和湿胀干缩的临界值？(　　)

A. 吸水率　　B. 含水率　　C. 平衡含水率　　D. 纤维饱和点

3. 确定木材强度的等级依据是(　　)。

A. 顺纹抗压强度　　B. 顺纹抗拉强度

C. 抗弯强度　　D. 顺纹抗剪强度

二、多项选择

1. 建筑工程中，木材应用最广的强度是(　　)。

A. 顺纹抗压强度　　B. 顺纹抗拉强度

C. 抗弯强度　　D. 抗剪强度

2. 木材含水率变化对以下(　　)影响较大。

A. 顺纹抗压强度　　B. 顺纹抗拉强度

C. 抗弯强度　　D. 顺纹抗剪强度

三、判断

1. 胶合板可消除各向异性及木节缺陷的影响。(　　)

2. 木材的含水率增大时，体积一定膨胀；含水率减少时，体积一定收缩。(　　)

3. 当夏材率高时，木材的强度高，表观密度也大。(　　)

四、案例分析

有不少住宅的木地板使用一段时间后出现接缝不严，但亦有一些木地板出现起拱。请分析原因。

模块十二　金属装饰材料

能力目标	知识目标
1. 具有在不同部位选用不同金属装饰材料的能力 2. 具有鉴别金属装饰材料好坏的能力	1. 熟悉金属装饰材料的定义、分类 2. 掌握常用金属装饰材料的性能和应用 3. 了解金属装饰材料的制作

本模块推荐学习标准：
《彩色涂层钢板及钢带》(GB/T 12754—2019)
《建筑用轻钢龙骨》(GB/T 11981—2008)
《铝合金门窗》(GB/T 8478—2008)

金属装饰材料具有独特的光泽和颜色，作为建筑装饰材料，金属庄重华贵，经久耐用，均优于其他各类建筑装饰材料。近代将各种涂层、着色工艺用于金属材料，不但大大改善了金属材料的抗腐蚀性能，而且赋予了金属材料以多变、华丽的外表，更加确立了其在建筑装饰艺术中的地位。装饰用金属材料主要有铝及铝合金制品、钢材制品、不锈钢制品及铜制品等。在建筑装饰工程中主要应用的是金属材料的板材、型材及其制品。

12.1　建筑装饰用钢材制品

装饰钢材

目前，建筑装饰工程中常用的钢材制品主要有不锈钢板及其制品，彩色不锈钢板，彩色涂层钢板及轻钢龙骨等。

12.1.1　不锈钢及其制品

1. 不锈钢的一般特性

普通钢材容易锈蚀，钢材的锈蚀有化学腐蚀和电化学腐蚀两种，以电化学锈蚀为主。

不锈钢是指在钢中加入以铬(Cr)元素为主加元素的合金钢。不锈钢耐腐蚀的原理是因为铬的性质比较活泼，能首先与周围环境中的氧化合，生成一层与钢基体牢固结合的致密氧化层膜，使合金钢不再受到氧的锈蚀作用，从而达到保护钢材的目的。一般不锈钢中铬元素含量应大于12%，以保证钢材有很好的抗腐蚀性。不锈钢中还含有镍(Ni)、锰(Mn)、钛(Ti)、硅(Si)等元素，这些元素都能影响不锈钢的强度、塑性、韧性等性能。

不锈钢按其化学成分不同可分为铬不锈钢、铬镍不锈钢、高锰低铬不锈钢等；按不同耐腐蚀的特点，又可分为普通不锈钢(耐大气和水蒸气侵蚀)和耐酸钢(除对大气和水有抗蚀能力外，还对某些化学介质，如酸、碱、盐具有良好的抗蚀性)两类；按光泽度不同有亚光不锈钢和镜面不锈钢。

建筑装饰工程中常用的不锈钢有1Cr17、0Cr18Ni8、0Cr17Ti、1Cr17Ni8、1Cr17Ni9、1Cr17Mn等，其中不锈钢前面的数字表示平均含碳量的千分之几，当平均含碳量小于0.03%和0.08%时，钢号前面分别冠以“00”或“0”，合金元素的含量仍以百分数表示，具体数字在元素符号的后面。

不锈钢除了具有普通钢材的性质外，还具有极好的抗腐蚀性和表面光泽度。不锈钢表面经加工后，可获得镜面般光亮平滑的效果，光反射比可达90%以上，具有良好的装饰性，是极富现代气息的装饰材料。

2. 不锈钢装饰制品

不锈钢可制成板材、型材和管材等。其中在装饰工程中应用最多的为板材，一般均为薄板，厚度不超过2 mm。不锈钢板可用于建筑物的墙柱面装饰、电梯门及门贴脸、各种装饰压条、隔墙、幕墙、屋面等，不锈钢管可制成栏杆、扶手、隔离栅栏和旗杆等，不锈钢型材可用于制作柜台、各种压边等。不锈钢龙骨光洁、明亮，具有较强的抗风压能力和安全性，主要用于高层建筑的玻璃幕墙中。

目前，不锈钢包柱被广泛应用于大型商场、宾馆、餐厅等的大厅、入口、门厅、中庭等处。这是由于不锈钢包柱不仅是一种新颖的、具有很高观赏价值的装饰手法，而且由于镜面反射作用，可取得与周围环境中的色彩、景物交相辉映的效果。同时，在灯光的配合下，还可形成晶莹明亮的高光部分，形成空间环境中的兴趣中心，对空间环境的效果起到强化、点缀和烘托的作用。

12.1.2　彩色钢板

彩色钢板主要包括两类：彩色不锈钢板、彩色涂层钢板和彩色压型钢板。

1. 彩色不锈钢板

彩色不锈钢板是在不锈钢板上用化学镀膜的方法进行着色处理，使其表面具有各种绚丽色彩的不锈钢装饰板。其颜色有蓝、灰、紫、红、青、绿、金黄、橙、茶色等多种。

彩色不锈钢板抗腐蚀性强，彩色面层经久不褪色，光泽度高，且色泽随光照角度的改变会产生色调变换，彩色面层能耐200℃的高温，弯曲180℃彩色面层不会损坏，耐盐雾腐蚀性超过一般不锈钢，耐磨性和耐刻划性能相当于箔层镀金的性能。彩色不锈钢板可用作高级建筑物的厅堂墙板、天花板、电梯厢板、车厢板、自动门、招牌和建筑装潢等。采用彩色不锈钢板装饰墙面，不仅坚固耐用，美观新颖，而且具有强烈的时代感。

2. 彩色涂层钢板

彩色涂层钢板又称彩涂板，是在经过表面预处理的基板上连续涂覆有机涂料，然后进行烘烤固化而成的产品，常用的有机涂层有聚氯乙烯、聚丙烯酸酯、环氧树脂等。有机涂层可以配制各种不同色彩和花纹，故称之为彩色涂层钢板。

彩色涂层钢板兼有钢板和表面涂层二者的性能，在保持钢板强度和刚度的基础上，增加了钢板的防锈蚀性能。

彩色涂层钢板具有良好的耐锈蚀性和装饰性，涂层附着力强，可长期保持新鲜的颜色，并且具有具有良好的耐污染、耐高低温、耐沸水浸泡性，绝缘性好，加工性能好，可切割、弯曲、钻孔、铆接、卷边等。彩色涂层钢板可用作建筑物内外墙板、吊顶、屋面板、护壁板、门面招牌的底板等，还可用作防水渗透板、排气管、通风管、耐腐蚀管道、电器设备罩、汽车外壳等。

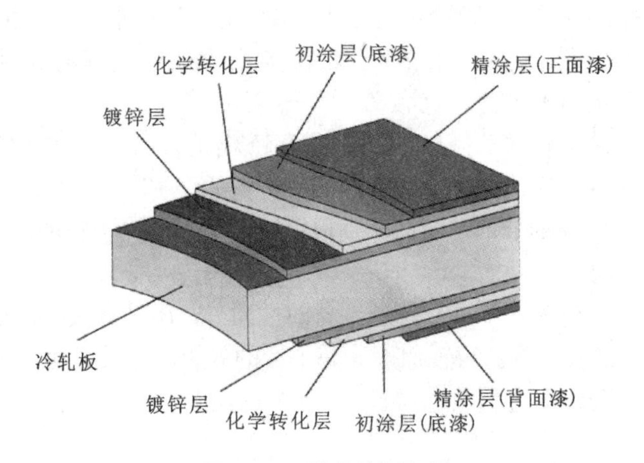

图 12－1　彩色涂层钢板

彩色涂层钢板在用作建筑物的围护结构时(如外墙板和屋面板)，往往与岩棉板、聚苯乙烯泡沫板等保温隔热材料制成复合板材，从而达到保温隔热的要求和良好的装饰效果。

3. 彩色压型钢板

压型钢板是使用冷轧板、镀锌板、彩色涂层板等不同类型的薄钢板，经辊压、冷弯而成。压型钢板的截面可呈 V 形、U 形、梯形或类似于这几种性状的波形。

压型钢板具有质量轻、波纹平直坚挺、色彩丰富多样、造型美观大方、耐久性好、抗震性及抗变形性好、加工简单和施工方便等特点，广泛应用于各类建筑物的内外墙面、屋面、吊顶等的装饰，以及轻质夹芯板材的面板等。

图 12－2　彩色压型复合钢板

以彩色压型钢板为面层，以结构岩棉或玻璃棉、聚苯乙烯等为芯材，用特种黏结剂黏结复合而成的彩色复合钢板，既保温隔热又可防水，主要应用于钢筋混凝土或钢结构框架体系建筑的外围护墙、屋面及房屋夹层等。

12.1.3　轻钢龙骨

轻钢龙骨是安装各种罩面板的骨架，轻钢龙骨是以镀锌钢带或薄钢板由特制轧机以多道工艺轧制而成的薄壁型材。轻钢龙骨配以不同材质、不同花色的罩面板，不仅改善了建筑物的热学、声学特性，也直接造就了不同的装饰艺术和风格。

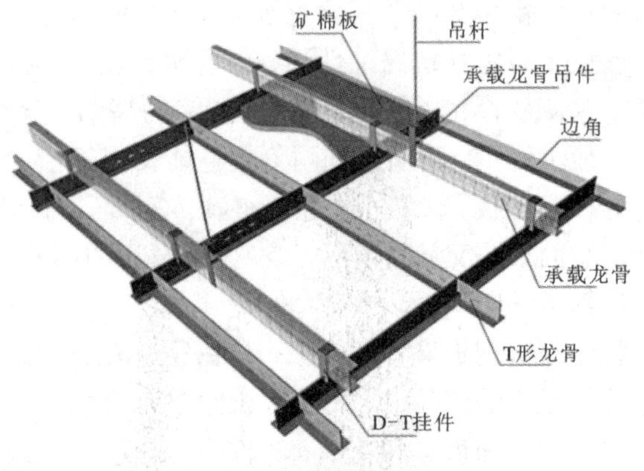

图 12－3　轻钢龙骨组装示意图

轻钢龙骨从断面上分有 U 形、C 形、T 形及 L 形；从用途上分有吊顶龙骨(代号 D)、隔断龙骨(代号Q)，吊顶龙骨有主龙骨(又叫大龙骨、承重龙骨)、次龙骨(又叫覆面龙骨，包括中龙骨和小龙骨)，隔断龙骨有竖龙骨、横龙骨和通贯龙骨之分。

轻钢龙骨具有自重轻、刚度大、防火、抗震性能好、可装配化施工，适应多种板材的安装，适用于多种建筑物屋顶的造型装饰、建筑物的内外墙体及棚架式吊顶的基础材料。

12.2　建筑装饰用铝合金制品

12.2.1　铝及铝合金的性质

铝元素在地壳组成中占第三位，约占8.13%，仅次于氧和硅。铝在自然界中以化合物状态存在，纯铝是通过从铝矿石中提取Al_2O_3，再经电解、提炼而得的。

铝属于有色金属中的轻金属，密度为2.7 g/cm^3，熔点较低，为660℃，外观呈银白色，对光和热的反射能力强，因此常用来制造反射镜、冷气设备的屋顶等；铝有很好的导电性和导热性，所以常用来制造导电材料、导热材料和蒸煮器皿等；铝在低温环境中强度和韧性不下降，因此铝常作为低温材料用于航空和航天工程及制造冷冻食品的储运设备等；铝有很好的延展性和塑性，可加工成管材、板材线材、铝箔(厚度6～25 μm)等。

铝是活泼的金属元素，它和氧的亲和力很强，暴露在空气中，易生成一层致密而坚硬的氧化铝薄膜，可阻止铝继续氧化，从而起到保护作用，所以铝在大气中的耐腐蚀性较强。但氧化铝薄膜的厚度仅为0.1 μm左右，因而它的耐腐蚀性也是有限的，铝不能与酸、碱接触，否则将产生化学反应而被腐蚀。铝的电极电位很低，当与电极电位高的金属接触并有电解质(水、汽等)存在时，会形成微电池而遭受到腐蚀，因此使用铝制品时要避免与电极电位高的金属接触。

纯铝的强度和硬度较低(屈服强度为80～100 MPa，硬度为17～44 HB)，为了提高铝的强度，改变铝的某些性能，在铝中加入适量的镁、铜、锰、锌、硅等合金元素形成铝合金，如Al－Mn合金、Al－Mg合金、Al－Mg－Si合金、Al－Cu合金、Al－Zn－Mg－Cu合金等。铝合金既保持了铝质量轻的特性，同时力学性能大大提高(屈服强度可达210～500 MPa，抗拉强度可达380～550 MPa)。铝合金与碳素钢相比，比强度为钢的几倍，弹性模量约为钢的1/3，线膨胀系数约为钢的2倍。铝合金由于弹性模量小，因此刚度和承受弯曲变形的能力较小，但由温度变化引起的内应力也较小。其主要缺点是弹性模量小，热膨胀系数大，耐热性低，焊接需采用惰性气体保护等焊接新技术。

铝合金以其特有的结构和独特的建筑装饰效果，广泛应用于建筑装饰工程中，主要用来制作铝合金装饰板、铝合金门窗、铝合金框架幕墙、铝合金屋架、铝合金吊顶、铝合金隔断、铝合金柜台、铝合金栏杆扶手以及其他室内装饰等。其中Al－Mg－Si合金是目前制作铝合金门窗、幕墙等铝合金装饰制品的主要基础材料。

12.2.2　建筑装饰用铝合金制品

建筑上常用的铝合金制品有铝合金装饰板、铝合金门窗、铝合金型材、铝箔、铝粉以及铝合金龙骨等。

铝合金装饰材料

1. 铝合金装饰板

铝合金装饰板属于现代较为流行的建筑装饰材料，具有质量轻、不燃烧、强度高、刚度好、经久耐用、易加工、表面形状多样(光面、花纹面、波纹面及压型等)、色彩丰富、防腐蚀、防火、防潮等优点，适用于公共建筑的内、外墙面和柱面。在商业建筑中，入口处的门脸、柱面、招牌的衬底使用铝合金装饰板时，更能体现建筑物的风格，吸引顾客注目。铝合金装饰板的应用特点是：进行墙面装饰时，在适当部位采用铝合金装饰板，与玻璃幕墙或大玻璃窗配合使用，可使易碰、形状复杂的部位得以顺利过渡，且达到突出建筑物线条流畅的效果。

(1)铝合金花纹板

铝合金花纹板是采用防锈铝合金坯料，用具有一定花纹的轧辊轧制而成的一种铝合金装饰板。铝合金花纹板具有花纹美观大方，筋高适中，防滑、防腐蚀性能好，不易磨损，便于清洗等特点，且板材平整，裁剪尺寸精确，便于安装，广泛应用于现代建筑的墙面装饰以及楼梯踏步等处。

铝合金浅花纹板也是优良的建筑装饰材料之一，它对白光反射率达75% ~90%，热反射率达85% ~95%，除具有普通铝合金共有的优点外，刚度提高20%，抗污垢、抗划伤能力均有所提高。铝合金浅花纹板色泽丰富、花纹精致别致，是我国特有的建筑装饰产品。

(2)铝合金波纹板

铝合金波纹板是用机械轧辊将板材轧成一定的波形后而制成的。其自重轻，有银白色等多种颜色，既有一定的装饰效果，也有很强的反射阳光的能力。它能防火、防潮、耐腐蚀，在大气中可使用20年以上，可多次拆卸，重复使用。波纹板适用于建筑物墙面和屋面的装饰。屋面装饰一般用强度高、耐腐蚀性能好的防锈铝制成；墙面板材可用防锈铝或纯铝制作。

(3)铝合金压型板

铝合金压型板是用防锈铝毛坯料轧制而成，板型有波纹型和瓦楞型。其质量轻，外形美观，耐腐蚀，耐久性好，安装容易，施工简单，经表面处理可得到多种颜色，是目前广泛应用的一种新型建筑装饰材料，主要用于墙面和屋面。

(4)铝合金穿孔板

铝合金穿孔板是用各种铝合金平板经机械穿孔而成。其孔径为6 mm，孔距为10 ~14 mm，孔型根据需要做成圆孔、方孔、长圆孔、长方孔、三角孔、大小组合孔等。铝合金穿孔板既突出了板材质轻、耐高温、耐腐蚀、防火、防潮、防震、化学稳定性好等特点，又可以将孔型处理成一定图案，立体感强，装饰效果好。同时，内部放置吸声材料后可以解决建筑中吸声的问题，是一种降噪兼装饰双重功能的理想材料。

铝合金穿孔板可用于宾馆、饭店、影剧院、播音室等公共建筑和高级民用建筑中以改善音质条件，也可用于各类噪音大的车间、厂房和计算机房等的天棚或墙壁作为降噪材料。

(5)铝塑板

铝塑板是一种复合材料，它是将氯化乙烯处理过的铝片用黏结剂覆贴到聚乙烯板上而制成的。按铝片覆贴位置不同，铝塑板有单层板和双层板之分。

铝塑板的耐腐蚀性、耐污染性和耐候性较好，可制成多种颜色，装饰效果好，施工时可弯折、截割，加工灵活方便。与铝合金板材相比，具有质量轻、造价低、施工简便等优点。铝塑板可用作建筑物的幕墙饰面、门面及广告牌等处的装饰。

2. 铝合金门窗

铝合金门窗是将表面处理过的铝合金型材，经下料、打孔、铣槽、攻丝、制作等加工工艺而制成的门窗框料构件，再与玻璃、连接件、密封材料和开闭五金配件一起组合装配而成的。在现代建筑装饰工程中，尽管铝合金门窗比普通门窗的造价高 3 ~4 倍，但因其长期维修费用低、性能好、美观、节约能源等，故仍得到广泛应用。另外，还可用高强度铝花格制成装饰性极好的高档防盗铝合金门窗。

铝合金门窗按用途分外墙用（W）和内墙用（N），按使用功能分普通型（PT）、隔声型（GS）、保温型（BW）和遮阳型（ZY），按开启形式分平开旋转类、推拉平移类和折叠类，其产品系列按门、窗框在洞口深度方向的设计尺寸（门、窗框厚度构造尺寸，单位 mm）划分。

（1）特点

与普通木门窗、钢门窗相比，铝合金门窗的主要特点如下：

①铝合金门窗省材、质量轻。每平方米用铝型材量平均为 8 ~12 kg，而每平方米钢门窗耗钢量平均为 17 ~20 kg，故铝合金门窗的质量比钢的轻 50% 左右。

②性能好。尤其是密封性好，其气密性、水密性、隔声性均比普通门窗好，故对安装空调设备的建筑和对防尘、隔声、保温隔热有特殊要求的建筑，更适宜采用铝合金门窗。

③色泽美观。铝合金门窗框料型材表面可进行着色处理，可着银白色、古铜色、暗红色、黑色等多种颜色或带色的花纹，还可涂装聚丙烯酸树脂装饰膜使表面光亮。

④铝合金门窗造型新颖大方、线条明快、色泽柔和，提升了建筑物立面和内部的装饰性。

⑤耐腐蚀，使用维修方便。铝台金门窗不需涂漆，它不褪色、不脱落、表面不要维修。

⑥铝合金门窗强度较高，刚性好，坚固耐用，零件经久不坏，开关灵活轻便、无噪声。

⑦便于进行工业化生产。铝合金门窗的加工、制作、装配、试验都可在工厂进行，有利于实现产品设计标准化、系列化，零配件通用化，产品的商品化。

（2）技术性能

铝合金门窗各项技术性能指标应符合国家标准《铝合金门窗》（GB/T 8478—2008），主要检验项目有：

①抗风压性能：测定铝合金门窗的抗风压性能是在压力箱内进行压缩空气加压试验，用所加风压的等级来表示，单位为 kPa，共分 9 级，测定时门窗相对挠度最大值为 20 mm。

②气密性：铝合金门窗在压力试验箱内，使门窗的前后形成一定的压力差，用每平方米面积每小时的通气量（m^3）来表示门窗的气密性，单位为 $m^3/(h \cdot m^2)$，共分 8 级。一般性能的铝合金门窗前后压力差为 10 Pa 时，气密性不大于 12 $m^3/(h \cdot m^2)$，高密封性能的铝合金门窗不大于 1.5 $m^3/(h \cdot m^2)$。

③水密性：铝合金门窗在压力试验箱内，对窗的外侧施加周期为 25 的正弦波脉冲压力，同时向窗内每分钟每平方米喷射 4 L 的人工降雨，进行连续 10 min 的风雨交加的试验，在室内一侧不应有可见的漏渗水现象。水密性用水密性试验施加的脉冲风压平均压力表示，单位为 Pa，共分 6 级。一般性能铝合金门窗为 100 Pa，抗台风的高性能窗可达 700 Pa。

④开闭力：装好玻璃后，窗扇打开或关闭所需外力应在不大于 50 N。

⑤保温性：以门、窗传热系数值[$W/(m^2 \cdot K)$]表示，共分为 10 级，保温性最好的门、窗传热系数小于 1.1 $W/(m^2 \cdot K)$。

⑥隔声性：在音响试验室内对铝合金门窗的音响声透过损失进行试验发现，当声频达到

一定值后，铝合金门窗的响声透过损失趋于恒定，这样可测出隔声性能的等级曲线。有隔声要求的铝合金窗，响声透过损失可达25 dB，即响声透过铝合金窗声级可降低25 dB。高隔声性能的铝合金窗，响声透过可降低30～45 dB。

⑦反复启闭性能：门反复启闭应不少于10万次，窗的反复启闭应不少于1万次，使用无障碍。

3. 铝合金型材

铝合金型材是将铝合金锭坯按需要长度锯成坯段，加热到400～450℃，送入专门的挤压机中，连续挤出型材。挤出的型材冷却到常温后，切去两端斜头，在时效处理炉内进行人工时效处理，消除内应力，经检验合格后再进行表面氧化和着色处理，最后形成成品。

建筑用铝合金型材所使用的合金，主要是铝镁硅合金，它具有良好的耐蚀性能和机械加工性能，广泛用于加工各种门窗、建筑幕墙的框架及建筑工程的内外装饰制品。目前建筑装饰用铝合金型材主要有阳极氧化型材、电泳涂漆型材、粉末喷涂型材、氟碳漆喷涂型材和隔热型材。

在装饰工程中，常用的铝合金型材有窗用型材、门用型材、柜台型材、幕墙型材等。

4. 铝箔与铝粉

铝箔是用纯铝或铝合金加工成6.3～200 μm的薄片制品。铝箔具有良好的防潮、绝热性能，在建筑及装饰工程中可作为多功能保温隔热材料和防潮材料来使用，如卷材铝箔可用作保温隔热窗帘，板材铝箔(如铝箔波形板、铝箔泡沫塑料板等)常用在室内，通过选择适当色调图案，可同时起很好的装饰作用。

铝粉(俗称“银粉”)是以纯铝箔加入少量润滑剂，经捣击压碎成为极细的鳞状粉末，再经抛光而成。铝粉质轻，漂浮力强，遮盖力强，对光和热的反射性能均很高。经适当处理后，也可变成不浮性铝粉。在建筑工程中铝粉常用来制备各种装饰涂料和金属防锈涂料，也可用于土方工程中的发热剂和加气混凝土中的发气剂。

5. 铝合金龙骨

铝合金龙骨是以铝合金板材为主要原料，轧制成各种轻薄型材后组合安装而成的一种金属骨架。与之配套的是硅钙板和矿棉板等，是室内吊顶装饰中常用的一种材料，可以起到支架、固定和美观的作用。按用途分为隔墙龙骨和吊顶龙骨。

铝合金龙骨具有自身质量轻、刚度大、防火、耐腐蚀、华丽明净、抗震性能好、加工方便、安装简单等特点，适用于外露龙骨的吊顶装饰。

12.3 其他金属装饰材料

12.3.1 铜及铜合金

在古建筑中，铜材是一种高档的装饰材料，多用于宫廷、寺庙、纪念性建筑以及商店铜字招牌等。在现代建筑装饰中，铜材仍是集古朴与华贵于一身的高级装饰材料，可用于高级宾馆、饭店、商厦等建筑中的柱面、楼梯扶手、栏杆、防滑条等，使建筑物显得光彩夺目、美观雅致、光亮耐久，并烘托出华丽、高雅的氛围。除此之外，铜材还可用于制作外墙板、把手、门锁、五金配件等。

纯铜由于强度不高，且价格较贵，因此在建筑工程中更广泛使用的是在铜中掺入锌、锡等元素形成的铜合金。铜合金既保持了铜的良好塑性和高抗腐蚀性，又改善了纯铜的强度、硬度等力学性能。建筑工程常用的铜合金有黄铜（铜锌合金）和青铜（铜锡合金）。

铜合金经挤压或压制可形成不同横断面形状的型材，有空心型材和实心型材，可用来制造管材、板材、线材、固定件及各种机器零件等。铜合金型材也具有铝合金型材类似的特点，可用于门窗的制作，也可以作为骨架材料装配幕墙。以铜合金型材作骨架，以吸热玻璃、热反射玻璃、中空玻璃等为立面形成的玻璃幕墙，一改传统外墙的单一面貌，使建筑物乃至城市生辉。

另外，用铜合金制成的各种铜合金板材（如压型板），可用于建筑物的外墙装饰，使建筑物金碧辉煌，光亮耐久。铜合金还可制成五金配件、铜门、铜栏杆、铜嵌条、防滑条、雕花铜柱和铜雕壁画等，广泛应用于建筑装饰工程中。铜合金的另一应用是铜粉，俗称“金粉”，是一种由铜合金制成的金色颜料，主要成分为铜及少量的锌、铝、锡等金属。铜粉常用来调制装饰涂料，代替“贴金”。

由于铜制品的表面易受空气中的有害物质的腐蚀，为提高其抗腐蚀能力和耐久性，可在铜制品的表面用镀钛合金等方法进行处理，从而能极大地提高其光泽度，增加铜制品的使用寿命。

12.3.2　金箔

金箔是以黄金为原料而制成的一种极薄的饰面材料，黄金由于具有良好的延展性和可塑性，一克黄金可以打制成约 0.5 平方米的金箔，厚度为 0.12 μm。金箔有艳丽的黄色，性质稳定，永久不变色、抗氧化、防潮湿、耐腐蚀、防辐射。

金箔广泛应用于佛像贴金、雕梁画栋贴金、牌匾楹联、装饰用贴金。

模块小结

用于建筑金属装饰材料，主要为铁、铝、铜、金及其合金。特别是钢和铝合金更以其优良的机械性能、较低的价格而被广泛应用。在建筑装饰工程中主要应用的是金属材料的板材、型材及其制品。金属装饰材料具有独特的光泽和颜色，作为建筑装饰材料，金属庄重华贵，经久耐用，均优于其他各类建筑装饰材料。

技能抽查题

一、单项选择题

1. 不锈钢是含铬（　　）以上，具有耐腐蚀性能的铁基合金。

A. 18%　　B. 15%　　C. 12%　　D. 10%

2. 彩色不锈钢板的彩色面层能耐（　　）的温度。

A. 300℃　　B. 250℃　　C. 200℃　　D. 150℃

3. 轻钢吊顶龙骨的代号是（　　）。

A. C　　B. D　　C. Q　　D. G

4. 黄铜是铜与(　　)组成的合金。

A. 锡　　B. 镍　　C. 铅　　D. 锌

5. 金箔是用(　　)制作而成的。

A. 黄金　　B. 黄金 + 铜　　C. 黄金 + 不锈钢　　D. 黄金 + 铂

二、多项选择题

1. 建筑装饰工程中常用的钢材制品主要有(　　　　)。

A. 塑钢制品　　B. 轻钢龙骨　　C. 不锈钢　　D. 彩色涂层钢板

2. 彩色涂层钢板在建筑业室外用于(　　　　)。

A. 天花板　　B. 街头候车亭　　C. 屋顶结构　　D. 卷帘门

3. 轻钢隔墙龙骨分为(　　　　)。

A. 竖龙骨　　B. 横龙骨　　C. 交龙骨　　D. 通贯龙骨

4. 装饰用铝合金吊顶制品有(　　　　)。

A. 铝合金门窗　　B. 铝合金龙骨　　C. 铝合金装饰板　　D. 铝箔

三、判断题

1. 铬与空气中的氧结合生成钝化膜，保护了合金钢不生锈。(　　)

2. 彩色不锈钢装饰板具有色彩纷呈，比原来的不锈钢具有更强的耐腐蚀性。(　　)

3. 轻钢龙骨是以镀锌钢带或薄钢板由特制轧机以多道工艺轧制成的骨架材料。(　　)

4. 用于建筑的铝合金是：铝镁铜合金，即锻铝合金。(　　)

模块十三 建筑塑料、涂料、胶黏剂

能力目标	知识目标
1. 能针对不同建筑部位选用不同建筑塑料、涂料、胶黏剂 2. 能分析处理因建筑塑料、涂料、胶黏剂等的质量原因引起的工程技术问题	1. 掌握建筑塑料、涂料、胶黏剂的特性和技术性质 2. 熟悉建筑塑料、涂料、胶黏剂的分类和特点 3. 了解常用建筑塑料、涂料、胶黏剂产品的性能和应用

本模块推荐学习标准：
《合成树脂乳液外墙涂料》(GB/T 9755—2014)
《复层建筑涂料》(GB/T 9779—2015)
《合成树脂乳液内墙涂料》(GB/T 9756—2018)

13.1 建筑塑料及其制品

13.1.1 塑料的组成和分类

塑料是以合成树脂为主要原料，加入其他添加剂后，在一定温度和压力下塑化成各种形状，而在常温常压下又能保持其形状不变的材料。用于建筑工程的塑料制品统称为建筑塑料。

1. 塑料的组成

(1)合成树脂

合成树脂简称树脂，是塑料组成材料中最主要的成分，它在塑料中起胶结作业，将其他材料牢固地胶结在一起。塑料的主要性质取决于所采用的树脂，塑料的名称也是按所含树脂的名称来命名的。常用的合成树脂有聚乙烯(PE)、聚丙烯(PP)、聚氯乙烯(PVC)、酚醛树脂(PF)、聚氨酯树脂(PU)、环氧树脂(EP)、聚甲基丙烯酸树脂(PMMA)等。

(2)塑料助剂

在塑料中加入塑料助剂的目的主要是为了改善加工性能，提高使用效能和降低成本。助剂在塑料用料中所占比例较少，但对塑料制品的质量却有很大影响。不同种类的塑料，因成型加工方法以及使用条件不同，所需助剂的种类和用量也不同。主要的助剂有以下几类：

①增塑剂。增塑剂能改善树脂成型时的可塑性和流动性，使其在较低的温度和压力下成型，还可以使塑料在使用条件下保持一定的弹性、韧性，改变塑料的低温脆性。常用的增塑剂有邻苯二甲酸二丁酯、邻苯二甲酸二辛酯、磷酸二甲酚酯、二苯甲酮、樟脑等。

②稳定剂。稳定剂能阻缓塑料变质，阻止或抑制树脂受热、光、氧和霉菌等外界因素作用而引发的老化和性能下降。常用的稳定剂有硬脂酸盐、铅的化合物及环氧化合物等。

③固化剂。固化剂能促使树脂固化、硬化，又称为硬化剂。它的作用是使树脂大分子链受热时发生交联，形成硬而稳定的体型网状结构。常用的固化剂有胺类、酸酐、过氧化物等。

④填充料。填充料可减少树脂用量，降低成本，还可通过强度和硬度，改善塑料性能，扩大使用范围。常用的填充料有石灰石粉、滑石粉、铝粉、炭黑、木粉及其他纤维等。

⑤着色剂。在塑料中加入着色剂可以使塑件具有鲜艳的色泽，提高了塑件的使用品质。着色剂应性能稳定，不易变色，不与其他成分(增塑剂、稳定剂等)起化学反应，着色力强；与树脂有很好的相容性。常用的着色剂有钛白粉、钛青蓝、甲苯胺红、氧化铁红等。

⑥其他塑料助剂。为使塑料能满足某些特殊要求，具有更好的性能，还需加入各种其他添加剂。如润滑剂、发泡剂、阻燃剂、防静电剂、导电剂和导磁剂等。

2. 塑料的分类

塑料的分类方法很多。通常可作如下分类。

(1)按使用特性分类

塑料按使用特性可分为通用塑料、工程塑料和特种塑料三种类型。

①通用塑料。通用塑料指产量大、用途广、成型性好、价格便宜的塑料。通用塑料有五大品种，即聚乙烯(PE)、聚丙烯(PP)、聚氯乙烯(PVC)、聚苯乙烯(PS)及丙烯腈－丁二烯－苯乙烯共聚合物(ABS)。

②工程塑料。工程塑料指能承受一定外力作用，具有良好的机械性能和耐高、低温性能，尺寸稳定性较好，可以用作工程结构的塑料。工程塑料主要有聚酰胺、聚甲醛、聚碳酸酯、改性聚苯醚、聚苯硫醚、聚砜、聚酰亚胺、聚醚醚酮等。

③特种塑料。特种塑料指具有特种功能的塑料。如氟塑料和有机硅具有突出的耐高温、自润滑等特殊功用，泡沫塑料具有高缓冲性，增强塑料和具有极高强度等。

(2)按理化特性分类

塑料按物理化学特性可分为热固性塑料和热塑料性塑料两种类型。

①热塑性塑料。热塑性塑料指加热后会熔化，可流动至模具冷却后成型，再加热后又会熔化的塑料，只要树脂不发生降解、交联或解聚等变化，这一过程可以反复进行。常用的热塑性塑料有聚乙烯、聚氯乙烯、聚丙烯、聚苯乙烯和聚甲基丙烯酸树脂。热塑料性塑料受热时变软，冷却时变硬，能反复软化和硬化并保持一定的形状，可溶于一定的溶剂，加热可熔融，具有优良的电绝缘性，易于成型加工，但耐热性较低，易于蠕变。

②热固性塑料。热固性塑料是指在受热或其他条件下能固化或具有不溶(熔)特性的塑料，典型的热固性塑料有酚醛塑料、聚酯树脂、玻璃纤维增强塑料、环氧塑料等。热固性塑料热加工成型后形成具有不熔的固化物，质地坚硬，再加强热则会分解破坏，它们具有耐热性高、受热不易变形等优点，但它不能反复加工。

13.1.2 塑料的特点

1. 优点

(1)质量轻，比强度高：塑料的密度为 0.9～2.2 g/cm^3 之间，是钢材的 1/5，混凝土的 1/3，铝的 1/2，与木材相近。塑料的比强度(强度与表观密度的比值)较高，已接近或超过钢材，约为混凝土的5～15倍，是一种优良的轻质高强材料。因此，塑料及其制品不仅应用于建筑装饰工程中，而且也广泛应用于航空、航天等许多军事工程。

(2)优良的加工性能：塑料可采用比较简单的方法制成各种形状的产品，如薄板、薄膜、管材、异形材料等，并可采用机械化的大规模生产。

(3)绝热性好，吸声、隔音性好：塑料制品的热导率小，其导热能力约为金属的1/600～1/500，混凝土的1/40，砖的1/20，泡沫塑料的热导率与空气相当，是理想的绝热材料。塑料(特别是泡沫塑料)可减小振动，降低噪音，是良好的吸声材料。

(4)化学稳定性能好。一般塑料均具有一定的抗酸、碱、盐等化学腐蚀的能力。有些塑料还能抗潮湿空气、蒸汽的腐蚀作用，在这方面它们大大地超过了金属。

(5)装饰性好：塑料制品不仅可以着色，而且色泽鲜艳持久，图案清晰。可通过照相制版印刷，模仿天然材料的纹理达到以假乱真的效果。还可通过电镀、热压、烫金制成各种图案和花型，使其表面具有立体感和金属的质感。

(6)功能的可设计性强：改变塑料的组成配方与生产工艺，可改变塑料的性能，生产出具有多种特殊性能的工程材料。如强度超过钢材的碳纤维复合材料；具有承重、保温、隔声的复合板材；柔软而富有弹性的密封、防水材料等。

(7)经济性：塑料制品是消耗能源低、使用价值高的材料。生产塑料的能耗低于传统材料，其范围为63～188 kJ/m^3，而钢材为316 kJ/m^3，铝材为617 kJ/m^3。塑料制品在安装使用过程中，施工和维修保养费用低，有些塑料产品还具有节能效果。如塑料窗保温隔热性好，可节省空调费用；塑料管内壁光滑，输水能力比铁管高30%，节省能源十分可观。因此，广泛使用塑料及其制品有明显的经济效益和社会效益。

2. 缺点

(1)耐热性差：塑料一般受热后都会产生变形，甚至分解。一般的热塑性塑料的热变形温度仅为80℃～120℃，热固性塑料的耐热性较好，但一般也不超过150℃。

(2)易燃烧：塑料遇火时很容易燃烧，而且燃烧迅速，放热量大，产生大量的浓烟和毒气。因此，在工程中使用时，应选用有阻燃性能的塑料，或采取必要的消防和防范措施。

(3)刚度小、易变形：塑料的弹性模量低，只有钢材的1/20～1/10，且在荷载的长期作用下易产生蠕变，因此，塑料用作承重材料时应慎重。

(4)易老化：塑料制品在阳光、大气、热及周围环境中的酸、碱、盐等的作用下，各种性能将发生劣化，甚至发生脆断、破坏等现象。

近年来，随着改性添加剂和加工工艺的不断发展，塑料制品的缺点也得到了很大改善，如在塑料中加入阻燃剂可使它成为具有自熄性和难燃性的产品等。总之，塑料制品的优点大于缺点，并且缺点是可以改进的，它必将成为今后建筑及装饰材料发展的重要品种之一。

13.1.3　常用的建筑塑料制品

1. 塑料地板

塑料地板是用塑料材料制成的地面覆盖材料。按其使用形状可分为块材(或地板砖)和卷材(或地板革)两种；按其材质可分为硬质、半硬质和软质(弹性)三种；按其色彩可分为单色和复色两种；按其基本原料可分为聚氯乙烯塑料、聚乙烯塑料和聚丙烯塑料等数种。

塑料地板的价格与地毯、木质地板、石材和陶瓷地面材料相比，其价格相对便宜；装饰效果好，其品种、花样、图案、色彩、质地、形状的多样化，能满足不同人群的爱好和各种用途的需要；兼具多种功能，足感舒适，有暖感，能隔热、隔音、隔潮；易于保养，易擦，易洗，易干，耐磨性好，使用寿命长。

2. 玻璃纤维增强塑料

玻璃纤维增强塑料又名玻璃钢，它是以玻璃纤维及其制品(玻璃布、带、毡、纱等)作为增强材料，以合成树脂作基体材料的一种复合材料。玻璃钢一般常用热固性树脂为胶结料，常用的树脂有酚醛、环氧、聚酯、有机硅等。

玻璃纤维增强塑料耐腐蚀性好，对大气和水的氧化以及一般浓度的酸碱盐等多种溶剂具有较强的抵抗能力；轻质高强，相对密度只有碳素钢的1/5～1/4，但拉伸强度却接近，甚至超过碳素钢，而比强度可以与高级合金钢相比；绝缘性能好，可用来制造绝缘体；绝热性能良好，热导率低，只有金属的1/1000～1/100；工艺性优良，可以根据产品的形状、技术要求、用途及数量来灵活地选择成型工艺，而且工艺简单。但是玻璃钢的弹性模量低、长期耐温性差、有老化现象、且剪切强度较低。

玻璃钢可以用作结构和采光材料，如制作玻璃钢门窗、建筑结构、围护结构、室内设备及装饰件、玻璃钢平板、波形瓦、装饰板、卫生洁具及整体卫生间、桑拿浴室、冲浪浴室，建筑施工模板、储仓建筑，以及太阳能利用装置等。

3. 塑料墙纸

塑料墙纸是以纸或其他材料为基材，在其表面进行涂塑后再经过印花、压花或发泡处理等多种工艺而制成的一种墙面装饰材料。塑料墙纸分为普通墙纸、发泡墙纸和特种墙纸。

塑料墙纸装饰效果好，它能仿天然石纹、木纹及锦缎，达到以假乱真的地步，并通过精心设计，印制适合各种环境的花纹图案，几乎不受限制。其色彩也可任意调配，做到自然流畅，清淡高雅。根据需要可加工成具有难燃、隔热、吸音、防霉，且不容易结露，不怕水洗，不易受机械损伤的产品。塑料墙纸的加工性能良好，可进行工业化连续生产。黏贴施工方便，透气性好，使用寿命长、易维修保养。塑料墙纸表面可擦洗，对酸碱有较强的抵抗能力。

塑料墙纸在室内装修装饰中受到广泛的采用，主要做内墙的装饰材料。

4. 塑料门窗

塑料门窗是指以合成树脂为主要原料，按比例加入塑料助剂，通过机械混合、塑化、挤出成型为各种不同断面结构的型材，再加工成成品塑料门窗。

塑料门窗按材质可分为PVC塑料门窗和玻璃纤维增强塑料(玻璃钢)门窗，按其开启方式可分为平开门、推拉门、固定窗、平开窗、滑撑平开窗、上悬窗、中悬窗、推拉窗等，按其使用性能可分为一般型和全防腐型两类。

塑料门窗耐腐蚀性能好，不受任何酸碱药品、雾、雨水侵蚀，也不会因潮热、雨水的浸泡溶胀变形，可用于酸雨、沿海、化工厂等腐蚀严重的环境中。装饰性好，其材质地细腻光洁，色泽柔和，具有多种颜色，如白、棕、蓝、红、黄等。其隔声效果好，密封性好，它采用搭接和嵌接结构，接合处有弹性密封条，防水、防尘效果非常好。保温性好，它在节能和改善室内热环境方面，有更为优越的技术特性。

5. 室内塑料装修配件

由于塑料易于成型为任何复杂的形状，可制作成各种室内塑料装修配件，如墙板护角、门窗口的压缝条、石膏板的嵌缝条、踢脚板、挂镜线、天花吊顶回缘、楼梯扶手等，这些室内塑料装修配件重量轻且坚固，容易着色，耐化学侵蚀，还兼有建筑构造部件和艺术装饰品的双重功能，提高建筑物的装饰水平。

6. 塑料贴面板

塑料装饰板是以树脂为基材或浸渍材料，采用一定的生产工艺制成的具有装饰功能的板材。塑料装饰板具有重量轻、装饰性好、生产工艺简单，施工方便、易于保养、便于和其他材料复合等特点，在装饰工程中的用途越来越广泛。塑料装饰板按原材料的不同可分为硬质PVC装饰板、塑料贴面装饰板、有机玻璃装饰板、玻璃钢装饰板、塑料复合夹层板等类型；按结构和断面形式可分为平板、波形板、异形板、格子板等类型。

硬质PVC装饰板有透明和不透明两种，其断面形式有平板、波形板、异形板、格子板等。硬质PVC平板表面光滑，易清洗，耐腐蚀，色泽鲜艳，不变形，同时具有良好的施工性，可锯、可刨、可钻、可钉，常用于室内饰面、家具台面等的装饰。硬质PVC波形板通过波形断面增加了抗弯刚度，彩色硬质PVC波形板常用于外墙面装饰，鲜艳的色彩可给建筑物的立面增色。透明PVC横波板可用作发光平顶，上面安放灯具可使整个平顶发光；透明PVC纵波板由于长度没有限制，可做成拱形采光屋面，中间没有接缝，水密性好。硬质PVC异形板又称PVC扣板，其表面可印刷各种装饰几何图案，如仿木纹、仿石纹等，有良好的装饰性，而且表面光滑、防潮、易于清洁、安装简单，常用作墙板和潮湿环境(厨房、卫生间、盥洗室等)的吊顶板。硬质PVC格子板具有空间体形结构，可大大提高其刚度，减小板面的翘曲变形，吸收PVC塑料板面在纵横两个方向的热伸缩，其立体板面可形成迎光面和背光面的强烈反差，使整个墙面或顶棚具有极富特点的光影装饰效果，常用作体育馆、图书馆、展览馆等公共建筑的墙面和吊顶。

有机玻璃装饰板利用有机玻璃制成，具有极好的透光率，可透过光线的90%，并能透过紫外线光的73%；机械强度较高，耐热性、耐候性和抗寒性较好；耐腐蚀性及绝缘性优良；在一定的条件下，易加工成型，且尺寸稳定。其主要缺点是质地较脆，易溶于有机溶剂；表面硬度不大，容易擦毛等。主要用作室内高级装饰材料，如室内隔断、门窗玻璃、扶手的护板、大型灯具罩等，还可用作宣传牌及其他透明防护材料。

塑料复合夹层板是塑料与其他轻质材料复合制成的，因而具有装饰性和保温隔热、隔声等功能，是理想的轻板框架结构的墙体材料，在热带和寒冷地区使用均适宜。

7. 塑料管材

塑料管材与传统的金属管材相比，具有生产成本低，自重轻，耐腐蚀，卫生安全，水流阻力小，节省能源，适应性强，韧性好，强度高，使用寿命长，能回收加工再利用等优点。

目前，生产塑料管道的塑料材料主要有聚氯乙烯、聚乙烯、聚丙烯、酚醛树脂等，生产出来的管道可分为硬质、软质和半软质三种。在各种塑料管材中，其中聚氯乙烯管的产量最大，用途也最广泛，其产量约占整个塑料管材的80%。另外，近年来在塑料管道的基础上，还发展了新型复合铝塑管，这种管材具有安装方便、防腐蚀、抗压强度高、可自由弯曲等特点，在室内装修工程中被广泛应用，可用于供暖管道和上、下水管道的安装。

13.2　建筑涂料

建筑涂料是指涂刷与建筑物表面，能与基体材料很好黏结，形成完整而坚韧的保护膜的一类物料的总称。涂料的主要作用是装饰和保护建筑物，具有方便、经济、不增加建筑物自重、施工效率高、翻新维修方便、装饰效果好、提高材料的耐久性等优点。

13.2.1 涂料的组成

根据涂料中各成分的作用，其基本组成可分为主要成膜物质、次要成膜物质和辅助成膜物质三部分。

1. 主要成膜物质

主要成膜物质也称胶黏剂，是决定涂料性能的主要物质。它的作用是将其他组分黏结成一个整体，并能牢固附着在被涂基层表面形成坚韧的保护膜。它应该具有较好的耐碱性、耐水性、耐冲击性，有较高的化学稳定性和一定的机械强度，能在常温下固化成膜。主要成膜物质多用树脂，尤以合成树脂为主。

2. 次要成膜物质

次要成膜物质不能单独成膜，它包括颜料与填料。颜料不溶于水、溶剂或涂料，不仅能赋予涂料美观的色彩，还能使涂膜具有一定的遮盖力，同时也可提高涂膜的机械强度，减小涂膜收缩，还能防止紫外线的穿透作用，提高涂膜的耐候性，常选用耐光、耐碱的无极矿物质着色颜料。填料一般是一些白色粉末状的无机物质，能增加涂膜厚度，提高涂膜的耐磨性和硬度，减少收缩，降低成本等作用，常用的有碳酸钙、硫酸钡(重晶石粉)、滑石粉等。

3. 辅助成膜物质

辅助成膜物质不能构成涂膜，但可用以改善涂膜的性能或影响成膜过程，常用的有助剂和溶剂。助剂包括催干剂(铝、锰氧化物及其盐类)、增塑剂、乳化剂等，能有效地改善涂膜的干燥时间、柔韧性、抗氧化性、抗紫外线及耐老化等性能。溶剂则起溶解成膜物质、降低黏度、利于施工的作用，还能提高涂料的渗透力，改善涂料与基层的黏结力，节约涂料的用量等，常用的溶剂有苯、丙酮、汽油等。

13.2.2 涂料的分类

涂料的种类繁多，分类方法也很多。按涂料使用部位可分为内墙涂料、外墙涂料、地面涂料、顶棚涂料、屋面涂料。按涂膜厚度分薄涂料、厚涂料和复层涂料。按特殊功能分可分为防火涂料、防水涂料、防霉涂料、防结露涂料等。按所用的溶剂可分为溶剂型涂料和水溶型涂料。按主要成膜物质的化学成分可分为有机涂料、无机涂料和无机－有机复合涂料。

溶剂型涂料是以高分子合成树脂为成膜物质，以有机溶剂如脂肪烃、芳香烃酯类等为分散介质，主要是靠溶剂的挥发而成膜。传统的油涂料也是一种溶剂型涂料。

水溶型涂料是以水作为分散介质，一种是水溶液型涂料，它以水溶性高聚合物作为成膜物质，例如聚乙烯醇水玻璃涂料(106 涂料)，这种涂料的耐水性较差。另一种是乳液型涂料，它以各种不饱和单体经乳液聚合得到的分散体系(称为乳液)为基础，配合各种颜色和助剂后成为乳液涂料，乳液型涂料中的高聚合物以极细小的颗粒分散在水中，随着水分的挥发，颗粒在一定温度下(大于最低成膜温度)凝结成膜。

有机涂料是以高分子化合物为主要成膜物质所组成的涂料。将其涂于物体表面，能形成一层附着坚牢的涂膜。

无机涂料是以无机材料为主要成膜物质的涂料。在建筑工程中常用的涂料是碱金属硅酸盐水溶液和胶体二氧化硅的水分散液。用以上两种成膜物，可制成硅酸盐和硅溶胶(胶体二氧化硅)无机涂料，再加入颜料、填料以及各种助剂，可制成硅酸盐和硅溶胶(胶体二氧化硅)无机涂料，具有良好的耐水、耐碱、耐污染、耐气性能。

无机－有机复合涂料的基料主要是水性有机树脂与水溶性硅酸盐等配制成的混合液，或是在无机物表面上涂布有机聚合物制成的悬浮液。

13.2.3 涂料的主要功能

1. 保护作用

建筑涂料通过刷涂、滚涂或喷涂等施工方法，涂敷在建筑物的表面上，形成连续的薄膜，厚度适中，有一定的硬度和韧性，并具有耐磨、耐候、耐化学侵蚀以及抗污染等功能，可以提高建筑物的使用寿命。

装饰涂料

2. 装饰作用

建筑涂料所形成的涂层能装饰美化建筑物。若在涂料中掺加粗、细骨料，再采用拉毛、喷涂和滚花等方法进行施工，可以获得各种纹理、图案及质感的涂层，使建筑物产生不同凡响的艺术效果，以达到美化环境，装饰建筑的目的。

3. 改善建筑的使用功能

建筑涂料能提高室内的亮度，起到吸声和隔热的作用；一些特殊用途的涂料还能使建筑具有防火、防水、防霉、防静电等功能。在工业建筑、道路设施等构筑物上，涂料还可起到标志作用和色彩调节作用，在美化环境的同时提高了人们的安全意识，改善了心理状况，减少了不必要的损失。

13.2.4 常用的建筑涂料

1. 合成树脂乳液砂壁状建筑涂料

合成树脂乳液砂壁状建筑涂料是以合成树脂乳液为主要黏结料，以彩色砂粒和石粉为骨料，采用喷涂方法施涂于建筑物外墙的，形成粗面涂层的厚质涂料。这种涂料质感丰富，色彩鲜艳且不易褪色变色，而且耐水性、耐气候性优良。所用合成树脂乳液主要为苯乙烯丙烯酸酯共聚乳液。这种涂料是一种性能优异的建筑外墙用中高档涂料。

2. 复层涂料

复层涂料是由底漆、电层漆和面漆组成的具有多种装饰效果的质感涂料。底漆以合成高子材料为主要成分，用于封闭基层、加固底材及增强主涂层与底层的附着能力。中涂层以水泥系、硅酸盐系和合成树脂系等黏结料和骨料为主要原料，用于形成主体或平面装饰效果。面漆用于增加装饰效果，提高涂膜性能。

3. 合成树脂乳液内墙涂料

合成树脂乳液内墙涂料是以合成树脂乳液为黏结料，加入颜料、填料及各种助剂，经研磨而成的薄型内墙涂料，分为底漆和面漆。这类涂料是目前主要的内墙涂料。由于所用的合成树脂乳液不同，具体品种的涂料的性能、档次也就有差异。常用的合成树脂乳液有：丙烯酸酯乳液、苯乙烯－丙烯酸酯共聚乳液、醋酸乙烯－丙乙烯酸酯乳液、氯乙烯－偏氯乙烯乳液等。

4. 合成树脂乳液外墙涂料

合成树脂乳液外墙涂料是以合成树脂乳液为基料，与颜料、填料及各种助剂配制而成的，施涂后能形成表面平整的薄质涂层的水乳型外墙涂料，分为底漆、中涂漆和面漆三类。

合成树脂乳液外墙涂料是以水为分散介质制成的，涂料耐候性、耐水性、透气性、耐久性好；施工方便，可以刷涂，也可辊涂、喷涂，施工工具可以用水冲洗；涂料中无易燃的有机溶剂，因而不会污染周围环境，不易发生火灾，对人体毒性小。但是，乳液型外墙涂料在太低的温度下不能形成优良的涂膜，通常必须在 8℃ 以上施工才能保证质量，因而冬季不宜应用。主要品种有苯乙烯 - 丙烯酸酯、纯丙烯酸酯、有机硅改性丙烯酸酯等。

5. 溶剂型外墙建筑涂料

溶剂型外墙建筑涂料是以合成树脂为基料，加入颜料、填料、有机溶剂等经研磨配制而成的外墙涂料。它的应用没有合成树脂乳液外墙涂料广泛，但这种涂料的涂层硬度、光泽、耐水性、耐沾污性、耐蚀性都很好，有很好的自洁性能，雨水冲刷即能清洁如新，使用年限多在 10 年以上，所以也是一种颇为实用的涂料。溶剂型外墙涂料不能在潮湿基层上施涂且有机溶剂易燃，有的还有毒，在施工时应注意采取适当的保护措施。

6. 无机建筑涂料

无机建筑涂料是以碱金属硅酸盐或硅溶胶为主要黏结料，加入颜料、填料及助剂配制而成的，在建筑物上形成薄质涂层的涂料。这种涂料性能优异，生产工艺简单，原料丰富，成本较低，主要用于外墙装饰，主要是喷涂施工，也可用刷涂或辊涂。这种涂料为中档及中低档一类涂料。

7. 聚乙烯酸水玻璃内墙涂料

聚乙烯酸水玻璃内墙涂料是以聚乙烯醇树脂水溶液和水玻璃为黏结料，混合一定量的填料、颜料和助剂，经过混合研磨、分散而成的水溶性涂料。它涂层光滑，手感细腻，还可制成各种色彩，但耐水性能差。这种涂料属于较低档的内墙涂料，适用于民用建筑室内墙面装饰。

8. 内墙仿瓷涂料

内墙仿瓷涂料又称瓷釉涂料，是一种装饰效果酷似瓷釉饰面的建筑涂料。它分溶剂型涂料和水溶性涂料两类。前者其主要成膜物质是溶剂型树脂，加以颜料、溶剂、助剂配制而成多种颜色的带有瓷釉光泽的涂料，其漆膜光亮、坚硬、丰满，酷似瓷釉，具有优异的耐水性、耐碱性、耐磨性、耐老化性，并且附着力极强。后者其主要成膜物质为水溶性聚乙烯醇，加入助剂配置而成，其饰面外观类似瓷釉，用手触摸有平滑感，多以白色涂料为主，涂膜坚硬致密，一般情况下不会起鼓、起泡，但它不耐水，性能较差，施工较麻烦，色彩单一，装饰性一般。

内墙仿瓷涂料应用面广泛，可在水泥面、金属面、塑料面、木料等固体表面进行刷漆与喷涂。可用于公共建筑内墙、住宅的内墙、厨房、卫生间、浴室衔接处，还可用于电器、机械及家具外表装饰的防腐。

9. 多彩内墙涂料

多彩内墙涂料是以水为分散介质，采用高档合成乳液，加入各种助剂混合而成的一种无毒、无污染的新型高品质乳胶漆。它由底、中、面层涂料复合组成饰面，一次喷涂即可获得多种色彩的立体涂膜。该种涂料色彩繁多、造型新颖、立体感强，表面光滑细腻，色彩典雅丰富，光泽柔和美丽，对室内空间有非常亲和的装饰性，兼具涂料和壁纸双重优点的独特装饰效果。涂膜耐油、耐水、耐腐、耐洗刷、耐久性好。广泛应用于宾馆、饭店、娱乐场所及家庭客厅的内墙装修，更适用于办公大楼及购物中心、百货商店等的公共建筑，如走廊、过道等。

13.3　胶黏剂

胶黏剂又叫黏结剂、结合剂，简称为胶，是通过界面的黏附和内聚等作用，能使两种或两种以上的制件或材料连接在一起的一类物质，简而言之，胶黏剂就是通过黏合作用，能使被黏物结合在一起的物质。

应用于建筑行业的各类胶黏剂叫做建筑胶黏剂，包括用于建筑结构构件在施工、加固、维修等方面的建筑结构胶，应用于室内、外装修用的建筑装修胶以及用于防水、保温等方面的建筑密封胶，还有用于工程应急维修、堵漏用的各种胶黏剂等。

13.3.1　胶黏剂的组成

胶黏剂一般多为有机合成材料，通常是由黏结料、固化剂、增塑剂、稀释剂及填充剂等原料经配制而成。

1. 黏结料

黏结料也称黏结物质，是胶黏剂中的主要成分，它对胶黏剂的性能，如胶结强度、耐热性、韧性、耐介质性等起重要作用。胶黏剂中的黏结物质通常是由一种或几种高聚物混合而成，主要起黏结两种物件的作用。一般建筑工程中常用的黏结物质有热固性树脂、热塑性树脂、合成橡胶类等。

2. 固化剂

固化剂是促使黏结料进行化学反应，加快胶黏剂固化产生胶结强度的一种物质，是胶黏剂的主要组分，其性质和用量对胶黏剂的性能起着重要的作用。常用的有胺类或酸酐类固化剂等。

3. 增塑剂

增塑剂也称增韧剂，它主要是可以改善胶黏剂的韧性，提高胶结接头的抗剥离、抗冲击能力以及耐寒性等。常用的增塑剂主要有邻苯二丁酯和邻苯二甲酸二辛酯等。

4. 稀释剂

稀释剂也称溶剂，主要对胶黏剂起稀释分散、降低黏度的作用，使其便于施工，并能增加胶黏剂与被胶黏材料的浸润能力，以及延长胶黏剂的使用寿命。稀释剂分为两大类：一类为非活性稀释剂，俗称为溶剂，不参与胶黏剂的固化反应；另一类为活性稀释剂。常用的有机溶剂有丙酮、甲乙酮、乙酸乙酯、苯、甲苯、酒精等。

5. 填充剂

填充剂也称填料，一般在胶黏剂中不与其他组分发生化学反应。其作用是增加胶黏剂的稠度，降低膨胀系数，减少收缩性，提高胶结层的抗冲击韧性和机械强度。常用的填充剂有金属及金属氧化物的粉末，玻璃、石棉纤维制品以及其他植物纤维等，如石棉粉、铝粉、磁性铁粉、石英粉、滑石粉及其他矿粉等无机材料。

13.3.2 胶黏剂的分类

胶黏剂的种类繁多，按不同的标准对胶黏剂进行简单的分类如下。

1. 根据胶黏剂黏结料的化学性质

可以分为无机胶黏剂和有机胶黏剂，例如水玻璃、水泥、石膏等均可以作为无机胶黏剂使用，而以高分子材料为黏结料的胶黏剂均属于有机胶黏剂。

2. 按照胶黏剂的物理状态

可以分为液态、固态和糊状胶黏剂，其中固态胶黏剂又有粉末状和薄膜状的，而液态胶黏剂则可以分为水溶液型、有机溶液型、水乳液型和非水介质分散型等。

3. 按照胶黏剂的来源

可以分为天然胶黏剂和合成胶黏剂，例如天然橡胶、沥青、松香、明胶、纤维素、淀粉胶等都属于天然胶黏剂，而采用聚合方法人工合成的各种胶黏剂均属于合成胶黏剂的范畴。

4. 按胶黏剂的应用方式

可以将其分为压敏胶、再湿胶黏剂、瞬干胶黏剂，延迟胶黏剂等。

5. 按胶黏剂的使用温度范围

可以分为耐高温、耐低温和常温使用的胶黏剂；而根据其固化温度则可以分为常温固化型、中温固化型和高温固化型胶黏剂。

6. 按胶黏剂的应用领域来分

则胶黏剂主要分为土木建筑、纸张与植物、汽车、飞机和船舶、电子和电气以及医疗卫生用胶黏剂等种类。

7. 按胶黏剂的化学成分

可以分为各种具体的胶黏剂种类，如环氧树脂胶黏剂、聚氨酯胶黏剂、聚醋酸乙烯胶黏剂等。

13.3.3 建筑胶黏剂的主要应用

建筑胶黏剂主要应用在如下几个方面。

1. 防水胶

防水胶对混凝土、石膏板、瓷砖、面砖、大理石、木材等均有较好的黏附性，可广泛应用于上述建材的密封、嵌缝和防水。要求其柔性高、防水隔潮、黏结力强、抗开裂黏结力强、透气不透水、施工简便、抗渗性优异、黏结力强等。常用的有丙烯酸防水胶、环氧树脂灌封胶、有机硅灌封胶等。

2. 建筑密封胶

建筑密封胶用于玻璃与金属、金属与金属、金属与混凝土、混凝土与混凝土之间的密封，要求其黏接力牢固、弹性好、防水、耐老化性能好。建筑密封胶主要有丙烯酸酯胶、有机硅胶，聚硫脂胶、聚氨酯胶等。

3. 玻璃幕墙

玻璃幕墙主要用结构胶，如有机硅胶(其市场份额约占90%)、聚硫酯胶黏剂和聚氨酯胶等。

4. 室内装修

室内装修主要用到环氧树脂胶黏剂、氯丁橡胶胶黏剂、聚醋酸乙烯酯胶黏剂等。现在朝着环保的方向发展，要求安全无毒。

13.3.4　常用的建筑胶黏剂

1. 不饱和聚酯胶黏剂

不饱和聚酯由二元酸（或酸酐）与二元醇经缩聚而制得的不饱和线型热固性树脂。聚酯化缩聚反应是在聚酯化缩反应结束后，趁热加入一定量的乙烯基单体，配成黏稠的液体，这样的聚合物溶液称之为不饱和聚酯。

不饱和聚酯未固化时是从低黏度到高黏度的液体，加入各种添加剂后加热固化，固化后即成刚性或弹性的塑料，可以是透明的或不透明的。不饱和聚酯最大的优点是可以在室温下固化，常压下成型，工艺性能灵活，固化后树脂综合性能好。其力学性能指标略低于环氧树脂，但优于酚醛树脂，耐腐蚀性、电性能和阻燃性都较好，适应广泛，价格较低。缺点是固化时收缩率较大，贮存期限短。

不饱和聚酯的主要用途是制玻璃钢制品，也可以用来黏结陶瓷、金属、木材、混凝土等材料。

2. 聚乙烯醇缩甲醛胶黏剂

它又称“107 胶”，是以聚乙烯醇与甲醛在酸性介质中进行缩合反应而制得的一种透明水溶液。无臭、无味、无毒，有良好的黏结性能，黏结强度可达 0.9 MPa。它在常温下能长期储存，但在低温状态下易发生冻胶。聚乙烯醇缩甲醛胶除了可用于壁纸、墙布的裱糊外，还可用作室内外墙面、地面涂料的配置材料。在普通水泥砂浆内加入 107 胶后，能增加砂浆与基层的黏结力。

在聚乙烯醇缩甲醛胶黏剂的基础上用尿素进行氨基化处理，可得到改性聚乙烯醇缩甲醛胶，即 801 胶。与乙醛和丁醛相比，甲醛的分子链短，故缩甲醛树脂与缩乙醛树脂、缩丁醛树脂相比，软化点高并有良好的黏结性能，有建筑部门“万能胶”之称，而且价格低廉，其原料易得，设备简单，操作容易。

3. 环氧树脂胶黏剂

环氧树脂是泛指分子中含有两个或两个以上环氧基团的有机高分子化合物。环氧树脂又称作人工树脂、人造树脂、树脂胶等，是一类重要的热固性塑料。固化后的环氧树脂具有良好的耐腐蚀性、电绝缘性、耐水性、耐油性等，它对金属和非金属材料的表面具有优异的黏接强度，制品尺寸稳定性好，硬度高，柔韧性较好，对碱及大部分溶剂稳定，因而广泛应用于作浇注、浸渍、层压料、黏接剂、涂料等用途。在建筑上环氧树脂胶黏剂的主要组成和典型用途见表 13－1。

4. 丙烯酸类胶黏剂

丙烯酸类胶黏剂是以丙烯酸酯为基料制成的胶黏剂。它具有良好的耐水、耐酸、耐油、耐碱性，无毒、无污染，能黏结油污面，固化速度快，黏结强度高，20℃以下储存期最低六个月，低温储存使用时间可在一年左右。但气味较大，储存的稳定性较差。

丙烯酸类胶黏剂可用于金属和非金属（除聚烯氢塑料外）的相同和不同材料的黏结，被黏结体无需进行特殊处理，能黏结油污面，效果良好，适用十分广泛。

表 13-1 环氧胶黏剂在土木建筑上的主要组成和用途

工程类别	黏接对象	典型用途	主要组成
基础结构	岩石-岩石 金属-石或混凝土 金属-混凝土 金属-金属	疏松岩层的补强、基础加固、预埋螺栓、底脚等，柱子、桩头、接长、悬臂梁加粗、桥梁加固、路面设施敷设	环氧-稀释剂-改性胺环氧-填料-改性胺双酚S环氧-缩水甘油胺树脂-丁基橡胶-改性胺
地面	瓷、花岗石-混凝土 金属-混凝土 砂石-混凝土 PVC-橡胶-金属	耐腐蚀地坪制造中黏结构及勾缝；地面防滑和美化、净化；地板的铺设	环氧-填料-改性胺 环氧-聚硫橡胶-改性胺 丙烯酸酯-环氧共聚乳液
维修	混凝土、钢筋、灰浆	堤坝、闸门、建筑物的裂缝、缺损、起壳的修复，新旧水泥黏接	环氧-糖醇-改性胺 环氧-沥青-改性胺 环氧-活性石灰-改性胺
装潢	金属、玻璃、大理石、瓷砖有机玻璃、聚碳酸酯	墙面、门面、招牌、广告牌的安装和装潢	环氧-聚氯酯 环氧-有机硅橡胶
给排水	金属、混凝土	管道、水渠衬里，管接头密封	环氧-改性芳香胺

5. 聚醋酸乙烯胶黏剂

聚醋酸乙烯胶黏剂俗称白乳胶，是由醋酸乙烯单体在引发剂、保护胶等材料作用下经聚合而制取的一种乳白色黏稠液体。

聚醋酸乙烯胶黏剂无毒、无臭、无腐蚀；常温固化，具有较好的成膜性，初黏强度高；对木材、纸张、纤维、水泥等具有良好黏接性，黏结强度较高，黏结层有较好的韧性和耐久性，不易老化。但耐热性、耐久性较差。

聚醋酸乙烯胶黏剂是一种应用十分广泛的非结构胶黏剂，以黏结各种非金属材料为主，如玻璃、陶瓷、木材、纤维织物、水泥等。如用于黏贴塑料层压板、聚苯乙烯或聚氯乙烯层压板、塑料地板等。使用时将被胶着物表面有妨碍黏接效果的成分如水分、油污、尘埃、油漆、锈蚀等污物完全去除，并使胶合面平整，将胶液薄而均匀地涂布于胶合面上，合拢并加适当压力，直至水分干燥胶液固化即可。

模块小结

建筑塑料及其制品是一种广泛应用于建筑工程方面的材料，主要由合成树脂和助剂构成。常用的建筑塑料制品主要有塑料地板、玻璃纤维增强塑料、塑料墙纸、塑料门窗、塑料装饰板材和塑料管材等。

建筑涂料是涂覆于建筑物、装饰建筑物或保护建筑物的物质，涂料涂布在建筑物表面后，能形成柔软、耐水、抗裂和富有弹性的涂膜。涂料由主要成膜物质、次要成膜物质和辅助成膜物质三部分组成。常用的建筑涂料有合成树脂乳液砂壁状外墙涂料、合成树脂乳液内墙涂料、溶剂型外墙建筑涂料、无机建筑涂料、聚乙烯酸水玻璃内墙涂料、内墙仿瓷涂料、多彩内墙涂料等。

胶黏剂是通过界面的黏附和内聚等作用，能使两种或两种以上的制件或材料连接在一起的一类物质，胶黏剂由黏结料、固化剂、增塑剂、稀释剂及填充剂等原料经配制而成。常用的建筑胶黏剂主要有不饱和聚酯胶黏剂、聚乙烯醇缩甲醛胶黏剂、环氧树脂胶黏剂、丙烯酸类胶黏剂、聚醋酸乙烯胶黏剂等。

技能抽查题

一、单项选择题

1. 下列属于塑料制品的是(　　)。

A. 水泥砼　B. 玻璃钢　C. 钢材　D. 玻璃

2. 有机胶黏剂是(　　)。

A. 水玻璃　B. 石膏　C. 高分子材料的胶黏剂　D. 水泥

3. 胶黏剂的主要成分是(　　)。

A. 增韧剂　B. 固化剂　C. 稀释剂　D. 填料

4. 建筑防水胶黏剂是指(　　)。

A. 有机硅胶　B. 万能胶　C. 环氧树脂灌封胶　D. 聚氨脂胶

二、多项选择题

1. 常用的合成树脂有(　　　　)。

A. 聚烯类　B. 环氧树脂　C. 酚醛树脂　D. 氨基树脂

2. 按塑料所用稀释剂分类有(　　　　)。

A. 水性涂料　B. 有机涂料　C. 溶剂型涂料　D. 无机高分子涂料

三、判断题

1. 热固性塑料是指受热或其他条件下能固化的并具有不熔特性的塑料。(　　)

2. 建筑涂料是涂覆于建筑物表面保护建筑物的涂料。(　　)

3. 环氧树脂是泛指分子中含有两个或两个以上的环氧基团的高分子化合物。(　　)

模块十四　绝热材料与吸声材料

能力目标	知识目标
1. 具有正确选用绝热材料、吸声材料和隔热材料的能力 2. 能评判绝热材料、吸声材料与隔声材料质量的优劣	1. 掌握常用绝热材料、吸声材料与隔声材料的种类、性能和使用 2. 了解绝热材料、吸声材料与隔声材料的分类

本模块推荐学习标准：

《建筑外墙外保温用岩棉制品》(GB/T 25975—2018)

《建筑绝热用玻璃棉制品》(GB/T 17795—2019)

14.1　绝热材料

绝热材料指对热流具有显著阻抗性的材料或材料复合体，是保温材料和隔热材料的总称。习惯上把用于控制室内热量外流的材料或者材料复合体叫做保温材料，把防止室外热量进入室内的材料或者材料复合体叫做隔热材料。

绝热材料

14.1.1　绝热材料概述

1. 绝热材料的性能要求

导热性是指材料传递热量的能力，材料的导热能力用导热系数表示。材料导热系数越大，导热性能越好。工程上将导热系数 λ 不大于 0.023 W/(m·K)，表观密度小于 600 kg/m^3，抗压强度不小于 0.3 MPa 的材料称为绝热材料。影响材料导热系数的因素有：

(1)材料组成：材料的导热系数由大到小为，金属材料 > 无机非金属材料 > 有机材料。

(2)微观结构：相同组成的材料，结晶结构的导热系数最大，微晶结构次之，玻璃体结构最小，如水淬矿渣就是一种较好的绝热材料。

(3)孔隙率：孔隙率越大，材料导热系数越小。

(4)孔隙特征：在孔隙相同时，孔径越大，孔隙间连通越多，导热系数越大。

(5)含水率：由于水的导热系数 $\lambda = 0.58$ W/(m·K)，远大于空气，故材料含水率增加后其导热系数将明显增加，若受冻[冰 $\lambda = 2.33$ W/(m·K)]则导热能力更大。

(6)温度。温度对各类绝热材料导热系数均有直接影响，温度提高，材料导热系数上升。

(7)热流方向。对于各向异性的材料中，即在各个方向上构造不同的材料中，导热系数与热流方向有一定关系，传热方向和纤维方向垂直时的绝热性能比传热方向和纤维方向平行时要好一些。同样，具有大量封闭气孔的材料的绝热性能也比具有开口气孔的要好一些。

(8)填充气体的影响。绝热材料中，大部分热量是从孔隙中的气体传导的。因此，绝热材料的热导率在很大程度上决定于填充气体的种类。低温工程中如果填充氦气或氢气，可近似认为绝热材料的热导率与这些气体的热导率相当，因为氦气或氢气的热导率都比较大。

(9)比热容。绝热材料的比热容对于计算绝热结构在冷却与加热时所需要冷量(或热量)有关。在低温下，所有固体的比热容变化都很大。在常温常压下，空气的质量不超过绝热材料的5%，但随着温度的下降，气体所占的比重越来越大。因此，在计算常压下工作的绝热材料时，应当考虑这一因素。

(10)线膨胀系数。计算绝热结构在降温(或升温)过程中的牢固性及稳定性时，需要知道绝热材料的线膨胀系数。如果绝热材料的线膨胀系数越小，则绝热结构在使用过程中受热胀冷缩影响而损坏的可能性就越小。大多数绝热材料的线膨胀系数值随温度下降而显著下降。

绝热材料除应具有较小的导热系数外，还应具有适宜的或一定的强度、抗冻性、耐水性、防火性、耐热性和耐低温性、耐腐蚀性，有时还需具有较小的吸湿性或吸水性等。

室内外之间的热交换除了通过材料的传导传热方式外，辐射传热也是一种重要的传热方式，铝箔等金属薄膜，由于具有很强的反射能力，具有隔绝辐射传热的作用，因而也是理想的绝热材料。

2. 绝热材料的种类

(1)按绝热原理分

①多孔材料。利用热导率小的气体充满在孔隙中绝热。一般以空气为热阻介质，主要是纤维聚集组织和多孔结构材料。纤维直径越细，材料容重越小，则绝热性能越好。

②反射材料。能反射热辐射的材料，如铝箔能靠热反射大大减少辐射传热，几层铝或与纸组成夹有薄空气层的复合结构，还可以增大热阻值。

(2)按材质分

①无机绝热材料。在工业上用作绝热材料的主要是无机纤维，目前用得最广的纤维是石棉、岩棉、玻璃棉、硅酸铝陶瓷纤维、晶质氧化铝纤维等。

②有机绝热材料。多采用具有极小的导热系数、耐低温的塑料，如聚苯乙烯泡沫塑料、聚氯乙烯泡沫塑料、聚氨酯泡沫塑料、软木等。

(3)按使用温度分

①高温绝热材料，使用温度可在700℃以上。这类纤维质材料有硅酸铝纤维、硅纤等，多孔质材料有硅藻土、蛭石加石棉和耐热黏合剂等制品。

②中温绝热材料。使用温度在100℃以上，700℃以下的工程中。

③低温绝热材料，使用温度在100℃以下的工程中。

14.1.2　常用的绝热材料

1. 膨胀珍珠岩制品

它是以膨胀珍珠岩为骨料，配合适量的胶结剂如水玻璃、沥青等，经过搅拌、成型、干燥、焙烧或养护而成的具有一定形状的产品(如板、砖、管瓦等)。各种制品的命名，一般是以胶结剂为名，如水玻璃膨胀珍珠岩，水泥珍珠岩，沥青珍珠岩，憎水珍珠岩等。水玻璃珍珠岩制品适用于不受水或潮湿侵蚀的高、中温热力设备和管道的保温。沥青珍珠岩制品适用于屋顶建筑、低温(冷库)和地下工程。

2. 泡沫玻璃及制品

这是一种以玻璃粉为主要原料，通过粉碎掺碳、烧结发泡和退火冷却加工处理后制得的，具有均匀的独立密闭气隙结构的新型无机绝热材料。其容重低、不透湿、不吸水、不燃烧、不霉变、不受鼠害，机械强度高却又易于加工，能耐除氟化氢以外所有化学侵蚀，本身无毒，化学性能稳定，能在超低温到高温的较宽温度范围内使用。

3. 聚苯乙烯泡沫塑料

聚苯乙烯泡沫塑料是以聚苯乙烯树脂发泡而成，由表皮层和中心层构成。蜂窝状结构表皮层不含气孔，而中心层内有大量封闭气孔。聚苯乙烯具有容重小，导热系数低，吸水率小，和耐冲击性能高等优点。此外，由于在制造过程中是把发泡剂加入到液态树脂中，在模型内膨胀而发泡的，因此成型品内残余应力小，尺寸精度高。

4. 聚氨酯硬质泡沫塑料

聚氨酯树脂加阻燃剂、稳定剂和氟里昂发泡剂等，经混合、搅拌产生化学反应而形成发泡体，孔腔的闭孔率达80% ~90%，吸水性小，由于其气孔内为低导热系数的氟里昂气体，所以它的导热系数比空气小，最终可达0.0174 W/(m·K)，强度较高，有一定的自熄性，常用来做保冷和低温范围的保温。使用温度为 -100℃ ~100℃。应用时，可以由预制厂预制成板状或管壳状等制品，也可以现场喷涂或灌注发泡。

聚氨酯树脂密度小，强度高，耐温性能好，吸水性小，导热系数低，不需要防腐与防潮，可现场发泡，但价格较贵。聚氨酯本身可以燃烧，在防火要求高的地方使用时，可采用含卤素或含磷的聚酯树脂为原料，或者加入一些有阻燃能力的物质。

聚氨酯泡沫有较强的耐侵蚀能力，它能抵抗碱和稀酸的腐蚀，耐一般动植物油的侵蚀，但不能抵浓硫酸、浓盐酸和浓硝酸的侵蚀。聚氨酯硬质泡沫塑料被认为是较理想的保冷材料，它较其他保冷材料有较优越的性能，在低温保冷中占有相当重要的地位。

5. 聚氯乙烯泡沫塑料

以聚氯乙烯为原料制成的泡沫塑料，它的抗吸水性和抗水蒸气渗透性都很好，强度和重量比值高，导热系数小，绝热性能好，具有较好的化学稳定性的抗蚀能力，低温下有较高的耐压和抗弯强度，耐冲击和振动，它的阻燃性能好，不易燃烧，因此在安全要求高的装置上广为应用，如冷藏车，冷藏库等。

6. 硬质泡沫橡胶

硬质泡沫橡胶用化学发泡法制成。特点是导热系数小而强度大。硬质泡沫橡胶的表观密度越小，保温性能越好，但强度较低。硬质泡沫橡胶的抗碱和盐的侵蚀能力较强，但强的无机酸及有机酸对它有侵蚀作用。它不溶于醇等弱溶剂，但易被某些强有机溶剂软化溶解。硬质泡沫橡胶为热塑性材料，耐热性不好，在65℃左右开始软化。硬质泡沫橡胶有良好的低温性能，低温下强度较高且具有较好的体积稳定性，可用于冷冻库。

7. 聚乙烯化学交联高发泡体

聚乙烯化学交联高发泡体(简称 PEF)是采用 CT 发泡技术制得，CT 是合成树脂聚丙烯(PP)和天然矿物滑石的混合物。聚乙烯化学交联高发泡体具有微细的独立气泡结构，柔软、质轻、导热系数小，不吸水，可任意切割、拼合，施工方便，可用于制冷及建筑行业的风管的冷冻管道的保温，其使用温度为 -55℃ ~95℃。

8. 泡沫酚醛塑料

酚醛树脂是一种应用极为广泛的树脂，采用机械或化学发泡法可制得发泡体。机械发泡是在液态热固性酚醛树脂中加异丙醚或低沸点氟碳化合物为发泡剂，以强酸为催化剂，利用反应热使气体挥发，膨胀而发泡。用这种方法制得的酚醛树脂为连续、不开口气孔，所得到的泡沫酚醛塑料的气孔大多为封闭气孔，因而吸水率很低。

泡沫酚醛塑料有较好的耐热耐冻性能，其使用温度范围较宽，一般在 -150℃ ~150℃，它不易燃烧，和火焰直接接触部分碳化，火焰不扩展，当火焰移去后，火焰自行熄灭。其缺点是强度受容重的影响很大，低容重制品的强度低。

9. 矿物棉

岩棉和矿渣棉统称矿物棉，由熔融的岩石经喷吹制成的纤维材料称为岩棉，由熔融矿渣经喷吹制成的纤维材料称为矿渣棉。将矿物棉与有机胶结剂结合可以制成矿棉板、毡、管壳等制品，其堆积密度约为45 ~150 kg/m^3，导热系数约为0.049 ~0.044 W/(m·K)。由于低堆积密度的矿棉内空气可发生对流而导热，因而，堆积密度低的矿物棉导热系数反而略高。最高使用温度约为600℃。矿棉也可制成粒状棉用作填充材料，其缺点是吸水性大、弹性小。

10. 多孔混凝土

多孔混凝土是指具有大量均匀分布、直径小于2 mm 的封闭气孔的轻质混凝土，主要有泡沫混凝土和加气混凝土。随着表观密度减小，多孔混凝土的绝热效果将增加，但强度下降。

11. 纳米绝热材料

纳米绝热材料是一种超级绝热材料，一般认为超级绝热材料是指：在预定的使用条件下，其导热系数低于“无对流空气”导热系数的绝热材料。要实现超级绝热，一是要使材料的体积密度在保持足够的机械强度的同时，其体积密度要极端的小；二是要将空气的对流减弱到极限；三是要通过近于无穷多的界面和通过材料的改性使热辐射降到最低。

纳米绝热材料，选用性能优异的纳米多孔保温隔声材料和具有热屏蔽功能的功能性材料，以耐高温纤维为增强材料，经特殊工艺制备。使纤细的纳米网络结构有效的降低了材料的固态热传导，丰富的纳米多孔结构有效抑制了气体分子的对流传导，加之功能性材料对热辐射的吸收、反射，可使材料的热导率降至最低。

与目前常用的绝热保温材料相比，绝热效果可提高2 ~10 倍。可减少绝热层厚度30% ~50%，长期使用温度为1000℃，使用本产品10 mm 厚相当于常规绝热产品30 ~50 mm，既可提高有效工作容量又可减少大量热损失。

目前的纳米绝热材料分为两大类，一类为气凝胶复合性隔热材料，另一类纳米粉模压复合型，均属纳米孔隙机理。在300℃以上时，后者比前者的隔热保温效果高出2 ~3 倍，它主要利用氧化硅纳米粉，配以特殊无机黏结剂及多种热障无机成分，均匀混合高温纤维制成。20 ~70 nm 纳米级孔隙网络结构和热障成分不仅杜绝了对流传热，而且极大地降低了材料的固态热传导率和高温热辐射，使材料在热面温度200℃及800℃时的热导率分别低至0.025 W/(m·K)和0.038 W/(m·K)。

当今，全球保温绝热材料正朝着高效、节能、薄层、隔热、防水外护一体化方向发展，在发展新型保温绝热材料及符合结构保温节能技术同时，更强调有针对性使用绝热材料，按标准规范设计及施工，努力提高保温效率及降低成本。

14.2 吸声材料与隔声材料

吸声材料

14.2.1 吸声材料

吸声材料是一种能在很大程度上吸收由空气传递的声波能量的建筑材料。在影剧院、音乐厅、大会堂、播音室及噪声大的工厂车间等室内的墙面、地面、顶棚等部位，采用适当的吸声材料，能改善声波在室内的传播质量，保持良好的音响效果。

1. 吸声材料的吸声机理

声音源于物体的振动，它引起邻近空气的振动而形成声波，并在空气介质中向四周传播。吸声材料是借自身的多孔性、薄膜作用或共振作用对入射声能具有吸收作用的材料。当声音传入吸声材料表面时，吸声材料要与周围的传声介质的声特性阻抗匹配，使声能无反射地进入吸声材料，并使入射声能绝大部分被吸收。另外，还有一部分由于构件材料的振动或声音在其中传播时与周围介质摩擦，由声能转化成热能，声能被损耗，即通常所说声音被材料吸收。

2. 吸声材料的分类

按吸声的频率特性可分为低频吸声材料、中频吸声材料和高频吸声材料三类。

按材料的结构种类可分为多孔吸声材料、共振吸声结构和特殊吸声结构。多孔吸声材料主要有纤维状吸声材料、颗粒状吸声材料、泡沫状吸声材料等；共振吸声结构主要有单个共振器、穿孔板共振吸声结构、薄板共振吸声结构等；特殊吸声结构主要有空间吸声体、吸声尖劈等。

3. 材料吸声性能的评价和展望

吸声材料的吸声性能好坏，主要通过其吸声系数来表示。吸声系数是指声波在物体表面反射时，其能量被吸收的百分率，通常用符号 α 表示，α 值越大，吸声性能就越好。工程上通常认为对 125 Hz、250 Hz、500 Hz、1000 Hz、2000 Hz、4000 Hz 等 6 个频率的平均吸声系数大于 0.2 的材料称之为吸声材料。

吸声材料的研究与应用对于噪声污染的治理具有十分重要的意义。传统的吸声材料因其存在着诸多缺陷，如：降噪系数低、使用寿命短、易潮解和二次污染等，已逐渐淡出市场，被新型吸声材料所替代。现在多孔吸声材料对于中高频噪声具有较好的吸声效果，而共振吸声材料则可以较好的吸收中低频噪声。因此，如何在研究新材料、新工艺、新结构等方面，特别是在如何利用新型构造形式最大限度地发挥吸声材料的吸声性能，设计出适合各种场合需求的新结构，将是未来吸声材料发展的一大趋势。这就需要走材料复合的道路，把无机材料与有机材料复合，将多孔吸声与共振吸声相结合，开发新一代高效吸声材料；同时，还应进一步降低生产成本，使生产规模化、产品优质化，吸声材料的研究任重道远。

4. 常用吸声材料

(1)多孔性吸声材料

多孔吸声材料的主要构造特征是材料从表面到内部均有相互连通的微孔。其吸声机理是当声波入射到多孔材料的表面时激发起微孔内部的空气振动，空气与固体部分产生相对运动，由于空气的黏滞性，在微孔内产生相应的黏滞阻力，使振动空气的动能不断转化为热能，使得声能被衰减；另外在空气绝热压缩时，空气与孔壁之间不断发生热交换，也会使声能转化为热能，从而被衰减。常用的多孔吸声材料有：有机纤维材料、麻棉毛毡、无机纤维材料、玻璃棉、岩棉、矿棉，脲醛泡沫塑料，氨基甲酸脂泡沫塑料等。

(2)穿孔板共振吸声材料

在薄板上穿孔，板后留一定厚度的空气层，就形成穿孔板共振吸声结构。金属板制品，胶合板、硬质纤维板、石膏板和石棉水泥板等，在其表面开一定数量的孔，其后具有一定厚度的封闭空气层就组成了穿孔板吸声结构。

(3)薄膜吸声材料

利用皮革、人造革、塑料薄膜等材料，具有不透气、柔软、受张拉时有弹性等特性，吸收共振频率附近的入射声能，共振频率通常在200～1000 Hz范围，最大吸声系数为0.3～0.4，一般把它作为中频范围的吸声材料。如果在薄膜的背后空腔内填放多孔材料，这时的吸声特性取决于膜和多孔材料的种类以及薄膜的装置方法

(4)薄板吸声材料

把胶合板、硬质纤维板、石膏板、石棉水泥板等薄板材周边固定在框架上，连同板后的封闭空气层，构成振动系统，其共振频率多在80～300 Hz，其吸声系数约为0.2～0.5，可以作为低频吸声结构。

(5)帘幕

帘幕是具有通气性能的纺织品，具有多孔材料的吸声特性，由于较薄，本身作为吸声材料使用是得不到大的吸声效果的。如果将它作为帘幕，离开墙面或窗洞一定距离安装，就如同多孔材料的背后设置了空气层，因而在中高频就能够具有一定的吸声效果。当它离墙面1/4波长的奇数倍距离悬挂时就可获得相应频率的高吸声量。

(6)空间吸声体

将吸声材料作成空间的立方体，如平板形、球形、圆锥形、棱锥形或柱形，使其多面吸收声波，在投影面积相同的情况下，相当于增加了有效的吸声面积和边缘效应，再加上声波的衍射作用，大大提高了实际的吸声效果，其高频吸声系数可达1.40。在实际使用时，根据不同的使用地点和要求，可设计各种形式的从顶棚吊挂下来的吸声体。

14.2.2　隔声材料

隔声材料

能减弱或隔断声波传递的材料称为隔声材料。人们要隔绝的声音按其传播途径可分为空气声(由于空气的振动)和固体声(由于固体撞击或振动)两种。

对空气声的隔绝，主要依据声学中的“质量定律”，即材料的表观密度越大，越不易受声波作用而产生振动，其声波通过材料传递的速度迅速减弱，其隔声效果越好。因此，应选用表观密度大的材料(如混凝土、实心砖、钢板等)作为隔绝空气声的材料。

对固体声隔绝最有效的措施是隔断其声波的连续传递，即在产生和传递固体声的结构(如梁、框架、楼板与隔墙以及它们的交接处等)层中加入具有一定弹性的衬垫材料，如软木、橡胶、毛毡、地毯或设置空气隔离层等，以阻止或减弱固体声的继续传播。

必须指出的是，吸声性能好的材料，不能简单地把它们作为隔声材料使用。

吸声材料对入射声能的反射很小，声能容易进入和透过这种材料，而这种材料是多孔、疏松和透气的，这就是典型的多孔性吸声材料，在工艺上通常是用纤维状、颗粒状或发泡材料以形成多孔性结构。其结构特征是材料中具有大量的、互相贯通的、从表到里的微孔，也即具有一定的透气性。当声波入射到多孔材料表面时，引起微孔中的空气振动，由于摩擦阻力和空气的黏滞阻力以及热传导作用，将相当一部分声能转化为热能，从而起吸声作用。

隔声材料对减弱透射声能，阻挡声音的传播，就不能如同吸声材料那样多孔、疏松、透气，相反它的材质应该是重而密实，如钢板、铅板、砖墙等一类材料。隔声材料材质的要求是密实无孔隙或缝隙；有较大的质量。由于这类隔声材料密实，难于吸收和透过声能而反射声能强，所以它的吸声性能差。

由此可知，材料的隔声原理与材料的吸声(吸收或消耗转化声能)原理不同，吸声效果好的多孔材料(有开口连通而不穿透或穿透孔型)隔声效果不一定好。

常用隔声材料及隔声构件有以下几种：

混凝土墙：200 mm 以上厚度的现浇实心钢筋混凝土墙的隔声量与 240 mm 黏土砖墙的隔声量接近，150 ~ 180 mm 厚混凝土墙的隔声量为 47 ~ 48 dB，但面密度 200 kg/m^2 的钢筋混凝土多孔板，隔声量在 45 dB 以下。

砌块墙：砌块墙的隔声量随着墙体的重量厚度的不同而不同。面密度与黏土砖墙相近的承重砌块墙，其隔声性能与黏土砖墙也大体相接近。水泥砂浆抹灰轻质砌块填充隔墙的隔声性能，在很大程度上取决于墙体表面抹灰层的厚度，两面各抹 15 ~ 20 mm 厚水泥砂浆后的隔声量约为 43 ~ 48 dB，面密度小于 80 kg/m^2 的轻质砌块墙的隔声量通常在 40 dB 以下。

条板墙：砌筑隔墙的条板通常厚度为 60 ~ 120 mm，面密度一般小于 80 kg/m^2，具备质轻、施工方便等优点。条板墙可再细划为两个分类：一类是用无机胶凝材料与集料制成的实心或多孔条板，如(增强)轻集料混凝土条板、蒸压加气混凝土条板、钢丝网陶粒混凝土条板、石膏条板等，这类单层轻质条板墙的隔声量通常在 32 ~ 40 dB 之间；另一类是由密实面层材料与轻质芯材在生产厂预复合成的预制夹芯条板，如混凝土岩棉或聚苯夹芯条板、纤维水泥板轻质夹芯板等，预制夹芯条板墙的隔声量通常在 35 ~ 44 dB 之间。

薄板复合墙：它是在施工现场将薄板固定在龙骨的两侧而构成的轻质墙体。薄板的厚度一般在 6 ~ 12 mm，薄板用作墙体面层板，墙与龙骨之间填充岩棉或玻璃棉。薄板品种有纸面石膏板、纤维石膏板、纤维水泥板、硅钙板、钙镁板等。

现场喷水泥砂浆面层的芯材板墙：该类隔墙是在施工现场安装成品芯材板后，再在芯材板两面喷覆水泥砂浆面层。常用芯材板有钢丝网架聚苯板、钢丝网架岩棉板、塑料中空内模板等。

中空玻璃：由两层或多层平板玻璃构成，四周用高强度气密性好的复合黏剂将两片或多片玻璃与铝合金框或橡皮条黏合，密封玻璃之间留出空间，充入惰性气体以获取优良的隔热、隔音性能。由于玻璃间内封存的空气或气体传热性能差，因而产生优越的隔音效果。

夹层玻璃：指在两片或多片玻璃之间夹上 PVB 中间膜，PVB 中间膜能减少穿透玻璃的噪音数量，降低噪音分贝，达到隔音效果。

模块小结

绝热材料是具有保温隔热性能的材料。其种类较多，其作用原理是降低传导、对流和辐射，以控制热量的传递。

吸声材料具有较强的吸收声能、降低噪声的作用，吸声材料的吸声性能好坏，主要通过其吸声系数的高、低来表示。

隔声材料，是指把空气中传播的噪声隔绝、隔断、分离的一种材料、构件或结构。隔声材料对减弱透射声能，阻挡声音的传播，隔声材料材质的要求是密实无孔隙或缝隙，有较大的质量。

技能抽查题

一、单项选择题

1. 导热系数为(　　)的材料称绝热材料。

A. $\lambda<0.83$ W/(m·K)　　B. $\lambda\leq0.23$ W/(m·K)

C. $\lambda>0.83$ W/(m·K)　　D. $\lambda>0.23$ W/(m·K)

2. (　　)厚砼墙的隔声量为47~48 dB。

A. 240 mm　　B. 150~180 mm　　C. 120 mm　　D. 300 mm

3. 吸声材料的平均吸声系数为(　　)。

A. >0.56　　B. >0.2　　C. <0.2　　D. >0.1

二、多项选择题

1. 影响导热系数的因素有(　　　　)。

A. 材料组成　　B. 尺寸大小　　C. 孔隙率　　D. 含水率

2. 常用的绝热材料有(　　　　)。

A. 矿物棉　　B. 聚氯乙烯泡沫塑料　　C. 膨胀珍珠岩　　D. 钢筋

3. 常用的隔声材料有(　　　　)。

A. 普通玻璃门窗　　B. 砌块墙　　C. 砼墙　　D. 中空玻璃

三、判断题

1. 吸声材料就是保温隔热材料。(　　)

2. 隔声材料是借自身的多孔性、薄膜作用或共振作用来隔声的。(　　)

3. 绝热材料的材质要求密实无孔隙，有较大质量。(　　)

参考文献

[1] 高职高专教育土建类专业教学指导委员会工程管理类专业分指导委员会. 高等职业教育工程造价专业教学基本要求[M]. 北京：中国建筑工业出版社，2012
[2] 胡六星，吴志超. 湖南省高等职业院校学生专业技能抽查标准与题库丛书 工程造价 [M]. 长沙：湖南大学出版社，2013
[3] 本书编写委员会. 湖南省建筑企业专业技术管理人员岗位资格考试大纲. 北京：中国环境科学出版社，2012
[4] 曹世晖. 建筑工程材料与检测[M]. 长沙：中南大学出版社，2017
[5] 宋岩丽. 建筑与装饰材料[M]. 北京：中国建筑工业出版社，2007
[6] 王四清. 建筑工程材料与检测[M]. 长沙：中南大学出版社，2013
[7] 中华人民共和国行业标准. 建筑生石灰(JC/T 479—2013). 北京：中国建材工业出版社，2013
[8] 中华人民共和国行业标准. 建筑消石灰粉(JC/T 481—2013). 北京：中国建材工业出版社，2013
[9] 中华人民共和国国家标准. 建筑石膏(GB/T 9776—2008). 北京：中国标准出版社，2008.
[10] 中华人民共和国国家标准. 通用硅酸盐水泥(GB 175—2007). 北京：中国标准出版社，2007
[11] 中华人民共和国国家标准. 水泥细度检验方法(GB/T 1345—2005). 北京：中国标准出版社，2005
[12] 中华人民共和国国家标准. 水泥标准稠度用水量、凝结时间、安定性检验方法(GB 1346—2011). 北京：中国标准出版社，2011
[13] 中华人民共和国国家标准. 水泥胶砂强度检验方法(ISO 法)(GB/T 17671—2021). 北京：中国标准出版社，2021
[14] 中华人民共和国国家标准. 白色硅酸盐水泥(GB/T 2015—2017). 北京：中国标准出版社，2017
[15] 中华人民共和国行业标准. 彩色硅酸盐水泥(JC/T 870—2012). 北京：中国建材工业出版社，2012
[16] 中华人民共和国国家标准. 中热硅酸盐水泥、低热硅酸盐水泥(GB 200—2017). 北京：中国标准出版社，2017
[17] 中华人民共和国国家标准. 建筑用砂(GB/T 14684—2022). 北京：中国标准出版社，2011
[18] 中华人民共和国国家标准. 建筑用卵石、碎石(GB/T 14685—2022). 北京：中国标准出版社，2011
[19] 中华人民共和国国家标准.《混凝土结构工程施工及验收规范》(GB 50204—2015). 北京：中国标准出版社，2015
[20] 中华人民共和国行业标准. 混凝土拌和用水标准(JGJ 63—2006). 北京：中国建筑工业出版社，2006
[21] 中华人民共和国国家标准. 普通混凝土拌合物性能试验方法(GB/T 50080—2016). 北京：中国标准出版社，2016
[22] 中华人民共和国国家标准. 混凝土物理力学性能试验方法标准(GB/T 50081—2019). 北京：中国标准出版社，2019
[23] 中华人民共和国行业标准. 普通混凝土配合比设计规程(JGJ 55—2011). 北京：中国建筑工业出版社，2011
[24] 中华人民共和国国家标准. 混凝土外加剂术语(GB/T 8075—2017). 北京：中国标准出版社，2017
[25] 中华人民共和国行业标准. 混凝土泵送施工技术规程(JGJ/T 10—2011). 北京：中国建筑工业出版社，2011

[26] 中华人民共和国国家标准. 混凝土结构设计规范(GB 50010—2010). 北京: 中国标准出版社, 2010
[27] 中华人民共和国行业标准. 轻骨料混凝土技术规程(JGJ/T 51—2002). 北京: 中国建筑工业出版社, 2002
[28] 中华人民共和国行业标准. 砌筑砂浆配合比设计规程(JGJ/T 98—2010). 北京: 中国建筑工业出版社, 2010
[29] 中华人民共和国行业标准. 建筑砂浆基本性能试验方法标准(JGJ/T 70—2009). 北京: 中国建筑工业出版社, 2009
[30] 中华人民共和国国家标准. 烧结普通砖(GB 5101—2017). 北京: 中国标准出版社, 2017
[31] 中华人民共和国国家标准. 烧结多孔砖和多孔砌块(GB 13544—2011). 北京: 中国标准出版社, 2011
[32] 中华人民共和国国家标准. 烧结空心砖和空心砌块(GB 13545—2014). 北京: 中国标准出版社, 2014
[33] 中华人民共和国国家标准. 蒸压灰砂实心砖和实心砌块(GB 11945—2020). 北京: 中国标准出版社, 2020
[34] 中华人民共和国行业标准. 蒸压加气混凝土砌块(GB 11968—2020). 北京: 中国标准出版社, 2020
[35] 中华人民共和国国家标准. 砌墙砖实验方法(GB/T 2542—2012). 北京: 中国标准出版社, 2012
[36] 中华人民共和国行业标准. 蒸压灰砂多孔砖(JC/T 637—2009). 北京: 中国建材工业出版社, 2009
[37] 中华人民共和国国家标准. 蒸压粉煤灰多孔砖(GB 26541—2011). 北京: 中国标准出版社, 2011
[38] 中华人民共和国国家标准. 承重混凝土多孔砖(GB 25779—2010). 北京: 中国标准出版社, 2010
[39] 中华人民共和国国家标准. 普通混凝土小型砌块(GB 8239—2014). 北京: 中国标准出版社, 2014
[40] 中华人民共和国行业标准. 粉煤灰混凝土小型空心砌块(JC/T 862—2008). 北京: 中国建材工业出版社, 2008
[41] 中华人民共和国国家标准. 预应力混凝土空心板(GB/T 14040—2007). 北京: 中国标准出版社, 2007
[42] 中华人民共和国行业标准. 玻璃纤维增强水泥外墙板(JC/T 1057—2007). 北京: 中国建材工业出版社, 2007
[43] 中华人民共和国国家标准. 玻璃纤维增强水泥轻质多孔隔墙条板(GB/T 19631—2005). 北京: 中国标准出版社, 2005
[44] 中华人民共和国行业标准. 纤维增强低碱度水泥建筑平板(JC/T 626—2008). 北京: 中国建材工业出版社, 2008
[45] 中华人民共和国国家标准. 灰渣混凝土空心隔墙板(GB/T 23449—2009). 北京: 中国标准出版社, 2009
[46] 中华人民共和国国家标准. 纸面石膏板(GB/T 9775—2008). 北京: 中国标准出版社, 2008
[47] 中华人民共和国国家标准. 建筑用金属绝热夹芯板(GB/T 23932—2009). 北京: 中国标准出版社, 2009
[48] 中华人民共和国国家标准. 普通装饰用铝塑复合板(GB/T 22412—2008). 北京: 中国标准出版社, 2008
[49] 中华人民共和国国家标准. 建筑幕墙用铝塑复合板(GB/T 17748—2008). 北京: 中国标准出版社, 2008
[50] 中华人民共和国行业标准. 建筑装饰用石材蜂窝复合板(JGJ/T 328—2011). 北京: 中国建筑工业出版社, 2011
[51] 中华人民共和国国家标准. 碳素结构钢(GB/T 700—2006). 北京: 中国标准出版社, 2006
[52] 中华人民共和国国家标准. 低合金高强度结构钢(GB/T l591—2008). 北京: 中国标准出版社, 2008
[53] 中华人民共和国国家标准. 钢筋混凝土用热轧光圆钢筋(GB 1499. 1—2017). 北京: 中国标准出版社, 2017
[54] 中华人民共和国国家标准. 钢筋混凝土用热轧带肋钢筋(GB 1499. 2—2018). 北京: 中国标准出版

社，2018
[55] 中华人民共和国国家标准. 冷轧带肋钢筋(GB 13788—2017). 北京：中国标准出版社，2017
[56] 中华人民共和国国家标准. 预应力混凝土用钢丝(GB/T 5223—2014). 北京：中国标准出版社，2014
[57] 中华人民共和国国家标准. 预应力混凝土用钢绞线(GB/T 5224—2014). 北京：中国标准出版社，2014
[58] 中华人民共和国国家标准. 低碳钢热轧圆盘条(GB/T 701—2008). 北京：中国标准出版社，2008
[59] 中华人民共和国国家标准. 金属材料拉伸试验室温试验方法(GB/T 228.1—2021). 北京：中国标准出版社，2010
[60] 中华人民共和国国家标准. 金属材料弯曲试验方法(GB/T 232—2010). 北京：中国标准出版社，2010
[61] 中华人民共和国国家标准. 石油沥青纸胎油毡(GB 326—2007). 北京：中国标准出版社，2007
[62] 中华人民共和国国家标准. 石油沥青玻璃纤维油毡(GB/T 14686—2008). 北京：中国标准出版社，2008
[63] 中华人民共和国国家标准. 弹性体改性沥青防水卷材(GB 18242—2008). 北京：中国标准出版社，2008
[64] 中华人民共和国国家标准. 塑性体改性沥青防水卷材(GB 18243—2008). 北京：中国标准出版社，2008
[65] 中华人民共和国国家标准. 高分子防水卷材(GB 18173.1—2012). 北京：中国标准出版社，2012
[66] 中华人民共和国国家标准. 聚氯乙烯防水卷材(GB 12952—2003). 北京：中国标准出版社，2003
[67] 中华人民共和国行业标准. 水乳型沥青防水涂料(JC/T 408—2005). 北京：中国建材工业出版社，2005
[68] 中华人民共和国国家标准. 屋面工程技术规范(GB 50345—2012). 北京：中国标准出版社，2012
[69] 中华人民共和国国家标准. 屋面工程施工及验收规范(GB 50207—2012). 北京：中国标准出版社，2012
[70] 中华人民共和国国家标准. 硅酮建筑密封胶(GB/T 14683—2003). 北京：中国标准出版社，2003
[71] 中华人民共和国国家标准. 砌体结构设计规范(GB 50003—2011). 北京：中国标准出版社，2011
[72] 中华人民共和国国家标准. 天然花岗石建筑板材(GB/T 8601—2009). 北京：中国标准出版社，2009
[73] 中华人民共和国国家标准. 建筑材料放射性核素限量(GB 6566—2010). 北京：中国标准出版社，2010
[74] 中华人民共和国国家标准. 天然大理石建筑板材(GB/T 19766—2016). 北京：中国标准出版社，2016
[75] 中华人民共和国国家标准. 平板玻璃(GB 11614—2009). 北京：中国标准出版社，2009
[76] 中华人民共和国国家标准. 建筑用安全玻璃第 2 部分：钢化玻璃(GB 15763. 2—2005). 北京：中国标准出版社，2005
[77] 中华人民共和国国家标准. 建筑用安全玻璃第 4 部分：均质钢化玻璃(GB 15763.4—2009). 北京：中国标准出版社，2009
[78] 中华人民共和国行业标准. 夹丝玻璃(JC433—1991). 北京：中国建材工业出版社，1991
[79] 中华人民共和国国家标准. 建筑用安全玻璃第 3 部分：夹层玻璃(GB 15763. 3—2009. 北京：中国标准出版社，2009
[80] 中华人民共和国国家标准. 镀膜玻璃第 1 部分 阳光控制镀膜玻璃(GB/T 18915. 1—2013. 北京：中国标准出版社，2013
[81] 中华人民共和国国家标准. 镀膜玻璃第 2 部分 低辐射镀膜玻璃(GB/T 18915. 2—2013. 北京：中国标准出版社，2013
[82] 中华人民共和国国家标准. 中空玻璃(GB/T 11944—2012). 北京：中国标准出版社，2012
[83] 中华人民共和国行业标准. 空心玻璃砖(JC/T 1007—2006). 北京：中国建材工业出版社，2006
[84] 中华人民共和国国家标准. 陶瓷砖(GB/T 4100—2015). 北京：中国标准出版社，2015
[85] 中华人民共和国国家标准. 广场用陶瓷砖(GB/T 23458—2009). 北京：中国标准出版社，2009
[86] 中华人民共和国行业标准. 陶瓷马赛克(JC/T 456—2015). 北京：中国建材工业出版社，2015

[87] 中华人民共和国国家标准. 普通胶合板(GB/T 9846—2015). 北京: 中国标准出版社, 2015
[88] 中华人民共和国国家标准. 中密度纤维板(GB/T 11718—2009). 北京: 中国标准出版社, 2009
[89] 中华人民共和国国家标准. 浸渍纸层压木质地板(GB/T 18102—2020). 北京: 中国标准出版社, 2020
[90] 中华人民共和国国家标准. 彩色涂层钢板及钢带(GB/T 12754—2019). 北京: 中国标准出版社, 2019
[91] 中华人民共和国国家标准. 建筑用轻钢龙骨(GB/T 11981—2008). 北京: 中国标准出版社, 2008
[92] 中华人民共和国国家标准. 铝合金门窗(GB/T 8478—2008). 北京: 中国标准出版社, 2008
[93] 中华人民共和国国家标准. 建筑用塑料门(GB/T 28886—2012). 北京: 中国标准出版社, 2012
[94] 中华人民共和国国家标准. 建筑用塑料窗(GB/T 28887—2012). 北京: 中国标准出版社, 2012
[95] 中华人民共和国国家标准. 合成树脂乳液外墙涂料(GB/T 9755—2014). 北京: 中国标准出版社, 2014
[96] 中华人民共和国国家标准. 复层建筑涂料(GB/T 9779—2015). 北京: 中国标准出版社, 2015
[97] 中华人民共和国国家标准. 合成树脂乳液内墙涂料(GB/T 9756—2018). 北京: 中国标准出版社, 2009
[98] 中华人民共和国国家标准. 建筑外墙外保温用岩棉制品(GB/T 25975—2018). 北京: 中国标准出版社, 2018
[99] 中华人民共和国国家标准. 建筑绝热用玻璃棉制品(GB/T 17795—2019). 北京: 中国标准出版社, 2019.

图书在版编目(CIP)数据

建筑与装饰材料／曹世晖，王四清主编．—2版．
—长沙：中南大学出版社，2022.5(2022.9重印)

ISBN 978-7-5487-4898-4

Ⅰ．①建… Ⅱ．①曹… ②王… Ⅲ．①建筑材料②建筑装饰—装饰材料 Ⅳ．①TU5②TU56

中国版本图书馆CIP数据核字(2022)第081581号

建筑与装饰材料

(第2版)

主编　曹世晖　王四清

□**出 版 人**　吴湘华
□**策划组稿**　周兴武
□**责任编辑**　周兴武
□**责任印制**　唐　曦
□**出版发行**　中南大学出版社
社址：长沙市麓山南路　邮编：410083
发行科电话：0731-88876770　传真：0731-88710482
□**印　　装**　长沙雅鑫印务有限公司

□**开　　本**　787 mm×1092 mm　1/16　□**印张** 19　□**字数** 483千字　□**插页** 2
□**版　　次**　2022年5月第2版　□**印次** 2022年9月第2次印刷
□**书　　号**　ISBN 978-7-5487-4898-4
□**定　　价**　48.00元

图 4－10　彩色混凝土和彩色混凝土路面砖

图 4－11　清水装饰混凝土

图 4－12　骨料外露混凝土

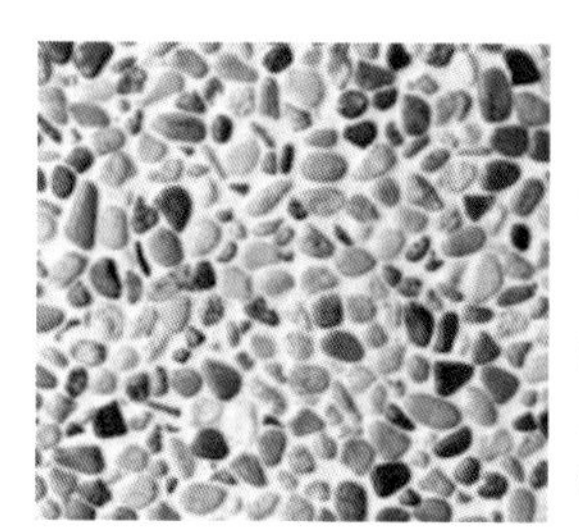

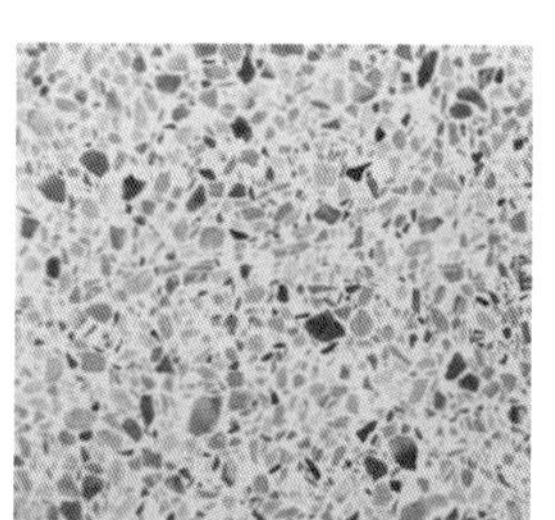

图 4－14　石碴类砂浆饰面

(a) P型砖

(b) M型砖

图 5－2　烧结多孔砖外形

图 5－5　蒸压加气混凝土砌块

图 12－2　彩色压型复合钢板

图 8－2　大理石

图 8－3　花岗岩

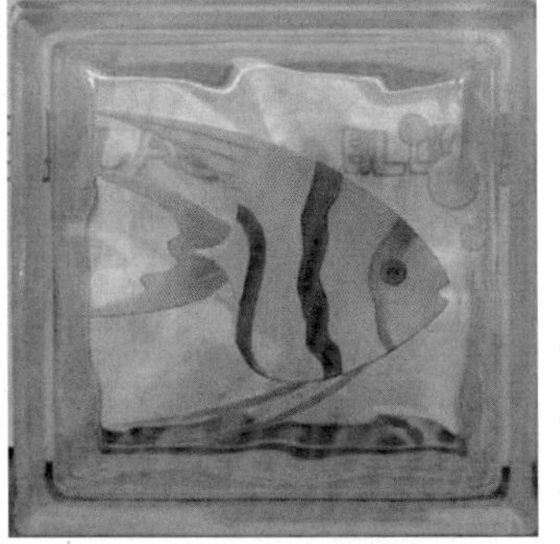

图 9－1　空心玻璃砖

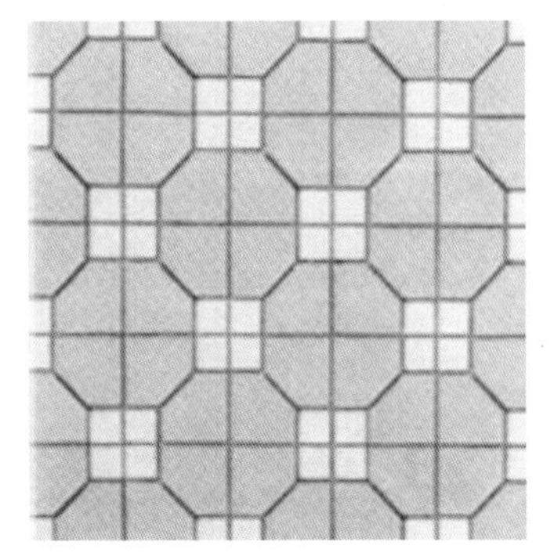

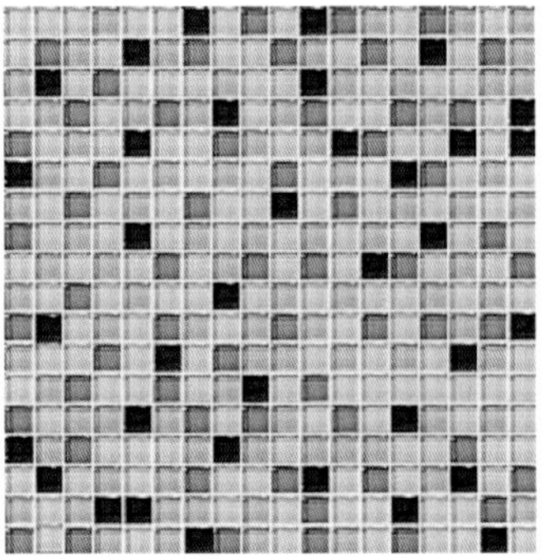

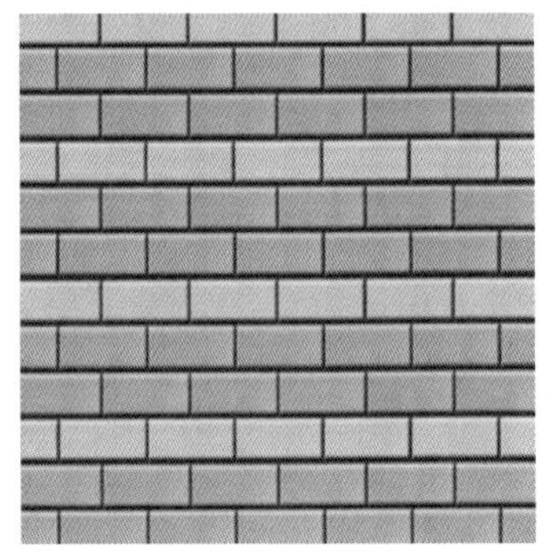

图 10－1　陶瓷马赛克